Ai nostri maestri

Andrea Pascucci, Wolfgang J. Runggaldier

Finanza Matematica

Teoria e problemi per modelli multiperiodali

Springer

ANDREA PASCUCCI
Dipartimento di Matematica
Università degli Studi, Bologna

WOLFGANG J. RUNGGALDIER
Dipartimento di Matematica Pura ed Applicata
Università degli Studi di Padova, Padova

ISBN 978-88-470-1441-1   ISBN 978-88-470-1442-8 (eBook)

DOI 10.1007/978-88-470-1442-8

In copertina: Tonino Guerra "Ci mostriamo" 2004. Acrilico su pannello in legno pressato. Collezione privata. Per gentile concessione dell'autore
Layout copertina: Francesca Tonon

Impaginazione: PTP-Berlin, Protago TeX-Production GmbH, Germany (www.ptp-berlin.eu)
Stampa: Signum Srl., Bollate (MI)

Springer-Verlag Italia S.r.l., Via Decembrio 28, I-20137 Milano
Springer-Verlag fa parte di Springer Science+Business Media (www.springer.com)

Prefazione

La Finanza Matematica ha visto un notevole sviluppo in tempi recenti, soprattutto per l'introduzione di strumenti finanziari atti a contenere il rischio nelle operazioni di mercato. Lo studio delle problematiche legate a tali strumenti richiede tecniche matematiche talvolta sofisticate e per la maggior parte legate alla teoria della Probabilità.

Gli ambienti finanziari sono quindi divenuti uno sbocco professionale non solo per gli economisti, ma anche per i matematici ed in generale i laureati in discipline tecnico-scientifiche. Con l'introduzione del 3+2 era da aspettarsi che un certo numero di studenti terminasse gli studi dopo la laurea triennale e cercasse un lavoro. Appariva quindi sensato attivare un corso di finanza matematica già a livello di laurea triennale. Molte delle tecniche in uso nella finanza matematica riguardano modelli a tempo continuo e richiedono quindi tecniche di analisi stocastica che, in generale, non solo gli economisti, ma nemmeno i matematici possiedono al livello di laurea triennale. Per un corso alla triennale risulta quindi opportuno presentare le problematiche della finanza matematica e le metodologie per la loro soluzione in un contesto accessibile agli studenti con una formazione matematica di base. Questo può avvenire presentando la materia nell'ambito dei modelli a tempo discreto, detti anche multi-periodali. Da un lato tali modelli generalizzano ad un contesto dinamico i modelli uni-periodali studiati soprattutto dagli economisti, dall'altro si presentano come possibili approssimazioni di modelli a tempo continuo. In ogni caso i modelli multi-periodali hanno una loro importanza autonoma anche in vista delle applicazioni e permettono di affrontare ugualmente tutte le varie problematiche della finanza matematica.

Il presente volume è inteso come possibile libro di testo per un corso del tipo descritto sopra e nasce dall'esperienza di insegnamento degli autori per tali corsi. Non esistono molti testi per un simile corso nemmeno a livello internazionale (uno dei riferimenti più noti in tale contesto è [18]) ed il libro intende colmare tale lacuna. Benché concepito maggiormente per un corso di laurea triennale in matematica, esso dovrebbe adattarsi bene anche a corsi di tipo quantitativo per le facoltà economiche.

Evidentemente nel presente libro non si sono potute affrontare tutte le possibili problematiche della finanza matematica, ma solo alcune che possono essere considerate basilari. La struttura del testo è originata dall'idea di insegnare per esempi e controesempi. Successivamente il libro è stato ulteriormente sviluppato per diventare un testo completo che contiene anche la teoria. Tuttavia, a differenza di altri libri di teoria, questo testo contiene numerosi esempi ed esercizi risolti. Come ulteriori possibili testi per esercizi citiamo ancora [18] che contiene numerosi esercizi per vari modelli di mercato a tempo discreto. Citiamo poi [21] che contiene esempi per lo specifico modello binomiale e [19] che contiene esercizi sia per modelli a tempo discreto che continuo.

La maggior parte dei metodi risolutivi per modelli multi-periodali è basata su algoritmi ricorsivi la cui complessità di calcolo aumenta col numero dei periodi. Pertanto nella pratica si usano dei programmi di calcolo per implementare tali algoritmi. Per proporre esercizi in aula ed agli esami è invece opportuno limitarsi a calcoli fattibili a mano; per questo motivo negli esempi ed esercizi proposti nel libro consideriamo un numero molto ridotto di periodi temporali e dati numerici che sono intesi più per facilitare i calcoli che essere rappresentativi della realtà economica.

Il testo è suddiviso in quattro parti in cui vengono trattati i seguenti argomenti:

- valutazione e copertura di derivati Europei;
- ottimizzazione di portafoglio (programmazione dinamica e metodo martingala);
- valutazione, esercizio ottimale e copertura di derivati Americani;
- modelli multi-periodali per i tassi di interesse.

In ogni parte, dopo una presentazione sintetica ma completa della teoria, vengono proposti numerosi esercizi di cui è fornita la dettagliata risoluzione.

Bologna/Padova   *Andrea Pascucci e Wolfgang J. Runggaldier*
6 Agosto 2009

Indice

1 Valutazione e copertura 1
  1.1 Titoli primari e strategie 2
    1.1.1 Mercati discreti 2
    1.1.2 Portafoglio autofinanziante e predicibile 3
    1.1.3 Portafoglio relativo 6
    1.1.4 Mercato scontato 7
  1.2 Arbitraggio e misure martingala 8
  1.3 Valutazione e copertura 9
    1.3.1 Titoli derivati 9
    1.3.2 Valutazione d'arbitraggio 11
    1.3.3 Copertura 13
  1.4 Modelli di mercato 13
    1.4.1 Modello binomiale 13
    1.4.2 Modello trinomiale 17
  1.5 Cenni alla valutazione e copertura in mercati incompleti 20
  1.6 Cenni alla tecnica del cambio di numeraire 22
    1.6.1 Un caso particolare 22
    1.6.2 Caso generale 24
  1.7 Esercizi risolti 27

2 Ottimizzazione di portafoglio 55
  2.1 Massimizzazione dell'utilità attesa 56
    2.1.1 Strategie con consumo 56
    2.1.2 Funzioni d'utilità 59
    2.1.3 Utilità attesa dalla ricchezza finale 61
    2.1.4 Utilità attesa da consumo intermedio
        e ricchezza finale 64
  2.2 Metodo "martingala" 66
    2.2.1 Mercato completo: ricchezza finale 66
    2.2.2 Mercato incompleto: ricchezza finale 72
    2.2.3 Mercato completo: consumo intermedio 75

	2.2.4	Mercato completo: consumo intermedio e ricchezza finale ... 80
2.3		Metodo della Programmazione Dinamica ... 82
	2.3.1	Algoritmo ricorsivo ... 82
	2.3.2	Prova del Teorema 2.32 ... 85
2.4		Utilità logaritmica: esempi ... 87
	2.4.1	Utilità finale nel modello binomiale: metodo MG ... 87
	2.4.2	Utilità finale nel modello trinomiale completato: metodo MG ... 89
	2.4.3	Utilità finale nel modello binomiale: metodo PD ... 91
	2.4.4	Utilità finale nel modello trinomiale standard: metodo PD ... 94
	2.4.5	Utilità finale nel modello trinomiale completato: metodo PD ... 97
	2.4.6	Consumo intermedio nel modello binomiale: metodo MG ... 99
	2.4.7	Consumo intermedio nel modello trinomiale completato: metodo MG ... 101
	2.4.8	Consumo intermedio nel modello binomiale: metodo PD ... 102
	2.4.9	Consumo intermedio nel modello trinomiale standard: metodo PD ... 106
	2.4.10	Consumo intermedio nel modello trinomiale completato: metodo PD ... 108
2.5		Esercizi risolti ... 110
3		**Opzioni Americane** ... 147
3.1		Derivati Americani e strategie d'esercizio anticipato ... 148
	3.1.1	Valutazione d'arbitraggio ... 149
	3.1.2	Prezzo d'arbitraggio in un mercato completo ... 151
	3.1.3	Strategie ottimali d'esercizio ... 157
	3.1.4	Strategie di copertura ... 160
3.2		Opzioni Americane ed Europee ... 161
3.3		Esercizi risolti ... 165
	3.3.1	Preliminari ... 165
	3.3.2	Esercizi e loro risoluzione ... 166
4		**Tassi d'interesse** ... 199
4.1		Bonds e tassi ... 200
4.2		Modelli di mercato dei tassi ... 203
4.3		Modelli short ... 206
	4.3.1	Modelli affini ... 208
	4.3.2	Modello di Hull-White discreto ... 209
4.4		Modelli forward ... 213
	4.4.1	Modello forward binomiale ... 215

| | | 4.4.2 | Modello forward multinomiale | 217 |

4.4.2   Modello forward multinomiale 217
4.5   Derivati dei tassi 220
     4.5.1   Caps e Floors 220
     4.5.2   Interest Rate Swaps 223
     4.5.3   Swaptions e Swap Rate 226
4.6   Esercizi risolti.................................228
     4.6.1   Richiami sui modelli utilizzati 228
     4.6.2   Opzioni su T-bonds.........................231
     4.6.3   Caps e Floors 238
     4.6.4   Swap Rates e Payer Forward Swaps.............247
     4.6.5   Swaptions 252

Bibliografia 263

1

Valutazione e copertura

Iniziamo questo capitolo col fornire le varie nozioni di base per la moderna finanza matematica, che sono poi quelle usate nel resto del libro. Si tratta delle nozioni di titoli rischiosi e non, titoli primari e derivati, in particolare le opzioni, poi strategie di investimento autofinanzianti e loro portafogli. Inoltre introdurremo la nozione di arbitraggio ed il concetto di misura martingala equivalente nonché quella di mercato completo.

Le problematiche trattate in questo capitolo riguardano problemi basilari della moderna finanza matematica e cioè i problemi della valutazione e copertura di derivati. Per definire il prezzo di un derivato non già trattato sul mercato, utilizzeremo uno dei criteri più comuni e cioè quello dell'assenza di opportunità di arbitraggio, il quale stabilisce che in un mercato in equilibrio i prezzi dei vari titoli devono essere tali che, investendo nel mercato secondo una strategia autofinanziante, non è possibile fare un guadagno certo senza rischio.

Descriveremo poi due modelli tipici di mercato a tempo discreto e cioè il modello binomiale come esempio di mercato completo ed il modello trinomiale (standard, ossia con un solo titolo rischioso) come esempio di mercato incompleto. Quest'ultimo può essere completato mediante l'aggiunta di un secondo titolo rischioso, nel qual caso lo chiameremo modello trinomiale completato, ed esso costituirà un altro esempio di mercato completo. Questi tre modelli di mercato saranno alla base di tutti gli esercizi discussi nel libro. C'è anche da notare che, per un orizzonte temporale finito, questi modelli possono in modo naturale essere definiti su uno spazio di probabilità con Ω finito, come assumiamo in tutto questo libro.

Una caratteristica dei mercati completi è che in tali mercati un qualunque derivato può essere replicato mediante un portafoglio risultante dall'investimento secondo una strategia autofinanziante; inoltre i prezzi dei vari titoli sono univocamente determinati imponendo la condizione di assenza di opportunità di arbitraggio. Accenneremo brevemente a possibili approcci alla valutazione e copertura in mercati incompleti.

Infine, prendendo lo spunto da una rappresentazione alternativa del prezzo di una delle opzioni di base, e cioè di un'opzione di acquisto Europea, daremo

Pascucci A, Runggaldier WJ.: Finanza Matematica.
© Springer-Verlag Italia 2009, Milano

un cenno alla cosiddetta tecnica del cambio di numeraire che si rivela estremamente utile nella risoluzione di varie problematiche in finanza matematica e che nel presente libro verrà utilizzata nel Capitolo 4.

Gli esercizi riguardano prevalentemente la valutazione e copertura di vari tipi di derivati, in particolare opzioni. Gli ultimi due esercizi formano un esempio di applicazione delle tecniche citate per la valutazione e copertura in mercati incompleti. Per la loro risoluzione anticipiamo una metodologia di ottimizzazione dinamica che sarà studiata in dettagli nel Capitolo 2.

Per questo capitolo ci siamo basati principalmente su [17]. Trattandosi di argomenti molto basilari, essi sono trattati in praticamente tutti i libri introduttivi alla finanza matematica: tra quelli elencati nella bibliografia citiamo [3], [7], [11], [16], [18], [20], [21].

1.1 Titoli primari e strategie

1.1.1 Mercati discreti

Consideriamo uno spazio di probabilità $(\Omega\ \mathcal{F}\ P)$ con Ω che ha un numero finito di elementi e in cui assumiamo che $\mathcal{F}$ sia l'insieme delle parti di Ω e $P(\ \omega\ ) > 0$ per ogni $\omega \in \Omega$. Fissiamo $t_0\ t_1\quad t_N \in \mathbb{R}$ con

$$t_0 < t_1 < \cdots < t_N$$

per rappresentare le date di contrattazione: per fissare le idee, nel seguito $t_0 = 0$ indica la data odierna e $t_N = T$ la scadenza di un derivato.

Fissato $d \in \mathbb{N}$, un modello di mercato discreto è costituito da un titolo non rischioso (bond) B e da d titoli rischiosi (stocks) $S^1\quad S^d$ Il bond ha la seguente dinamica deterministica: se B_n indica il valore del bond all'istante t_n, vale

$$\begin{cases} B_0 = 1 \\ B_n = B_{n-1}(1 + r_n) \qquad n = 1 \qquad N \end{cases} \tag{1.1}$$

dove r_n, tale che $1 + r_n > 0$, indica il tasso privo di rischio nel periodo n-esimo $[t_{n-1}\ t_n]$. Occasionalmente ci riferiremo a questo titolo anche come *conto bancario*.

I titoli rischiosi hanno la seguente dinamica stocastica: se S_n^i indica il prezzo all'istante t_n del titolo i-esimo, allora vale

$$\begin{cases} S_0^i \in \mathbb{R}_+ \\ S_n^i = S_{n-1}^i \left(1 + \mu_n^i\right) \qquad n = 1 \qquad N \end{cases} \tag{1.2}$$

dove μ_n^i è una variabile aleatoria reale che rappresenta il tasso di rendimento dell'i-esimo titolo nel periodo n-esimo $[t_{n-1}\ t_n]$.

Poniamo

$$\mu_n = (\mu_n^1 \qquad \mu_n^d)$$

e supponiamo che il processo μ_n sia adattato ad una filtrazione generica $(\mathcal{F}_n)$ con $\mathcal{F}_0 = \{\emptyset, \Omega\}$. Siccome nei modelli di mercato considerati in questo libro e basati sulla (1.2), la successione μ_n sarà l'unica sorgente di aleatorietà, supporremo $\mathcal{F}_n$ generata da μ_n e cioè

$$\mathcal{F}_n = \mathcal{F}_n^\mu := \sigma(\mu_k, \ k \leq n), \qquad n = 1, \cdots, N \tag{1.3}$$

Infine, siccome (1.2) stabilisce una corrispondenza biunivoca tra i processi μ_n ed S_n, la filtrazione $(\mathcal{F}_n)$ coincide allora anche con la filtrazione generata da S cioè $\mathcal{F}_n = \mathcal{F}_n^S$ per ogni n. In situazioni più generali si avrà però tipicamente $\mathcal{F}_n^S \subset \mathcal{F}_n$ ed occasionalmente, come più avanti nella definizione dei derivati, anche in questo libro useremo $\mathcal{F}_n^S$ quando serve mettere in risalto che la filtrazione considerata è quella generata dal mercato sottostante S. Nel contesto di questo libro avremo però sempre $\mathcal{F}_n = \mathcal{F}_n^\mu = \mathcal{F}_n^S$ e tale filtrazione rappresenta quindi le informazioni sul mercato disponibili all'istante t_n. Assumiamo che μ_n sia indipendente da $\mathcal{F}_{n-1}$ per ogni $n = 1, \cdots, N$.

Facciamo notare che come elementi ω dello spazio di probabilità di base si possono prendere le varie realizzazioni della successione μ_n. Se allora μ_n assume un numero finito di valori, come nei due modelli di mercato binomiale (vedi Sezione 1.4.1) e trinomiale (vedi Sezione 1.4.2) allora, essendo $n \leq N$, l'insieme Ω contiene un numero finito di elementi come avevamo supposto.

1.1.2 Portafoglio autofinanziante e predicibile

Definizione 1.1. *Un portafoglio (o strategia) è un processo stocastico in* $\mathbb{R}^{d+1}$

$$(\alpha, \beta) = (\alpha_n^1, \cdots, \alpha_n^d, \beta_n)_{n=1, \cdots, N}$$

Nella definizione precedente α_n^i (risp. β_n) rappresenta la quantità del titolo S^i (risp. di bond) detenuta nel portafoglio durante il periodo n-esimo, ossia da t_{n-1} a t_n. Pertanto indichiamo il *valore del portafoglio* (α, β) nel periodo n-esimo con

$$V_n^{(\alpha, \beta)} = \sum_{i=1}^d \alpha_n^i S_n^i + \beta_n B_n, \qquad n = 1, \cdots, N \tag{1.4}$$

e poniamo inoltre

$$V_0^{(\alpha, \beta)} = \sum_{i=1}^d \alpha_1^i S_0^i + \beta_1 B_0$$

Il valore $V^{(\alpha, \beta)}$ del portafoglio è un processo stocastico reale. Notiamo che è ammesso che α_n^i e β_n assumano valori negativi: in altri termini sono ammessi la vendita allo scoperto di azioni o il prestito di soldi dalla banca. Nel seguito, essendo la strategia (α, β) fissata, scriveremo spesso V invece di $V^{(\alpha, \beta)}$.

Notazione 1.2 *Utilizziamo la notazione vettoriale per il processo dei prezzi*

$$S = (S^1 \quad S^d)$$

Dato $\alpha = (\alpha^1 \quad \alpha^d)$, *indichiamo con*

$$\alpha S = \sum_{i=1}^{d} \alpha^i S^i$$

il prodotto scalare in $\mathbb{R}^d$. *In particolare la* (1.4) *diventa*

$$V_n = \alpha_n S_n + \beta_n B_n$$

Definizione 1.3. *Un portafoglio* $(\alpha \ \beta)$ *è autofinanziante se vale la relazione*

$$V_{n-1} = \alpha_n S_{n-1} + \beta_n B_{n-1} \tag{1.5}$$

per ogni $n = 1 \quad N$

Per un portafoglio autofinanziante vale l'uguaglianza

$$\alpha_{n-1} S_{n-1} + \beta_{n-1} B_{n-1} = \alpha_n S_{n-1} + \beta_n B_{n-1}$$

che si interpreta nel modo seguente: *all'istante* t_{n-1}, *avendo a disposizione il capitale*

$$V_{n-1} = \alpha_{n-1} S_{n-1} + \beta_{n-1} B_{n-1}$$

si costruisce la strategia per il periodo n-*esimo* $[t_{n-1} \ t_n]$ *con le nuove quantità* $\alpha_n \ \beta_n$ *in modo tale da non mutare il valore complessivo del portafoglio.* Sottolineiamo il fatto che $(\alpha_n \ \beta_n)$ *indica la composizione del portafoglio che si costruisce all'istante* t_{n-1}.

Nel seguito consideriamo solo strategie di investimento elaborate in base alle informazioni sul mercato disponibili istante per istante (non conoscendo il futuro). Poiché per una strategia autofinanziante, $(\alpha_n \ \beta_n)$ indica la composizione del portafoglio che si costruisce al tempo t_{n-1}, risulta naturale assumere che il processo $(\alpha \ \beta)$ sia *predicibile*.

Definizione 1.4. *Un portafoglio* $(\alpha \ \beta)$ *è predicibile se* $(\alpha_n \ \beta_n)$ *è* $\mathcal{F}_{n-1}$-*misurabile per ogni* $n = 1 \quad N$.

Notazione 1.5 *Indichiamo con* $\mathcal{A}$ *la famiglia delle strategie autofinanzianti e predicibili.*

Poiché la condizione di autofinanziamento (1.5) stabilisce un legame fra i processi α e β, si ha che è possibile identificare una strategia in $\mathcal{A}$ mediante la coppia $(\alpha \ \beta)$ o equivalentemente mediante la coppia $(V_0 \ \alpha)$ dove $V_0 \in \mathbb{R}$ è il valore iniziale della strategia e α è un processo predicibile d-dimensionale. Vale infatti la seguente

Proposizione 1.6. *Il valore di una strategia autofinanziante* $(\alpha\ \beta)$ *è determinato dal valore iniziale* V_0 *e ricorsivamente dalla relazione*

$$V_n = V_{n-1}(1 + r_n) + \sum_{i=1}^{d} \alpha_n^i S_{n-1}^i \left(\mu_n^i - r_n\right) \tag{1.6}$$

per $n = 1 \quad N$.

Dimostrazione. In base alla condizione (1.5), la variazione di un portafoglio autofinanziante nel periodo $[t_{n-1}\ t_n]$ è pari a

$$V_n - V_{n-1} = \alpha_n \left(S_n - S_{n-1}\right) + \beta_n \left(B_n - B_{n-1}\right)$$

$$= \sum_{i=1}^{d} \alpha_n^i S_{n-1}^i \mu_n^i + \beta_n B_{n-1} r_n = \tag{1.7}$$

(poiché, ancora per la (1.5), vale $\beta_n B_{n-1} = V_{n-1} - \alpha_n S_{n-1}$)

$$= \sum_{i=1}^{d} \alpha_n^i S_{n-1}^i \left(\mu_n^i - r_n\right) + r_n V_{n-1}$$

da cui segue la (1.6). $\qquad\qquad\qquad\qquad\qquad\qquad\qquad\qquad\qquad\qquad\square$

Corollario 1.7. *Dati* $V_0 \in \mathbb{R}$ *e un processo predicibile* α*, esiste ed è unico il processo predicibile* β *tale che* $(\alpha\ \beta) \in \mathcal{A}$ *e valga* $V_0^{(\alpha\ \beta)} = V_0$.

Dimostrazione. Dati $V_0 \in \mathbb{R}$ e un processo predicibile α, definiamo il processo

$$\beta_n = \frac{V_{n-1} - \alpha_n S_{n-1}}{B_{n-1}} \qquad n = 1 \quad N$$

dove (V_n) è definito ricorsivamente da (1.6). È chiaro che per costruzione (β_n) è predicibile e la strategia $(\alpha\ \beta)$ è autofinanziante (vedi (1.5)). $\qquad\square$

Osservazione 1.8. Sia $(\alpha\ \beta) \in \mathcal{A}$. Dalla (1.7), sommando in n, otteniamo

$$V_n = V_0 + g_n^{(\alpha\ \beta)} \qquad n = 1 \quad N \tag{1.8}$$

dove

$$g_n^{(\alpha\ \beta)} = \sum_{k=1}^{n} \left(\alpha_k \left(S_k - S_{k-1}\right) + \beta_k \left(B_k - B_{k-1}\right)\right)$$

$$= \sum_{k=1}^{n} \left(\sum_{i=1}^{d} \alpha_k^i S_{k-1}^i \mu_k^i + \beta_k B_{k-1} r_k\right) \tag{1.9}$$

definisce il processo del *rendimento della strategia*. $\qquad\qquad\qquad\qquad\square$

1.1.3 Portafoglio relativo

A volte è utile esprimere un portafoglio in termini relativi, indicando le proporzioni del valore totale investite nei singoli titoli. Pertanto se $V_{n-1} \neq 0$ indichiamo con

$$\pi_n^i = \frac{\alpha_n^i S_{n-1}^i}{V_{n-1}} \qquad i = 1 \qquad d \tag{1.10}$$

e

$$\pi_n^0 = \frac{\beta_n B_{n-1}}{V_{n-1}} = 1 - \sum_{i=1}^{d} \pi_n^i \tag{1.11}$$

le proporzioni investite nel periodo n-esimo $[t_{n-1} \ t_n]$ con $n = 1 \qquad N$. Inoltre, per convenzione, se $V_{n-1} = 0$, poniamo $\pi_n^i = 0$ per $i = 0 \qquad d$. Notiamo che π_n^i non appartiene necessariamente all'intervallo $[0 \ 1]$.

Esprimiamo ora la condizione di autofinanziamento in termini relativi.

Proposizione 1.9. *Il valore di una strategia autofinanziante* $(\alpha \ \beta)$ *è determinato dal valore iniziale* $V_0 \in \mathbb{R}$ *e dai processi* $\pi^1 \qquad \pi^d$ *mediante la relazione ricorsiva*

$$V_n = V_{n-1} \left(1 + \pi_n \mu_n + \pi_n^0 r_n \right) \tag{1.12}$$

che è equivalente alla

$$V_n = V_{n-1} \left(1 + r_n + \sum_{i=1}^{d} \pi_n^i \left(\mu_n^i - r_n \right) \right) \tag{1.13}$$

come pure alla

$$\frac{V_n - V_{n-1}}{V_{n-1}} = \pi_n \frac{S_n - S_{n-1}}{S_{n-1}} + \pi_n^0 \frac{B_n - B_{n-1}}{B_{n-1}} \tag{1.14}$$

la quale ultima esprime il fatto che il rendimento relativo di un portafoglio autofinanziante è combinazione lineare dei rendimenti dei titoli che lo compongono con pesi espressi dal portafoglio relativo.

Dimostrazione. La (1.12) segue direttamente dalla prima delle (1.7). La (1.13) si ottiene inserendo la seconda uguaglianza di (1.11) nella (1.12) e la (1.14) si ottiene dalla (1.12) sostituendo a μ_n e r_n le loro espressioni risultanti dalle (1.1) e (1.2). $\qquad\qquad\square$

Osservazione 1.10. A partire da $V_0 \in \mathbb{R}$ e da $\pi^1 \qquad \pi^d$, processi predicibili, ricaviamo facilmente la corrispondente strategia $(\alpha \ \beta) \in \mathcal{A}$ mediante le formule

$$\alpha_n^i = \frac{\pi_n^i V_{n-1}}{S_{n-1}^i} \qquad \beta_n = \frac{V_{n-1}}{B_{n-1}} \left(1 - \sum_{i=1}^{d} \pi_n^i \right) \tag{1.15}$$

dove $V = (V_n)$ è definito da V_0 e $\pi^1 \qquad \pi^d$ mediante la relazione ricorsiva (1.13). $\qquad\qquad\square$

1.1.4 Mercato scontato

Il *prezzo scontato* del titolo i-esimo è definito da

$$\widetilde{S}_n^i = \frac{S_n^i}{B_n} \qquad n = 0 \qquad N$$

e il *valore scontato* della strategia $(\alpha \ \beta)$ è

$$\widetilde{V}_n = \alpha_n \widetilde{S}_n + \beta_n$$

Notiamo che scontare i prezzi equivale ad utilizzare il titolo B come unità di misura rispetto alla quale esprimere i prezzi di tutti i titoli del mercato. In generale è possibile prendere come unità di misura un qualsiasi titolo il cui prezzo sia sempre positivo: tale titolo viene detto *numeraire*.

Osserviamo esplicitamente che in base all'ipotesi $B_0 = 1$ vale $\widetilde{V}_0 = V_0$. La condizione di autofinanziamento (1.5) si esprime

$$\widetilde{V}_{n-1} = \alpha_n \widetilde{S}_{n-1} + \beta_n \qquad n = 1 \qquad N \tag{1.16}$$

o equivalentemente

$$\widetilde{V}_n = \widetilde{V}_{n-1} + \alpha_n \left(\widetilde{S}_n - \widetilde{S}_{n-1} \right) \tag{1.17}$$

la quale conduce anche alla

$$\frac{\widetilde{V}_n - \widetilde{V}_{n-1}}{\widetilde{V}_{n-1}} = \pi_n \frac{\widetilde{S}_n - \widetilde{S}_{n-1}}{\widetilde{S}_{n-1}}$$

che esprime anche in un mercato scontato il fatto che il rendimento relativo di un portafoglio autofinanziante è combinazione lineare dei rendimenti dei titoli che lo compongono con pesi espressi dal portafoglio relativo. Di conseguenza la Proposizione 1.6 si estende nel modo seguente:

Proposizione 1.11. *Il valore scontato di una strategia autofinanziante $(\alpha \ \beta)$ è determinato dal valore iniziale V_0 e ricorsivamente dalla relazione*

$$\widetilde{V}_n = \widetilde{V}_{n-1} + \sum_{i=1}^{d} \alpha_n^i \widetilde{S}_{n-1}^i \mu_n^i \tag{1.18}$$

per $n = 1 \qquad N$.

Vale inoltre la seguente formula, analoga alla (1.8):

$$\widetilde{V}_n = V_0 + G_n^{(\alpha)} \tag{1.19}$$

dove

$$G_n^{(\alpha)} = \sum_{k=1}^{n} \alpha_k \left(\widetilde{S}_k - \widetilde{S}_{k-1} \right) = \sum_{k=1}^{n} \sum_{i=1}^{d} \alpha_k^i \widetilde{S}_{k-1}^i \mu_k^i \tag{1.20}$$

definisce il processo del *rendimento scontato* della strategia.

1.2 Arbitraggio e misure martingala

Un arbitraggio è un'operazione finanziaria a costo nullo che produce un guadagno certo senza rischio. Nei mercati reali gli arbitraggi esistono anche se generalmente hanno vita breve perché vengono sfruttati dagli investitori in modo da ristabilire istantaneamente l'equilibrio di mercato.

Nella modellizzazione matematica dei mercati finanziari il Principio di Assenza di Opportunità di Arbitraggio (AOA) afferma che in un mercato i prezzi dei titoli devono essere tali da non permettere guadagni certi senza rischio. In altri termini un modello matematico di mercato è ritenuto accettabile se non ammette l'esistenza di opportunità di arbitraggio.

In questo paragrafo introduciamo la nozione formale di strategia d'arbitraggio e caratterizziamo la proprietà di assenza da arbitraggi in termini di esistenza di un'opportuna misura di probabilità, detta misura martingala.

Definizione 1.12. *Un arbitraggio è una strategia autofinanziante $(\alpha\ \beta) \in \mathcal{A}$ che verifica le seguenti condizioni:*

i) $V_0^{(\alpha\ \beta)} = 0;$

ii) $V_N^{(\alpha\ \beta)} \geq 0;$

iii) $P\left(V_N^{(\alpha\ \beta)} > 0\right) > 0$

Si dice che un modello di mercato è libero da arbitraggi se la famiglia $\mathcal{A}$, delle strategie autofinanzianti e predicibili, non contiene arbitraggi.

Ricordiamo la notazione $\widetilde{S}$ per il processo dei titoli scontati e diamo la seguente fondamentale

Definizione 1.13. *Una misura martingala (con numeraire B) è una misura di probabilità Q su $(\Omega\ \mathcal{F})$ tale che:*

i) Q *è equivalente*[1] *a* P;

ii) per ogni $n = 1$ N vale

$$\widetilde{S}_{n-1} = E^Q\left[\widetilde{S}_n\ \mathcal{F}_{n-1}\right] \tag{1.21}$$

ossia $\widetilde{S}$ è una Q-martingala.

Vale il seguente classico risultato.

Teorema 1.14 (Primo Teorema fondamentale della valutazione). *Un mercato a tempo discreto è libero da arbitraggi se e solo se esiste almeno una misura martingala.*

---

[1] Due misure di probabilità si dicono equivalenti se hanno gli stessi eventi di probabilità nulla.

Una misura martingala è a volte anche chiamata *misura neutrale al rischio* perché la (1.21) può essere interpretata economicamente come una formula di valutazione neutrale al rischio. Rispetto ad una misura martingala, non solo il processo del prezzo scontato di ogni titolo primitivo è una martingala, ma anche il valore scontato di ogni strategia autofinanziante e predicibile. Vale infatti la seguente

Proposizione 1.15. *Siano Q una misura martingala e $(\alpha\ \beta)$ una strategia in $\mathcal{A}$ di valore V. Allora vale*

$$\widetilde{V}_{n-1} = E^Q\left[\widetilde{V}_n\ \text{-}\mathcal{F}_{n-1}\right] \qquad n = 1 \qquad N \tag{1.22}$$

e in particolare

$$V_0 = E^Q\left[\widetilde{V}_n\right] \qquad n = 1 \qquad N \tag{1.23}$$

Dimostrazione. Dalla condizione di autofinanziamento (1.17), considerando l'attesa condizionata a $\mathcal{F}_n$, otteniamo

$$E^Q\left[\widetilde{V}_n\ \text{-}\mathcal{F}_{n-1}\right] = \widetilde{V}_{n-1} + E^Q\left[\alpha_n(\widetilde{S}_n - \widetilde{S}_{n-1})\ \text{-}\mathcal{F}_{n-1}\right] =$$

(essendo α predicibile)

$$= \widetilde{V}_{n-1} + \alpha_n E^Q\left[\widetilde{S}_n - \widetilde{S}_{n-1}\ \text{-}\mathcal{F}_{n-1}\right] = \widetilde{V}_{n-1}$$

per la (1.21). $\qquad\qquad\qquad\qquad\qquad\qquad\qquad\qquad\qquad\qquad\qquad\square$

Segue immediatamente la seguente importante versione del principio di non-arbitraggio:

Corollario 1.16. *In un mercato libero da arbitraggi, se due strategie $(\alpha\ \beta)$, $(\alpha'\ \beta') \in \mathcal{A}$ hanno uguale valore finale, $V_N^{(\alpha\ \beta)} = V_N^{(\alpha'\ \beta')}$ q.c. allora vale anche*

$$V_n^{(\alpha\ \beta)} = V_n^{(\alpha'\ \beta')} \quad q.c. \qquad n = 0 \qquad N$$

Dimostrazione. Poiché il mercato è libero da arbitraggi, per il Teorema 1.14 esiste una misura martingala Q. Allora per la Proposizione 1.15 vale

$$\widetilde{V}_n^{(\alpha\ \beta)} = E^Q\left[\widetilde{V}_N^{(\alpha\ \beta)}\ \text{-}\mathcal{F}_n\right] = E^Q\left[\widetilde{V}_N^{(\alpha'\ \beta')}\ \text{-}\mathcal{F}_n\right] = \widetilde{V}_n^{(\alpha'\ \beta')} \quad q.c. \qquad \square$$

1.3 Valutazione e copertura

1.3.1 Titoli derivati

Consideriamo un modello di mercato discreto con processo $S_n = (S_n^1 \ \cdots \ S_n^d)$ dei titoli primari rischiosi e fissiamo una scadenza t_N che indicheremo semplicemente con N.

Definizione 1.17. *Un derivato Europeo con sottostante S è una variabile aleatoria X definita sullo spazio di probabilità $(\Omega\ \mathcal{F}\ P)$ e misurabile rispetto alla σ-algebra $\mathcal{F}_N^S := \sigma(-S_n\ -n \le N-)$ La X viene anche detta "payoff del derivato" o anche "claim".*

Osservazione 1.18. Nonostante in questo libro supponiamo $\mathcal{F}_n = \mathcal{F}_n^S$ per ogni n (vedi (1.3) ed i commenti che la seguono), nella definizione precedente di derivato abbiamo voluto mettere esplicitamente in evidenza la filtrazione $\left(\mathcal{F}_n^S\right)$ per mettere in risalto il fatto che un derivato *deriva* il suo valore dai titoli rischiosi sottostanti $S = (S^1\ \cdots\ S^d)$. $\qquad\qquad\square$

Un classico esempio di derivati sono le opzioni Call (o di acquisto) Europee. Esse sono contratti che danno al detentore il diritto ma non l'obbligo di acquistare alla scadenza N un'unità di titolo rischioso sottostante ad un importo fissato K detto strike o prezzo di esercizio. Il payoff di un'opzione Call è quindi della forma

$$X = (S_N - K)^+$$

In questo caso il payoff dipende solo dal valore del sottostante alla scadenza. Più generalmente si possono considerare opzioni, sempre di tipo Europeo, ma che dipendono dalla traiettoria del sottostante per $t_n \le t_N$ come le cosiddette opzioni Asiatiche, un esempio delle quali è dato da

$$X = \left(\frac{1}{N}\sum_{n=1}^{N} S_n - K\right)^+$$

Oltre alle opzioni Europee ci sono poi le opzioni Americane (a tempo discreto anche dette opzioni Bermuda) che possono essere esercitate in un qualsiasi istante prima della scadenza. Alle opzioni Americane sarà dedicato l'intero Capitolo 3. Vari altri tipi di opzioni si troveranno tra gli esercizi a questo capitolo.

Tipicamente un derivato permette al detentore di trasferire alla controparte il rischio legato al sottostante. Nel caso di un'opzione Call, il detentore trasferisce infatti il rischio legato all'aumento del prezzo del titolo da acquistare. Analogamente, nel caso di un'opzione Put (di vendita), il cui payoff è dato da

$$X = (K - S_N)^+$$

il detentore trasferisce alla controparte il rischio di un abbassamento del prezzo del titolo da vendere.

Molti derivati sono già contrattati e quindi hanno un prezzo quotato sul mercato. Spesso però un derivato viene confezionato specificatamente per una data situazione contingente e quindi non possiede ancora un prezzo di mercato. Si presenta allora sia per l'acquirente/detentore, sia per il venditore/emittente il problema di stabilire un prezzo equo. Questo conduce al *problema della valutazione/prezzaggio (pricing)* dei derivati.

Da parte del venditore/emittente si presenta anche il problema di coprirsi dal rischio che questi si è accollato e ciò conduce al *problema della copertura (hedging)* dei derivati.

1.3.2 Valutazione d'arbitraggio

Uno dei problemi basilari della teoria classica della valutazione d'arbitraggio è quello di stabilire condizioni per l'esistenza di una strategia $(\alpha\ \beta) \in \mathcal{A}$ che assuma a scadenza lo stesso valore di un derivato X, ossia valga

$$V_N^{(\alpha\ \beta)} = X \qquad \text{q.c.}$$

Se tale strategia esiste, X si dice *replicabile* e $(\alpha\ \beta)$ è detta una *strategia replicante* per X.

In base al principio AOA, nella forma del Corollario 1.16, in un mercato libero da arbitraggi se due investimenti hanno lo stesso valore finale allora devono avere lo stesso valore anche in ogni istante precedente. Ne viene che il il prezzo equo (o razionale) del derivato replicabile X deve coincidere con il valore $V_n^{(\alpha\ \beta)}$ di una strategia autofinanziante e replicante per X.

Questo fatto si può anche giustificare in termini intuitivi; infatti indichiamo con H_n il prezzo al tempo n del derivato X. Se fosse $V_n^{(\alpha\ \beta)} < H_n$, si potrebbe vendere (allo scoperto) il derivato al prezzo H_n ed investire la parte $V_n^{(\alpha\ \beta)}$ nel portafoglio replicante per X col quale si può onorare a scadenza all'impegno assunto con la vendita del derivato: infatti per la condizione di replicazione vale $V_N^{(\alpha\ \beta)} = X$ Investendo la rimanenza $H_n - V_n^{(\alpha\ \beta)}$ nel titolo non rischioso si arriverebbe quindi ad avere un guadagno certo senza rischio. In ragionamento analogo si può fare se $V_n^{(\alpha\ \beta)} > H_n$, giungendo in ogni caso alla costruzione di un arbitraggio.

Il seguente teorema[2] pone le basi della valutazione d'arbitraggio.

Teorema 1.19. *Sia X un derivato replicabile in un mercato libero da arbitraggi. Allora per ogni strategia replicante $(\alpha\ \beta) \in \mathcal{A}$ e per ogni misura martingala Q vale*

$$H_n := V_n^{(\alpha\ \beta)} = E^Q\left[X\frac{B_n}{B_N}\ \bigg|\ \mathcal{F}_n\right] \qquad n = 0 \qquad N \qquad (1.24)$$

Il processo H definito in (1.24) è detto prezzo d'arbitraggio di X.

Notiamo che vale in particolare

$$H_0 = E^Q\left[\frac{X}{B_N}\right] \qquad\qquad (1.25)$$

Poiché H_0 è il valore atteso, rispetto ad una misura neutrale al rischio, del payoff scontato si dice anche che H_0 è il *prezzo neutrale al rischio* di X.

---

[2] Si veda, per esempio, il Teorema 3.19 in [17].

Sottolineiamo il fatto che per definire il prezzo d'arbitraggio interviene solo la misura neutrale al rischio Q e non quella fisica P.

Consideriamo ora il caso di un derivato X non replicabile. Poiché non esiste una strategia replicante per X, la definizione (1.24) di prezzo d'arbitraggio perde consistenza. D'altra parte, se il mercato è libero d'arbitraggi esiste una misura martingala Q anche se non è necessariamente unica; quindi per ogni fissata misura martingala Q, possiamo definire il processo (H_n^Q) nel modo seguente:

$$H_n^Q := E^Q \left[X \frac{B_n}{B_N} \mid \mathcal{F}_n \right]. \qquad (1.26)$$

La (1.26) definisce *in modo non univoco* (perché dipendente da Q) un prezzo per X in base al quale *non si introducono sul mercato opportunità d'arbitraggio*.

Più precisamente, da una parte osserviamo che, mentre il valore atteso di un derivato replicabile è, per la (1.24), indipendente dalla misura martingala Q fissata (ed è dunque ben posta la definizione di prezzo d'arbitraggio) al contrario se X non è replicabile allora esistono due[3] misure martingale Q_1 e Q_2 tali che i processi H^{Q_1} e H^{Q_2}, definiti come in (1.26), sono differenti: in particolare la (1.26) non può fornire una definizione univoca di prezzo. Vale infatti il seguente importante risultato[4].

Teorema 1.20. *In un mercato libero da arbitraggi, un derivato X è replicabile se e solo se $E^Q \left[\frac{X}{B_N} \right]$ assume lo stesso valore per ogni misura martingala Q.*

Il secondo fatto importante è che assumendo come prezzo di X, sia esso replicabile o meno, il processo (H_n^Q) in (1.26) dove Q è una qualsiasi misura martingala fissata, allora non si creano opportunità d'arbitraggio. Più precisamente vale la seguente

Proposizione 1.21. *Per ogni misura martingala Q, il mercato costituito dal bond B, dai titoli rischiosi $(S^1, \ldots, S^d)$ e da H^Q in (1.26) è libero da arbitraggi.*

Dimostrazione. Poiché $\widetilde{H}^Q$ è una Q-martingala, allora Q è una misura martingala per il mercato (B, S, H^Q) e dunque la tesi è conseguenza del Teorema 1.14. $\qquad\square$

Osservazione 1.22. Una maniera alternativa di provare la Proposizione 1.21 è di osservare che formando un portafoglio autofinanziante che includa anche il titolo derivato, il valore scontato di tale portafoglio risulta essere una Q-martingala (vedi la Proposizione 1.15) e quindi non può essere un arbitraggio secondo la Definizione 1.12. $\qquad\square$

---

[3] Quindi anche infinite.

[4] Per la dimostrazione, basata sul teorema di separazione dei convessi in dimensione finita, si veda per esempio [18].

1.3.3 Copertura

Il problema della copertura consiste nel determinare una *strategia replicante* (*strategia di copertura*). Da quanto precede è chiaro che non ogni derivato è replicabile. Un mercato in cui ogni derivato è replicabile si dice **mercato completo**. La completezza del mercato è generalmente ritenuta un'ipotesi poco realistica, ma che si rivela molto utile negli sviluppi teorici.

In base al Teorema 1.19, in un mercato completo è definito in modo unico il prezzo d'arbitraggio di ogni derivato. Vale il seguente classico risultato

Teorema 1.23 (Secondo Teorema fondamentale della valutazione). *Un mercato libero da arbitraggi è completo se e solo esiste un'unica misura martingala (con numeraire B).*

1.4 Modelli di mercato

Le (1.1) e (1.2) definiscono un mercato generale a tempo discreto, ma per la risoluzione di uno specifico problema come quello della valutazione o della copertura, occorre definire il modello in modo più preciso, in particolare occorre definire la sequenza di variabili aleatorie μ_n che rappresentano i rendimenti dei titoli rischiosi. Discuteremo due modelli basilari, il primo dei quali fornisce un esempio di mercato completo, il secondo di mercato incompleto.

1.4.1 Modello binomiale

L'esempio più semplice di mercato discreto è fornito dal modello binomiale. Assumiamo che esista un bond B con dinamica (1.1) in cui il tasso a breve $r_n = r$ è costante, ossia

$$B_n = (1+r)^n \qquad n = 0 \qquad N \tag{1.27}$$

Inoltre assumiamo che esista un solo titolo rischioso S con dinamica (1.2): precisamente

$$S_n = S_{n-1}(1+\mu_n) \qquad n = 1 \qquad N$$

dove le μ_n sono variabili aleatorie i.i.d. e tali che

$$1 + \mu_n = \begin{cases} u & \text{con probabilità } p \\ d & \text{con probabilità } 1-p \end{cases}$$

con $p \in]0\ 1[$ e $0 < d < u$. In altri termini la distribuzione di μ_n è una combinazione lineare di delta di Dirac $p\delta_{u-1} + (1-p)\delta_{d-1}$. Osserviamo che vale

$$P(S_n = u^k d^{n-k} S_0) = \binom{n}{k} p^k (1-p)^{n-k} \qquad 0 \le k \le n \le N$$

La Figura 1.1 rappresenta un albero binomiale a tre periodi.

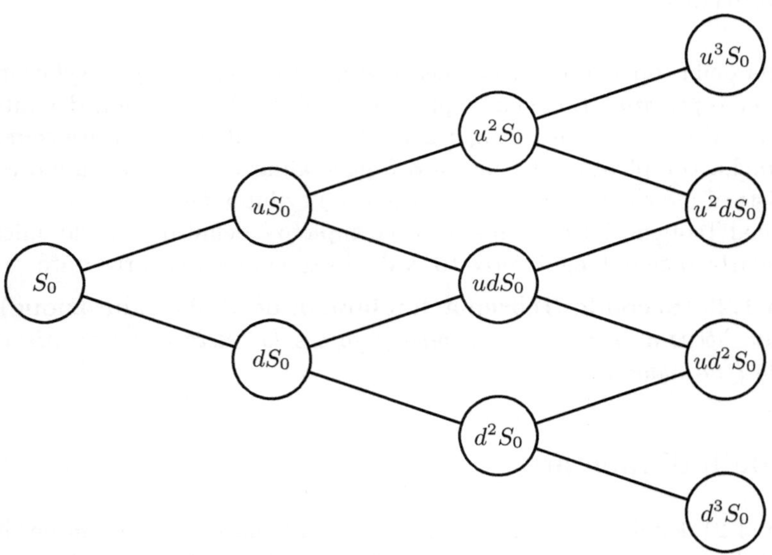

Fig. 1.1. Albero binomiale a tre periodi

Misura martingala e prezzo neutrale al rischio

Teorema 1.24. *Nel modello binomiale la condizione*

$$d < 1 + r < u, \tag{1.28}$$

è equivalente all'esistenza e unicità della misura martingala Q. Sotto tale condizione, posto

$$q = \frac{1 + r - d}{u - d}, \tag{1.29}$$

la misura Q è definita da

$$Q(1 + \mu_n = u) = 1 - Q(1 + \mu_n = d) = q, \tag{1.30}$$

essendo le variabili aleatorie $\mu_1, \ldots, \mu_N$ Q-indipendenti. Inoltre vale

$$Q(S_n = u^k d^{n-k} S_0) = \binom{n}{k} q^k (1 - q)^{n-k}, \qquad 0 \le k \le n \le N. \tag{1.31}$$

Dimostrazione. In base alla Definizione 1.13, la Q è una misura martingala se e solo se vale

$$\widetilde{S}_{n-1} = E^Q \left[\widetilde{S}_n \mid \mathcal{F}_{n-1} \right], \tag{1.32}$$

o equivalentemente

$$S_{n-1}(1 + r) = E^Q \left[S_{n-1} (1 + \mu_n) \mid \mathcal{F}_{n-1} \right] = S_{n-1} E^Q \left[(1 + \mu_n) \mid \mathcal{F}_{n-1} \right]$$

da cui semplificando si ha

$$r = E^Q \left[\mu_n \mid \mathcal{F}_{n-1}\right] = (u-1)Q\left(\mu_n = u - 1 \mid \mathcal{F}_{n-1}\right)$$
$$+ (d-1)\left(1 - Q\left(\mu_n = u - 1 \mid \mathcal{F}_{n-1}\right)\right)$$

In definitiva vale

$$Q\left(\mu_n = u - 1 \mid \mathcal{F}_{n-1}\right) = \frac{1 + r - d}{u - d} = q \tag{1.33}$$

La condizione (1.28) equivale al fatto che q appartenga all'intervallo $]0\ 1[$ e quindi che Q definita da (1.30) sia una misura di probabilità equivalente a P. Inoltre poiché la probabilità condizionata in (1.33) è una costante reale, ne viene che le variabili aleatorie $\mu_1 \quad \mu_N$ sono indipendenti anche nella misura Q e di conseguenza vale la (1.31). $\qquad\qquad\square$

Per i teoremi fondamentali della valutazione, sotto la condizione (1.28) il mercato binomiale è libero da arbitraggi e completo. Di conseguenza, per il Teorema 1.19, il prezzo d'arbitraggio di un derivato X è pari a

$$H_n = \frac{1}{(1+r)^{N-n}} E^Q \left[X \mid \mathcal{F}_n\right] \tag{1.34}$$

e nel caso in cui $X = F(S_N)$,

$$H_n = \frac{1}{(1+r)^{N-n}} \sum_{k=0}^{N-n} \binom{N-n}{k} q^k (1-q)^{N-n-k} F(u^k d^{N-n-k} S_n) \tag{1.35}$$

con q definita in (1.29).

Osservazione 1.25. È possibile costruire un modello binomiale con più di un titolo rischioso come, per esempio, nell'Esercizio 1.37. Tuttavia affinché tale modello sia libero d'arbitraggi tutti i titoli rischiosi si esprimono come derivati di un unico titolo. $\qquad\qquad\square$

Costruzione di una strategia di copertura

Nel modello binomiale è possibile costruire direttamente un strategia di copertura $(\alpha\ \beta)$ per un derivato X con generica scadenza N. Poniamo $V_n = \alpha_n S_n + \beta_n B_n$. Se S_{N-1} indica il prezzo del titolo rischioso al tempo $N - 1$, si hanno due possibili valori finali di S:

$$S_N = \begin{cases} u S_{N-1} \\ d S_{N-1} \end{cases}$$

Dunque la condizione di replicazione $V_N = X$ equivale al sistema

$$\begin{cases} \alpha_N u S_{N-1} + \beta_N B_N = X^u \\ \alpha_N d S_{N-1} + \beta_N B_N = X^d \end{cases} \tag{1.36}$$

dove X^u e X^d rappresentano rispettivamente i payoff in caso di crescita e decrescita del sottostante date le informazioni al tempo $N-1$. Il sistema lineare (1.36) ha soluzione

$$\bar{\alpha}_N = \frac{X^u - X^d}{(u-d)S_{N-1}} \qquad \bar{\beta}_N = \frac{uX^d - dX^u}{(1+r)^N(u-d)} \qquad (1.37)$$

e fornisce la strategia da utilizzare al tempo $N-1$ che assicura la replicazione all'istante finale. In base alla condizione di autofinanziamento

$$H_{N-1} := V_{N-1} = \bar{\alpha}_N S_{N-1} + \bar{\beta}_N B_{N-1}$$

determina il prezzo d'arbitraggio di X al tempo $N-1$. Una verifica diretta mostra che tale risultato è in accordo con la formula (1.34) di valutazione neutrale al rischio: precisamente

$$\bar{\alpha}_N S_{N-1} + \bar{\beta}_N B_{N-1} = \frac{qX^u + (1-q)X^d}{1+r} = \frac{1}{1+r} E^Q \left[X \mid \mathcal{F}_{N-1} \right]$$

L'argomento precedente può essere utilizzato per determinare, procedendo a ritroso, tutta la strategia di copertura fino all'istante iniziale. Più precisamente, se S_{n-1} (che, per fissare le idee, possiamo supporre noto) indica il prezzo del titolo rischioso al tempo $n-1$, si hanno due eventualità:

$$S_n = \begin{cases} uS_{n-1} \\ dS_{n-1} \end{cases}$$

Indicando con V_n^u e V_n^d i valori della strategia replicante all'istante successivo n in caso di crescita e decrescita del sottostante rispettivamente, otteniamo il sistema

$$\begin{cases} \alpha_n u S_{n-1} + \beta_n B_n = V_n^u \\ \alpha_n d S_{n-1} + \beta_n B_n = V_n^d \end{cases} \qquad (1.38)$$

con soluzione

$$\bar{\alpha}_n = \frac{V_n^u - V_n^d}{S_{n-1}(u-d)} \qquad \bar{\beta}_n = \frac{uV_n^d - dV_n^u}{(1+r)^n(u-d)} \qquad (1.39)$$

che fornisce la strategia di copertura al tempo $n-1$. Per la condizione di autofinanziamento vale

$$H_{n-1} := V_{n-1} = \bar{\alpha}_n S_{n-1} + \bar{\beta}_n B_{n-1} \qquad (1.40)$$

che determina il prezzo d'arbitraggio di X al tempo $n-1$. Equivalentemente vale

$$H_{n-1} = \bar{\alpha}_n S_{n-1} + \bar{\beta}_n B_{n-1} = \frac{qH_n^u + (1-q)H_n^d}{1+r} = \frac{1}{1+r} E^Q \left[H_n \mid \mathcal{F}_{n-1} \right]$$
$$(1.41)$$

1.4.2 Modello trinomiale

Nel modello trinomiale assumiamo che esistano un bond B con dinamica (1.1) con $r_n \equiv r$ e uno o più titoli rischiosi la cui dinamica è guidata da un processo stocastico $(h_n)_{n=1,\ldots,N}$ le cui componenti sono variabili aleatorie i.i.d. e tali che

$$h_n = \begin{cases} 1 & \text{con probabilità } p_1, \\ 2 & \text{con probabilità } p_2, \\ 3 & \text{con probabilità } p_3 = 1 - p_1 - p_2, \end{cases}$$

dove $p_1, p_2 > 0$ e $p_1 + p_2 < 1$. Nel seguito consideriamo il caso in cui esista un solo titolo rischioso S^1 (in questo caso parliamo di *mercato trinomiale standard*) e il caso in cui esistano due titoli rischiosi S^1 e S^2 (in questo caso parliamo di *mercato trinomiale completato*) con $S_0^1, S_0^2 > 0$ e

$$S_n^i = S_{n-1}^i(1 + \mu^i(h_n)), \qquad n = 1, \ldots, N, \quad i = 1, 2, \tag{1.42}$$

dove

$$1 + \mu^i(h) = \begin{cases} u_i & \text{se } h = 1, \\ m_i & \text{se } h = 2, \\ d_i & \text{se } h = 3, \end{cases}$$

e $0 < d_i < m_i < u_i$. La Figura 1.2 rappresenta un albero trinomiale a due periodi per generici valori di u, m, d.

Nel mercato trinomiale standard S^1 denota tipicamente il titolo sottostante di un derivato: come vedremo, il modello trinomiale standard rappresenta il più semplice esempio di mercato incompleto. Il mercato trinomiale completato è un modello completo e può essere utilizzato per la valutazione e copertura di un derivato esotico che generalmente non è trattato sul mercato: la strategia di copertura è costruita utilizzando i titoli S^1 e S^2 che tipicamente rappresentano rispettivamente il sottostante e un'opzione plain vanilla su S^1, per esempio un'opzione Call Europea che è generalmente trattata sul mercato.

Consideriamo dapprima il mercato trinomiale standard. Per determinare una misura martingala Q, procediamo come nel caso del modello binomiale imponendo la condizione di martingalità (1.32) che in questo caso diventa

$$S_{n-1}^1(1 + r) = E^Q \left[S_{n-1}^1 (1 + \mu(h_n)) \mid \mathcal{F}_{n-1} \right], \tag{1.43}$$

dove $\mu(h) = \mu^1(h)$, da cui, usando la notazione

$$q_j^n = Q(h_n = j \mid \mathcal{F}_{n-1}), \qquad j = 1, 2, 3, \quad n = 1, \ldots, N,$$

otteniamo il seguente sistema di equazioni

$$\begin{cases} u_1 q_1^n + m_1 q_2^n + d_1 q_3^n = 1 + r, \\ q_1^n + q_2^n + q_3^n = 1. \end{cases} \tag{1.44}$$

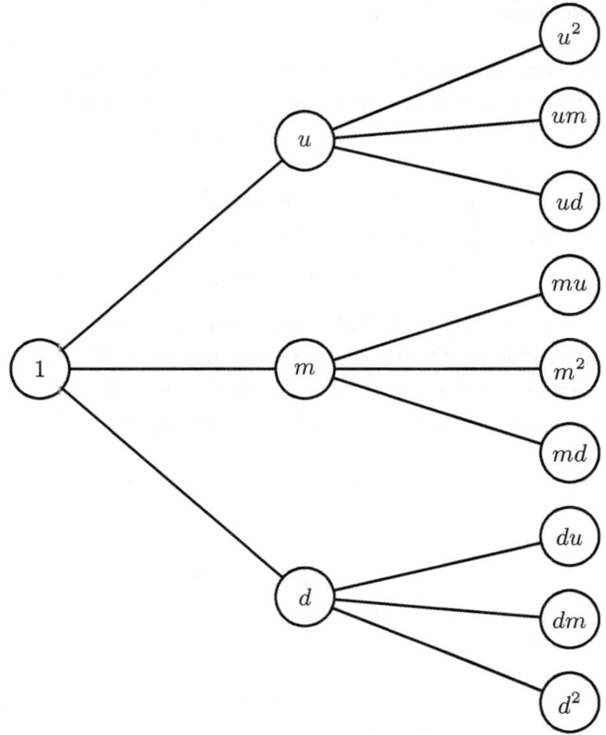

Fig. 1.2. Albero trinomiale a due periodi con prezzo iniziale $S_0 = 1$

Il sistema (1.44) non ammette soluzione unica e quindi in generale esiste più di una misura martingala; di conseguenza (vedi Teorema 1.23) il mercato è incompleto e inoltre in generale le variabili aleatorie h_n non sono indipendenti rispetto ad una generica misura martingala. Notiamo che l'incompletezza del mercato si deduce anche direttamente osservando che la condizione di replica all'istante finale, $V_N = X$, per un derivato con payoff X, si traduce nel sistema lineare di tre equazioni in due incognite

$$\begin{cases} \alpha_N u S_{N-1} + \beta_N B_N = X^u \\ \alpha_N m S_{N-1} + \beta_N B_N = X^m \\ \alpha_N d S_{N-1} + \beta_N B_N = X^d \end{cases}$$

che in generale non ha soluzione a meno che una delle equazioni non sia linearmente dipendente dalle altre due. Quest'ultimo fatto lo si può anche interpretare dicendo che nel mercato c'è troppa aleatorietà rispetto alla possibilità di formare un portafoglio replicante.

Consideriamo ora il mercato trinomiale completato: imponendo la condizione (1.43) per $S = S^i$ con $i = 1\ 2$, otteniamo il sistema lineare

$$\begin{cases} u_1 q_1^n + m_1 q_2^n + d_1 q_3^n = 1 + r \\ u_2 q_1^n + m_2 q_2^n + d_2 q_3^n = 1 + r \\ q_1^n + q_2^n + q_3^n = 1 \end{cases} \qquad (1.45)$$

Sotto opportune ipotesi sui parametri del modello (ipotesi equivalenti all'assenza di possibilità d'arbitraggio), il sistema (1.45) ha soluzione

$$\begin{aligned} q_1^n &= \frac{m_1(1 + r - d_2) - d_1(1 + r - m_2) - (1 + r)(m_2 - d_2)}{m_1(u_2 - d_2) - u_1(m_2 - d_2) - d_1(u_2 - m_2)} \\[2mm] q_2^n &= \frac{u_1(d_2 - 1 - r) - d_1(u_2 - 1 - r) + (1 + r)(u_2 - d_2)}{m_1(u_2 - d_2) - u_1(m_2 - d_2) - d_1(u_2 - m_2)} \\[2mm] q_3^n &= \frac{u_1(1 + r - m_2) - m_1(1 + r - u_2) - (1 + r)(u_2 - m_2)}{m_1(u_2 - d_2) - u_1(m_2 - d_2) - d_1(u_2 - m_2)} \end{aligned} \qquad (1.46)$$

e le frazioni in (1.46) sono numeri positivi e minori di uno, ossia definiscono una misura di probabilità Q equivalente a P. In tal caso la misura martingala Q è univocamente determinata e inoltre, poiché q_1^n, q_2^n e q_3^n sono costanti reali (non aleatorie) e indipendenti da n, le variabili aleatorie h_n sono i.i.d. rispetto a Q. In questo caso il mercato è libero d'arbitraggi e completo.

La strategia di copertura di un derivato di cui H_n indica il processo del prezzo, si determina procedendo in modo analogo al caso binomiale: per determinare la strategia di copertura $(\alpha_n^1\ \alpha_n^2\ \beta_n)$ per il periodo n-esimo (da $n - 1$ a n), supponendo noti i prezzi al tempo $n - 1$, si risolve il sistema lineare

$$\begin{cases} \alpha_n^1 u_1 S_{n-1}^1 + \alpha_n^2 u_2 S_{n-1}^2 + \beta_n(1 + r)^n = H_n^u \\ \alpha_n^1 m_1 S_{n-1}^1 + \alpha_n^2 m_2 S_{n-1}^2 + \beta_n(1 + r)^n = H_n^m \\ \alpha_n^1 d_1 S_{n-1}^1 + \alpha_n^2 d_2 S_{n-1}^2 + \beta_n(1 + r)^n = H_n^d \end{cases} \qquad (1.47)$$

dove H_n^u, H_n^m e H_n^d indicano rispettivamente i prezzi del derivato all'istante n nei tre possibili scenari. La soluzione del sistema (1.47) è data da:

$$\alpha_n^1 = \frac{d_2\left(H_n^m - H_n^u\right) + H_n^u m_2 - H_n^m u_2 + H_n^d\left(-m_2 + u_2\right)}{S_{n-1}^1\left(d_2\left(m_1 - u_1\right) + m_2 u_1 - m_1 u_2 + d_1\left(u_2 - m_2\right)\right)}$$

$$\alpha_n^2 = \frac{d_1\left(H_n^m - H_n^u\right) + H_n^u m_1 - H_n^m u_1 + H_n^d\left(u_1 - m_1\right)}{S_{n-1}^2\left(-m_2 u_1 + d_2\left(u_1 - m_1\right) + d_1\left(m_2 - u_2\right) + m_1 u_2\right)}$$

$$\beta_n = \frac{d_2\left(H_n^u m_1 - H_n^m u_1\right) + d_1\left(-H_n^u m_2 + H_n^m u_2\right) + H_n^d\left(m_2 u_1 - m_1 u_2\right)}{(1 + r)^n\left(d_2\left(m_1 - u_1\right) + m_2 u_1 - m_1 u_2 + d_1\left(-m_2 + u_2\right)\right)}$$

Osservazione 1.26. Abbiamo visto che, perché un modello di mercato trinomiale risulti completo, occorre poter investire in due titoli rischiosi. D'altra parte si noti che nel nostro modello trinomiale abbiamo tre possibili stati di natura in ogni periodo: i prezzi possono entrambi o salire, o rimanere a metà, o scendere. In generale si ha che, affinché un mercato con m stati di natura risulti completo, occorre poter investire in almeno $m-1$ titoli rischiosi. $\square$

Osservazione 1.27. Si noti che la matrice dei coefficienti in (1.45) è data da

$$\begin{pmatrix} u_1 & m_1 & d_1 \\ u_2 & m_2 & d_2 \\ 1 & 1 & 1 \end{pmatrix} \tag{1.48}$$

e tale matrice induce una mappa lineare $L : \Sigma^3 \to \mathbb{R}^3$ (la Σ^3 è il simplesso $\Sigma^3 = (q_1\ q_2\ q_3)\quad q_i \geq 0\quad \sum_{i=1}^3 q_i = 1\quad \subset \mathbb{R}^3$) che alla terna $(q_1^n\ q_2^n\ q_3^n)$ associa la $(1+r\ 1+r\ 1)$.

Il fatto che il sistema (1.45) ammetta un'unica soluzione è equivalente ad affermare che L è iniettiva.

D'altra parte, considerando come incognite in (1.47) le $\alpha_n^i S_{n-1}^i\quad i = 1\ 2$ e $\beta_n(1+r)^n$ (nel periodo n le S_{n-1}^i e la $\beta_n(1+r)^n$ sono infatti note) la matrice dei coefficienti in (1.47) è

$$\begin{pmatrix} u_1 & u_2 & 1 \\ m_2 & m_2 & 1 \\ d_1 & d_2 & 1 \end{pmatrix} \tag{1.49}$$

ed anch'essa induce una mappa lineare $L^* : \mathbb{R}^3 \to \mathbb{R}^3$ che alla terna $(\alpha_n^1 S_{n-1}^1\ \alpha_n^2 S_{n-1}^2\ \beta_n(1+r)^n)$ associa $(H_n^u\ H_n^m\ H_n^d)$. Il fatto che il sistema (1.47) ammetta soluzione per ogni valore di $(H_n^u\ H_n^m\ H_n^d)$ è equivalente ad affermare che L^* è suriettiva.

La matrice in (1.49) risulta la trasposta di quella in (1.48) e quindi la L^* è l'aggiunta di L. Il fatto che la L^* sia suriettiva se la L è iniettiva e viceversa scende allora da un noto risultato matematico dell'algebra lineare. Questo fatto è stato illustrato qui per la coppia dei sistemi (1.45),(1.47), ma poteva anche essere applicato alla coppia formata da un lato dal sistema soddisfatto da q e $1-q$ nel modello di mercato binomiale e dall'altro dal sistema (1.38); in generale questo vale in una qualunque situazione di mercato completo. Il fatto matematico sopra illustrato fa allora capire l'essenza matematica sottostante al Secondo Teorema fondamentale della valutazione (Teorema 1.23).

1.5 Cenni alla valutazione e copertura in mercati incompleti

Nella Sezione 1.4.2 riguardante il modello trinomiale abbiamo visto che un mercato incompleto può anche essere completato. Spesso il completamento non è possibile o non opportuno. Nella presente sezione accenniamo a possibili procedure per la valutazione e copertura quando il mercato resta incompleto.

Nel Teorema 1.14 abbiamo visto che in un mercato libero da arbitraggi esiste almeno una misura martingala e che (vedi Teorema 1.19) il prezzo di arbitraggio di un derivato replicabile, cioè il prezzo in accordo con il principio AOA, è dato dal valore atteso rispetto ad una misura martingala del payoff scontato.

Ne risulta che in un mercato completo il principio AOA da solo basta per definire univocamente il prezzo d'arbitraggio. Questo non è più così in un mercato incompleto, in cui sono possibili più misure martingala equivalenti. Ricordiamo che ogni scelta specifica di una misura martingala equivalente definisce, tramite la (1.25), un prezzo per i derivati coerente con il principio di AOA. D'altra parte, in base al Teorema 1.23 non è possibile replicare ogni derivato mediante una strategia replicante.

1. Per quanto riguarda la **valutazione**: in un mercato incompleto sono a priori possibili vari prezzi per i singoli derivati che sono in accordo tra loro secondo il principio AOA. Una maniera di definire univocamente un prezzo consiste allora nel ricorrere ai dati di mercato per determinare, tra tutte quelle possibili, una misura martingala Q tale che i prezzi teorici ottenuti mediante la (1.25) si scostino il meno possibile dai dati effettivamente osservati sul mercato. Questo, che è un *problema inverso*, conduce al problema cosiddetto della **calibrazione** a cui sono dedicati alcuni degli esercizi nel Capitolo 4.

   Alternativamente si possono imporre ulteriori requisiti come per esempio quello di tenere conto della struttura di preferenze degli agenti nel mercato.

2. Per quanto riguarda invece la **copertura**: siccome non è possibile replicare perfettamente un qualsiasi derivato, occorre rinunciare alla copertura perfetta ed introdurre dei criteri secondo i quali scegliere la migliore tra le strategie di copertura non perfette. Prima di descrivere due di tali criteri, citiamo il cosiddetto criterio della

   2.a. **Sovra-copertura:** si chiede di determinare una strategia autofinanziante tale che

   $$V_N^{(\alpha\,\beta)} \geq X, \quad \text{q.c.}$$

   Questo criterio ha il difetto principale di richiedere in generale un elevato capitale iniziale V_0.

   Due dei criteri di copertura tra i più usati sono

   2.b. **Minimizzazione del rischio quadratico:** si chiede di determinare una strategia autofinanziante che minimizza

   $$E_{S_0\,V_0}\left[\left(X - V_N^{(\alpha\,\beta)}\right)^2\right].$$

   La V_0 può essere data, oppure la minimizzazione può coinvolgere anche la V_0. Si tratta di un criterio simmetrico che ha il vantaggio di essere abbastanza trattabile matematicamente, ma ha il difetto che penalizza ugualmente uno scarto in eccesso come in difetto.

Un criterio asimmetrico è quello della

2.c. Minimizzazione del rischio di "shortfall": si chiede di determinare una strategia che minimizza

$$E_{S_0\ V_0}\left[\left(X - V_N^{(\alpha\ \beta)}\right)^+\right].$$

Anche qui la minimizzazione può coinvolgere la V_0. È un criterio che penalizza solo gli scarti per difetto *(downside-type risk)*. D'altra parte la sua natura asimmetrica lo rende più difficilmente trattabile dal punto di vista matematico.

Tra gli esercizi viene anche proposto qualcuno che affronta la copertura in un mercato incompleto secondo quanto descritto sopra.

Osservazione 1.28. I criteri suesposti possono essere applicati anche ad un mercato completo qualora l'investitore non possegga sufficiente capitale iniziale per ottenere la copertura perfetta, cioè se $V_0 < E^Q\left\{\frac{X}{B_N}\right\}$.

Osservazione 1.29. Minimizzando in 2.b. e 2.c. anche rispetto a V_0, tale valore minimo è spesso anche considerato come un possibile prezzo del derivato. Tale prezzo può infatti anche essere considerato in accordo con il principio AOA nel senso che esso fornisce il minimo capitale iniziale a partire dal quale ottenere la migliore replicazione non perfetta secondo il criterio adottato.

1.6 Cenni alla tecnica del cambio di numeraire

Accenniamo qui alla tecnica del cambio di numeraire prendendo lo spunto dalla formula di valutazione di una Call Europea in un modello binomiale e descrivendola poi in generale. Come vedremo nel Capitolo 4, questa tecnica ha delle applicazioni pratiche notevoli.

1.6.1 Un caso particolare

A motivazione di questa Sezione 1.6 riprendiamo la formula di valutazione (1.35) e la applichiamo al caso di un'opzione Call Europea in cui $X = F(S_N) = (S_N - K)^+$. Ponendo

$$a_n := \inf\left\{k\ \ u^k d^{N-n-k} S_n > K\right\}$$

abbiamo

$$
\begin{aligned}
H_n =& \frac{1}{(1+r)^{N-n}} \sum_{k=a_n}^{N-n} \binom{N-n}{k} q^k (1-q)^{N-n-k} S_n u^k d^{N-n-k} \\
& - \frac{K}{(1+r)^{N-n}} \sum_{k=a_n}^{N-n} \binom{N-n}{k} q^k (1-q)^{N-n-k} \\
=& S_n \sum_{k=a_n}^{N-n} \binom{N-n}{k} \left(\frac{qu}{1+r}\right)^k \left(\frac{(1-q)d}{1+r}\right)^{N-n-k} \\
& - \frac{K}{(1+r)^{N-n}} \sum_{k=a_n}^{N-n} \binom{N-n}{k} q^k (1-q)^{N-n-k} \\
=& S_n \sum_{k=a_n}^{N-n} \binom{N-n}{k} \bar{q}^k (1-\bar{q})^{N-n-k} \\
& - \frac{K}{(1+r)^{N-n}} \sum_{k=a_n}^{N-n} \binom{N-n}{k} q^k (1-q)^{N-n-k} \\
=& S_n \bar{Q}\left[S_N > K \mid \mathcal{F}_n \right] - \frac{K}{(1+r)^{N-n}} Q\left[S_N > K \mid \mathcal{F}_n \right]
\end{aligned}
\tag{1.50}
$$

avendo posto $\bar{q} := \frac{qu}{1+r} \in (0,1)$ ed indicato con $\bar{Q}$ la misura che induce $\bar{q}$. In altre parole, il prezzo di un'opzione Call Europea in un modello binomiale può essere calcolato determinando le probabilità, condizionate a $\mathcal{F}_n$, dell'evento $S_N > K$ (cioè che alla scadenza la opzione è "in the money") nelle due misure $\bar{Q}$ e Q.

Risulta ora che non solo Q è una misura martingala equivalente (con numeraire B), ma lo è anche $\bar{Q}$. Per verificarlo introduciamo dapprima la nozione di *numeraire*. Allo scopo consideriamo un generico mercato discreto (cfr. Sezione 1.1.1). Supposto che il processo del prezzo S^1 sia positivo, utilizziamo tale titolo come unità di misura rispetto alla quale esprimere i prezzi di tutti i titoli del mercato, cioè come un numeraire. Pertanto poniamo

$$
\bar{B}_n = \frac{B_n}{S_n^1}, \qquad \bar{S}_n^i = \frac{S_n^i}{S_n^1}, \qquad i = 1, \ldots, d.
$$

Se il mercato è libero da arbitraggi e completo, esiste un'unica misura martingala $\bar{Q}$ relativa al numeraire S^1, ossia una misura tale che:

i) $\bar{Q}$ è equivalente a P;
ii) i processi dei prezzi $\bar{B}$ e $\bar{S}$ sono $\bar{Q}$-martingale.

Facciamo ora vedere che, mentre Q è una misura martingala con numeraire B, $\bar{Q}$ ha come numeraire S. Lo si può vedere in modo elementare come segue, dato che basta che B_n ed S_n (gli unici titoli nel mercato in considerazione), se espressi in unità di S_n, siano delle $\bar{Q}$–martingale. La $\frac{S_n}{S_n} \equiv 1$ è già una martingala. Basta allora fare vedere che vale

$$E^{\bar{Q}}\left[\frac{B_{n+1}}{S_{n+1}} \,\middle|\, \mathcal{F}_n\right] = E^{\bar{Q}}\left[\frac{B_{n+1}}{S_{n+1}} \,\middle|\, S_n\right] = \frac{B_n}{S_n} \tag{1.51}$$

e questo è equivalente a chiedere che

$$\bar{q}\,\frac{1+r}{S_n u} + (1-\bar{q})\,\frac{1+r}{S_n d} = \frac{1}{S_n} \tag{1.52}$$

Si vede ora facilmente che, in base alla $\bar{q} = \frac{qu}{1+r}$ ed al fatto che $qu + (1-q)d = 1+r$ implica $\left(1 - \frac{qu}{1+r}\right)\frac{1+r}{d} = 1-q$, la (1.52) discende immediatamente dalla identità

$$\frac{q}{S_n} + \frac{1-q}{S_n} = \frac{1}{S_n}$$

1.6.2 Caso generale

In questa sezione esplicitiamo la relazione fra misure martingale relative a differenti numeraire e forniamo l'espressione della derivata di Radon-Nikodym di una misura rispetto ad un'altra.

Nel seguito Y indica il prezzo di un titolo *contrattato* sul mercato, sia esso uno dei titoli primitivi $S^1 \ldots S^d$ oppure il valore di una strategia autofinanziante e predicibile. Si noti che il fatto che Y è un titolo *contrattato (o quotato) corrisponde matematicamente al fatto che il processo scontato* $\widetilde{Y} = \left(\frac{Y_n}{B_n}\right)$ è *una Q-martingala* (cfr. Proposizione 1.15).

Teorema 1.30. *In un modello di mercato libero da arbitraggi, siano Q una misura martingala con numeraire B e $(Y_n)_{n \leq N}$ un processo positivo tale che $\widetilde{Y}$ è una Q-martingala (Y rappresenta il prezzo di un titolo quotato da assumere come nuovo numeraire). Allora la misura Q^Y definita da*

$$\frac{dQ^Y}{dQ} = \frac{Y_N}{Y_0}\left(\frac{B_N}{B_0}\right)^{-1} \tag{1.53}$$

è tale che

$$B_n E^Q\left[\frac{X}{B_N} \,\middle|\, \mathcal{F}_n\right] = Y_n E^{Q^Y}\left[\frac{X}{Y_N} \,\middle|\, \mathcal{F}_n\right] \qquad n \leq N \tag{1.54}$$

per ogni variabile aleatoria integrabile X (qui lo è automaticamente, essendo per ipotesi Ω finito). Di conseguenza Q^Y è una misura martingala con numeraire Y.

Osservazione 1.31. Possiamo riscrivere la (1.54) nella forma

$$E^Q\left[D(n,N)X \,\middle|\, \mathcal{F}_n\right] = E^{Q^Y}\left[D^Y(n,N)X \,\middle|\, \mathcal{F}_n\right] \qquad n \leq N \tag{1.55}$$

dove

$$D^Y(n, N) = \frac{Y_n}{Y_N}, \qquad n \leq N,$$

indica il *fattore di sconto* da N a n relativo al numeraire Y (nel caso $Y = B$, scriviamo semplicemente $D(n, N)$ invece di $D^B(n, N)$). Notiamo che il membro sinistro (risp. destro) della (1.55) rappresenta il prezzo d'arbitraggio al tempo n di un derivato Europeo con payoff X e scadenza N, espresso in termini di attesa condizionata del payoff scontato rispetto al numeraire B (risp. Y) nella corrispondente misura martingala Q (risp. Q^Y). $\square$

Dimostrazione. In (1.53), $Z := \frac{dQ^Y}{dQ}$ indica la derivata di Radon-Nikodym di Q^Y rispetto a Q: ciò significa che vale

$$E^{Q^Y}[X] = E^Q[XZ]$$

per ogni variabile aleatoria integrabile X.

Proviamo che dalla (1.53) deriva la seguente formula

$$E^{Q^Y}[X \mid \mathcal{F}_n] = E^Q\left[X \frac{B_n}{B_N}\left(\frac{Y_n}{Y_N}\right)^{-1} \,\middle|\, \mathcal{F}_n\right], \qquad n \leq N. \tag{1.56}$$

Infatti per la formula di Bayes[5] abbiamo

$$E^{Q^Y}[X \mid \mathcal{F}_n] = \frac{E^Q[XZ \mid \mathcal{F}_n]}{E^Q[Z \mid \mathcal{F}_n]} = \frac{E^Q\left[X \frac{Y_N}{B_N} \,\middle|\, \mathcal{F}_n\right]}{E^Q\left[\frac{Y_N}{B_N} \,\middle|\, \mathcal{F}_n\right]}$$

da cui segue la (1.56), poiché per ipotesi $\widetilde{Y}$ è una Q-martingala e quindi vale

$$E^Q\left[\frac{Y_N}{B_N} \,\middle|\, \mathcal{F}_n\right] = \frac{Y_n}{B_n}.$$

Ora la (1.54) è una semplice conseguenza della (1.56), infatti

$$B_n E^Q\left[\frac{X}{B_N} \,\middle|\, \mathcal{F}_n\right] = E^Q\left[\frac{B_n}{B_N}\left(\frac{Y_n}{Y_N}\right)^{-1}\frac{Y_n X}{Y_N} \,\middle|\, \mathcal{F}_n\right] =$$

(per la (1.56))

$$= Y_n E^{Q^Y}\left[\frac{X}{Y_N} \,\middle|\, \mathcal{F}_n\right].$$

---

[5] Si veda, per esempio, il Teorema 2.108 in [17].

Infine dalla (1.54) segue che Q^Y è una misura martingala con numeraire Y: infatti, per definizione di misura martingala vale

$$S_n = B_n E^Q \left[\frac{S_N}{B_N} \,\middle|\, \mathcal{F}_n \right] =$$

(per la (1.54) con $X = S_N$)

$$= Y_n E^{Q^Y} \left[\frac{S_N}{Y_N} \,\middle|\, \mathcal{F}_n \right],$$

per ogni $n \leq N$, e una relazione analoga vale per il titolo B. Questo prova la tesi. $\qquad\square$

Corollario 1.32. *Nelle ipotesi del Teorema 1.30, per ogni $A \in \mathcal{F}_n$ vale*

$$Q^Y(A) = E^Q \left[\frac{Y_n}{Y_0} \left(\frac{B_n}{B_0} \right)^{-1} \mathbb{1}_A \right]. \tag{1.57}$$

Dimostrazione. La tesi segue dalla relazione

$$E^Q \left[\frac{Y_N}{Y_0} \left(\frac{B_N}{B_0} \right)^{-1} \,\middle|\, \mathcal{F}_n \right] = \frac{Y_n}{Y_0} \left(\frac{B_n}{B_0} \right)^{-1}$$

che si prova come segue:

$$E^Q \left[\frac{Y_N}{Y_0} \left(\frac{B_N}{B_0} \right)^{-1} \,\middle|\, \mathcal{F}_n \right] = \frac{Y_n}{Y_0} \left(\frac{B_n}{B_0} \right)^{-1} E^Q \left[\frac{Y_N}{Y_n} \left(\frac{B_N}{B_n} \right)^{-1} \,\middle|\, \mathcal{F}_n \right] =$$

(per la (1.56))

$$= \frac{Y_n}{Y_0} \left(\frac{B_n}{B_0} \right)^{-1} E^{Q^Y} [1 \mid \mathcal{F}_n] = \frac{Y_n}{Y_0} \left(\frac{B_n}{B_0} \right)^{-1}. \qquad\square$$

Esempio 1.33. Consideriamo il modello binomiale del Paragrafo 1.4.1, in cui la misura martingala con numeraire B è definita da

$$q := Q(1 + \mu_n = u) = 1 - Q(1 + \mu_n = d) = \frac{1 + r - d}{u - d}.$$

Per determinare la misura martingala $\bar{Q}$ relativa al numeraire S, possiamo procedere come nella prova del Teorema 1.24. In alternativa possiamo usare direttamente il Corollario 1.32: poiché $-1 + \mu_1 = u - \in \mathcal{F}_1$, per la (1.57) si ha

$$\bar{q} := \bar{Q}(1 + \mu_1 = u) = \int\limits_{1+\mu_1=u} \frac{S_1^1}{B_1} \left(\frac{S_0^1}{B_0} \right)^{-1} dQ$$

$$= \int\limits_{1+\mu_1=u} \frac{1 + \mu_1}{1 + r} dQ = \frac{uq}{1 + r}. \tag{1.58}$$

In generale, se consideriamo l'evento elementare

$$A = \{\mu_1 = \bar{\mu}_1 \qquad \mu_N = \bar{\mu}_N\} \in \mathcal{F}_N$$

dove $1 + \bar{\mu}_n \in \{u, d\}$ per $n = 1, \dots, N$, vale

$$\bar{Q}(A) = \int_A \frac{S_N^1}{B_N} \left(\frac{S_0^1}{B_0}\right)^{-1} dQ = \frac{\bar{\mu}_1 \cdots \bar{\mu}_N}{(1+r)^N} Q(A) = \frac{(uq)^k (d(1-q))^{N-k}}{(1+r)^N}$$

dove k indica il numero dei $\bar{\mu}_n$ che assumono il valore $u - 1$. $\qquad\qquad\square$

1.7 Esercizi risolti

Esercizio 1.34. Si consideri un modello di mercato binomiale dove, nelle notazioni del Paragrafo 1.4.1, $S_0 = 1$, $u = 2$, $d = 1/2$, $r = 0$ e $N = 2$. Data un'opzione "look-back Call" con payoff

$$X = (S_N - m_N)^+ = S_N - m_N \qquad \text{dove} \quad m_N := \min_{n \leq N} S_n$$

si determini:

i) il prezzo iniziale dell'opzione H_0 e i prezzi all'istante $n = 1$ nei due stati $S_1 = 1$ e $S_1 = 1/2$;

ii) la proporzione π_1 da investire nel titolo rischioso all'istante $n = 1$ nei due stati $S_1 = 1$ e $S_1 = 1/2$ per ottenere la copertura. Si determini altresì la proporzione π_0 da investire nel titolo rischioso in $n = 0$, sempre per ottenere la copertura.

Svolgimento dell'Esercizio 1.34
i) In Figura 1.3 rappresentiamo l'albero binomiale dei prezzi del sottostante e i valori di m_N e del payoff dell'opzione.

Per determinare direttamente il prezzo in $n = 0$, in base alla formula di valutazione (1.34), dobbiamo calcolare:

$$H_0 = \frac{1}{(1+r)^2} \Big[q^2 \left(u^2 - \min\{1, u, u^2\}\right)^+ + q(1-q)\left(ud - \min\{1, u, ud\}\right)^+$$

$$+ q(1-q)\left(du - \min\{1, d, du\}\right)^+ + (1-q)^2 \left(d^2 - \min\{1, d, d^2\}\right)^+ \Big]$$

Nel nostro caso, ricordando la (1.29), la misura martingala è definita in termini di

$$q = \frac{1 + r - d}{u - d} = \frac{1}{3}$$

e quindi

$$H_0 = 3q^2 + 0 \cdot q(1-q) + \frac{1}{2}q(1-q) + 0 \cdot (1-q)^2 = \frac{4}{9} \tag{1.59}$$

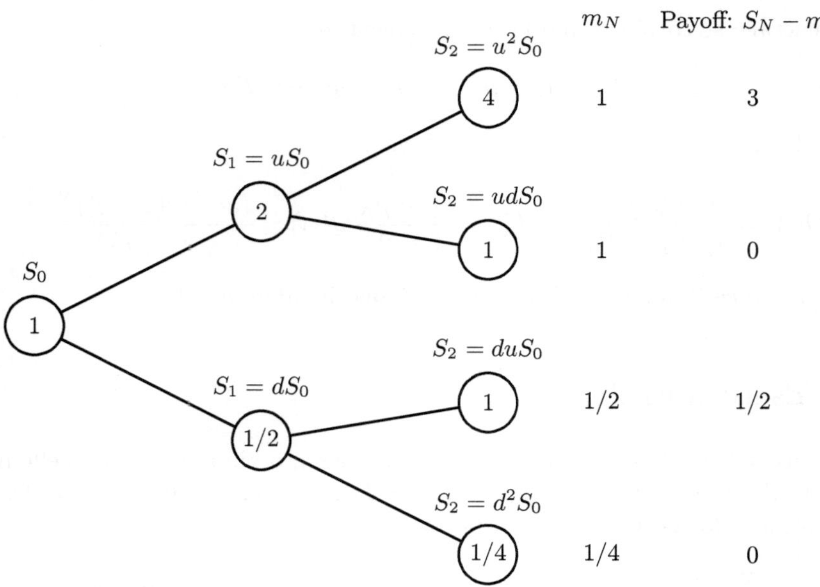

Fig. 1.3. Albero binomiale a due periodi: valore di $m_N := \min_{n \leq N} S_n$ e del payoff di un'opzione look-back

In $n = 1$ abbiamo due scenari, $1 + \mu_1 = u$ e $1 + \mu_1 = d$ relativamente ai quali indichiamo rispettivamente con H_1^u e H_1^d i prezzi del derivato:

$$H_1^u = \frac{1}{1+r}\left[q\left(u^2 - \min\{1,u,u^2\}\right)^+ + (1-q)\left(ud - \min\{1,u,ud\}\right)^+\right]$$

$$H_1^d = \frac{1}{1+r}\left[q\left(du - \min\{1,d,du\}\right)^+ + (1-q)\left(d^2 - \min\{1,d,d^2\}\right)^+\right]$$

da cui

$$H_1^u = 3q = 1 \qquad H_1^d = \frac{q}{2} = \frac{1}{6} \tag{1.60}$$

In accordo con la (1.41), una semplice verifica mostra che, per la (1.59), vale

$$\frac{4}{9} = H_0 = \frac{1}{1+r}\left(qH_1^u + (1-q)H_1^d\right) = \frac{1}{3} + \frac{2}{3}\cdot\frac{1}{6}$$

ii) Per determinare la proporzione da investire in $n = 1$ nello scenario $S_1 = S_1^u := 2$, determiniamo dapprima le quantità α_2^u, β_2^u che indicano rispettivamente le unità di titolo rischioso e non rischioso della strategia di copertura nel secondo periodo $[t_1, t_2]$. Allo scopo, con ovvie notazioni, imponiamo la condizione di replicazione (1.38):

$$\begin{cases} \alpha_2 u S_1 + \beta_2 B_2 = u S_1 - m_2^u \\ \alpha_2 d S_1 + \beta_2 B_2 = d S_1 - m_2^d \end{cases} \tag{1.61}$$

equivalente a

$$\begin{cases} 4\alpha_2 + \beta_2 = 3 \\ \alpha_2 + \beta_2 = 0 \end{cases}$$

e che, in base alla (1.39), ha soluzione

$$\alpha_2^u = 1 \qquad \beta_2^u = -1$$

Verifichiamo che, per la condizione di autofinanziamento, vale

$$H_1^u := V_1^u = \alpha_2^u S_1^u + \beta_2^u = 1$$

in accordo con la (1.60). In base alla definizione (1.10), la proporzione di titolo rischioso è pari a

$$\pi_2^u = \frac{\alpha_2^u S_1^u}{H_1^u} = 2;$$

in altri termini, la strategia consiste, partendo da una disponibilità $V_1^u = 1$, nel prendere a prestito un'unità di bond per comprare un'unità di titolo rischioso di valore unitario $S_1^u = 2$.

Nello scenario $S_1 = S_1^d := \frac{1}{2}$, il sistema (1.61) equivale a

$$\begin{cases} \alpha_2 + \beta_2 = \frac{1}{2} \\ \frac{\alpha_2}{4} + \beta_2 = 0 \end{cases}$$

con soluzione

$$\alpha_2^d = \frac{2}{3} \qquad \beta_2^d = -\frac{1}{6}$$

Verifichiamo che

$$H_1^d := V_1^d = \alpha_2^d S_1^d + \beta_2^d = \frac{1}{6}$$

in accordo con la (1.60). Dunque

$$\pi_2^d = \frac{\alpha_2^d S_1^d}{H_1^d} = 2;$$

in altri termini, la strategia consiste, partendo da una disponibilità $V_1^d = \frac{1}{2}$, nell'indebitarsi di $\frac{1}{6}$ sul titolo non rischioso per comprare $\frac{2}{3}$ di unità di titolo rischioso di valore unitario $S_1^d = \frac{1}{2}$.

In $n = 0$ si deve infine risolvere

$$\begin{cases} \alpha_1 u S_0 + \beta_1 B_1 = H_1^u \\ \alpha_1 d S_0 + \beta_1 B_1 = H_1^d \end{cases}$$

equivalente a

$$\begin{cases} 2\alpha_1 + \beta_1 = 1 \\ \frac{\alpha_1}{2} + \beta_1 = \frac{1}{6} \end{cases}$$

con soluzione

$$\alpha_1 = \frac{5}{9} \qquad \beta_1 = -\frac{1}{9}$$

Verifichiamo che

$$H_0 := V_0 = \alpha_1 S_0 + \beta_1 = \frac{4}{9}$$

in accordo con la (1.59). Dunque

$$\pi_1 = \frac{\alpha_1 S_0}{H_0} = \frac{5}{4};$$

in altri termini, al capitale iniziale $V_0 = \frac{4}{9}$, incassato per la vendita dell'opzione, viene aggiunto $\frac{1}{9}$, preso a prestito indebitandosi sul titolo non rischioso, per comperare $\frac{5}{9}$ di unità di titolo rischioso di valore unitario $S_0 = 1$. $\square$

Esercizio 1.35. In un modello di mercato binomiale con parametri $S_0 = 1$, $u = 2$, $d = 1\,2$, $r = 0$ e $N = 2$, si consideri un'opzione Put Asiatica con "floating strike" e payoff

$$X = (M - S_N)^+ \qquad \text{dove} \quad M := \frac{S_0 + S_1 + S_2}{3}$$

i) Si determini il processo dei prezzi dell'opzione, chiamiamolo qui $(A_n)_{n=0,1,2}$ e la strategia di copertura;

ii) si consideri ora un'opzione Put Europea H con strike K e payoff $H_2 = (K - S_2)^+$. Si verifichi che esiste un solo $K > 0$ tale che $H_0 = A_0$ e si determini tale valore. Inoltre si confrontino le corrispondenti strategie di copertura al tempo $n = 0$.

Svolgimento dell'Esercizio 1.35

i) In Figura 1.4 rappresentiamo l'albero binomiale dei prezzi del sottostante, i valori della media M e del payoff dell'opzione. La misura martingala è definita in termini di $q = \frac{1+r-d}{u-d} = \frac{1}{3}$.

Allora, per la formula di valutazione (1.34), i prezzi del derivato sono dati da

$$A_0 = \frac{1}{(1+r)^2} \left(q^2 X^{uu} + q(1-q)\left(X^{ud} + X^{du}\right) + (1-q)^2 X^{dd}\right) = \frac{2}{9}$$

$$A_1^u = \frac{1}{1+r} \left(q X^{uu} + (1-q) X^{ud}\right) = \frac{2}{9}$$

$$A_1^d = \frac{1}{1+r} \left(q X^{du} + (1-q) X^{dd}\right) = \frac{2}{9}$$

Per quanto riguarda la strategia di copertura al tempo $n = 0$, consideriamo il sistema

$$\begin{cases} \alpha_1 u S_0 + \beta_1 B_1 = A_1^u \\ \alpha_1 d S_0 + \beta_1 B_1 = A_1^d \end{cases}$$

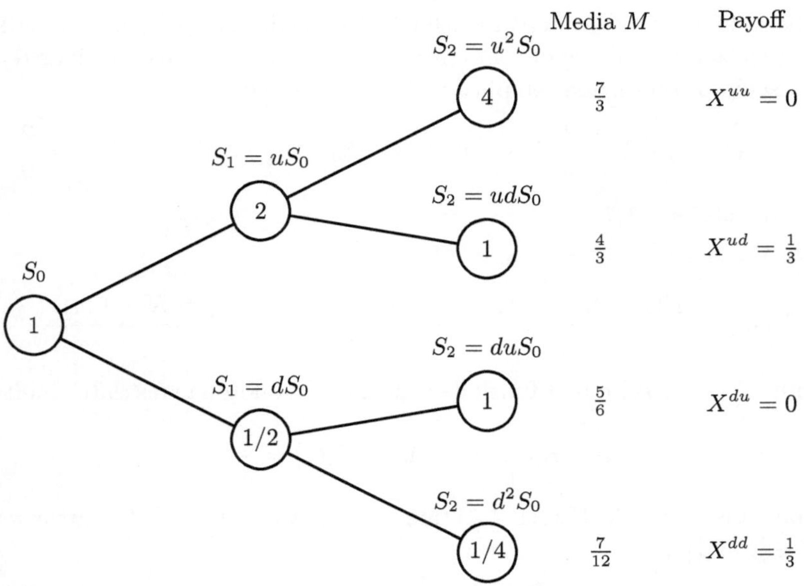

Fig. 1.4. Albero binomiale a due periodi: valore della media aritmetica $M :=$ $\frac{S_0+S_1+S_2}{3}$ e del payoff di un'opzione Put Asiatica con floating strike

equivalente a

$$\begin{cases} 2\alpha + \beta = \frac{2}{9} \\ \frac{\alpha}{2} + \beta = \frac{2}{9} \end{cases}$$

e con soluzione

$$\alpha_1 = 0 \qquad \beta_1 = \frac{2}{9}$$

Inoltre per $n = 1$, nello scenario $S_1 = 2$, dobbiamo risolvere

$$\begin{cases} \alpha_2 2u + \beta_2 B_2 = X^{uu} \\ \alpha_2 2d + \beta_2 B_2 = X^{ud} \end{cases}$$

equivalente a

$$\begin{cases} 4\alpha + \beta = 0 \\ \alpha + \beta = \frac{1}{3} \end{cases}$$

e con soluzione

$$\alpha_2^u = -\frac{1}{9} \qquad \beta_2^u = \frac{4}{9}$$

Analogamente, nello scenario $S_1 = \frac{1}{2}$, si trova

$$\alpha_2^d = -\frac{4}{9} \qquad \beta_2^u = \frac{4}{9}$$

Dunque la strategia di copertura della Put richiede una posizione corta sul titolo rischioso che è maggiore (in unità di titolo) nello scenario di ribasso del titolo rischioso. Infine una semplice verifica mostra che

$$A_0 = \alpha_1 S_0 + \beta_1 B_0 = \frac{2}{9} \quad \text{e, per } S_1 = u S_0, \quad A_1^u = \alpha_2^u S_1 + \beta_2^u B_1 = \frac{2}{9}$$

Analogamente per A_1^d.

ii) Vale

$$H_0(K) = \frac{q^2 (K-4)^+ + 2q(1-q)(K-1)^+ + (1-q)^2 (K-1\ 4)^+}{(1+r)^2}$$

e quindi $K \mapsto H_0(K)$ è una funzione continua e monotona crescente. Inoltre

$$0 = H_0 (1\ 4) < A_0 < H_0(1) = \frac{1}{3}$$

e dunque esiste un solo $K \in\,]1\ 4\ 1[$ tale che $H_0(K) = A_0 = \frac{2}{9}$. In particolare, per $K \in\,]1\ 4\ 1[$, si ha

$$H_0(K) = \frac{4}{9} (K-1\ 4)$$

e imponendo la condizione $H_0(K) = A_0$ si ottiene $K = \frac{3}{4}$.

Assumiamo ora $K = \frac{3}{4}$. Prima di determinare la strategia di copertura al tempo iniziale, osserviamo che un calcolo immediato mostra $H_1^u = 0$ e $H_1^d = \frac{1}{3}$. Quindi risolvendo il sistema

$$\begin{cases} 2\alpha + \beta = 0 \\ \frac{\alpha}{2} + \beta = \frac{1}{3} \end{cases}$$

otteniamo la strategia iniziale

$$\alpha_1^{\mathrm{Put}} = -\frac{2}{9} \qquad \beta_1^{\mathrm{Put}} = \frac{4}{9}$$

Dunque, a differenza della Put Asiatica, la strategia di copertura della Put Europea richiede di assumere una posizione corta sul titolo rischioso già all'istante iniziale e di investire maggiormente sul bond. $\qquad\square$

Esercizio 1.36. Si consideri il modello di mercato binomiale, cioè tale che

$$S_n = S_{n-1}(1 + \mu_n) \qquad \mu_n \text{ i.i.d. e } 1 + \mu_n \in\ u\ d \quad S_0 = 1$$

ed un'opzione di acquisto con payoff $(S_N - K)^+$. Si prendano come dati numerici i seguenti: $N = 3$, $u = 2$, $d = \frac{1}{2}$, $K = 1$ e $r = 0$,

i) ricordando la formula di valutazione (1.50) di un'opzione di acquisto

$$H_0 = S_0 \bar{Q}(S_N > K) - \frac{K}{(1+r)^N} Q(S_N > K)$$

si determini il prezzo iniziale H_0 dell'opzione;

ii) si verifichi il risultato con un calcolo diretto mediante la formula di valutazione neutrale al rischio

$$H_0 = \frac{1}{(1+r)^N} E^Q \left[(S_N - K)^+ \right].$$

Svolgimento dell'Esercizio 1.36
i) Determiniamo dapprima le probabilità degli eventi elementari nelle due misure martingale. Risulta

$$Q(1 + \mu_n = u) = \frac{1 + r - d}{u - d} = \frac{1}{3} =: q,$$

$$Q(1 + \mu_n = d) = \frac{u - 1 - r}{u - d} = \frac{2}{3} = 1 - q,$$

e, ricordando la (1.58),

$$\bar{Q}(1 + \mu_n = u) = \frac{uq}{1 + r} = \frac{2}{3} =: \bar{q},$$

$$\bar{Q}(1 + \mu_n = d) = \frac{(1 - q)d}{u - d} = \frac{1}{3} = 1 - \bar{q}.$$

Allora vale

$$\begin{aligned}
H_0 &= S_0 \bar{Q}(S_3 > 1) - Q(S_3 > 1) \\
&= \left(\bar{Q}(S_3 = 8) + \bar{Q}(S_3 = 2) \right) - \left(Q(S_3 = 8) + Q(S_3 = 2) \right) \\
&= \bar{q}^3 + 3\bar{q}^2(1 - \bar{q}) - \left(q^3 + 3q^2(1 - q) \right) = \frac{13}{27}.
\end{aligned}$$

Qui abbiamo utilizzato il fatto che le variabili aleatorie μ_n sono indipendenti non solo nella misura P, ma anche nelle misure martingale Q e $\bar{Q}$. Infatti, procedendo come nella prova del Teorema 1.24, vale

$$\bar{Q}(1 + \mu_n = u \mid \mathcal{F}_{n-1}) = \bar{q} = \bar{Q}(1 + \mu_n = u).$$

ii) Utilizzando la formula di valutazione neutrale al rischio abbiamo

$$\begin{aligned}
H_0 = E^Q \left[(S_3 - 1)^+ \right] =\, & q^3(u^3 - 1)^+ + 3q^2(1 - q)(u^2 d - 1)^+ \\
& + 3q(1 - q)^2(ud^2 - 1)^+ + (1 - q)^3(d^3 - 1)^+ = \frac{13}{27}.
\end{aligned}$$

$\square$

Esercizio 1.37. Sia dato un mercato binomiale in cui si assume l'esistenza di due titoli rischiosi (oltre a un titolo non rischioso) la cui dinamica è data da

$$S_n^i = S_{n-1}^i(1 + \mu^i(h_n)), \qquad n = 1, \ldots, N, \quad i = 1, 2,$$

con h_n i.i.d. a valori in $\{-1, 1\}$ e

$$1 + \mu^i(h) = \begin{cases} u_i & \text{se } h = 1 \\ d_i & \text{se } h = -1 \end{cases}$$

Posto $u_1 = 3$, $u_2 = 2$, $d_1 = \frac{1}{3}$, $d_2 = \frac{2}{3}$ e $r = 0$:

i) si mostri che il modello è libero da arbitraggi e completo;

ii) si consideri un'evoluzione su due periodi, cioè $N = 2$, a partire da $S_0^1 = S_0^2 = 1$, e si determini il processo del prezzo d'arbitraggio dell'opzione di scambio con payoff

$$H_2 = \left(S_2^2 - S_2^1\right)^+ ;$$

iii) infine si determinino tutte le strategie di copertura $(\alpha_1^1\ \alpha_1^2\ \beta_1)$ per il primo periodo, mostrando che è in generale sufficiente investire su due qualsiasi dei tre titoli disponibili $S^1\ S^2$ e B per replicare il derivato.

Svolgimento dell'Esercizio 1.37

i) Per provare che il modello è libero da arbitraggi e completo è sufficiente provare l'esistenza e unicità della misura martingala. Per il Teorema 1.24, il titolo scontato $\widetilde{S}^i$ è una martingala nella misura definita da

$$Q(h = 1) = \frac{1 + r - d_i}{u_i - d_i}$$

Poiché con i dati assegnati si ha

$$\frac{1 + r - d_1}{u_1 - d_1} = \frac{1 - \frac{1}{3}}{3 - \frac{1}{3}} = \frac{1}{4} \qquad \text{e} \qquad \frac{1 + r - d_2}{u_2 - d_2} = \frac{1 - \frac{2}{3}}{2 - \frac{2}{3}} = \frac{1}{4}$$

la misura martingala è univocamente determinata da $q := Q(h = 1) = \frac{1}{4}$.

ii) Poiché ci serviranno al successivo terzo punto, calcoliamo con la procedura a ritroso i prezzi d'arbitraggio nel primo istante nei due scenari possibili $h = -1\ 1$ (caso di crescita e decrescita dei sottostanti) che indicheremo rispettivamente con H_1^u e H_1^d. Allora si ha

$$H_1^u = \frac{1}{1+r} E^Q \left[H_2\ h_1 = 1\right]$$

$$= \frac{1}{1+r} E^Q \left[H_2\ S_1^1 = u_1 S_0^1\ S_1^2 = u_2 S_0^2\right] = \frac{1}{4} \cdot 0 + \frac{3}{4} \cdot \frac{1}{3} = \frac{1}{4}$$

$$H_1^d = \frac{1}{1+r} E^Q \left[H_2\ h_1 = -1\right]$$

$$= \frac{1}{1+r} E^Q \left[H_2\ S_1^1 = d_1 S_0^1\ S_1^2 = d_2 S_0^2\right] = \frac{1}{4} \cdot \frac{1}{3} + \frac{3}{4} \cdot \frac{1}{3} = \frac{1}{3}$$

Infine al tempo iniziale si ha

$$H_0 = \frac{1}{1+r} \left(q H_1^u + (1-q) H_1^d\right) = \frac{1}{4} \cdot \frac{1}{4} + \frac{3}{4} \cdot \frac{1}{3} = \frac{5}{16}$$

iii) Per determinare la strategia di copertura nel primo periodo, imponiamo la condizione di replicazione

$$\alpha_1^1 S_1^1 + \alpha_1^2 S_1^2 + \beta_1 B_1 = H_1$$

equivalente al seguente sistema di due equazioni nelle tre incognite $\alpha_1^1 \; \alpha_1^2 \; \beta_1$:

$$\begin{cases} \alpha_1^1 u^1 + \alpha_1^2 u^2 + \beta_1 = H^u \\ \alpha_1^1 d^1 + \alpha_1^2 d^2 + \beta_1 = H^d \end{cases}$$

Sostituendo i dati otteniamo il sistema

$$\begin{cases} 3\alpha_1^1 + 2\alpha_1^2 + \beta_1 = \frac{1}{4} \\ \frac{1}{3}\alpha_1^1 + \frac{2}{3}\alpha_1^2 + \beta_1 = \frac{1}{3} \end{cases}$$

con soluzione

$$\alpha_1^2 = -\frac{1}{16} - 2\alpha_1^1 \qquad \beta_1 = \frac{3}{8} + \alpha_1^1 \tag{1.62}$$

essendo α_1^1 arbitrario. È chiaro che scegliendo opportunamente α_1^1 è possibile formare diversi portafogli di copertura che utilizzano solo due dei tre titoli disponibili: precisamente, dalla (1.62) scegliendo $\alpha_1^1 = 0$ otteniamo una strategia sui titoli S^2 e B; con $\alpha_1^1 = -\frac{1}{32}$ otteniamo una strategia sui titoli S^1 e B; con $\alpha_1^1 = -\frac{3}{8}$ otteniamo una strategia sui titoli S^1 e S^2.   □

Esercizio 1.38. Sia dato un mercato con due titoli rischiosi (oltre ad uno non rischioso) i cui prezzi seguono il modello trinomiale (1.42) in cui

$$S_n^i = S_{n-1}^i(1 + \mu^i(h_n)) \qquad n = 1 \qquad N \qquad i = 1 \; 2$$

con h_n i.i.d. a valori in $1 \; 2 \; 3$ e

$$1 + \mu^i(h) = \begin{cases} u_i & \text{se } h = 1 \\ m_i & \text{se } h = 2 \\ d_i & \text{se } h = 3 \end{cases}$$

Scegliendo $u_1 = 2$, $u_2 = \frac{8}{3}$, $m_1 = 1$, $m_2 = \frac{8}{9}$, $d_1 = \frac{1}{2}$, $d_2 = \frac{1}{3}$ e $r = 0$ risulta che per l'unica misura martingala equivalente Q si ha

$$Q\,(h_n = 1) = q_1 = \frac{1}{6} \quad Q\,(h_n = 2) = q_2 = \frac{1}{2} \quad Q\,(h_n = 3) = q_3 = \frac{1}{3}$$

Si supponga di considerare un'evoluzione su due periodi, cioè $N = 2$, a partire da $S_0^1 = S_0^2 = 1$ e si consideri un'opzione scambio con payoff

$$H_2 = \left(S_2^2 - S_2^1\right)^+$$

Si determini:

i) il prezzo iniziale H_0 dell'opzione;
ii) la strategia di copertura $(\alpha_1^1 \ \alpha_1^2 \ \beta_1)$ per il primo periodo.

Svolgimento dell'Esercizio 1.38
i) In Figura 1.5 è rappresentato l'albero dei prezzi dei sottostanti e i valori del payoff dell'opzione. Poiché ci serviranno al secondo punto, calcoliamo i prezzi d'arbitraggio nel primo istante nei tre scenari possibili $h = 1 \ 2 \ 3$ che indicheremo rispettivamente con l'apice u, m e d. Abbiamo

$$H_1^u = \frac{1}{1+r} E^Q \left[(S_2^2 - S_2^1)^+ \ h_1 = 1 \right]$$
$$= \left(q_1 \left((u_2)^2 - (u_1)^2 \right)^+ + q_2 \left(u_2 m_2 - u_1 m_1 \right)^+ + q_3 \left(u_2 d_2 - u_1 d_1 \right)^+ \right) = \frac{19}{27}$$

Analogamente vale

$$H_1^m = \frac{1}{1+r} E^Q \left[(S_2^2 - S_2^1)^+ \ h_1 = 2 \right] = \frac{5}{81}$$
$$H_1^d = \frac{1}{1+r} E^Q \left[(S_2^2 - S_2^1)^+ \ h_1 = 3 \right] = 0$$

Allora il prezzo d'arbitraggio all'istante iniziale è pari a

$$H_0 = \frac{1}{1+r} E^Q [H_1] = q_1 H_1^u + q_2 H_1^m + q_3 H_1^d = \frac{4}{27}$$

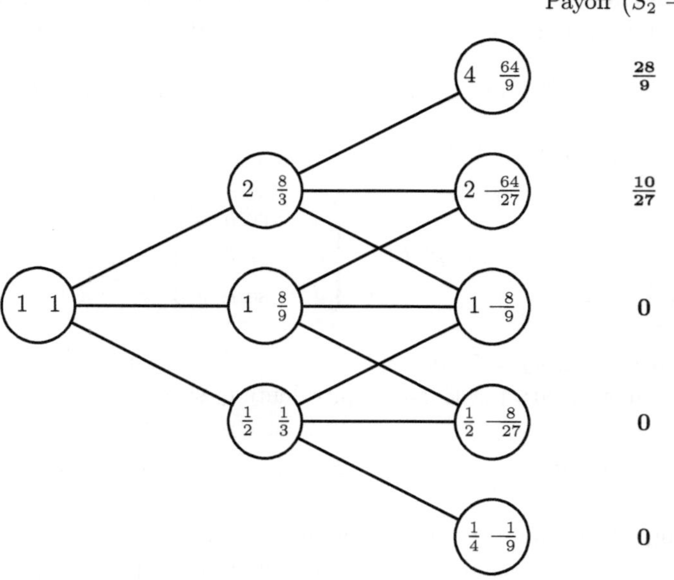

Fig. 1.5. Albero trinomiale a due periodi: prezzi dei titoli S^1, S^2 e payoff di un'opzione di scambio

Una verifica diretta mostra che lo stesso risultato si ottiene utilizzando la formula di valutazione neutrale al rischio (1.25).

ii) Per determinare la strategia di copertura iniziale, imponiamo la condizione di replicazione $\alpha_1^1 S_1^1 + \alpha_1^2 S_1^2 + \beta_1 B_1 = H_1$ equivalente a

$$\begin{cases} \alpha_1^1 u_1 S_0^1 + \alpha_1^2 u_2 S_0^2 + \beta_1(1+r) = H_1^u \\ \alpha_1^1 m_1 S_0^1 + \alpha_1^2 m_2 S_0^2 + \beta_1(1+r) = H_1^m \\ \alpha_1^1 d_1 S_0^1 + \alpha_1^2 d_2 S_0^2 + \beta_1(1+r) = H_1^d \end{cases} \qquad (1.63)$$

e che fornisce il sistema

$$\begin{cases} 2\alpha_1^1 + \frac{8}{3}\alpha_1^2 + \beta_1 = \frac{19}{27} \\ \alpha_1^1 + \frac{8}{9}\alpha_1^2 + \beta_1 = \frac{5}{81} \\ \frac{1}{2}\alpha_1^1 + \frac{1}{3}\alpha_1^2 + \beta_1 = 0 \end{cases}$$

da cui

$$\alpha_1^1 = -\frac{20}{27} \qquad \alpha_1^2 = \frac{7}{9} \qquad \beta_1 = \frac{1}{9}$$

Verifichiamo infine che

$$V_0 = -\frac{20}{27}S_0^1 + \frac{7}{9}S_0^2 + \frac{1}{9}B_0 = \frac{4}{27} = H_0$$

$\square$

Esercizio 1.39. Si consideri un mercato con due titoli rischiosi (oltre ad uno non rischioso) i cui prezzi seguono il modello trinomiale (1.42) in cui $S_0^1 = S_0^2 = 1$ e

$$S_n^i = S_{n-1}^i(1 + \mu^i(h_n)) \qquad n = 1 \quad N \quad i = 1\ 2$$

con h_n i.i.d. a valori in $1\ 2\ 3$ e

$$1 + \mu^i(h) = \begin{cases} u_i & \text{se } h = 1 \\ m_i & \text{se } h = 2 \\ d_i & \text{se } h = 3 \end{cases}$$

Scegliendo $u_1 = \frac{7}{3}$, $u_2 = \frac{22}{9}$, $m_1 = m_2 = 1$, $d_1 = \frac{1}{2}$, $d_2 = \frac{1}{3}$ e $r = \frac{1}{2}$ risulta che la misura martingala è definita da

$$Q(h_n = 1) = q_1 = \frac{1}{2} \quad Q(h_n = 2) = q_2 = \frac{1}{6} \quad Q(h_n = 3) = q_3 = \frac{1}{3}$$

Si supponga di considerare un'evoluzione su due periodi ($N = 2$) ed un'opzione di tipo "Backward Put" con sottostante S^2, il cui payoff è dato da

$$H_2 = (M_2 - S_2)^+ = M_2 - S_2 \qquad \text{con} \quad M_2 = \max\ S_1^2\ S_2^2$$

Si determini:

i) il prezzo iniziale H_0 dell'opzione;
ii) la strategia di copertura $(\alpha_1^1 \ \alpha_1^2 \ \beta_1)$ per il primo periodo.

Svolgimento dell'Esercizio 1.39

i) Il derivato riguarda solo il titolo S^2. Per semplificare usiamo allora la notazione $u = u_2$, $m = m_2$ e $d = d_2$. Notiamo che in questo caso l'albero trinomiale non è "ricombinante", ossia per esempio si ha che $ud \neq m^2$. Gli scenari possibili sono 9 (cfr. Figura 1.2):

$$(u \ u) \quad (u \ m) \quad (u \ d) \quad (m \ u) \quad (m \ m) \quad (m \ d) \quad (d \ u) \quad (d \ m) \quad (d \ d)$$

Abbiamo

$$H_0 = \frac{1}{(1+r)^2} \Big[q_1^2 \left(\max\text{-}u \ u^2 -\!- u\right) + q_1 q_2 \left(\max\text{-}u \ um -\!- um\right)$$

$$+ q_1 q_3 \left(\max\text{-}u \ ud -\!- ud\right) + q_2 q_1 \left(\max\text{-}m \ mu -\!- mu\right)$$

$$+ q_2^2 \left(\max\text{-}m \ m^2 -\!- m^2\right) + q_2 q_3 \left(\max\text{-}m \ md -\!- md\right)$$

$$+ q_3 q_1 \left(\max\text{-}d \ du -\!- du\right) + q_3 q_2 \left(\max\text{-}d \ dm -\!- dm\right)$$

$$+ q_3^2 \left(\max\text{-}d \ d^2 -\!- d^2\right) \Big] = \frac{4}{27}$$

ii) Per la strategia di copertura deve essere soddisfatta la condizione

$$\alpha_1^1 S_1^1 + \alpha_1^2 S_1^2 + \beta(1+r) = H_1$$

in tutti i tre scenari possibili, che contraddistingueremo con l'apice u m e d rispettivamente. Consideriamo dunque il seguente sistema lineare, corrispondente a (1.47) con $n = 1$:

$$\begin{cases} \alpha_1^1 u_1 S_0^1 + \alpha_1^2 u_2 S_0^2 + \beta_1(1+r) = H_1^u \\ \alpha_1^1 m_1 S_0^1 + \alpha_1^2 m_2 S_0^2 + \beta_1(1+r) = H_1^m \\ \alpha_1^1 d_1 S_0^1 + \alpha_1^2 d_2 S_0^2 + \beta_1(1+r) = H_1^d \end{cases}$$

Dunque è necessario calcolare preliminarmente i tre valori assunti da $H_1 = \frac{1}{1+r} E^Q \left[H_2 -S_1^2 \right]$:

$$H_1 = \begin{cases} H_1^u = \frac{1}{1+r} E^Q \left[M_2 - S_2 -S_1^2 = u \right] = \frac{88}{243} \\ H_1^m = \frac{1}{1+r} E^Q \left[M_2 - S_2 -S_1^2 = m \right] = \frac{4}{27} \\ H_1^d = \frac{1}{1+r} E^Q \left[M_2 - S_2 -S_1^2 = d \right] = \frac{4}{81} \end{cases}$$

Abbiamo allora

$$\begin{cases} \frac{7}{3}\alpha_1^1 + \frac{22}{9}\alpha_1^2 + \frac{3}{2}\beta_1 = \frac{88}{243} \\ \alpha_1^1 + \alpha_1^2 + \frac{3}{2}\beta_1 = \frac{4}{27} \\ \frac{\alpha_1^1}{2} + \frac{\alpha_1^2}{3} + \frac{3}{2}\beta_1 = \frac{4}{81} \end{cases}$$

da cui

$$\alpha_1^1 = 0 \qquad \alpha_1^2 = \frac{4}{27} \qquad \beta_1 = 0$$

Il capitale $H_0 = \frac{4}{27}$ incassato con la vendita dell'opzione viene quindi interamente investito nel secondo titolo; in altri termini, vengono acquistate $\frac{4}{27}$ quote che, al prezzo unitario di $S_0^2 = 1$, equivalgono al valore iniziale

$$V_0 = \alpha_1^1 S_0^1 + \alpha_1^2 S_0^2 + \beta = \frac{4}{27} = H_0$$

$\square$

Esercizio 1.40. Si consideri un mercato con due titoli rischiosi (oltre ad uno non rischioso) i cui prezzi seguono il modello trinomiale (1.42) in cui $S_0^1 = S_0^2 = 1$ e

$$S_n^i = S_{n-1}^i (1 + \mu^i(h_n)) \qquad n = 1 \qquad N \qquad i = 1 \ 2$$

con h_n i.i.d. a valori in $\{1 \ 2 \ 3\}$ e

$$1 + \mu^i(h) = \begin{cases} u_i & \text{se } h = 1 \\ m_i & \text{se } h = 2 \\ d_i & \text{se } h = 3 \end{cases}$$

Scegliendo $u_1 = 2$, $m_1 = 1$, $d_1 = \frac{1}{2}$, $u_2 = \frac{7}{3}$, $m_2 = \frac{7}{9}$, $d_2 = \frac{1}{3}$ e $r = \frac{1}{4}$ risulta che la misura martingala è definita da

$$Q(h_n = 1) = q_1 = \frac{3}{8} \qquad Q(h_n = 2) = q_2 = \frac{3}{8} \qquad Q(h_n = 3) = q_3 = \frac{1}{4}$$

Si supponga di considerare un'evoluzione su due periodi ($N = 2$) ed un'opzione di tipo "collar" con sottostante S^1, il cui payoff è dato da

$$H_2 = \min\{\max\{S_2^1 \ K_1\} \ K_2\} \qquad \text{con} \quad K_1 = 1 \ K_2 = 2$$

Si determini:

i) il prezzo iniziale H_0 dell'opzione;
ii) la strategia di copertura $(\alpha^1 \ \alpha^2 \ \beta)$ dell'opzione.

Svolgimento dell'Esercizio 1.40

i) In Figura 1.6 è rappresentato l'albero dei prezzi di S^1 e i valori del payoff dell'opzione. Come abbiamo visto nell'Esercizio 1.39, per determinare la strategia di copertura richiesta nel secondo punto, occorre calcolare anche i prezzi d'arbitraggio del derivato all'istante $n = 1$. Dunque, invece di applicare direttamente la formula di valutazione (1.25), calcoliamo prima i prezzi al primo periodo secondo la formula neutrale al rischio $H_1 = \frac{1}{1+r} E^Q [H_2 \mid S_1^2]$. Si ha

$$H_1^u := \frac{1}{1+r} E^Q [H_2 \mid S_1^1 = u_1] = \frac{1}{1 + \frac{1}{4}} (2q_1 + 2q_2 + q_3) = \frac{7}{5}$$

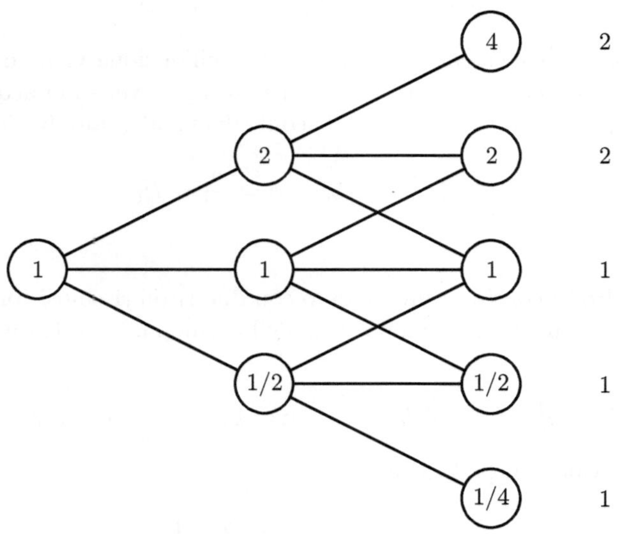

Fig. 1.6. Albero trinomiale a due periodi: prezzo del titolo S^1 e payoff di un'opzione "collar"

Analogamente vale

$$H_1^m = \frac{11}{10} \qquad H_1^d = \frac{4}{5}$$

Ora possiamo calcolare il prezzo iniziale dell'opzione

$$H_0 = \frac{1}{1+r} E^Q[H_1] = \frac{1}{1+\frac{1}{4}} \left(\frac{3}{8}H_1^u + \frac{3}{8}H_1^m + \frac{1}{4}H_1^d \right) = \frac{91}{100}$$

ii) Per quanto riguarda il primo periodo, la condizione di replicazione

$$\begin{cases} \alpha_1^1 u_1 S_0^1 + \alpha_1^2 u_2 S_0^2 + \beta_1(1+r) = H_1^u \\ \alpha_1^1 m_1 S_0^1 + \alpha_1^2 m_2 S_0^2 + \beta_1(1+r) = H_1^m \\ \alpha_1^1 d_1 S_0^1 + \alpha_1^2 d_2 S_0^2 + \beta_1(1+r) = H_1^d \end{cases}$$

fornisce il sistema

$$\begin{cases} 2\alpha_1^1 + \frac{7}{3}\alpha_1^2 + \frac{5}{4}\beta_1 = \frac{7}{5} \\ \alpha_1^1 + \frac{7}{9}\alpha_1^2 + \frac{5}{4}\beta_1 = \frac{11}{10} \\ \frac{1}{2}\alpha_1^1 + \frac{1}{3}\alpha_1^2 + \frac{5}{4}\beta_1 = \frac{4}{5} \end{cases}$$

da cui

$$\alpha_1^1 = 1 \qquad \alpha_1^2 = -\frac{9}{20} \qquad \beta_1 = \frac{9}{25}$$

Verifichiamo che

$$V_0 = S_0^1 - \frac{9}{20}S_0^2 + \frac{9}{25}B_0 = \frac{91}{100} = H_0$$

Per quanto riguarda il secondo periodo, si hanno tre scenari: nel caso $S_1^1 = u_1$, dobbiamo risolvere il sistema

$$\begin{cases} \alpha_2^1 u_1 S_1^1 + \alpha_2^2 u_2 S_1^2 + \beta_2(1+r)^2 = H_2^{uu} \\ \alpha_2^1 m_1 S_1^1 + \alpha_2^2 m_2 S_1^2 + \beta_2(1+r)^2 = H_2^{um} \\ \alpha_2^1 d_1 S_1^1 + \alpha_2^2 d_2 S_1^2 + \beta_2(1+r)^2 = H_2^{ud} \end{cases}$$

equivalente a

$$\begin{cases} 4\alpha_2^1 + \frac{49}{9}\alpha_2^2 + \frac{25}{16}\beta_2 = 2 \\ 2\alpha_2^1 + \frac{49}{27}\alpha_2^2 + \frac{25}{16}\beta_2 = 2 \\ \alpha_2^1 + \frac{7}{9}\alpha_2^2 + \frac{25}{16}\beta_2 = 1; \end{cases}$$

da cui

$$\alpha_2^1 = \frac{7}{3} \qquad \alpha_2^2 = -\frac{9}{7} \qquad \beta_2 = -\frac{16}{75}$$

Un semplice calcolo mostra che, se $S_1^1 = u_1 = 2$, allora

$$V_1^u = \frac{7}{3}S_1^1 - \frac{9}{7}S_1^2 - \frac{16}{75}B_1 = \frac{7}{5} = H_1^u$$

Analogamente, nello scenario $S_1^1 = m_1$ si ottiene

$$\alpha_2^1 = -\frac{4}{3} \qquad \alpha_2^2 = \frac{27}{14} \qquad \beta_2 = \frac{56}{75}$$

e infine, nello scenario $S_1^1 = d_1$,

$$\alpha_2^1 = 0 \qquad \alpha_2^2 = 0 \qquad \beta_2 = \frac{16}{25} \qquad\qquad \square$$

Esercizio 1.41. Si consideri un mercato con due titoli rischiosi (oltre ad uno non rischioso) i cui prezzi seguono il modello trinomiale (1.42) in cui

$$S_n^i = S_{n-1}^i(1 + \mu^i(h_n)) \qquad n = 1 \qquad N \qquad i = 1\ 2$$

con h_n i.i.d. a valori in $\ 1\ 2\ 3\ $ e

$$1 + \mu^i(h) = \begin{cases} u_i & \text{se } h = 1 \\ m_i & \text{se } h = 2 \\ d_i & \text{se } h = 3 \end{cases}$$

Scegliendo $u_1 = \frac{7}{3}$, $u_2 = \frac{22}{9}$, $m_1 = m_2 = 1$, $d_1 = \frac{1}{2}$, $d_2 = \frac{1}{3}$ e $r = \frac{1}{2}$ risulta che per l'unica misura martingala equivalente Q si ha

$$Q\,(h_n = 1) = q_1 = \frac{1}{2} \qquad Q\,(h_n = 2) = q_2 = \frac{1}{6} \qquad Q\,(h_n = 3) = q_3 = \frac{1}{3}$$

Si supponga di considerare un'evoluzione su due periodi, cioè $N = 2$, a partire da $S_0^1 = S_0^2 = 1$ ed un'opzione di tipo "forward start" con sottostante S^2 per cui

$$H_2 = \left(S_2^2 - S_1^2\right)^+$$

Si determini:

i) il prezzo iniziale d'arbitraggio H_0 dell'opzione;
ii) la strategia di copertura $(\alpha_1^1 \ \alpha_1^2 \ \beta_1)$ da seguire nel primo periodo, cioè da $n = 0$ a $n = 1$.

Svolgimento dell'Esercizio 1.41

i) Il derivato riguarda solo il titolo S^2. Per semplificare usiamo allora la notazione $u = u_2$, $m = m_2$ e $d = d_2$. Abbiamo

$$\begin{aligned}
H_0 &= \frac{1}{(1+r)^2} E^Q\left[\left(S_2^2 - S_1^2\right)^+\right] \\
&= \frac{1}{(1+r)^2}\Big[q_1^2\left(u^2 - u\right)^+ + q_1 q_2\left(um - u\right)^+ + q_1 q_3\left(ud - u\right)^+ \\
&\quad + q_2 q_1\left(mu - m\right)^+ + q_2^2\left(m^2 - m\right)^+ + q_2 q_3\left(md - m\right)^+ \\
&\quad + q_3 q_1\left(du - d\right)^+ + q_3 q_2\left(dm - d\right)^+ + q_3^2\left(d^2 - d\right)^+\Big] = \frac{13}{27}
\end{aligned}$$

ii) Calcoliamo i prezzi in $n = 1$ nei tre possibili stati:

$$\begin{aligned}
H_1^u &= \frac{1}{1+r}\left(q_1\left(u^2 - u\right)^+ + q_2\left(um - u\right)^+ + q_3\left(ud - u\right)^+\right) = \frac{286}{243} \\
H_1^m &= \frac{1}{1+r}\left(q_1\left(mu - m\right)^+ + q_2\left(m^2 - m\right)^+ + q_3\left(md - m\right)^+\right) = \frac{13}{27} \\
H_1^d &= \frac{1}{1+r}\left(q_1\left(du - d\right)^+ + q_2\left(dm - d\right)^+ + q_3\left(d^2 - d\right)^+\right) = \frac{13}{81}
\end{aligned}$$

Per la strategia di copertura iniziale, imponiamo la condizione di replicazione (1.63) che equivale a

$$\begin{cases}
\frac{7}{3}\alpha_1^1 + \frac{22}{9}\alpha_1^2 + \frac{3}{2}\beta_1 = \frac{286}{243} \\
\alpha_1^1 + \alpha_1^2 + \frac{3}{2}\beta_1 = \frac{13}{27} \\
\frac{1}{2}\alpha_1^1 + \frac{1}{3}\alpha_1^2 + \frac{3}{2}\beta_1 = \frac{13}{81}
\end{cases}$$

da cui

$$\alpha_1^1 = 0 \qquad \alpha_1^2 = \frac{13}{27} \qquad \beta_1 = 0$$

Nel secondo periodo, nello scenario di "salita" $h_1 = 1$, la strategia di copertura è soluzione di

$$\begin{cases}
\alpha_2^1 u_1 S_1^1 + \alpha_2^2 u_2 S_1^2 + \beta_2(1+r)^2 = H_2^{uu} \\
\alpha_2^1 m_1 S_1^1 + \alpha_2^2 m_2 S_1^2 + \beta_2(1+r)^2 = H_2^{um} \\
\alpha_2^1 d_1 S_1^1 + \alpha_2^2 d_2 S_1^2 + \beta_2(1+r)^2 = H_2^{ud}
\end{cases}$$

equivalente a

$$\begin{cases} \frac{49}{9}\alpha_2^1 + \frac{484}{81}\alpha_2^2 + \frac{9}{4}\beta_2 = \frac{286}{81} \\ \frac{7}{3}\alpha_2^1 + \frac{22}{9}\alpha_2^2 + \frac{9}{4}\beta_2 = 0 \\ \frac{7}{6}\alpha_2^1 + \frac{22}{27}\alpha_2^2 + \frac{9}{4}\beta_2 = 0 \end{cases}$$

da cui

$$\alpha_2^1 = \frac{1144}{189} \qquad \alpha_2^2 = -\frac{13}{3} \qquad \beta_2 = -\frac{1144}{729}$$

Nello scenario $h_1 = 2$, abbiamo

$$\begin{cases} \frac{7}{3}\alpha_2^1 + \frac{22}{9}\alpha_2^2 + \frac{9}{4}\beta_2 = \frac{13}{9} \\ \alpha_2^1 + \alpha_2^2 + \frac{9}{4}\beta_2 = 0 \\ \frac{1}{2}\alpha_2^1 + \frac{1}{3}\alpha_2^2 + \frac{9}{4}\beta_2 = 0 \end{cases}$$

da cui

$$\alpha_2^1 = \frac{52}{9} \qquad \alpha_2^2 = -\frac{13}{3} \qquad \beta_2 = -\frac{52}{81}$$

Infine nello scenario $h_1 = 3$, abbiamo

$$\begin{cases} \frac{7}{6}\alpha_2^1 + \frac{22}{27}\alpha_2^2 + \frac{9}{4}\beta_2 = \frac{13}{27} \\ \frac{1}{2}\alpha_2^1 + \frac{1}{3}\alpha_2^2 + \frac{9}{4}\beta_2 = 0 \\ \frac{1}{4}\alpha_2^1 + \frac{1}{9}\alpha_2^2 + \frac{9}{4}\beta_2 = 0 \end{cases}$$

da cui

$$\alpha_2^1 = \frac{104}{27} \qquad \alpha_2^2 = -\frac{13}{3} \qquad \beta_2 = -\frac{52}{243} \qquad \square$$

Esercizio 1.42. In un mercato trinomiale con gli stessi dati numerici dell'Esercizio 1.41, si consideri un'opzione Put e una Call con strike $K = 1$ sul titolo S^2. Si determini:

i) i prezzi iniziali d'arbitraggio H_0^{Call} e H_0^{Put};
ii) la strategia di copertura dell'opzione Put.

Svolgimento dell'Esercizio 1.42
i) Ricordiamo che

$$q_1 = \frac{1}{2} \qquad q_2 = \frac{1}{6} \qquad q_3 = \frac{1}{3}$$

Si ha

$$H_0^{Call} = \frac{1}{(1+r)^2} E^Q \left[\left(S_2^2 - 1 \right)^+ \right]$$

$$= \frac{1}{(1+r)^2} \left[q_1^2 \left(u^2 - 1 \right)^+ + q_1 q_2 \left(um - 1 \right)^+ + q_1 q_3 \left(ud - 1 \right)^+ \right.$$

$$+ q_2 q_1 \left(mu - 1 \right)^+ + q_2^2 \left(m^2 - 1 \right)^+ + q_2 q_3 \left(md - 1 \right)^+$$

$$\left. + q_3 q_1 \left(du - 1 \right)^+ + q_3 q_2 \left(dm - 1 \right)^+ + q_3^2 \left(d^2 - 1 \right)^+ \right] = \frac{481}{729}$$

Il prezzo della corrispondente opzione Put può essere ottenuto:

a) mediante la formula di Put-Call Parity:

$$H_0^{Put} = H_0^{Call} + \frac{K}{(1+r^2} - S_0^2 = \frac{76}{729};$$

b) mediante un calcolo diretto

$$H_0^{Put} = \frac{1}{(1+r)^2} E^Q \left[\left(1 - S_2^2\right)^+ \right]$$

$$= \frac{1}{(1+r)^2} \left[q_1^2 \left(1 - u^2\right)^+ + q_1 q_2 \left(1 - um\right)^+ + q_1 q_3 \left(1 - ud\right)^+ \right.$$

$$+ q_2 q_1 \left(1 - mu\right)^+ + q_2^2 \left(1 - m^2\right)^+ + q_2 q_3 \left(1 - md\right)^+$$

$$\left. + q_3 q_1 \left(1 - du\right)^+ + q_3 q_2 \left(1 - dm\right)^+ + q_3^2 \left(1 - d^2\right)^+ \right] = \frac{76}{729}$$

ii) D'ora in poi indichiamo per semplicità $H^{Put} = H$. Per determinare la strategia di copertura, calcoliamo dapprima i prezzi in $n = 1$:

$$H_1^u = \frac{1}{1+r} \left(q_1 \left(1 - u^2\right)^+ + q_2 \left(1 - um\right)^+ + q_3 \left(1 - ud\right)^+ \right) = \frac{10}{243}$$

$$H_1^m = \frac{1}{1+r} \left(q_1 \left(1 - mu\right)^+ + q_2 \left(1 - m^2\right)^+ + q_3 \left(1 - md\right)^+ \right) = \frac{4}{27}$$

$$H_1^d = \frac{1}{1+r} \left(q_1 \left(1 - du\right)^+ + q_2 \left(1 - dm\right)^+ + q_3 \left(1 - d^2\right)^+ \right) = \frac{1}{3}$$

Per la strategia di copertura iniziale, imponiamo la condizione di replicazione (1.63) che equivale a

$$\begin{cases} \frac{7}{3}\alpha_1^1 + \frac{22}{9}\alpha_1^2 + \frac{3}{2}\beta_1 = \frac{10}{243} \\ \alpha_1^1 + \alpha_1^2 + \frac{3}{2}\beta_1 = \frac{4}{27} \\ \frac{1}{2}\alpha_1^1 + \frac{1}{3}\alpha_1^2 + \frac{3}{2}\beta_1 = \frac{1}{3} \end{cases}$$

da cui

$$\alpha_1^1 = \frac{286}{243} \qquad \alpha_1^2 = -\frac{94}{81} \qquad \beta_1 = \frac{64}{729}$$

In $n = 1$ per determinare la strategia dobbiamo distinguere i tre scenari $h = 1\ 2\ 3$. Nello scenario di "salita" $h_1 = 1$, corrispondente a $S_1^i = u_i$ per $i = 1\ 2$, la strategia di copertura è soluzione di

$$\begin{cases} \alpha_2^1 u_1 S_1^1 + \alpha_2^2 u_2 S_1^2 + \beta_2(1+r)^2 = H_2^{uu} \\ \alpha_2^1 m_1 S_1^1 + \alpha_2^2 m_2 S_1^2 + \beta_2(1+r)^2 = H_2^{um} \\ \alpha_2^1 d_1 S_1^1 + \alpha_2^2 d_2 S_1^2 + \beta_2(1+r)^2 = H_2^{ud} \end{cases}$$

equivalente a

$$\begin{cases} \frac{49}{9}\alpha_2^1 + \frac{484}{81}\alpha_2^2 + \frac{9}{4}\beta_2 = 0 \\ \frac{7}{3}\alpha_2^1 + \frac{22}{9}\alpha_2^2 + \frac{9}{4}\beta_2 = 0 \\ \frac{7}{6}\alpha_2^1 + \frac{22}{27}\alpha_2^2 + \frac{9}{4}\beta_2 = \frac{5}{27} \end{cases}$$

da cui

$$\alpha_2^1 = \frac{130}{189} \qquad \alpha_2^2 = -\frac{20}{33} \qquad \beta_2 = -\frac{40}{729}$$

Nello scenario $h_1 = 2$, abbiamo

$$\begin{cases} \frac{7}{3}\alpha_2^1 + \frac{22}{9}\alpha_2^2 + \frac{9}{4}\beta_2 = 0 \\ \alpha_2^1 + \alpha_2^2 + \frac{9}{4}\beta_2 = 0 \\ \frac{1}{2}\alpha_2^1 + \frac{1}{3}\alpha_2^2 + \frac{9}{4}\beta_2 = \frac{2}{3} \end{cases}$$

da cui

$$\alpha_2^1 = \frac{52}{9} \qquad \alpha_2^2 = -\frac{16}{3} \qquad \beta_2 = -\frac{16}{81}$$

Infine nello scenario $h_1 = 3$, abbiamo

$$\begin{cases} \frac{7}{6}\alpha_2^1 + \frac{22}{27}\alpha_2^2 + \frac{9}{4}\beta_2 = \frac{5}{27} \\ \frac{1}{2}\alpha_2^1 + \frac{1}{3}\alpha_2^2 + \frac{9}{4}\beta_2 = \frac{2}{3} \\ \frac{1}{4}\alpha_2^1 + \frac{1}{9}\alpha_2^2 + \frac{9}{4}\beta_2 = \frac{8}{9} \end{cases}$$

da cui

$$\alpha_2^1 = 0 \qquad \alpha_2^2 = -1 \qquad \beta_2 = \frac{4}{9} \qquad\qquad \square$$

Esercizio 1.43. [Copertura in mercati incompleti con vincoli sulla strategia] In un modello di mercato trinomiale standard a due periodi, la dinamica del prezzo di un titolo rischioso sia data da

$$S_n = S_{n-1}(1 + \mu_n) \qquad n = 1\ 2$$

con $S_0 = 1$ e μ_n variabili aleatorie i.i.d. definite su uno spazio di probabilità $(\Omega\ \mathcal{F}\ P)$ e tali che

$$P(\mu_n = -1\ 2) = P(\mu_n = 0) = P(\mu_n = 1) = \frac{1}{3} \qquad n = 1\ 2$$

Assumiamo che il tasso privo di rischio sia nullo, $r = 0$, ed essendo il mercato incompleto consideriamo il problema della copertura mediante il criterio dello shortfall di un'opzione Call Europea con payoff

$$\varphi(S_2) = (S_2 - 1)^+$$

Utilizzando l'algoritmo della Programmazione Dinamica[6] si determini la strategia autofinanziante con valore V non-negativo (ossia tale che $V_n \geq 0$ per ogni n) che minimizza il seguente criterio di rischio

$$E^P[\mathcal{U}(V_2\ S_2)]$$

dove

$$\mathcal{U}(V\ S) = (\varphi(S) - V)^+$$

è la funzione di rischio "shortfall".

---

[6] Per una presentazione generale dell'algoritmo della Programmazione Dinamica si rimanda al Paragrafo 2.3.

Svolgimento dell'Esercizio 1.43

In Figura 1.7 è rappresentato l'albero dei prezzi del sottostante. Poiché $r = 0$, in base alla (1.18), la dinamica del valore V di una strategia autofinanziante $(\alpha \ \beta)$ è data da

$$V_n = V_{n-1} + \alpha_n S_{n-1} \mu_n = V_{n-1} + \begin{cases} \alpha_n S_{n-1} \\ 0 \\ -\frac{\alpha_n S_{n-1}}{2} \end{cases} \qquad (1.64)$$

Allora condizione necessaria e sufficiente affinché $V_n \geq 0$ per ogni n è che $V_0 \geq 0$ e

$$-\frac{V_{n-1}}{S_{n-1}} \leq \alpha_n \leq \frac{2V_{n-1}}{S_{n-1}} \qquad n = 1 \ 2$$

Per un modello a N periodi, l'algoritmo di PD consiste in due passi:

1) calcoliamo

$$R_{N-1}(V \ S) := \min_{\alpha \in \left[-\frac{V}{S} \ \frac{2V}{S}\right]} E^P \left[\mathcal{U}\left(V + S\alpha\mu_N \ S(1 + \mu_N)\right)\right]$$

al variare di S fra i possibili valori assunti da S_{N-1}. Ricordando che consideriamo strategie predicibili, indichiamo con $\alpha_N = \alpha_N(V)$ il punto di minimo al variare di V fra i possibili valori assunti da V_{N-1};

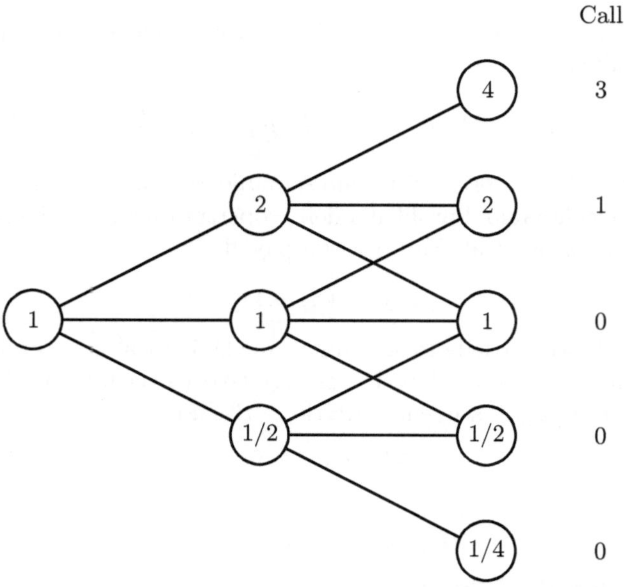

Fig. 1.7. Albero trinomiale a due periodi: prezzo del sottostante e payoff di una Call Europea con strike 1

2) per $n \in \{N-1, N-2, \ldots, 1\}$, calcoliamo

$$R_{n-1}(V, S) := \min_{\alpha \in \left[-\frac{V}{S}, \frac{2V}{S}\right]} E^P \left[R_n\left(V + S\alpha\mu_n, S(1+\mu_n)\right)\right]$$

al variare di S fra i possibili valori assunti da S_{n-1}. Indichiamo con $\alpha_n = \alpha_n(V)$ il punto di minimo al variare di V fra i possibili valori assunti da V_{n-1}.

Nel nostro caso il primo passo dell'algoritmo di PD consiste nel calcolo di $R_1(V, S)$ per $S \in \left\{2, 1, \frac{1}{2}\right\}$. Si ha

$$R_1(V, 2) = \min_{\alpha \in [-V, 2V]} E^P \left[\mathcal{U}\left(V + 2\alpha\mu_2, 2(1+\mu_2)\right)\right]$$

$$= \min_{\alpha \in [-V, 2V]} E^P \left[\left((2(1+\mu_2) - 1)^+ - (V + 2\alpha\mu_2)\right)^+\right]$$

$$= \min_{\alpha \in [-V, 2V]} \frac{1}{3}\left((3 - V - 2\alpha)^+ + (1 - V)^+\right) = \frac{4}{3}(1 - V)^+$$

essendo il minimo assunto in

$$\alpha_2 = V \tag{1.65}$$

Inoltre si ha

$$R_1(V, 1) = \min_{\alpha \in [-V, 2V]} E^P \left[\mathcal{U}\left(V + \alpha\mu_2, 1 + \mu_2\right)\right]$$

$$= \min_{\alpha \in [-V, 2V]} E^P \left[\left(\mu_2^+ - (V + \alpha\mu_2)\right)^+\right]$$

$$= \min_{\alpha \in [-V, 2V]} \frac{1}{3}(1 - V - \alpha)^+ = \frac{1}{3}(1 - 3V)^+$$

essendo il minimo assunto in

$$\alpha_2 = 2V \tag{1.66}$$

Infine si ha

$$R_1\left(V, \frac{1}{2}\right) = \min_{\alpha \in [-2V, 4V]} E^P \left[\mathcal{U}\left(V + \frac{\alpha\mu_2}{2}, \frac{1+\mu_2}{2}\right)\right]$$

$$= \min_{\alpha \in [-2V, 4V]} E^P \left[\left(\underbrace{\left(\frac{1+\mu_2}{2} - 1\right)^+}_{=0} - \underbrace{\left(V + \frac{\alpha\mu_2}{2}\right)}_{\geq 0}\right)^+\right] = 0$$

e il minimo è assunto in ogni

$$\alpha_2 \in [-2V, 4V] \tag{1.67}$$

Il secondo passo consiste nel calcolare il rischio all'istante iniziale:

$$R_0\left(V\,1\right) = \min_{\alpha\in[-V\,2V]} E^P\left[R_1\left(V+\alpha\mu_1\,1+\mu_1\right)\right]$$

$$= \frac{1}{3}\min_{\alpha\in[-V\,2V]}\left(R_1\left(V\,1\right)+R_1\left(V+\alpha\,2\right)\right)$$

$$= \frac{1}{3}\min_{\alpha\in[-V\,2V]}\left(\frac{1}{3}\left(1-3V\right)^+ + \frac{4}{3}\left(1-\left(V+\alpha\right)\right)^+\right)$$

$$= \frac{5}{9}\left(1-3V\right)^+$$

essendo il minimo assunto in

$$\alpha_1 = 2V \tag{1.68}$$

Dall'espressione di $R_0\left(V\,1\right)$ deduciamo che un capitale iniziale $V\geq\frac{1}{3}$ è sufficiente per annullare il rischio shortfall o, in termini più espliciti, *per super-replicare il payoff.*

Esplicitiamo ora la strategia shortfall, ossia la strategia che minimizza il rischio shortfall: se indichiamo il capitale iniziale con V_0, per la (1.68) vale

$$\alpha_1 = 2V_0$$

Di conseguenza, per la (1.64) si ha

$$V_1 = V_0 + \begin{cases} 2V_0 & \text{se } \mu_1 = 1 \\ 0 & \text{se } \mu_1 = 0 \\ -V_0 & \text{se } \mu_1 = -\frac{1}{2} \end{cases}$$

Allora per le (1.65)-(1.66)-(1.67) abbiamo

$$\alpha_2 = \begin{cases} 3V_0 & \text{se } S_1 = 2 \\ 2V_0 & \text{se } S_1 = 1 \\ 0 & \text{se } S_1 = \frac{1}{2} \end{cases}$$

e il valore finale V_2 è facilmente calcolabile con la (1.64). In Figura 1.8 riportiamo l'albero trinomiale in cui all'interno dei cerchi sono indicati i prezzi del sottostante e il valore della strategia shortfall. In colonna sulla destra sono riportati i valori della Call Europea e i valori finali della strategia shortfall di valore iniziale $V_0 = \frac{1}{3}$. Si noti che quest'ultima replica il payoff in tutti i casi tranne che per la traiettoria $S_0 = S_1 = S_2 = 1$ in corrispondenza della quale si ha super-replicazione: il valore finale della strategia shortfall $V_2 = \frac{1}{3}$ è strettamente maggiore del payoff dell'opzione Call che è nullo. $\square$

Esercizio 1.44. [Copertura in mercati completi con insufficiente capitale iniziale]   In un modello di mercato binomiale si consideri un'opzione di vendita con payoff $X = \left(K - S_N\right)^+$. Nelle notazioni del Paragrafo 1.4.1, si assumano i seguenti dati numerici: $S_0 = 1$, $u = 2$, $d = 1\,2$, $r = 0$, $K = 1$ e $N = 2$.

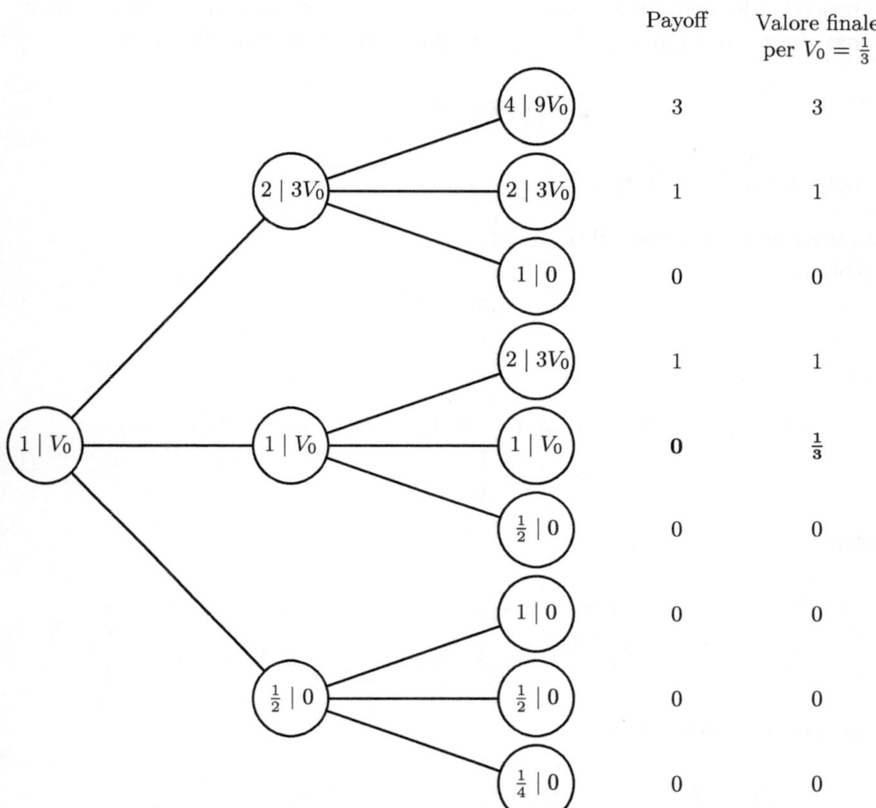

Fig. 1.8. Albero trinomiale a due periodi: all'interno dei cerchi sono indicati il prezzo del sottostante e valore della strategia shortfall

i) Si verifichi che il prezzo iniziale dell'opzione è $H_0 = \frac{1}{3}$ e si calcoli il prezzo dell'opzione all'istante $n = 1$ nei due scenari $S_1 = 2$ e $S_1 = \frac{1}{2}$. Si determini inoltre la strategia di copertura $(\pi_1 \ \pi_2)$ (espressa in termini delle proporzioni investite nel titolo rischioso);

ii) supponendo di disporre di un capitale iniziale $V_0 < \frac{1}{3}$, risulta che non è possibile avere copertura perfetta. Ricorrendo all'algoritmo della Programmazione Dinamica[7] si determini allora la strategia autofinanziante $(\pi_1 \ \pi_2)$ in modo da minimizzare il criterio di rischio quadratico

$$E^P\left[\left(V_2 - (K - S_2)^+\right)^2\right]$$

assumendo $p := P\left(1 + \mu_n = u\right) = \frac{1}{2}$;

---

[7] Per una presentazione generale dell'algoritmo della Programmazione Dinamica si rimanda al Paragrafo 2.3.

iii) procedendo come nel punto precedente, si determini la strategia autofinanziante in modo da minimizzare il criterio di rischio shortfall

$$E^P\left[\left((K-S_2)^+ - V_2\right)^+\right]$$

col vincolo $V_n \geq 0$, $n = 1\ 2$.

Svolgimento dell'Esercizio 1.44

i) Abbiamo

$$q = \frac{1+r-d}{u-d} = \frac{1}{3}$$

e

$$H_0 = q^2\left(1-u^2\right)^+ + 2q(1-q)\left(1-ud\right)^+ + (1-q)^2\left(1-d^2\right)^+$$
$$= (1-q)^2\left(1-d^2\right)^+ = \frac{1}{3}$$

Inoltre

$$H_1^u := E^Q\left[X\ \ S_1 = u\right] = q\left(1-u^2\right)^+ + (1-q)\left(1-ud\right)^+ = 0$$
$$H_1^d := E^Q\left[X\ \ S_1 = d\right] = q\left(1-ud\right)^+ + (1-q)\left(1-d^2\right)^+ = \frac{1}{2}$$

È immediato verificare che

$$H_0 = E^Q\left[H_1\right] = qH_1^u + (1-q)H_1^d = \frac{1}{3}\cdot 0 + \frac{2}{3}\cdot\frac{1}{2} = \frac{1}{3}$$

Per determinare la strategia di copertura utilizziamo per α le formule (1.37)
e per β la definizione stessa di valore del portafoglio:

$$\alpha_1 = \frac{H_1^u - H_1^d}{S_0\left(u-d\right)} = -\frac{1}{3} \qquad \beta_1 = H_0 - \alpha_1 S_0 = \frac{2}{3}$$

Nel secondo periodo abbiamo, nello scenario $S_1 = u$

$$\alpha_2^u = \beta_2^u = 0$$

e nello scenario $S_1 = d$

$$\alpha_2^d = \frac{H_2^{du} - H_2^{dd}}{d\left(u-d\right)} = -1 \qquad \beta_2^d = H_1^d - \alpha_2^d d = 1$$

In definitiva, per la definizione (1.10) di portafoglio relativo (nel nostro caso
usiamo la notazione $\pi_n = \pi_n^1$), abbiamo

$$\pi_1 = \frac{\alpha_1 S_0}{H_0} = -1$$

inoltre

$$\pi_2^u = 0 \qquad \pi_2^d = \frac{\alpha_2^d d}{H_1^d} = -1$$

ii) In base alla (1.12), essendo per ipotesi $r = 0$, la dinamica del valore V di una strategia autofinanziante $(\pi_1 \ \pi_2)$ è data da

$$V_n = V_{n-1}\left(1 + \pi_n \mu_n\right) = \begin{cases} V_{n-1}\left(1 + \pi_n(u-1)\right) = V_{n-1}(1 + \pi_n) \\ V_{n-1}\left(1 + \pi_n(d-1)\right) = V_{n-1}\left(1 - \frac{\pi_n}{2}\right) \end{cases} \qquad (1.69)$$

per $n = 1 \ 2$.

Come spiegato nello svolgimento dell'Esercizio 1.43, il primo passo dell'algoritmo di PD consiste nel calcolare

$$R_1\left(V \ S_1\right) := \min_{\pi_2 \in \mathbb{R}} E^P\left[\left(V\left(1 + \pi_2 \mu_2\right) - \left(K - S_1\left(1 + \mu_2\right)\right)^+\right)^2\right]$$

nei due stati $S_1 = u$ e $S_1 = d$.

Nello scenario $S_1 = u = 2$, si ha

$$R_1\left(V \ 2\right) = \frac{1}{2}\min_{\pi_2 \in \mathbb{R}}\left(V^2(1 + \pi_2)^2 + V^2\left(1 - \frac{\pi_2}{2}\right)^2\right)$$

$$= \frac{V^2}{8}\min_{\pi_2 \in \mathbb{R}}\left(5\pi_2^2 + 4\pi_2 + 8\right)$$

Il punto di minimo si determina facilmente in $\pi_2^u = -\frac{2}{5}$, e quindi vale

$$R_1\left(V \ 2\right) = \frac{9V^2}{10} \qquad (1.70)$$

Nello scenario $S_1 = d = \frac{1}{2}$, si ha

$$R_1\left(V \ \frac{1}{2}\right) = \frac{1}{2}\min_{\pi_2 \in \mathbb{R}}\left(V^2(1 + \pi_2)^2 + \left(\frac{3}{4} - V\left(1 - \frac{\pi_2}{2}\right)\right)^2\right)$$

$$= \frac{1}{32}\min_{\pi_2 \in \mathbb{R}}\left(4V^2(5\pi_2^2 + 4\pi_2 + 8) + 12V(\pi_2 - 2) + 9\right)$$

Per individuare il minimo imponiamo

$$0 = \partial_{\pi_2}\left(4V^2(5\pi_2^2 + 4\pi_2 + 8) + 12V(\pi_2 - 2)\right) = 8V^2(5\pi_2 + 2) + 12V$$

da cui determiniamo il punto di minimo $\pi_2^d = -\frac{4V+3}{10V}$ e dunque vale

$$R_1\left(V \ \frac{1}{2}\right) = \frac{9}{40}(2V - 1)^2 \qquad (1.71)$$

Nel secondo (e ultimo) passo dell'algoritmo di PD, calcoliamo

$$R_0\left(V \ S_0\right) := \min_{\pi_1 \in \mathbb{R}} E^P\left[R_1\left(V\left(1 + \pi_1 \mu_1\right) \ S_0\left(1 + \mu_1\right)\right)\right]$$

Abbiamo

$$R_0\left(V\ 1\right) = \frac{1}{2}\min_{\pi_1 \in \mathbb{R}}\left(R_1\left(V(1+\pi_1)\ 2\right) + R_1\left(V\left(1 - \frac{\pi_1}{2}\right)\ \frac{1}{2}\right)\right) =$$

(utilizzando le espressioni (1.70) e (1.71))

$$= \frac{1}{2}\min_{\pi_1 \in \mathbb{R}}\left(\frac{9}{10}V^2(1+\pi_1)^2 + \frac{9}{40}\left(2V\left(1 - \frac{\pi_1}{2}\right) - 1\right)^2\right)$$

La derivata prima (rispetto a π_1) della funzione di cui dobbiamo calcolare il minimo vale

$$\frac{9V}{40}\left(V(5\pi_1 + 2) + 1\right)$$

e quindi il minimo è assunto in $\pi_1 = -\frac{2V+1}{5V}$ e vale

$$R_0\left(V\ 1\right) = \frac{9}{100}(3V - 1)^2$$

Riassumendo, partendo da una dotazione iniziale V, la strategia che minimizza il rischio quadratico è data da

$$\pi_1 = -\frac{2V+1}{5V} \qquad \pi_2^u = -\frac{2}{5} \qquad \pi_2^d = -\frac{4V+3}{10V} \tag{1.72}$$

Utilizzando la (1.69) calcoliamo il valore di tale strategia, rappresentato nella Figura 1.9: notiamo che se la dotazione iniziale è pari a $V = H_0 = \frac{1}{3}$ allora si ha replicazione perfetta. Nel caso in cui $V < \frac{1}{3}$, la strategia ha un valore finale minore del payoff in tutti gli scenari. Si noti anche che, non essendoci vincoli su π, i valori in (1.72) possono essere arbitrariamente grandi.

iii) Preliminarmente osserviamo che, assumendo una dotazione iniziale $V_0 \geq 0$, dalla dinamica (1.69) di un portafoglio replicante deduciamo che il vincolo $V_n \geq 0$ si traduce in

$$1 + \pi_n \geq 0 \qquad e \qquad 1 - \frac{\pi_n}{2} \geq 0$$

o più semplicemente $\pi_n \in [-1\ 2]$ per $n = 1\ 2$.

Procediamo ora come nel punto precedente: il primo passo consiste nel calcolare

$$R_1\left(V\ S_1\right) := \min_{\pi_2 \in [-1\ 2]} E^P\left[\left((K - S_1\left(1 + \mu_2\right))^+ - V\left(1 + \pi_2\mu_2\right)\right)^+\right]$$

nei due stati $S_1 = u$ e $S_1 = d$.

Nello scenario $S_1 = u = 2$, si ha

$$R_1\left(V\ 2\right) = \frac{1}{2}\min_{\pi_2 \in [-1\ 2]}\left(\left(-V(1+\pi_2)\right)^+ + \left(-V\left(1 - \frac{\pi_2}{2}\right)\right)^+\right) = 0$$

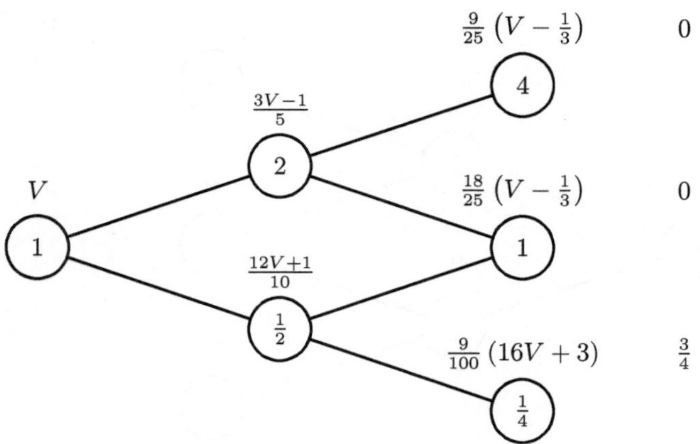

Fig. 1.9. Prezzo del sottostante (all'interno dei cerchi) e valore della strategia che minimizza il rischio quadratico (sopra ai cerchi)

per ogni $V \geq 0$, valendo

$$\left(-V(1+\pi_2)\right)^+ + \left(-V\left(1 - \frac{\pi_2}{2}\right)\right)^+ = 0$$

per ogni $V \geq 0$ e $\pi_2 \in [-1\ 2]$.

Nello scenario $S_1 = d = \frac{1}{2}$, si ha

$$R_1\left(V\ \frac{1}{2}\right) = \frac{1}{2} \min_{\pi_2 \in [-1\ 2]} \left(\left(-V(1+\pi_2)\right)^+ + \left(\frac{3}{4} - V\left(1 - \frac{\pi_2}{2}\right)\right)^+\right)$$

$$= \frac{1}{2} \min_{\pi_2 \in [-1\ 2]} \left(\frac{3}{4} - V\left(1 - \frac{\pi_2}{2}\right)\right)^+$$

$$= \frac{3}{4}\left(\frac{1}{2} - V\right)^+$$

essendo il minimo assunto in $\pi_2^d = -1$.

Nel secondo passo dell'algoritmo di PD, calcoliamo

$$R_0\left(V\ S_0\right) := \min_{\pi_1 \in [-1\ 2]} E^P\left[R_1\left(V\left(1+\pi_1\mu_1\right)\ S_0\left(1+\mu_1\right)\right)\right]$$

$$= \frac{1}{2} \min_{\pi_1 \in [-1\ 2]} \left(R_1\left(V(1+\pi_1)\ 2\right) + R_1\left(V\left(1 - \frac{\pi_1}{2}\right)\ \frac{1}{2}\right)\right)$$

$$= \frac{1}{2} \min_{\pi_1 \in [-1\ 2]} \frac{3}{4}\left(\frac{1}{2} - V\left(1 - \frac{\pi_1}{2}\right)\right)^+$$

$$= \frac{9}{16}\left(\frac{1}{3} - V\right)^+$$

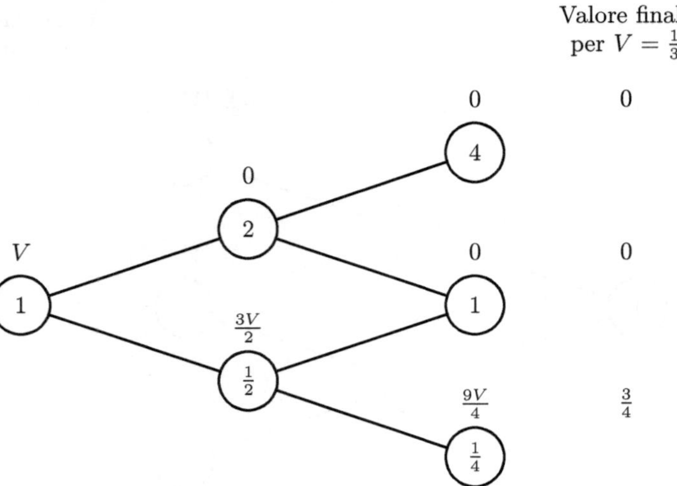

Fig. 1.10. Prezzo del sottostante (all'interno dei cerchi) e valore della strategia che minimizza il rischio shortfall (sopra ai cerchi)

essendo anche in questo caso il minimo assunto in $\pi_1 = -1$.

Riassumendo, partendo da una dotazione iniziale V, la strategia che minimizza il rischio shortfall è data da[8]

$$\pi_1 = -1 \qquad \pi_2^u = 0 \qquad \pi_2^d = -1$$

e il valore di tale strategia è rappresentato nella Figura 1.10. Anche in questo caso se la dotazione iniziale è pari a $V = H_0 = \frac{1}{3}$ allora si ha replicazione perfetta. A differenza del caso quadratico, partendo da una dotazione $V < \frac{1}{3}$, la strategia shortfall replica il payoff in tutti i casi tranne $S_2 = d^2$, a causa del vincolo $V_n \geq 0$. Dunque la strategia shortfall concentra l'errore di replicazione nello scenario $S_2 = d^2$, mentre la strategia quadratica distribuisce l'errore fra i differenti scenari finali.

Utilizzando il calcolo fatto per i valori finali di V delle strategie quadratiche (vedi Figura 1.9) e di shortfall (Figura 1.10) come pure dei valori del sottostante (vedi le stesse figure), risulta immediato calcolare l'errore medio di replicazione, cioè $E^P\left[V_N - X\right]$, che nel caso quadratico è pari a $\frac{27}{100}(3V-1)$ e nel caso shortfall è pari a $\frac{3}{16}(3V-1)$ □

---

[8] Ricordiamo che in base alla definizione data nel Paragrafo 1.1.3, $\pi_2^u = 0$ poiché $V_1^u = 0$ indipendentemente dal valore iniziale V: a proposito si veda anche la Figura 1.10.

2

Ottimizzazione di portafoglio

Questo capitolo riguarda l'ottimizzazione di portafoglio, che è uno dei primi problemi matematici affrontati nel campo delle applicazioni finanziarie. Uno dei problemi più basilari che in effetti deve affrontare un soggetto (persona fisica o istituzione), il quale possiede un certo patrimonio, è il seguente: come investire questo patrimonio nel mercato finanziario su un dato periodo di tempo in modo da poter consumare in maniera ottimale (secondo un dato criterio) da questo portafoglio lungo il periodo prescelto ed alla fine possedere ancora un residuo che conduce ad un beneficio, anche questo ottimale secondo un dato criterio. Il criterio di ottimalità che considereremo è quello più comune, cioè la *massimizzazione dell'utilità attesa* dei vari importi monetari.

Inizieremo nella Sezione 2.1 a descrivere più dettagliatamente la problematica distinguendola, come si suole spesso fare, nel sotto-problema più semplice della *massimizzazione della sola utilità attesa della ricchezza finale* e di quello più completo della *massimizzazione dell'utilità attesa derivante dal consumo intermedio e dalla ricchezza finale residua*. Negli esempi ed esercizi affronteremo entrambi i problemi, dove nel secondo problema considereremo esclusivamente il consumo intermedio (alla fine del periodo di interesse si consuma tutta la ricchezza residua).

Per la risoluzione del problema descriveremo i due approcci principali: quello cosiddetto "martingala" e quello della Programmazione Dinamica. Il *metodo della Programmazione Dinamica (PD)* è un metodo generale per l'ottimizzazione intertemporale sia in un contesto deterministico che stocastico. Il *metodo martingala*, anche se utilizzabile al di fuori del campo finanziario, proviene invece dal campo finanziario stesso essendo ispirato al problema della copertura di un derivato. *Col metodo martingala* il problema dell'ottimizzazione dinamica viene decomposto in *due sotto-problemi:*

i) un problema "statico", in cui si determina il valore terminale ottimale del portafoglio autofinanziante che è raggiungibile a partire da un dato patrimonio iniziale;

Pascucci A, Runggaldier WJ.: Finanza Matematica.
© Springer-Verlag Italia 2009, Milano

ii) il problema della determinazione della strategia di investimento ottimale, vista come la strategia che replica il valore terminale ottimo del portafoglio.

Facciamo notare che, mentre con la PD non occorre distinguere tra mercato completo ed incompleto, occorre invece fare questa distinzione per il metodo martingala. Di per sè, la completezza di un mercato non gioca infatti nessun ruolo essenziale nell'ottimizzazione di portafoglio e interviene solo a livello di metodologia nel metodo martingala appunto perché tale metodo si ispira alla replicazione di un derivato.

Per la descrizione del problema e dei metodi risolutivi non abbiamo seguito nessun testo in particolare. Fra i molti riferimenti generali ai due metodi qui descritti, ci limitiamo a citare [7] per il metodo martingala e [2] per la Programmazione Dinamica. Come riferimento generale riguardante l'ottimizzazione di portafoglio citiamo [15].

Alla Sezione 2.5 degli "Esercizi risolti" abbiamo premesso la Sezione 2.4, in cui esemplifichiamo i due metodi risolutivi nel caso specifico dell'utilità logaritmica. Nella Sezione 2.5 degli esercizi risolti considereremo poi funzioni utilità generalmente diverse da quella logaritmica. Gli esempi, come pure gli esercizi, riguardano ciascuno dei due sotto-problemi citati: la massimizzazione della sola utilità attesa terminale e la massimizzazione dell'utilità attesa da consumo intermedio. Consideriamo mercati completi e cioè quello binomiale (vedi Sezione 1.4.1) e trinomiale completato (vedi Sezione 1.4.2) e, per la sola Programmazione Dinamica, anche incompleti cioè il trinomiale standard (vedi Sezione 1.4.2).

2.1 Massimizzazione dell'utilità attesa

2.1.1 Strategie con consumo

Nell'ambito di un mercato discreto del tipo introdotto nella Sezione 1.1, un processo di consumo è un processo stocastico *non negativo e adattato* $C = (C_n)_{n=0,\dots,N}$, dove C_n indica l'ammontare di capitale consumato all'istante t_n. Una strategia con consumo è una tripla $(\alpha\ \beta\ C)$ dove $(\alpha\ \beta)$ è una strategia e C è un processo di consumo.

Definizione 2.1. *Una strategia con consumo* $(\alpha\ \beta\ C)$ *è autofinanziante se vale*

$$V_{n-1} = \alpha_n S_{n-1} + \beta_n B_{n-1} + C_{n-1} \qquad n = 1 \qquad N \qquad (2.1)$$

Inoltre una strategia autofinanziante con consumo $(\alpha\ \beta\ C)$ *è ammissibile se vale*

$$V_N \geq C_N$$

Notiamo che, in particolare, il valore finale V_N di una strategia ammissibile è non-negativo.

La Proposizione 1.6 ha la seguente semplice estensione:

Proposizione 2.2. *Il valore di una strategia autofinanziante con consumo* $(\alpha\ \beta\ C)$ *è determinato dal valore iniziale* V_0 *e ricorsivamente dalla relazione*

$$V_n = (V_{n-1} - C_{n-1})(1 + r_n) + \sum_{i=1}^{d} \alpha_n^i S_{n-1}^i \left(\mu_n^i - r_n\right) \tag{2.2}$$

per $n = 1 \quad N$.

Dimostrazione. In base alla condizione (2.1), la variazione del portafoglio nel periodo $[t_{n-1}\ t_n]$ è pari a

$$V_n - V_{n-1} = \alpha_n\left(S_n - S_{n-1}\right) + \beta_n\left(B_n - B_{n-1}\right) - C_{n-1}$$

$$= \sum_{i=1}^{d} \alpha_n^i S_{n-1}^i \mu_n^i + \beta_n B_{n-1} r_n - C_{n-1} = \tag{2.3}$$

(poiché, ancora per la (2.1), vale $\beta_n B_{n-1} = V_{n-1} - \alpha_n S_{n-1} - C_{n-1}$)

$$= r_n V_{n-1} + \sum_{i=1}^{d} \alpha_n^i S_{n-1}^i \left(\mu_n^i - r_n\right) - C_{n-1}(1 + r_n)$$

da cui segue la (2.2).   □

Corollario 2.3. *Dati* $V_0 \in \mathbb{R}$, *un processo predicibile* α *e un processo di consumo* C, *esiste ed è unico il processo predicibile* β *tale che* $(\alpha\ \beta\ C)$ *sia una strategia autofinanziante con consumo di valore iniziale pari a* V_0.

Dimostrazione. Dati $V_0 \in \mathbb{R}$ e i processi α e C, definiamo il processo

$$\beta_n = \frac{V_{n-1} - \alpha_n S_{n-1} - C_{n-1}}{B_{n-1}} \qquad n = 1 \quad N \tag{2.4}$$

dove (V_n) è definito ricorsivamente da (1.6). È chiaro che per costruzione (β_n) è predicibile e la strategia $(\alpha\ \beta\ C)$ è autofinanziante (vedi (2.1)).   □

Nel seguito sarà conveniente adottare la seguente notazione che risulta essere ben posta in base al Corollario 2.3.

Notazione 2.4 *Fissati* $V_0 \in \mathbb{R}$ *e un processo predicibile* α, *indichiamo con* $V^{(\alpha)}$ *il processo del valore della strategia autofinanziante* $(\alpha\ \beta)$ *di valore iniziale* V_0.

Analogamente, fissato anche un processo di consumo C, *indichiamo con* $V^{(\alpha\ C)}$ *il processo del valore della strategia autofinanziante con consumo* $(\alpha\ \beta\ C)$ *di valore iniziale* V_0.

Osservazione 2.5. Dalla dimostrazione del Corollario 2.3, risulta evidente che il processo β in (2.4) dipende da V_0, dal processo predicibile α e dal processo adattato $(C_0 \quad C_{N-1})$ ma non dipende da C_N.

Allora, dati $V_0 \in \mathbb{R}$ e un processo predicibile α, è ben posta la seguente definizione: diciamo che un processo di consumo C è $(V_0\ \alpha)$-*ammissibile* se la strategia autofinanziante con consumo $(\alpha\ \beta\ C)$ di valore iniziale V_0 (univocamente determinata dal Corollario 2.3) è ammissibile, ossia vale

$$C_N \leq V_N^{(\alpha\ C)} \qquad \square$$

Osservazione 2.6. Sia $(\alpha\ \beta\ C)$ una strategia autofinanziante con consumo. Dalla (2.3), sommando in n, otteniamo

$$V_n = V_0 + g_n^{(\alpha\ \beta)} - \sum_{k=0}^{n-1} C_k \tag{2.5}$$

dove $g^{(\alpha\ \beta)}$ indica il processo del rendimento della strategia definito in (1.9), ossia

$$g_n^{(\alpha\ \beta)} = \sum_{k=1}^{n} \left(\sum_{i=1}^{d} \alpha_k^i S_{k-1}^i \mu_k^i + \beta_k B_{k-1} r_k \right) \qquad n = 1 \qquad N \qquad \square$$

Osservazione 2.7. La condizione di autofinanziamento per una strategia con consumo $(\alpha\ \beta\ C)$, espressa in termini di valori scontati diventa

$$\widetilde{V}_n = \widetilde{V}_{n-1} - \widetilde{C}_{n-1} + \alpha_n \left(\widetilde{S}_n - \widetilde{S}_{n-1} \right) \tag{2.6}$$

ossia

$$\widetilde{V}_n = \widetilde{V}_{n-1} - \widetilde{C}_{n-1} + \sum_{i=1}^{d} \alpha_n^i \widetilde{S}_{n-1}^i \mu_n^i \tag{2.7}$$

Sommando in n otteniamo l'analoga della formula (1.19)

$$\widetilde{V}_n = \widetilde{V}_0 + G_n^{(\alpha)} - \sum_{k=0}^{n-1} \widetilde{C}_k \tag{2.8}$$

dove $G^{(\alpha\ \beta)}$ indica il processo del rendimento scontato della strategia definito in (1.20), ossia

$$G_n^{(\alpha)} = \sum_{k=1}^{n} \alpha_k \left(\widetilde{S}_k - \widetilde{S}_{k-1} \right)$$

Ricordiamo che, rispetto ad una misura martingala, il processo $G^{(\alpha)}$ è una martingala con media nulla (cfr. Proposizione 1.15). Dalla (2.6) otteniamo direttamente la seguente versione con consumo della formula di valutazione neutrale al rischio:

$$V_{n-1} = E^Q \left[\frac{V_n}{1+r}\ \bigg|\ \mathcal{F}_{n-1} \right] + C_{n-1} \qquad n = 1 \qquad N \tag{2.9}$$

$$\square$$

Infine esprimiamo la condizione di autofinanziamento in termini relativi.
Ricordiamo le notazioni

$$\pi_n^i = \frac{\alpha_n^i S_{n-1}^i}{V_{n-1}} \qquad i = 1 \quad d \tag{2.10}$$

per la strategia espressa in termini relativi.

Proposizione 2.8. *Il valore di una strategia autofinanziante con consumo*
$(\alpha\ \beta\ C)$ *è determinato dal valore iniziale $V_0 \in \mathbb{R}$ e dai processi $\pi^1\quad \pi^d$ e*
C mediante la relazione ricorsiva

$$V_n = (V_{n-1} - C_{n-1})(1 + r_n) + V_{n-1} \sum_{i=1}^{d} \pi_n^i \left(\mu_n^i - r_n \right) \tag{2.11}$$

Dimostrazione. La (2.11) segue direttamente dalla (2.2) in base alla notazione
(2.10). $\qquad\qquad\square$

Osservazione 2.9. Dati $V_0 \in \mathbb{R}$, dei processi predicibili $\pi^1 \quad \pi^d$ e un processo
di consumo C, ricaviamo facilmente la corrispondente strategia con consumo
$(\alpha\ \beta\ C)$ mediante le formule

$$\alpha_n^i = \frac{\pi_n^i V_{n-1}}{S_{n-1}^i} \qquad \beta_n = \frac{V_{n-1} - C_{n-1}}{B_{n-1}} - \frac{V_{n-1}}{B_{n-1}} \sum_{i=1}^{d} \pi_n^i \tag{2.12}$$

con (V_n) definito da $V_0\ \pi^1 \quad \pi^d\ C$ in base alla relazione ricorsiva (2.11). $\square$

2.1.2 Funzioni d'utilità

Nel seguito I indica l'intervallo reale $]a\ +\infty[$ dove $a \leq 0$ è una costante fissata,
eventualmente $a = -\infty$.

Definizione 2.10. *Una funzione d'utilità è una funzione di classe C^1*

$$u : I \longrightarrow \mathbb{R}$$

che è

(H1) *strettamente crescente,*
(H2) *strettamente concava.*

Per convenzione si usa estendere il dominio di una funzione d'utilità u a tutto
$\mathbb{R}$ ponendo[1]

$$u(v) = -\infty \quad \text{per } v \leq a$$

Alcuni esempi classici di funzione d'utilità sono i seguenti:

---

[1] Poiché siamo interessati al problema della massimizzazione dell'utilità, porre
$u(v) = -\infty$ per $v \in \mathbb{R}\ I$ equivale ad escludere che i valori al di fuori dell'intervallo
I siano ottimali.

- la funzione d'utilità logaritmica

$$u(v) = \log v \qquad v \in \mathbb{R}_+;$$

- la funzione d'utilità potenza

$$u(v) = \frac{v^\gamma}{\gamma} \qquad v \in \mathbb{R}_+$$

dove γ è un parametro reale tale che $\gamma < 1$, $\gamma \neq 0$;
- la funzione d'utilità esponenziale

$$u(v) = -e^{-v} \qquad v \in \mathbb{R}$$

Nel seguito assumeremo anche la seguente ipotesi di carattere tecnico:

(H3) *nel caso* $a > -\infty$, *vale* $\lim_{v \to a^+} u'(v) = +\infty$; *nel caso* $a = -\infty$, *u è superiormente limitata.*

Tale condizione è chiaramente soddisfatta da tutte le funzione d'utilità precedentemente introdotte.

Ricordiamo ora la Notazione 2.4: fissati $V_0 \in \mathbb{R}$, un processo predicibile α e un processo di consumo C, indichiamo con $V^{(\alpha)}$ (risp. $V^{(\alpha\ C)}$) il processo del valore della strategia autofinanziante $(\alpha\ \beta)$ (risp. $(\alpha\ \beta\ C)$) di valore iniziale V_0. Assegnate le funzioni d'utilità $u\ u_0\ u_1 \qquad u_N$, definite su I, siamo interessati ai seguenti classici problemi di ottimizzazione di portafoglio:

- **massimizzazione dell'utilità attesa dalla ricchezza finale:**
fissato $V_0 \in \mathbb{R}_+$, il problema consiste nel determinare, se esiste,

$$\max_\alpha E \left[u \left(V_N^{(\alpha)} \right) \right] \tag{2.13}$$

dove il massimo è ricercato fra i processi α predicibili tali che $V_N^{(\alpha)} \in I$;

- **massimizzazione dell'utilità attesa dal consumo intermedio e dalla ricchezza finale:**
fissato $V_0 \in \mathbb{R}_+$, il problema consiste nel determinare, se esiste,

$$\max_{\alpha\ C} E \left[\sum_{n=0}^{N} u_n \left(C_n \right) + u \left(V_N^{(\alpha\ C)} - C_N \right) \right] \tag{2.14}$$

dove il massimo è ricercato fra i processi α predicibili e C di consumo $(V_0\ \alpha)$-ammissibili tali che $C_0 \qquad C_N \in I$ e $(V_N^{(\alpha\ C)} - C_N) \in I$.

Osservazione 2.11. Un caso particolare del problema (2.14) è quello in cui $u \equiv 0$, ossia si considera la massimizzazione dell'utilità attesa dal solo consumo intermedio. In questo caso, per la condizione di ammissibilità della strategia con consumo e per la proprietà di monotonia delle funzioni d'utilità, la strategia ottimale è tale che $C_N = V_N^{(\alpha\ C)}$, ossia all'istante finale tutto il capitale viene consumato. $\square$

Nelle sezioni seguenti proviamo che *in un mercato libero da arbitraggi i problemi di massimizzazione dell'utilità attesa* (2.13) *e* (2.14) *hanno soluzione.*

2.1.3 Utilità attesa dalla ricchezza finale

Nel seguito assumiamo che u sia una funzione d'utilità che gode delle proprietà **H1**, **H2** e **H3** e ricordiamo che abbiamo supposto che lo spazio Ω ha cardinalità finita. Vale il seguente

Teorema 2.12. *Esiste una strategia ottimale per il problema* (2.13) *se e solo se il mercato è libero d'arbitraggi.*

Dimostrazione. Sia α una strategia ottimale di valore iniziale v e supponiamo per assurdo che esista una strategia d'arbitraggio $\bar{\alpha}$ per la quale valga

$$V_0^{(\bar{\alpha})} = 0 \qquad V_N^{(\bar{\alpha})} \geq 0 \qquad P\left(V_N^{(\bar{\alpha})} > 0\right) > 0$$

Allora la strategia $\alpha + \bar{\alpha}$ è tale che

$$V_0^{(\alpha+\bar{\alpha})} = v \qquad V_N^{(\alpha+\bar{\alpha})} = V_N^{(\alpha)} + V_N^{(\bar{\alpha})} \geq V_N^{(\alpha)} \qquad P\left(V_N^{(\alpha+\bar{\alpha})} > V_N^{(\alpha)}\right) > 0 \tag{2.15}$$

che contraddice l'ottimalità di α, essendo la funzione u strettamente crescente. Questo prova che se esiste una strategia ottimale allora il mercato è libero d'arbitraggi.

Viceversa, indichiamo con $\mathcal{V}_v$ l'insieme dei valori finali raggiungibili con una strategia autofinanziante di valore iniziale pari a v:

$$\mathcal{V}_v = \left\{V_N^{(\alpha)} \quad \alpha \text{ predicibile}, \ V_0^{(\alpha)} = v\right\}$$

Per dimostrare la tesi ambientiamo il problema in uno spazio Euclideo: indichiamo con M la cardinalità di Ω e con $\omega_1 \quad \omega_M$ gli eventi elementari. Se Y è una variabile aleatoria su Ω a valori reali, poniamo $Y(\omega_j) = Y_j$ e identifichiamo Y col vettore di $\mathbb{R}^M$

$$(Y_1 \quad Y_M) \tag{2.16}$$

Allora vale

$$E^P[Y] = \sum_{j=1}^{M} Y_j P(\ \omega_j\ ) \tag{2.17}$$

e il problema di ottimizzazione (2.13) equivale ad un problema di massimizzazione della funzione

$$f(V) := \sum_{j=1}^{M} u(V_j) P(\ \omega_j\ ) = E^P[u(V)] \qquad V \in \mathcal{V}_v \cap I^M$$

Osserviamo esplicitamente che $\mathcal{V}_v \cap I^M \neq \emptyset$ per ogni $v > 0$: infatti la strategia, di valore iniziale $v > 0$, che consiste nel detenere tutto il capitale nel titolo non rischioso ha valore finale pari[2] a $v(1+r)^N > a$.

---

[2] Ricordiamo che per ipotesi $a \leq 0$ e $1 + r > 0$.

Osserviamo anche che, per le (1.19)-(1.20), vale

$$\mathcal{V}_v = \left\{ E_N v + B_N \sum_{n=1}^{N} \alpha_n \left(\widetilde{S}_n - \widetilde{S}_{n-1} \right) : \alpha \text{ predicibile} \right\}$$

In particolare $\mathcal{V}_v$ è un sotto-spazio affine di $\mathbb{R}^M$ ed è pertanto un insieme *chiuso*.

Per l'ipotesi di assenza di opportunità d'arbitraggio e per il primo teorema fondamentale della valutazione, esiste una misura martingala Q. Rispetto a Q, ogni $V \in \mathcal{V}_v$ verifica la seguente condizione

$$v = E^Q \left[B_N^{-1} V \right] = B_N^{-1} \sum_{j=1}^{M} V_j Q(\omega_j) \tag{2.18}$$

Ora utilizziamo la proprietà **H3** di u. Proviamo prima la tesi assumendo che il dominio I della funzione d'utilità sia inferiormente limitato, ossia $I = \,]a\ +\infty[$ con $a > -\infty$. Sia (V^n) una successione in $\mathcal{V}_v \cap I^M$ tale che

$$\lim_{n \to \infty} E\left[u(V^n)\right] = \sup_{V \in \mathcal{V}_v \cap I^M} E\left[u(V)\right] \tag{2.19}$$

Poiché $V_j^n > a$, segue dalla (2.18) che le componenti V_j^n sono limitate uniformemente in j e n. Allora, a meno di passare ad una sotto-successione, (V^n) è convergente ad un limite $\hat{V}$ e tale limite appartiene a $\mathcal{V}_v$, essendo $\mathcal{V}_v$ un insieme chiuso: in particolare esiste $\hat{\alpha}$ predicibile tale che $\hat{V} = V_N^{(\hat{\alpha})}$ e $V_0^{(\hat{\alpha})} = v$.

Concludiamo ora la prova mostrando che $\hat{V} \in I^M$ ossia

$$\hat{V}_j > a \qquad j = 1 \qquad M \tag{2.20}$$

Per assurdo, sia $F := \hat{V} = a \neq \emptyset$. Consideriamo la strategia α, di valore iniziale v, che consiste nel detenere tutto il capitale nel titolo non rischioso. Allora per la concavità di u, per ogni $\varepsilon \in]0\ 1[$ vale

$$E\left[u\left(\varepsilon V_N^{(\alpha)} + (1-\varepsilon)V_N^{(\hat{\alpha})} \right) - u\left(V_N^{(\hat{\alpha})} \right) \right]$$

$$\geq \varepsilon E\left[u'\left(\varepsilon V_N^{(\alpha)} + (1-\varepsilon)V_N^{(\hat{\alpha})} \right) \left(V_N^{(\alpha)} - V_N^{(\hat{\alpha})} \right) \right]$$

$$= \varepsilon \left(E\left[\mathbb{1}_F\, u'\left(\varepsilon V_N^{(\alpha)} + (1-\varepsilon)a \right) \left(v(1+r)^N - a \right) \right] \right.$$

$$\left. + \varepsilon E\left[\mathbb{1}_{\Omega \cap F}\, u'\left(\varepsilon V_N^{(\alpha)} + (1-\varepsilon)V_N^{(\hat{\alpha})} \right) \left(v(1+r)^N - V_N^{(\hat{\alpha})} \right) \right] \right)$$

$$=: \varepsilon \left(I_1(\varepsilon) + I_2(\varepsilon) \right)$$

A questo punto, per arrivare all'assurdo, basta far vedere che esiste un ε per cui l'espressione sopra è positiva. In effetti

$$u'\left(\varepsilon V_N^{(\alpha)} + (1-\varepsilon)a \right) = u'\left(\varepsilon v(1+r)^N + (1-\varepsilon)a \right) \longrightarrow +\infty$$

per $\varepsilon \to 0^+$, in base all'ipotesi **H3**. Quindi anche

$$I_1(\varepsilon) + I_2(\bar{\varepsilon}) \longrightarrow +\infty$$

per $\varepsilon \to 0^+$, essendo $I_2(\varepsilon)$ limitato come funzione di ε. Dunque

$$\varepsilon\left(I_1(\varepsilon) + I_2(\varepsilon)\right) > 0$$

se ε è sufficientemente piccolo: questo contraddice l'ottimalità di $\hat{V}$ e conclude la prova.

Proviamo ora la tesi assumendo che u sia superiormente limitata e $I = \mathbb{R}$, ossia $a = -\infty$. Osserviamo anzitutto che, per la concavità di u, si ha

$$\lim_{v \to -\infty} u(v) = -\infty \tag{2.21}$$

Come nel caso precedente, consideriamo una successione (V^n) in $\mathcal{V}_v$ che verifica la (2.19): la tesi consiste nel dimostrare che (V^n) ammette una sottosuccessione convergente. Procediamo per assurdo ed assumiamo che (V^n) non ammetta nessuna sottosuccessione convergente e sia quindi non limitata. Utilizzando l'equazione (2.18) è facile provare che esistono due successioni di indici (k_n) e (j_n) tali che

$$\lim_{n \to \infty} V_{j_n}^{k_n} = -\infty$$

Ma allora dall'ipotesi di limitatezza superiore di u e dalla (2.21) segue che

$$\lim_{n \to \infty} E\left[u(V^n)\right] = -\infty$$

e questo contraddice la (2.19). Dunque (V^n) è convergente, a meno di sottosuccessioni, in $\mathcal{V}_v$ al valore finale di una strategia ottimale. $\qquad\square$

Osservazione 2.13. Il valore finale ottimale è unico come conseguenza della concavità stretta della funzione d'utilità u. $\qquad\square$

Osservazione 2.14. Abbiamo assunto nella Sezione 2.1.2 che il dominio I di una funzione d'utilità non sia *superiormente* limitato. In effetti rimuovendo tale condizione l'esistenza di una strategia ottimale per il problema (2.13) non è garantita anche nel caso in cui il mercato sia libero d'arbitraggi: al riguardo si veda l'esempio riportato nell'Osservazione 2.57. La non limitatezza superiore di I è stata anche utilizzata implicitamente nella prova del Teorema 2.12, nell'argomento per assurdo basato sulla (2.15). $\qquad\square$

Corollario 2.15. *In un mercato libero da arbitraggi, sia $\bar{V} = V_N^{(\bar{\alpha})}$ il valore finale ottimale per il problema (2.13). Allora la misura Q definita da*

$$Q(\omega) = \frac{u'(\bar{V}(\omega))B_N}{E^P\left[B_N u'(\bar{V})\right]} P(\omega) \qquad \omega \in \Omega \tag{2.22}$$

è una misura martingala.

Dimostrazione. Per semplicità consideriamo solo il caso uni-periodale[3] $N = 1$. Posto

$$f(\alpha) = E\left[u(V_1^\alpha)\right] \qquad \alpha \in \mathbb{R}^d$$

vale, per le (1.19)-(1.20),

$$\max_{\alpha \in \mathbb{R}^d} f(\alpha) = f(\bar{\alpha}) = E\left[u\left(B_1\left(v + \bar{\alpha}\left(\widetilde{S}_1 - \widetilde{S}_0\right)\right)\right)\right]$$

Di conseguenza si ha

$$0 = \partial_{\alpha^i} f(\bar{\alpha}) = E\left[u'\left(B_1\left(v + \bar{\alpha}\left(\widetilde{S}_1 - \widetilde{S}_0\right)\right)\right) B_1\left(\widetilde{S}_1^i - \widetilde{S}_0^i\right)\right]$$
$$= E^Q\left[\widetilde{S}_1^i - \widetilde{S}_0^i\right] E^P\left[u'(\bar{V})B_1\right] \qquad i = 1 \qquad d \qquad (2.23)$$

dove Q è la misura definita da

$$\frac{dQ}{dP}(\omega) = \frac{Q(\ \omega\ )}{P(\ \omega\ )} = \frac{u'(\bar{V}(\omega))B_1}{E^P\left[u'(\bar{V})B_1\right]} \qquad \omega \in \Omega$$

Per l'ipotesi **H1**, vale $u' > 0$ e quindi le misure P e Q sono equivalenti. Inoltre Q è una misura martingala poiché la (2.23) equivale a

$$\widetilde{S}_0^i = E^Q\left[\widetilde{S}_1^i\right] \qquad i = 1 \qquad d \qquad \qquad \square$$

2.1.4 Utilità attesa da consumo intermedio e ricchezza finale

Il seguente risultato è analogo al Teorema 2.12.

Teorema 2.16. *Esiste una strategia ottimale per il problema* (2.14) *se e solo se il mercato è libero d'arbitraggi.*

Dimostrazione. La dimostrazione è analoga a quella del Teorema 2.12 e quindi ne diamo solo una traccia. Proviamo prima che se esiste una strategia ottimale allora il mercato è libero d'arbitraggi. Sia $(\alpha\ C)$ una strategia ottimale di valore iniziale v e supponiamo per assurdo che esista una strategia d'arbitraggio $\bar{\alpha}$ per la quale valga

$$V_0^{(\bar{\alpha})} = 0 \qquad V_N^{(\bar{\alpha})} \geq 0 \qquad P\left(V_N^{(\bar{\alpha})} > 0\right) > 0$$

Allora la strategia $(\alpha + \bar{\alpha}\ C)$ è tale che

$$V_0^{(\alpha + \bar{\alpha}\ C)} = v \qquad V_N^{(\alpha + \bar{\alpha}\ C)} \geq V_N^{(\alpha\ C)}$$

quindi C è $(v\ \alpha + \bar{\alpha})$-ammissibile; inoltre poiché la funzione u è crescente, il fatto che $P\left(V_N^{(\alpha + \bar{\alpha}\ C)} > V_N^{(\alpha\ C)}\right) > 0$ contraddice l'ottimalità di $(\alpha\ C)$.

---

[3] Per la dimostrazione completa si veda, per esempio, la Proposizione 2.7.2 in [7].

Viceversa, fissato $v > 0$, poniamo

$$\mathcal{W}_v = \Big\{ (V\ C)\ -C \text{ processo di consumo, } C_N \leq V = V_N^{(\alpha\ C)} \\ \text{con } \alpha \text{ predicibile, } V_0^{(\alpha\ C)} = v \Big\} \tag{2.24}$$

Ambientiamo il problema in uno spazio Euclideo come nella prova del Teorema 2.12 e ricordiamo che la funzione d'utilità u è definita sull'intervallo $I =]a\ +\infty[$. Il problema di ottimizzazione (2.14) equivale al problema di determinazione del massimo della funzione

$$f(V\ C) := \sum_{j=1}^{M} \left(\sum_{k=0}^{N} u_k(C_{k\ j}) + u(V_j - C_{N\ j}) \right) P(-\omega_j-)$$

sull'insieme

$$\mathcal{W}_{v\ a} = \mathcal{W}_v \cap -(V\ C) - C_{k\ j} > a\ \ V_j - C_{N\ j} > a\ \ j = 1 \qquad M-$$

Ricordiamo che, per ipotesi, $a \leq 0$ e notiamo che $\mathcal{W}_{v\ a} = \mathcal{W}_v$ se $a < 0$.

In base alla (2.8), abbiamo la rappresentazione

$$\mathcal{W}_v = \Big\{ (V\ C) - C \text{ adattato e non-negativo } C_N \leq V \\ V = B_N \left(v + \sum_{k=1}^{N} \alpha_k \left(\widetilde{S}_k - \widetilde{S}_{k-1} \right) - \sum_{h=0}^{N-1} \widetilde{C}_h \right) \ \ \alpha \text{ predicibile} \Big\}$$

e di conseguenza $\mathcal{W}_v$ è un insieme *chiuso*. Inoltre, per l'ipotesi di esistenza di una misura martingala Q, vale la condizione di budget

$$E^Q \left[B_N^{-1} V + \sum_{k=0}^{N-1} B_k^{-1} C_k \right] = v \tag{2.25}$$

per ogni $(V\ C) \in \mathcal{W}_v$. Dalla (2.25) segue facilmente che $\mathcal{W}_v$ è limitato e quindi è un insieme *compatto*. Questo è sufficiente a concludere la prova nel caso $a < 0$: infatti abbiamo già notato che in questo caso $\mathcal{W}_{v\ a} = \mathcal{W}_v$ e quindi la funzione continua f ha massimo su tale dominio.

Nel caso $a = 0$, l'esistenza di una strategia ottimale si prova procedendo come nella dimostrazione del Teorema 2.12: consideriamo una successione $(V^n\ C^n) \in \mathcal{W}_{v\ a}$ tale che

$$\lim_{n \to \infty} f(V^n\ C^n) = \sup_{\mathcal{W}_{v,a}} f$$

Per compattezza, a meno di passare ad una sotto-successione, esiste

$$\lim_{n \to \infty} (V^n\ C^n) =: (\hat{V}\ \hat{C}) \in \mathcal{W}_v$$

Infine per provare che in effetti $(\hat{V}\ \hat{C}) \in \mathcal{W}_{v\ a}$ si usa un argomento simile a quello della prova del Teorema 2.12, basato sull'ipotesi $\lim_{v \to 0^+} u'(v) = +\infty$ $\quad \square$

2.2 Metodo "martingala"

Il metodo martingala viene utilizzato per la soluzione di problemi di ottimizzazione stocastica, ma trae le sue origini dal problema della replicazione di un derivato. Abbiamo visto nel Capitolo 1 che dato un derivato Europeo X, ossia una variabile aleatoria che rappresenta il payoff del derivato, il problema della copertura consiste nel determinare un valore iniziale $V_0 = v$ e una strategia autofinanziante α tale che $V_N^{(\alpha)} = X$ quasi sicuramente in P e quindi anche quasi sicuramente in ogni misura martingala Q. D'altra parte il valore scontato di ogni strategia autofinanziante e predicibile è una martingala rispetto ad ogni misura martingala. Dunque dall'equazione di replicazione deriva la condizione

$$v = E^Q \left[\widetilde{V}_N^{(\alpha)} \right] = E^Q \left[B_N^{-1} X \right] \tag{2.26}$$

per ogni misura martingala Q. Ricordiamo anche che, per il Teorema 1.20, un derivato X è replicabile se e solo se $E^Q \left[B_N^{-1} X \right]$ assume lo stesso valore per ogni misura martingala Q.

Il problema di determinare una strategia di copertura può essere interpretato come un "problema di rappresentazione di martingala" nel senso seguente. Fissiamo per il momento una misura martingala Q e definiamo la martingala

$$\widetilde{M}_n := E^Q \left[B_N^{-1} X \mid \mathcal{F}_n \right] \qquad n = 0 \qquad N$$

Se determiniamo una strategia α tale che

$$\widetilde{M}_n = \widetilde{V}_n^{(\alpha)} = v + \sum_{k=1}^{n} \alpha_k \left(\widetilde{S}_k - \widetilde{S}_{k-1} \right) \qquad n = 0 \qquad N \tag{2.27}$$

dove la seconda equazione segue dalle (1.19)-(1.20), allora partendo dal valore iniziale v e seguendo la strategia α, abbiamo $\widetilde{V}_N^{(\alpha)} = \widetilde{X}$ e quindi anche $V_N^{(\alpha)} = X$. Dunque determinare la strategia α equivale a trovare una rappresentazione per la martingala $\widetilde{M}$ della forma (2.27).

2.2.1 Mercato completo: ricchezza finale

Consideriamo il problema della massimizzazione dell'utilità attesa dalla ricchezza finale

$$\max_{\alpha} E \left[u \left(V_N^{(\alpha)} \right) \right] \tag{2.28}$$

a partire dalla ricchezza iniziale v.

Il metodo martingala consiste di tre passi:

(P1) determinare, ricordando la Notazione 2.4, l'insieme dei valori finali raggiungibili

$$\mathcal{V}_v = \left\{ V \mid V = V_N^{(\alpha)} \quad \alpha \text{ predicibile}, V_0^{(\alpha)} = v \right\};$$

(P2) determinare il valore finale raggiungibile ottimale $\bar{V}_N$ che realizza il massimo in (2.28);

(P3) determinare una strategia autofinanziante $\bar{\alpha}$ tale che $V_N^{(\bar{\alpha})} = \bar{V}_N$.

Il primo problema è usualmente risolto utilizzando la condizione di martingalità che stabilisce il legame fra il valore atteso finale e il valore iniziale (cfr. caratterizzazione (2.29)). Il secondo passo consiste in un problema di massimizzazione che può essere risolto utilizzando gli usuali strumenti di ottimizzazione vincolata come il Teorema dei moltiplicatori di Lagrange (si veda la prova del Teorema 2.18). Poiché l'ultimo passo corrisponde ad un problema standard di copertura (dove il payoff da replicare è il valore finale ottimale $\bar{V}_N$), nel seguito ci occuperemo principalmente dei problemi **P1** e **P2**.

Notiamo che il metodo martingala decompone l'originario problema *dinamico* di ottimizzazione di portafoglio in un problema *statico* (la determinazione del valore finale ottimale) e in un problema di replicazione (corrispondente ad un "problema di rappresentazione di martingala").

Nel caso in cui il mercato sia completo e libero da arbitraggi, esiste ed è unica la misura martingala Q. Allora per quanto riguarda il problema **P1**, abbiamo la caratterizzazione

$$\mathcal{V}_v = \left\{ V \,\text{–}E^Q \left[B_N^{-1}V \right] = v \right\} \tag{2.29}$$

per l'insieme dei valori finali raggiungibili con una strategia autofinanziante di valore iniziale v.

Prima di affrontare il problema **P2** facciamo la seguente

Osservazione 2.17. Sia u una funzione d'utilità. Poiché

$$u' : I \longrightarrow \mathbb{R}_+$$

è una funzione continua e strettamente decrescente, allora la funzione inversa

$$\mathcal{I} := (u')^{-1} \tag{2.30}$$

è anch'essa continua e strettamente decrescente. Per esempio:

- per la funzione d'utilità logaritmica, vale

$$u(v) = \log v \quad u'(v) = \frac{1}{v} \quad \mathcal{I}(w) = \frac{1}{w} \qquad v \ w \in \mathbb{R}_+;$$

- per la funzione d'utilità potenza, vale

$$u(v) = \frac{v^\gamma}{\gamma} \quad u'(v) = v^{\gamma-1} \quad \mathcal{I}(w) = w^{\frac{1}{\gamma-1}} \qquad v \ w \in \mathbb{R}_+;$$

- per la funzione d'utilità esponenziale, vale

$$u(v) = -e^{-v} \quad u'(v) = e^{-v} \quad \mathcal{I}(w) = -\log w \qquad v \in \mathbb{R} \ w \in \mathbb{R}_+ \quad \square$$

Il problema **P2** è risolto dal seguente

Teorema 2.18. *In un mercato completo e libero d'arbitraggi si consideri il problema di massimizzazione dell'utilità attesa dalla ricchezza finale (2.28) a partire dal capitale iniziale $v \in \mathbb{R}_+$. Se vale la condizione*

$$u'(I) = \mathbb{R}_+ \tag{2.31}$$

allora il valore finale ottimale è pari a

$$\bar{V}_N = \mathcal{I}\left(\lambda \widetilde{L}\right) \tag{2.32}$$

dove $\widetilde{L} = B_N^{-1} L$ con $L = \frac{dQ}{dP}$, essendo Q la misura martingala, e $\lambda \in \mathbb{R}$ è determinato dall'equazione

$$E^P\left[\mathcal{I}\left(\lambda \widetilde{L}\right) \widetilde{L}\right] = v \tag{2.33}$$

La (2.33) è detta equazione di budget.

Dimostrazione. Ambientando il problema in uno spazio Euclideo come nella prova del Teorema 2.12, il problema di massimizzazione dell'utilità attesa dalla ricchezza finale equivale ad un usuale problema di ottimizzazione vincolata in $\mathbb{R}^M$. Infatti, adottando le notazioni (2.16)-(2.17) e posto, per brevità $P_i = P(-\omega_i -)$ e $Q_i = Q(-\omega_i -)$ per $i = 1 \qquad M$, possiamo riformulare il problema in termini di massimizzazione della funzione

$$f(V) := \sum_{i=1}^{M} u(V_i)P_i = E^P\left[u(V)\right]$$

soggetta al vincolo $V \in \mathcal{V}_v \cap I^M$ che, per la (2.29), è espresso da

$$g(V) := \sum_{i=1}^{M} B_N^{-1} V_i Q_i - v = E^Q\left[B_N^{-1} V\right] - v = 0 \quad \text{e} \quad V_i > a \quad i = 1 \qquad M$$

In base al Teorema 2.12, sappiamo che esiste ed è unica $\bar{V}_N \in \mathcal{V}_v$, soluzione del problema di ottimizzazione, tale che $\bar{V}_N > a$ grazie all'ipotesi **H3** (cfr. (2.20)). Allora per determinare tale valore ottimale utilizziamo il Teorema dei moltiplicatori di Lagrange e introduciamo la funzione Lagrangiana per la funzione f sul vincolo $\mathcal{V}_v = -g = 0-$:

$$\mathcal{L}(V \ \lambda) = f(V) - \lambda g(V)$$

Annullando il gradiente otteniamo il sistema di equazioni

$$\partial_{V_i} \mathcal{L}(V \ \lambda) = u'(V_i)P_i - B_N^{-1} \lambda Q_i = 0 \qquad i = 1 \qquad M \tag{2.34}$$

$$\partial_\lambda \mathcal{L}(V \ \lambda) = \sum_{i=1}^{M} B_N^{-1} V_i Q_i - v = 0 \tag{2.35}$$

Per l'ipotesi (2.31), la funzione u' è biettiva da I in $\mathbb{R}_+$: dunque la (2.34) ha soluzione unica

$$\left(\bar{V}_N\right)_i = \mathcal{I}\left(B_N^{-1}\lambda\frac{Q_i}{P_i}\right) \qquad i = 1 \qquad M$$

e tale equazione equivale alla (2.32). Notiamo che, per costruzione, $\bar{V}_N \in \mathcal{V}_v$ e $\bar{V}_N > a$.

Inserendo la (2.32) nella (2.35) per determinare λ, otteniamo

$$h(\lambda) := \sum_{i=1}^{M} B_N^{-1}\mathcal{I}\left(B_N^{-1}\lambda\frac{Q_i}{P_i}\right)Q_i = v \tag{2.36}$$

che è equivalente alla (2.33). In base all'Osservazione 2.17, la funzione h definita in (2.36) è continua e strettamente decrescente. Di conseguenza, per ogni $v \in \mathbb{R}_+$, esiste ed è unico λ soluzione di (2.36). $\square$

Siccome le derivate di Radon-Nikodym di Q rispetto a P giocano un ruolo importante nel metodo martingala, nei prossimi due esempi ricaveremo le loro espressioni nel caso del modello binomiale e di quello trinomiale completato. Gli esempi/esercizi sull'applicazione del metodo martingala stesso seguono poi nella Sezione 2.4 per il caso dell'utilità logaritmica e nella Sezione 2.5 anche per altre funzioni d'utilità.

Esempio 2.19 (Modello binomiale). Consideriamo un mercato binomiale a N periodi con parametri di crescita u, decrescita d, tasso privo di rischio r e probabilità di crescita p. Possiamo identificare gli eventi elementari ω dello spazio di probabilità, con le N-ple della forma

$$\omega = (0\ 1\ 0\ 0\ 1\ 0 \qquad)$$

Allora il titolo rischioso si rappresenta

$$S_n = u^{\nu_n}d^{n-\nu_n}S_0 \tag{2.37}$$

dove ν_n è la variabile aleatoria che "conta il numero di crescite" dopo n periodi (o equivalentemente il numero di 1 fra i primi n elementi della N-pla ω). Osserviamo che vale

$$E\left[\nu_N\right] = pN$$

Ricordando il Teorema 1.24, la misura martingala è definita da

$$Q(-\omega-) = q^{\nu_N(\omega)}(1-q)^{N-\nu_N(\omega)} \qquad \omega \in \Omega$$

dove

$$q = \frac{1+r-d}{u-d}$$

Inoltre le variabili aleatorie $\mu_1 \quad \mu_N$ sono Q-indipendenti. Di conseguenza la derivata di Radon-Nikodym di Q rispetto a P vale

$$L(\omega) = \left(\frac{q}{p}\right)^{\nu_N(\omega)} \left(\frac{1-q}{1-p}\right)^{N-\nu_N(\omega)} \qquad \omega \in \Omega \qquad (2.38)$$

Per un suo utilizzo successivo, in particolare nel Teorema 2.24, ricaviamo l'espressione del processo

$$L_n = E^P\left[L \quad \mathcal{F}_n\right] = E^P\left[\frac{dQ}{dP} \quad \mathcal{F}_n\right]$$

In base alla definizione di attesa condizionata, per ogni $\omega \in \Omega$ tale che $\nu_n(\omega) = k$, vale

$$E\left[\frac{dQ}{dP} \quad \mathcal{F}_n\right](\omega) = E\left[\frac{dQ}{dP} \quad \nu_n = k\right]$$
$$= \frac{1}{P(\nu_n = k)} \int_{\nu_n = k} \left(\frac{dQ}{dP}\right) dP = \frac{Q(\nu_n = k)}{P(\nu_n = k)}$$

ossia

$$L_n = \left(\frac{q}{p}\right)^{\nu_n} \left(\frac{1-q}{1-p}\right)^{n-\nu_n} \qquad (2.39)$$

Un modo alternativo, più elementare per provare la (2.39) e che useremo anche in seguito, è il seguente: per ogni $n < N$, si ha

$$L = \left(\frac{q}{p}\right)^{\nu_N} \left(\frac{1-q}{1-p}\right)^{N-\nu_N}$$
$$= \left(\frac{q}{p}\right)^{\nu_n} \left(\frac{1-q}{1-p}\right)^{n-\nu_n} \left(\frac{q}{p}\right)^{\nu_N-\nu_n} \left(\frac{1-q}{1-p}\right)^{N-n-(\nu_N-\nu_n)}$$

Quindi, essendo ν_n una variabile aleatoria $\mathcal{F}_n$-misurabile e poiché $\nu_N - \nu_n$ ha la stessa distribuzione di ν_{N-n} ed è Q-indipendente da $\mathcal{F}_n$, vale

$$L_n = E\left[L \quad \mathcal{F}_n\right] = \left(\frac{q}{p}\right)^{\nu_n} \left(\frac{1-q}{1-p}\right)^{n-\nu_n}$$
$$\cdot E\left[\left(\frac{q}{p}\right)^{\nu_N-\nu_n} \left(\frac{1-q}{1-p}\right)^{N-n-(\nu_N-\nu_n)} \quad \mathcal{F}_n\right]$$
$$= \left(\frac{q}{p}\right)^{\nu_n} \left(\frac{1-q}{1-p}\right)^{n-\nu_n} \cdot E\left[\left(\frac{q}{p}\right)^{\nu_{N-n}} \left(\frac{1-q}{1-p}\right)^{N-n-(\nu_{N-n})}\right]$$
$$= \left(\frac{q}{p}\right)^{\nu_n} \left(\frac{1-q}{1-p}\right)^{n-\nu_n}$$

poiché

$$E\left[\left(\frac{q}{p}\right)^{\nu_{N-n}}\left(\frac{1-q}{1-p}\right)^{N-n-(\nu_{N-n})}\right]$$

$$=\sum_{k=0}^{N-n}\binom{N-n}{k}p^k(1-p)^{N-n-k}\left(\frac{q}{p}\right)^k\left(\frac{1-q}{1-p}\right)^{N-n-k}=1 \qquad \square$$

Esempio 2.20 (Modello trinomiale completato). Consideriamo un mercato trinomiale completato (cfr. Paragrafo 1.4.2) a N periodi con parametri u_i m_i d_i per i due titoli rischiosi S^i, $i = 1\ 2$, tasso privo di rischio r e probabilità $p_1\ p_2\ p_3$. Possiamo identificare gli eventi elementari ω con le N-ple della forma

$$\omega = (1\ 1\ 2\ 3\ 1\ 3 \qquad)$$

La cardinalità dello spazio di probabilità Ω è pari a 3^N e vale

$$P(\ \omega\ ) = p_1^{\nu_N^1(\omega)}p_2^{\nu_N^2(\omega)}p_3^{N-\nu_N^1(\omega)-\nu_N^2(\omega)} \qquad \omega \in \Omega$$

dove ν_N^i, $i = 1\ 2$, è la variabile aleatoria che conta rispettivamente i movimenti u e m dopo N passi (o equivalentemente il numero di 1 e 2 nella N-pla ω). Inoltre vale

$$E\left[\nu_N^i\right] = p_i N \qquad i = 1\ 2$$

Si ha la rappresentazione

$$S_n^i = u_i^{\nu_n^1}m_i^{\nu_n^2}d_i^{n-\nu_n^1-\nu_n^2}S_0^i \qquad i = 1\ 2 \tag{2.40}$$

per i processi dei titoli rischiosi. La misura martingala è definita da

$$Q(\ \omega\ ) = q_1^{\nu_N^1(\omega)}q_2^{\nu_N^2(\omega)}q_3^{N-\nu_N^1(\omega)-\nu_N^2(\omega)} \qquad \omega \in \Omega$$

con $q_1\ q_2\ q_3$ in (1.46). Di conseguenza la derivata di Radon-Nikodym di Q rispetto a P è data da

$$L(\omega) = \left(\frac{q_1}{p_1}\right)^{\nu_N^1(\omega)}\left(\frac{q_2}{p_2}\right)^{\nu_N^2(\omega)}\left(\frac{q_3}{p_3}\right)^{N-\nu_N^1(\omega)-\nu_N^2(\omega)} \qquad \omega \in \Omega \tag{2.41}$$

Procedendo come nel caso binomiale, otteniamo per ogni $\omega \in \Omega$ tale che $\nu_n^1(\omega) = k_1$ e $\nu_n^2(\omega) = k_2$:

$$L_n = E\left[L\ \mathcal{F}_n\right](\omega) = E\left[\frac{dQ}{dP}\ \mathcal{F}_n\right](\omega)$$

$$= E\left[\frac{dQ}{dP}\ \nu_n^1 = k_1\ \nu_n^2 = k_2\right] = \frac{Q(\nu_n^1 = k_1\ \nu_n^2 = k_2)}{P(\nu_n^1 = k_1\ \nu_n^2 = k_2)}$$

ossia

$$L_n = \left(\frac{q_1}{p_1}\right)^{\nu_n^1}\left(\frac{q_2}{p_2}\right)^{\nu_n^2}\left(\frac{q_3}{p_3}\right)^{n-\nu_n^1-\nu_n^2} \tag{2.42}$$

$$\square$$

2.2.2 Mercato incompleto: ricchezza finale

Nel caso in cui il mercato sia libero da arbitraggi e incompleto, l'insieme delle misure martingale è infinito e dunque in generale il problema **P1** è più delicato. Osserviamo anzitutto che, in base al Teorema 1.20, l'insieme dei valori finali generati a partire da un capitale iniziale v ha la seguente caratterizzazione:

$$\mathcal{V}_v = \left\{ V \mid E^Q\left[B_N^{-1}V\right] = v \text{ per ogni misura martingala } Q \right\}$$

In secondo luogo, la famiglia delle misure martingale (identificate con vettori di $\mathbb{R}^M$ come nella prova del Teorema 2.18) è l'intersezione di uno spazio affine di $\mathbb{R}^M$ con l'insieme delle misure di probabilità strettamente positive[4]

$$\mathbb{R}_+^M = \left\{ Q = (Q_1 \dots Q_M) \mid Q_j > 0 \quad j = 1 \dots M \right\}$$

In particolare esistono delle misure $Q^{(1)} \dots Q^{(r)} \in \overline{\mathbb{R}_+^M}$ tali che ogni misura martingala Q può essere espressa come una combinazione lineare del tipo

$$Q = a_1 Q^{(1)} + \dots a_r Q^{(r)}$$

in cui la somma dei pesi a_i è pari a uno. Di conseguenza vale

$$\mathcal{V}_v = \left\{ V \mid E^{Q^{(j)}}\left[B_N^{-1}V\right] = v \text{ per } j = 1 \dots r \right\} \tag{2.43}$$

Una volta individuate le misure "estremali" $Q^{(1)} \dots Q^{(r)}$, il seguente risultato, che generalizza il Teorema 2.18, risolve il problema **P2** della determinazione del valore finale raggiungibile ottimale $\bar{V}$ a partire dal capitale iniziale $v \in I$.

Teorema 2.21. *Se vale la condizione*

$$u'(I) = \mathbb{R}_+ \tag{2.44}$$

il valore finale ottimale è pari a

$$\bar{V}_N = \mathcal{I}\left(\sum_{j=1}^r \lambda_j \widetilde{L}^{(j)} \right) \tag{2.45}$$

dove $\widetilde{L}^{(j)} = B_N^{-1} L^{(j)}$ *con* $L^{(j)} = \frac{dQ^{(j)}}{dP}$ *e* $\lambda_1 \dots \lambda_r \in \mathbb{R}$ *sono determinati dal sistema di equazioni di budget*

$$E^P\left[\mathcal{I}\left(\sum_{k=1}^r \lambda_k \widetilde{L}^{(k)} \right) \widetilde{L}^{(j)} \right] = v \qquad j = 1 \dots r \tag{2.46}$$

---

[4] Per esempio, nel caso uni-periodale, supposto $r = 0$ per semplicità, si ha che $Q \in \mathbb{R}_+^M$ è una misura martingala se

$$\sum_{j=1}^M Q_j = 1 \quad \text{e} \quad E^Q\left[S_1^i\right] = \sum_{j=1}^M (S_1^i)_j Q_j = S_0^i, \qquad i = 1, \dots, d.$$

Dimostrazione. La prova è analoga a quella del Teorema 2.18 e consiste nel riformulare il problema in termini di massimizzazione della funzione

$$f(V) := \sum_{i=1}^{M} u(V_i)P_i = E^P\left[u(V)\right]$$

soggetta al vincolo $V \in \mathcal{V}_v$ che, per la (2.43), è espresso da

$$g^{(j)}(V) := \sum_{i=1}^{M} B_N^{-1}V_iQ_i^{(j)} - v = E^{Q^{(j)}}\left[B_N^{-1}V\right] - v = 0 \qquad j = 1 \qquad r$$

In questo caso consideriamo la funzione Lagrangiana

$$\mathcal{L}(V\,\lambda) = f(V) - \sum_{k=1}^{r} \lambda_k g^{(k)}(V)$$

e annullando il gradiente otteniamo il sistema di equazioni

$$\partial_{V_i}\mathcal{L}(V\,\lambda) = u'(V_i)P_i - B_N^{-1}\sum_{k=1}^{r} \lambda_k Q_i^{(k)} = 0 \qquad i = 1 \qquad M \qquad (2.47)$$

$$\partial_{\lambda_j}\mathcal{L}(V\,\lambda) = \sum_{i=1}^{M} B_N^{-1}V_iQ_i^{(j)} - v = 0 \qquad j = 1 \qquad r \qquad (2.48)$$

La (2.47), per l'ipotesi (2.44), è equivalente a

$$(\bar{V}_N)_i = \mathcal{I}\left(B_N^{-1}\sum_{k=1}^{r} \lambda_k \frac{Q_i^{(k)}}{P_i}\right) \qquad i = 1 \qquad M$$

ossia alla (2.45).

Inserendo tali espressioni nella (2.48) otteniamo il sistema di equazioni

$$\sum_{i=1}^{M} B_N^{-1}\mathcal{I}\left(B_N^{-1}\sum_{k=1}^{r} \lambda_k \frac{Q_i^{(k)}}{P_i}\right)Q_i^{(j)} = v \qquad j = 1 \qquad r$$

che è equivalente alla (2.46). $\qquad\square$

Osservazione 2.22. Abbiamo visto che la risoluzione del problema della massimizzazione dell'utilità attesa della ricchezza finale col metodo martingala richiede la determinazione delle misure martingala estremali. Facciamo qui notare che ciò porta a delle difficoltà pratiche notevoli soprattutto se N è grande. Limitandoci al caso di un mercato incompleto dato da un modello trinomiale, notiamo che le misure martingala, e quindi anche quelle estremali, sono definite (cfr. Sezione 1.4.2 ed Esempio 2.20) su uno spazio di probabilità

Ω dove gli eventi elementari ω possono essere identificati con le N-uple della forma

$$\omega = (1\ 1\ 2\ 3\ 1\ 3\ \cdots)$$

e la cardinalità di Ω è pari a 3^N.

Consideriamo ora il caso di $N = 2$, scriviamo $\omega = (\omega^1\ \omega^2)$ dove $\omega^i \in \{1\ 2\ 3\}$ per $i = 1\ 2$, e scriviamo per brevità $Q(\omega)$ invece di $Q(\{\omega\})$. Abbiamo $Q(\omega) = Q(\omega^1\ \omega^2) = Q^1(\omega^1)Q(\omega^2 \mid \omega^1)$, dove la marginale $Q^1(\omega^1)$ e la condizionata $Q(\omega^2 \mid \omega^1)$ soddisfano la (1.44) come conseguenza della (1.43). Quand'anche, come accennato dopo la (1.44), $Q(\omega^2 \mid \omega^1)$ può in generale dipendere da $\mathcal{F}_1$, cioè da ω^1, la forma della (1.44) ci permette di considerare per semplicità di esposizione la sottoclasse delle misure martingala in cui $Q(\omega^2 \mid \omega^1) \equiv Q^2(\omega^2)$ per una marginale Q^2 soddisfacente alla (1.44) ed indipendente da ω^1. Sempre in base alla (1.44) le terne $(q_1^i\ q_2^i\ q_3^i) = (Q^i(1)\ Q^i(2)\ Q^i(3))$ per $i = 1\ 2$ formano al variare di Q e quindi delle marginali Q^i, uno stesso insieme di possibili valori, dato da un segmento in $\mathbb{R}$, e che quindi ammette due valori estremali (che sono sempre misure martingala ma non necessariamente equivalenti a P), chiamiamoli $(Q^{e,0}(1)\ Q^{e,0}(2)\ Q^{e,0}(3))$ e $(Q^{e,1}(1)\ Q^{e,1}(2)\ Q^{e,1}(3))$ rispettivamente. Possiamo quindi scrivere

$$Q^1(\omega^1) = \gamma_1 Q^{e,0}(\omega^1) + (1 - \gamma^1)Q^{e,1}(\omega^1) \quad \forall \omega^1 \in \{1\ 2\ 3\}$$
$$Q^2(\omega^2) = \gamma_2 Q^{e,0}(\omega^2) + (1 - \gamma^2)Q^{e,1}(\omega^2) \quad \forall \omega^2 \in \{1\ 2\ 3\}$$

dove $\gamma_1\ \gamma_2 \in (0\ 1)$ e dove, in base all'ipotesi fatta che $Q(\omega^2 \mid \omega^1) \equiv Q^2(\omega^2)$, indipendentemente da ω^1 e quindi da $\mathcal{F}_1$, anche γ_2 è scelto indipendente da ω^1 e quindi da $\mathcal{F}_1$. Risulta allora

$$\begin{aligned}
Q(\omega) &= \left(\gamma_1 Q^{e,0}(\omega^1) + (1 - \gamma^1)Q^{e,1}(\omega^1)\right)\left(\gamma_2 Q^{e,0}(\omega^2) + (1 - \gamma^2)Q^{e,1}(\omega^2)\right) \\
&= \gamma_1 \gamma_2 Q^{e,0}(\omega^1)Q^{e,0}(\omega^2) + \gamma_1(1 - \gamma_2)\gamma_2 Q^{e,0}(\omega^1)Q^{e,1}(\omega^2) \\
&\quad + (1 - \gamma_1)\gamma_2 Q^{e,1}(\omega^1)Q^{e,0}(\omega^2) + (1 - \gamma_1)(1 - \gamma_2)Q^{e,1}(\omega^1)Q^{e,1}(\omega^2)
\end{aligned}$$

cioè $Q(\omega)$ si presenta, già nella semplificazione introdotta che $Q(\omega^2 \mid \omega^1) \equiv Q^2(\omega^2)$ indipendente da ω^1, combinazione convessa di quattro misure martingala estremali, cioè

$$\bar{Q}^1(\omega) = Q^{e,0}(\omega^1)Q^{e,0}(\omega^2) \qquad \bar{Q}^2(\omega) = Q^{e,0}(\omega^1)Q^{e,1}(\omega^2)$$
$$\bar{Q}^3(\omega) = Q^{e,1}(\omega^1)Q^{e,0}(\omega^2) \qquad \bar{Q}^4(\omega) = Q^{e,1}(\omega^1)Q^{e,1}(\omega^2)$$

Generalizzando, per un generico valore di N si avrebbero allora 2^N misure martingala estremali.

Per tale ragione, negli esercizi col metodo martingala ci limiteremo, sia per il caso della ricchezza finale, sia per il consumo intermedio, ad un contesto di mercato completo. $\qquad\qquad\square$

2.2.3 Mercato completo: consumo intermedio

In questa sezione consideriamo il problema di massimizzazione dell'utilità attesa da consumo intermedio

$$\max_{\alpha\, C} E\left[\sum_{n=0}^{N} u_n\left(C_n\right)\right] \qquad (2.49)$$

corrispondente al problema (2.14) con $u = 0$. In (2.49), $u_0 \ldots u_N$ sono funzioni d'utilità definite sull'intervallo I. Nel seguito consideriamo solo il caso $I = \mathbb{R}_+$, ossia $a = 0$.

Poiché il massimo in (2.49) è ricercato sull'insieme delle strategie con consumo ammissibili, ricordando l'Osservazione 2.11, si ha che il metodo martingala consiste dei seguenti tre passi:

(**P1**) determinare, ricordando la Notazione 2.4, l'insieme dei processi di consumo "raggiungibili"

$$\mathcal{C}_v = \left\{ C \text{ proc. di consumo } \mid C_N = V_N^{(\alpha\, C)} \text{con } \alpha \text{ predicibile}, V_0^{(\alpha\, C)} = v \right\};$$

(**P2**) determinare il processo di consumo raggiungibile ottimale $\bar{C}$ che realizza il massimo in (2.49);

(**P3**) determinare la strategia autofinanziante con consumo relativa al consumo raggiungibile ottimale.

Passo P1. In un mercato completo e libero da arbitraggi, la misura martingala Q esiste ed è unica: dunque, in analogia con la (2.29), abbiamo la seguente caratterizzazione della famiglia $\mathcal{C}_v$.

Lemma 2.23. *Vale*

$$\mathcal{C}_v = \left\{ C \text{ proc. di consumo } \mid E^Q\left[\sum_{n=0}^{N} B_n^{-1} C_n\right] = v \right\} \qquad (2.50)$$

Dimostrazione. Se $C \in \mathcal{C}_v$ allora per la (2.8) vale

$$v + G_N^{(\alpha)} = B_N^{-1} V_N^{(\alpha\, C)} + \sum_{n=0}^{N-1} B_n^{-1} C_n = \sum_{n=0}^{N} B_n^{-1} C_n$$

e poiché $G_N^{(\alpha)}$ ha attesa nulla in Q, vale

$$E^Q\left[\sum_{n=0}^{N} B_n^{-1} C_n\right] = v \qquad (2.51)$$

Viceversa sia C un processo di consumo che verifica la (2.51). Poiché per ipotesi il mercato è completo, per ogni $n = 1 \ldots N$ esiste una strategia autofinanziante e predicibile, senza consumo $(\alpha^{(n)} \ \beta^{(n)})$ che replica il payoff C_n all'istante n, ossia tale che vale

$$V_n^{(\alpha^{(n)} \ \beta^{(n)})} = C_n \tag{2.52}$$

Modifichiamo tale strategia ponendo

$$\alpha_k^{(n)} = 0 \qquad \beta_k^{(n)} = 0 \qquad \text{per } k > n$$

e consideriamo i processi predicibili

$$\alpha = \alpha^{(1)} + \cdots + \alpha^{(N)} \qquad \beta = \beta^{(1)} + \cdots + \beta^{(N)}$$

Allora la strategia con consumo $(\alpha \ \beta \ C)$ è autofinanziante poiché, indicato con V il suo valore, per $n = 1 \qquad N$ si ha

$$V_{n-1} = \sum_{k=n-1}^{N} \left(\alpha_{n-1}^{(k)} S_{n-1} + \beta_{n-1}^{(k)} B_{n-1} \right) =$$

(per la proprietà di autofinanziamento, sul periodo n-esimo, delle strategie senza consumo $\left(\alpha^{(k)} \ \beta^{(k)} \right)$ per $k = n \qquad N$)

$$= \alpha_{n-1}^{(n-1)} S_{n-1} + \beta_{n-1}^{(n-1)} B_{n-1} + \sum_{k=n}^{N} \left(\alpha_n^{(k)} S_{n-1} + \beta_n^{(k)} B_{n-1} \right) =$$

(per la condizione di replicazione (2.52))

$$= C_{n-1} + \alpha_n S_{n-1} + \beta_n B_{n-1}$$

Infine, per costruzione si ha ovviamente

$$V_N = \alpha_N^{(N)} S_N + \beta_N^{(N)} B_N = C_N \tag{2.53}$$

Per concludere mostriamo che $V_0 = v$: essendo la strategia con consumo $(\alpha \ \beta \ C)$ autofinanziante per costruzione, per la (2.8) vale

$$V_0 = E^Q \left[B_N^{-1} V_N + \sum_{n=0}^{N-1} B_n^{-1} C_n \right] =$$

(per la (2.53) e l'ipotesi (2.51))

$$= E^Q \left[\sum_{n=0}^{N} B_n^{-1} C_n \right] = v \qquad \qquad \square$$

Passo P2. Il problema della determinazione del processo di consumo ottimale è risolto dal seguente risultato, analogo del Teorema 2.18.

Teorema 2.24. *In un mercato completo e libero d'arbitraggi si consideri il problema di massimizzazione dell'utilità attesa da consumo intermedio* (2.49) *a partire dal capitale iniziale* $v \in \mathbb{R}_+$. *Se vale la condizione*

$$u'_n(\mathbb{R}_+) = \mathbb{R}_+ \qquad n = 0 \qquad N \tag{2.54}$$

allora il processo di consumo ottimale è dato da

$$\bar{C}_n = \mathcal{I}_n\left(\lambda\widetilde{L}_n\right) \qquad n = 0 \qquad N \tag{2.55}$$

dove $\mathcal{I}_n = (u'_n)^{-1}$ *e* $\widetilde{L}_n = B_n^{-1}L_n$ *con* $L_n = E^P\left[\frac{dQ}{dP} -\mathcal{F}_n\right]$, *essendo* Q *la misura martingala. Inoltre* $\lambda \in \mathbb{R}$ *è determinato dall'equazione di budget*

$$E^P\left[\sum_{n=0}^{N}\widetilde{L}_n\mathcal{I}_n\left(\lambda\widetilde{L}_n\right)\right] = v \tag{2.56}$$

Dimostrazione. La prova è analoga a quella del Teorema 2.18: il problema equivale al problema standard di ottimizzazione vincolata in uno spazio Euclideo, per la funzione

$$f(C) := \sum_{i=1}^{M}\sum_{n=0}^{N}u_n(C_{n,i})P_i = E^P\left[\sum_{n=0}^{N}u_n(C_n)\right]$$

soggetta al vincolo $C \in \mathcal{C}_v$, espresso in termini del Lemma 2.23. Nell'equazione precedente, al solito usiamo la notazione $C_{n,i} = C_n(\omega_i)$ per $i = 1 \qquad m$.

Osserviamo preliminarmente che, essendo il processo C adattato, la (2.51) equivale a

$$v = E^Q\left[\sum_{n=0}^{N}B_n^{-1}C_n\right] = E^P\left[\sum_{n=0}^{N}B_n^{-1}C_nL\right]$$

$$= E^P\left[\sum_{n=0}^{N}E^P\left[B_n^{-1}C_nL -\mathcal{F}_n\right]\right] = E^P\left[\sum_{n=0}^{N}C_n\widetilde{L}_n\right]$$

La necessità di introdurre il processo adattato $\left(\widetilde{L}_n\right)$ per il cambio di misura di probabilità risulta evidente dalla formula (2.55), poiché per definizione ogni processo di consumo è adattato.

Per il Teorema 2.16, esiste un consumo ottimale $\bar{C} \in \mathcal{C}_v$ tale che $\bar{C}_n > 0$ per ogni n. Ne segue che, posto

$$g(C) = \sum_{i=1}^{M}\sum_{n=0}^{N}C_{n,i}\widetilde{L}_{n,i}P_i - v = E^Q\left[\sum_{n=0}^{N}B_n^{-1}C_n\right] - v$$

il consumo ottimale può essere determinato con il Teorema dei moltiplicatori di Lagrange, annullando il gradiente della funzione Lagrangiana

$$\mathcal{L}(C\ \lambda) = f(C) - \lambda g(C)$$

Otteniamo quindi il sistema di equazioni

$$\partial_{C_{n,i}}\mathcal{L}(C\ \lambda) = u'_n(C_{n\ i})P_i - \lambda\widetilde{L}_{n\ i}P_i = 0 \tag{2.57}$$

per $i = 1\quad M\quad n = 0\quad N$ e

$$\partial_\lambda\mathcal{L}(C\ \lambda) = \sum_{i=1}^{M}\sum_{n=0}^{N} C_{n\ i}\widetilde{L}_{n\ i}P_i - v = 0 \tag{2.58}$$

Per l'ipotesi (2.54), la funzione u'_n è biettiva e quindi la (2.57) ha soluzione unica

$$\bar{C}_{n\ i} = \mathcal{I}_n\left(\lambda\widetilde{L}_{n\ i}\right)$$

equivalente alla (2.55).

Inserendo l'espressione di $\bar{C}_{n\ i}$ nella (2.58) per determinare λ, otteniamo

$$h(\lambda) := \sum_{i=1}^{M}\sum_{n=0}^{N}\mathcal{I}_n\left(\lambda\widetilde{L}_{n\ i}\right)\widetilde{L}_{n\ i}P_i = v \tag{2.59}$$

che è equivalente alla (2.56). In base all'Osservazione 2.17, la funzione h è continua e strettamente decrescente cosicché per ogni $v \in \mathbb{R}_+$, esiste ed è unico λ soluzione di (2.59). $\square$

Passo P3. Una volta risolto il problema **P2** e quindi determinato il processo di consumo raggiungibile ottimale $\bar{C}$ per il criterio (2.49), il terzo e ultimo passo consiste nella determinazione della strategia autofinanziante con consumo relativa a $\bar{C}$. Allo scopo si è visto nella dimostrazione del Lemma 2.23 che la strategia ottimale α si può esprimere come somma

$$\alpha = \alpha^{(1)} + \cdots + \alpha^{(N)}$$

dove $\alpha^{(k)}$ è la strategia autofinanziante (senza consumo), definita sul periodo $[0\ k]$, che replica $\bar{C}_k$. Dunque α si può determinare risolvendo gli N problemi di replicazione relativi ai payoffs $C_1\quad C_N$.

Tuttavia, ai fini pratici è preferibile utilizzare il seguente algoritmo ricorsivo:

- fissato $v > 0$, si determina $(\alpha_N\ \beta_N)$ imponendo la condizione di replicazione

$$\alpha_N S_N + \beta_N B_N = \bar{V}_N = \bar{C}_N \tag{2.60}$$

  che conduce ad un sistema di equazioni lineari;

- al generico passo n, supponendo di aver calcolato $\bar{V}_n$, possiamo determinare $(\alpha_n \ \beta_n)$ imponendo

$$\alpha_n S_n + \beta_n B_n = \bar{V}_n; \tag{2.61}$$

- per determinare $\bar{V}_n$ che rappresenta il valore in n di un portafoglio autofinanziante corrispondente al consumo dato dai $\bar{C}_n$, ricordiamo la (2.9) che fornisce la relazione ricorsiva

$$\bar{V}_n = \frac{1}{1+r} \, E^Q \llcorner \bar{V}_{n+1} \ulcorner \mathcal{F}_n \lrcorner + \bar{C}_n \tag{2.62}$$

A seconda della funzione utilità, quest'ultima ricorsione può portare a delle formule esplicite (vedi la (2.64) più avanti).

Esempio 2.25. Nel caso dell'utilità logaritmica, in cui (vedi più avanti la (2.103))

$$\bar{C}_n = \frac{v(1+r)^n}{N+1} \left(\frac{p}{q}\right)^{\nu_n} \left(\frac{1-p}{1-q}\right)^{n-\nu_n} \tag{2.63}$$

si ha

$$\bar{V}_n = (N+1-n)\,\bar{C}_n \tag{2.64}$$

Facciamo vedere la (2.64) per induzione all'indietro su n. Per $n = N$ la (2.64) è vera per la condizione di replicazione $\bar{V}_N = \bar{C}_N$. Supposta vera la (2.64) per $n+1$, dalla (2.62) e tenendo presente la (2.63) abbiamo

$$
\begin{aligned}
\bar{V}_n &= \bar{C}_n + \frac{v(1+r)^n}{N+1}(N-n) \\
&\quad \cdot \left(q\left(\frac{p}{q}\right)^{\nu_n+1} \left(\frac{1-p}{1-q}\right)^{n-\nu_n} + (1-q)\left(\frac{p}{q}\right)^{\nu_n} \left(\frac{1-p}{1-q}\right)^{n+1-\nu_n} \right) \\
&= \bar{C}_n + (N-n)\frac{v(1+r)^n}{N+1} \left(\frac{p}{q}\right)^{\nu_n} \left(\frac{1-p}{1-q}\right)^{n-\nu_n} (p+(1-p)) \\
&= (N-n+1)\,\bar{C}_n
\end{aligned}
$$

Tenendo presenti la (2.60) e la (2.61), ad ogni periodo $n \leq N$ il sistema di equazioni lineari da risolvere per determinare $(\alpha_n \ \beta_n)$ è quindi completamente analogo l'uno all'altro. $\qquad\square$

Osservazione 2.26. La differenza tra il problema del consumo intermedio in un mercato completo ed in uno incompleto con r misure martingala estreme sta essenzialmente nel fatto che, in quello incompleto,

$$\bar{C}_n = \mathcal{I}_n \left(\sum_{k=1}^{r} \lambda_k \widetilde{L}_n^{(k)} \right)$$

dove, per determinare i moltiplicatori di Lagrange λ_k, anziché avere una sola equazione di budget cioè la (2.56), se ne hanno r e precisamente (vedi (2.46)),

$$E^P \left\{ \sum_{n=0}^{N} \mathcal{I}_n \left(\sum_{k=1}^{r} \lambda_k \widetilde{L}_n^{(k)} \right) \widetilde{L}_n^{(j)} \right\} = v \quad j = 1 \cdots r \qquad\square$$

2.2.4 Mercato completo: consumo intermedio e ricchezza finale

In questa sezione accenniamo sinteticamente al problema della massimizzazione dell'utilità attesa da consumo intermedio e ricchezza finale

$$\max_{\alpha\,C} E\left[\sum_{n=0}^{N} u_n\left(C_n\right) + u\left(V_N^{(\alpha\,C)} - C_N\right)\right] \tag{2.65}$$

corrispondente al problema (2.14). In (2.65), u u_0 u_N sono funzioni d'utilità definite sul $\mathbb{R}_+$.

Il metodo martingala consiste dei seguenti tre passi:

(P1) determinare l'insieme dei valori finali e processi di consumo raggiungibili

$$\mathcal{W}_v = \Big\{(V\,C)\quad C \text{ processo di consumo}, C_N \leq V = V_N^{(\alpha\,C)}$$
$$\text{con } \alpha \text{ predicibile, } V_0^{(\alpha\,C)} = v\Big\};$$

(P2) determinare il valore finale e processo di consumo raggiungibili e ottimali $(\bar{V}\,\bar{C})$ che realizzano il massimo in (2.65);

(P3) determinare la strategia autofinanziante con consumo relativa a $(\bar{V}\,\bar{C})$.

Passo P1. Il seguente risultato si prova come il Lemma 2.23.

Lemma 2.27. *Vale*

$$\mathcal{W}_v = \Big\{(V\,C)\quad C \text{ proc. di consumo t.c. } C_N \leq V \text{ e vale}$$
$$E^Q\left[B_N^{-1}V + \sum_{n=0}^{N-1} B_n^{-1}C_n\right] = v\Big\} \tag{2.66}$$

Passo P2. Il problema della determinazione del processo di consumo ottimale è risolto dal seguente risultato, analogo del Teorema 2.24.

Teorema 2.28. *In un mercato completo e libero d'arbitraggi si consideri il problema di massimizzazione dell'utilità attesa da consumo intermedio e ricchezza finale* (2.65) *a partire dal capitale iniziale $v \in \mathbb{R}_+$. Se vale la condizione*

$$u'(\mathbb{R}_+) = u'_n(\mathbb{R}_+) = \mathbb{R}_+ \qquad n = 0 \qquad N \tag{2.67}$$

allora il processo di consumo ottimale è dato da

$$\bar{C}_n = \mathcal{I}_n\left(\lambda\widetilde{L}_n\right) \qquad n = 0 \qquad N \tag{2.68}$$

dove $\mathcal{I}_n = (u'_n)^{-1}$ e $\widetilde{L}_n = B_n^{-1}L_n$ con $L_n = E^P\left[\frac{dQ}{dP}\ \mathcal{F}_n\right]$, essendo Q la misura martingala, e il valore finale ottimale è pari a

$$\bar{V}_N = \mathcal{I}_N(\lambda\widetilde{L}_N) + \mathcal{I}(\lambda\widetilde{L}_N) \tag{2.69}$$

dove $\mathcal{I} = (u')^{-1}$. *Inoltre* $\lambda \in \mathbb{R}$ *è determinato dall'equazione di budget*

$$E^P\left[\widetilde{L}_N\mathcal{I}(\lambda\widetilde{L}_N) + \sum_{n=0}^{N}\widetilde{L}_n\mathcal{I}_n\left(\lambda\widetilde{L}_n\right)\right] = v \qquad (2.70)$$

Dimostrazione. Diversamente dalla dimostrazione del Teorema 2.24 l'equazione di budget, cioè la (2.51), è qui data da

$$v = E^Q\left[B_N^{-1}V_N + \sum_{n=0}^{N-1}B_n^{-1}C_n\right] = E^P\left[B_N^{-1}V_NL + \sum_{n=0}^{N-1}B_n^{-1}C_nL\right]$$

$$= E^P\left[B_N^{-1}V_NL + \sum_{n=0}^{N-1}E^P\left[B_n^{-1}C_nL \,-\mathcal{F}_n\right]\right] = E^P\left[\widetilde{L}_NV_N + \sum_{n=0}^{N-1}\widetilde{L}_nC_n\right]$$

Anche qui però il problema di ottimizzazione equivale ad un problema standard di ottimizzazione vincolata in uno spazio Euclideo ottenuto considerando gli eventi elementari. Supponendo che il numero degli eventi elementari sia M, la Lagrangiana è data da

$$\sum_{i=1}^{M}\left(\sum_{n=0}^{N}u_n(C_{n,i}) + u(V_{N,i} - C_{N,i})\right)P_i$$

$$-\lambda\sum_{i=1}^{M}\left(\widetilde{L}_{N,i}V_{N,i} + \sum_{n=0}^{N-1}\widetilde{L}_{n,i}C_{n,i}\right)P_i - \lambda v$$

Derivando rispetto a $V_{N,i}$ $C_{N,i}$ e $C_{n,i}$ abbiamo

$$\begin{cases} u'(V_{N,i} - C_{N,i}) - \lambda\widetilde{L}_{N,i} = 0 \\ u'_N(C_{N,i}) - u'(V_{N,i} - C_{N,i}) = 0 \\ u'_n(C_{n,i}) - \lambda\widetilde{L}_{n,i} = 0 \qquad \text{per } n < N \end{cases} \qquad (2.71)$$

Sommando le prime due equazioni otteniamo

$$u'_N(C_{N,i}) - \lambda\widetilde{L}_{N,i} = 0$$

cioè anche per $n = N$ una relazione come per gli $n < N$ (terza equazione sopra) e quindi

$$\bar{C}_n = \mathcal{I}_n(\lambda\widetilde{L}_n) \quad \text{per} \quad n = 0 \,\cdots\, N \qquad (2.72)$$

Inoltre, dalla prima equazione delle (2.71) otteniamo

$$V_{N,i} - C_{N,i} = \mathcal{I}(\lambda\widetilde{L}_{N,i})$$

da cui, utilizzando anche (2.72),

$$\bar{V}_N = \mathcal{I}_N(\lambda\widetilde{L}_N) + \mathcal{I}(\lambda\widetilde{L}_N)$$

e la condizione di budget si riscrive

$$E^P \left[\widetilde{L}_N \mathcal{I}(\lambda \widetilde{L}_N) + \sum_{n=0}^{N} \widetilde{L}_n \mathcal{I}_n \left(\lambda \widetilde{L}_n \right) \right] = v \qquad \square$$

Passo P3. Infine la strategia autofinanziante con consumo relativa a $(\bar{V} \ \bar{C})$ si determina facilmente modificando opportunamente l'algoritmo del passo **P3** della Sezione 2.2.3.

2.3 Metodo della Programmazione Dinamica

2.3.1 Algoritmo ricorsivo

In uno spazio di probabilità finito $(\Omega \ \mathcal{F} \ P)$ consideriamo un processo stocastico $(V_n)_{n=0 \ \ N}$ (per fissare le idee, si può pensare a V come al valore di un portafoglio) la cui evoluzione dipende dalla scelta di un "processo di controllo" (tipicamente, una strategia di investimento e/o un processo di consumo). Più precisamente assumiamo che valga la seguente relazione ricorsiva

$$V_k = G_k(V_{k-1} \ \mu_k; \eta_{k-1}(V_{k-1})) \qquad (2.73)$$

per $k = 1 \quad N$ dove

- $\mu_1 \quad \mu_N$ sono variabili aleatorie d-dimensionali *indipendenti* (tipicamente esse rappresentano i fattori di rischio che guidano la dinamica dei titoli di un mercato discreto);
- $\eta_0 \quad \eta_N$ sono generiche funzioni

$$\eta_k : \mathbb{R} \longrightarrow \mathbb{R}^\ell \qquad k = 0 \qquad N$$

con $\ell \in \mathbb{N}$, dette funzioni di controllo o, più semplicemente, *controlli*;
- $G_1 \quad G_N$ sono generiche funzioni

$$G_k : \mathbb{R} \times \mathbb{R}^d \times \mathbb{R}^\ell \longrightarrow \mathbb{R} \qquad k = 1 \qquad N$$

Esempio 2.29. In un mercato discreto del tipo (1.1)-(1.2), consideriamo una strategia autofinanziante e indichiamo con $\pi^1 \quad \pi^d$ le proporzioni investite sui titoli rischiosi, definite in (2.10). Nell'ipotesi che la strategia sia funzione del valore del portafoglio, ossia valga

$$\alpha_k = \alpha_k(V_{k-1}) \qquad k \geq 1$$

allora, per la Proposizione 2.8, il valore della strategia di solo investimento senza consumo verifica la relazione ricorsiva (2.73) dove

$$G_k(v \ \mu_k; \eta_{k-1}) = v \left(1 + r_k + \sum_{i=1}^{d} \eta_{k-1}^i \left(\mu_k^i - r_k \right) \right) \qquad (2.74)$$

e

$$\eta_k = \begin{cases} \left(\pi_{k+1}^1 \quad \pi_{k+1}^d\right) & \text{per } k = 0 \quad N-1 \\ 0 & \text{per } k = N \end{cases} \tag{2.75}$$

$\square$

Esempio 2.30. Consideriamo una strategia autofinanziante con consumo e assumiamo che i processi della strategia e del consumo siano funzioni del valore del portafoglio, ossia valga

$$\alpha_k = \alpha_k(V_{k-1}) \qquad C_k = C_k(V_k) \qquad k \geq 1$$

Allora, per la Proposizione 2.8, il valore della strategia verifica la relazione ricorsiva (2.73) con

$$G_k(v \ \mu_k; \eta_{k-1}) = v\left(1 + r_k + \sum_{i=1}^d \eta_{k-1}^i \left(\mu_k^i - r_k\right)\right) - (1+r_k)\eta_{k-1}^{d+1}$$

dove η è il processo $(d+1)$-dimensionale le cui componenti sono le proporzioni investite sui titoli rischiosi e il consumo:

$$\eta_k = \begin{cases} \left(\pi_{k+1}^1 \quad \pi_{k+1}^d \ C_k\right) & \text{per } k = 0 \quad N-1 \\ \left(0 \quad 0 \ C_N\right) & \text{per } k = N \end{cases} \qquad \square$$

Notazione 2.31 *Fissati $v \in \mathbb{R}_+$ e $n \in \{0 \ 1 \quad N-1\} \to$ indichiamo con*

$$\left(V_k^{n \ v}\right)_{k=n \quad N}$$

il processo definito da $V_n^{n \ v} = v$ e ricorsivamente da (2.73) per $k > n$. Inoltre poniamo

$$U^{n \ v}(\eta_n \qquad \eta_N) = E\left[\sum_{k=n}^N u_k\left(V_k^{n \ v} \ \eta_k\left(V_k^{n \ v}\right)\right)\right] \tag{2.76}$$

dove $u_0 \qquad u_N$ sono funzioni assegnate

$$u_n : \mathbb{R} \times \mathbb{R}^\ell \longrightarrow \mathbb{R} \qquad n = 0 \qquad N$$

Siamo interessati al problema di ottimizzazione che consiste nel determinare l'estremo superiore di $U^{0 \ v}(\eta_0 \qquad \eta_N)$ al variare dei controlli $\eta_0 \qquad \eta_N$, ossia

$$\sup_{\eta_0 \quad \eta_N} U^{0 \ v}(\eta_0 \qquad \eta_N) \tag{2.77}$$

In secondo luogo siamo interessati a determinare, nel caso esistano, i controlli ottimali che realizzano tale estremo superiore.

Il metodo della Programmazione Dinamica (nel seguito, PD) per risolvere il problema di ottimizzazione (2.77) è basato sull'idea che *se un controllo è ottimale su un'intera successione di periodi, allora deve essere ottimale su ogni singolo periodo*. Più precisamente il metodo di PD è basato sul seguente risultato la cui dimostrazione è rinviata alla Sezione 2.3.2:

Teorema 2.32. *Per ogni $n = 0$ N vale*

$$\sup_{\eta_n \quad \eta_N} U^{n\,v}(\eta_n \quad \eta_N) = W_n(v) \tag{2.78}$$

dove W_n è definito ricorsivamente da

$$\begin{cases} W_N(v) = \sup_{\in \mathbb{R}^\ell} u_N(v \;) & e,\ per\ n = N \quad 1 \\ W_{n-1}(v) = \sup_{\in \mathbb{R}^\ell} \left(u_{n-1}(v \;) + E\left[W_n\Big(G_n\left(v\ \mu_n;\ \right)\Big)\right]\right) \end{cases} \tag{2.79}$$

Notiamo esplicitamente che la (2.79) fornisce un algoritmo ricorsivo in cui, ad ogni passo, si effettua un'usuale ottimizzazione di una funzione di variabili reali. In particolare, sotto opportune ipotesi che garantiscano che l'estremo superiore in (2.78) è raggiunto (ossia, in realtà, è un massimo), l'algoritmo permette anche di determinare i controlli ottimi $\bar{\eta}_0$ $\bar{\eta}_N$. Infatti essi risultano definiti dai punti di massimo delle funzioni da ottimizzare in (2.79): più precisamente, assumiamo che per ogni n esista $_n \in \mathbb{R}^\ell$ che massimizza la funzione

$$\mapsto u_{n-1}(v \;) + E\left[W_n\Big(G_n\left(v\ \mu_n;\ \right)\Big)\right]$$

e osserviamo che $_n$ dipende implicitamente da v; allora la funzione $\bar{\eta}_{n-1}$ definita da $\bar{\eta}_{n-1}(v) = {}_n$ è un controllo ottimo.

In definitiva il metodo di PD fornisce un *algoritmo deterministico* in cui ad ogni passo si determinano (ricorsivamente a ritroso), il valore e il controllo ottimi mediante un'usuale operazione di massimizzazione scalare.

Esempio 2.33. [Massimizzazione dell'utilità attesa dalla ricchezza finale]
Il valore di una strategia autofinanziante è definito ricorsivamente da

$$V_k = G_k(V_{k-1}\ \mu_k; \pi_k) = V_{k-1}\left(1 + r_k + \sum_{i=1}^{d} \pi_k^i \left(\mu_k^i - r_k\right)\right) \tag{2.80}$$

Abbiamo

$$U^{n\,v}(\pi_{n+1} \quad \pi_N) = E\left[u\left(V_N^{n\,v}\right)\right]$$

e per il Teorema 2.32 vale

$$\sup_{\pi_{n+1} \quad \pi_N} E\left[u\left(V_N^{n\,v}\right)\right] = W_n(v) \tag{2.81}$$

dove

$$\begin{cases} W_N(v) = u(v) & e,\ per\ n = N \quad 1 \\ W_{n-1}(v) = \sup_{\bar{\pi}_n \in \mathbb{R}^d} E\left[W_n\left(G_n(v\ \mu_n; \bar{\pi}_n)\right)\right] \end{cases} \tag{2.82}$$

$\square$

Notazione 2.34 *In* (2.82) *utilizziamo il simbolo soprassegnato $\bar{\pi}$ per distinguere i vettori in $\mathbb{R}^d$ dalle funzioni, indicate semplicemente con π nel problema di ottimizzazione* (2.81). *Manterremo questa distinzione nei primi esempi ma nel seguito, quando sarà chiaro il contesto, ometteremo il simbolo soprassegnato per non appesantire le notazioni.*

Esempio 2.35. [Massimizzazione dell'utilità attesa dal consumo intermedio e dalla ricchezza finale]
Il valore di una strategia autofinanziante con consumo è definito ricorsivamente da

$$V_k = G_k(V_{k-1} \; \mu_k; \pi_k \; C_{k-1})$$

$$= (V_{k-1} - C_{k-1})(1 + r_k) + V_{k-1} \sum_{i=1}^{d} \pi_k^i \left(\mu_k^i - r_k\right)$$

In questo caso abbiamo

$$U^{n,v}\left(\pi_{n+1} \qquad \pi_N \; C_n \qquad C_N\right) = E\left[\sum_{k=n}^{N} u_k\left(C_k\right) + u(V_N^{n,v} - C_N)\right]$$

In base al Teorema 2.32 vale

$$\sup_{\substack{\pi_{n+1} \quad \pi_N \\ C_n \quad C_N}} E\left[\sum_{k=n}^{N} u_k\left(C_k\right) + u(V_N^{n,v} - C_N)\right] = W_n(v)$$

dove

$$\begin{cases} W_N(v) = \sup_{\bar{C}_N \leq v} \left(u_N(\bar{C}_N) + u(v - \bar{C}_N)\right) & \text{e, per } n = N \qquad 1 \\ W_{n-1}(v) = \sup_{\substack{\bar{\pi}_n \in \mathbb{R}^d \\ \bar{C}_{n-1} \in \mathbb{R}_+}} \left(u_{n-1}(\bar{C}_{n-1}) + E\left[W_n\left(G_n\left(v \; \mu_n; \bar{\pi}_n \; \bar{C}_{n-1}\right)\right)\right]\right) \end{cases}$$

$$(2.83)$$

$\square$

2.3.2 Prova del Teorema 2.32

Lemma 2.36. *Siano $X \; Y$ variabili aleatorie reali indipendenti sullo spazio di probabilità $(\Omega \; \mathcal{F} \; P)$ e sia $g : \mathbb{R}^2 \longrightarrow \mathbb{R}$ una funzione misurabile e limitata. Posto*

$$f(x) = E\left[g(x \; Y)\right] \qquad x \in \mathbb{R}$$

vale

$$E\left[f(X)\right] = E\left[g(X \; Y)\right]$$

Dimostrazione. Indichiamo rispettivamente con P^X e P^Y la legge di X e Y. Allora si ha

$$E\left[f(X)\right] = \int f(x)P^X(dx) = \int E\left[g(x,Y)\right]P^X(dx)$$

$$= \int\int g(x,y)P^Y(dy)P^X(dx) =$$

(per l'ipotesi di indipendenza)

$$= \int\int g(x,y)P^{(X,Y)}(dxdy) = E\left[g(X,Y)\right] \qquad \square$$

Dimostrazione (del Teorema 2.32). Dimostriamo la tesi per induzione. Per $n = N$ si ha

$$W_N(v) = \sup_{\in\mathbb{R}^\ell} u_N(v,\cdot) = \sup_{\eta_N} u_N(v,\eta_N(v))$$

$$= \sup_{\eta_N} E\left[u_N(v,\eta_N(v))\right] = \sup_{\eta_N} U^{N,v}(\eta_N)$$

Assumendo ora valida la (2.78) per n, proviamo la tesi per $n-1$:

$$W_{n-1}(v) = \sup_{\in\mathbb{R}^\ell} E\left[u_{n-1}(v,\cdot) + W_n\Big(G_n(v,\mu_n;\cdot)\Big)\right]$$

$$= \sup_{\eta_{n-1}} E\left[u_{n-1}(v,\eta_{n-1}(v)) + W_n\Big(G_n(v,\mu_n;\eta_{n-1}(v))\Big)\right] =$$

(per ipotesi induttiva)

$$= \sup_{\eta_{n-1}} E\left[u_{n-1}(v,\eta_{n-1}(v)) + \sup_{\eta_n,\dots,\eta_N} U^{n,G_n\big(v,\mu_n;\eta_{n-1}(v)\big)}(\eta_n,\dots,\eta_N)\right] =$$

(vedi nota[5])

$$= \sup_{\eta_{n-1},\dots,\eta_N} E\left[u_{n-1}(v,\eta_{n-1}(v)) + U^{n,G_n\big(v,\mu_n;\eta_{n-1}(v)\big)}(\eta_n,\dots,\eta_N)\right] =$$

---

[5] La disuguaglianza "$\geq$" è ovvia. Per mostrare la disuguaglianza inversa, fissiamo $\varepsilon > 0$ e consideriamo delle funzioni $\eta_n^\varepsilon,\dots,\eta_N^\varepsilon$ tali che

$$\sup_{\eta_n,\dots,\eta_N} U^{n,G_n\big(v,\mu_n;\eta_{n-1}(v)\big)}(\eta_n,\dots,\eta_N) \leq U^{n,G_n\big(v,\mu_n;\eta_{n-1}(v)\big)}(\eta_n^\varepsilon,\dots,\eta_N^\varepsilon) + \varepsilon$$

Allora in valore atteso otteniamo

$$E\left[\sup_{\eta_n,\dots,\eta_N} U^{n,G_n\big(v,\mu_n;\eta_{n-1}(v)\big)}(\eta_n,\dots,\eta_N)\right]$$

$$\leq E\left[U^{n,G_n\big(v,\mu_n;\eta_{n-1}(v)\big)}(\eta_n^\varepsilon,\dots,\eta_N^\varepsilon)\right] + \varepsilon$$

$$\leq \sup_{\eta_n,\dots,\eta_N} E\left[U^{n,G_n\big(v,\mu_n;\eta_{n-1}(v)\big)}(\eta_n,\dots,\eta_N)\right] + \varepsilon$$

da cui la tesi, data l'arbitrarietà di ε.

(per la (2.76) e il Lemma 2.36, data l'indipendenza delle variabili aleatorie $\mu_1 \dots \mu_N$)

$$= \sup_{\eta_{n-1} \dots \eta_N} E\Bigg[u_{n-1}(v \, \eta_{n-1}(v))$$

$$+ \sum_{k=n}^{N} u_k \left(V_k^{n \, G_n\left(v \, \mu_n; \eta_{n-1}(v)\right)} \, \eta_k\left(V_k^{n \, G_n\left(v \, \mu_n; \eta_{n-1}(v)\right)}\right) \right) \Bigg] =$$

(osservando che $V_k^{n \, G_n(v \, \mu_n; \eta_{n-1}(v))} = V_k^{n-1 \, v}$ per $k = n \dots N$)

$$= \sup_{\eta_{n-1} \dots \eta_N} E\left[\sum_{k=n-1}^{N} u_k \left(V_k^{n-1 \, v} \, \eta_k\left(V_k^{n-1 \, v}\right)\right)\right]$$

$$= \sup_{\eta_{n-1} \dots \eta_N} U^{n-1 \, v}(\eta_{n-1} \dots \eta_N)$$

e questo conclude la prova. $\qquad\qquad\qquad\qquad\qquad\qquad\qquad\qquad\square$

2.4 Utilità logaritmica: esempi

2.4.1 Utilità finale nel modello binomiale: metodo MG

Utilizziamo il metodo martingala per risolvere il problema della massimizzazione dell'utilità attesa dalla ricchezza finale nel caso dell'utilità logaritmica in un modello binomiale. Ricordando che $\mathcal{I}(w) = \frac{1}{w}$ nel caso dell'utilità logaritmica, per il Teorema 2.18 e per l'espressione (2.38) della derivata di Radon-Nikodym di Q rispetto a P, vale

$$\bar{V}_N = (\lambda \widetilde{L})^{-1} = \frac{(1+r)^N}{\lambda} \left(\frac{p}{q}\right)^{\nu_N} \left(\frac{1-p}{1-q}\right)^{N-\nu_N}$$

dove λ è determinato dalla (2.33):

$$v = E\left[\frac{\widetilde{L}}{\lambda \widetilde{L}}\right] = \lambda^{-1}$$

Dunque

$$\bar{V}_N = \frac{v}{\widetilde{L}} = v(1+r)^N \left(\frac{p}{q}\right)^{\nu_N} \left(\frac{1-p}{1-q}\right)^{N-\nu_N}$$

e il valore ottimale dell'utilità attesa è

$$E\left[\log \bar{V}_N\right] = \log v + N \log(1+r) + E\left[\nu_N\right] \log \frac{p}{q} + (N - E\left[\nu_N\right]) \log \frac{1-p}{1-q}$$

$$= \log v + N \log(1+r) + Np \log \frac{p}{q} + N(1-p) \log \frac{1-p}{1-q}$$

in accordo con quanto trovato col metodo della Programmazione Dinamica.

L'ultimo passo consiste nel determinare la strategia ottimale come strategia di copertura del derivato $\bar{V}_N$. Procediamo a ritroso come nella Sezione 1.4.1 e imponiamo la condizione di replicazione per l'ultimo periodo

$$\alpha_N S_N + \beta_N B_N = \bar{V}_N; \tag{2.84}$$

supposto $S_{N-1} = S_0 u^k d^{N-1-k}$ ossia nel caso $\nu_{N-1} = k$ per $k < N$, la (2.84) è equivalente al seguente sistema di equazioni nelle incognite α_N β_N:

$$\begin{cases} \alpha_N u S_{N-1} + \beta_N B_N = v(1+r)^N \left(\frac{p}{q}\right)^{k+1} \left(\frac{1-p}{1-q}\right)^{N-k-1} \\ \alpha_N d S_{N-1} + \beta_N B_N = v(1+r)^N \left(\frac{p}{q}\right)^{k} \left(\frac{1-p}{1-q}\right)^{N-k} \end{cases}$$

Otteniamo

$$\alpha_N = \frac{v(1+r)^N \left(\frac{p}{q}\right)^k \left(\frac{p-1}{q-1}\right)^{N-k}(p-q)}{q(1-p)S_{N-1}(u-d)}$$

$$\beta_N = \frac{v \left(\frac{p}{q}\right)^k \left(\frac{p-1}{q-1}\right)^{N-k}((p-1)qu - dp(q-1))}{q(p-1)(u-d)}$$

Osserviamo anche che vale (cfr. Esempio 2.19)

$$\alpha_N = \frac{v(1+r)^N}{(u-d)S_{N-1}} \left(\frac{p}{q} - \frac{1-p}{1-q}\right) \left(\frac{p}{q}\right)^{\nu_{N-1}} \left(\frac{p-1}{q-1}\right)^{N-1-\nu_{N-1}}$$

$$= \frac{v(1+r)^N}{(u-d)S_{N-1}} \left(\frac{p}{q} - \frac{1-p}{1-q}\right) L_{N-1}^{-1}$$

In generale per calcolare la strategia nel periodo n-esimo, occorre dapprima determinare $\bar{V}_n$: a tal fine notiamo che, posto

$$L_n := E[L \mid \mathcal{F}_n] = \left(\frac{q}{p}\right)^{\nu_n} \left(\frac{1-q}{1-p}\right)^{n-\nu_n}$$

per ogni $n < N$, si ha

$$L = \left(\frac{q}{p}\right)^{\nu_N} \left(\frac{1-q}{1-p}\right)^{N-\nu_N}$$

$$= \left(\frac{q}{p}\right)^{\nu_n} \left(\frac{1-q}{1-p}\right)^{n-\nu_n} \left(\frac{q}{p}\right)^{\nu_N-\nu_n} \left(\frac{1-q}{1-p}\right)^{N-n-(\nu_N-\nu_n)}$$

$$= L_n \left(\frac{q}{p}\right)^{\nu_N-\nu_n} \left(\frac{1-q}{1-p}\right)^{N-n-(\nu_N-\nu_n)}$$

Quindi, essendo ν_n una variabile aleatoria $\mathcal{F}_n$-misurabile e poiché $\nu_N - \nu_n$ ha la stessa distribuzione di ν_{N-n} ed è Q-indipendente da $\mathcal{F}_n$, vale

$$\begin{aligned}
\bar{V}_n &= \frac{1}{(1+r)^{N-n}} E^Q \left[\bar{V}_N \mid \mathcal{F}_n \right] \\
&= v(1+r)^n E^Q \left[\frac{1}{L} \mid \mathcal{F}_n \right] \\
&= \frac{v(1+r)^n}{L_n} E^Q \left[L_{N-n}^{-1} \right] = \frac{v(1+r)^n}{L_n}
\end{aligned} \qquad (2.85)$$

Notiamo che $\bar{V}_n$ ha una espressione simile a $\bar{V}_N$ cosicché i calcoli per determinare la strategia ottimale α_n β_n sono formalmente analoghi ai precedenti: infatti la condizione di replicazione

$$\alpha_n S_n + \beta_n B_n = \bar{V}_n$$

equivale al sistema

$$\begin{cases}
\alpha_n u S_{n-1} + \beta_n B_n = v(1+r)^n \left(\frac{p}{q} \right)^{\nu_{n-1}+1} \left(\frac{1-p}{1-q} \right)^{N-1-\nu_{n-1}} \\
\alpha_n d S_{n-1} + \beta_n B_n = v(1+r)^n \left(\frac{p}{q} \right)^{\nu_{n-1}} \left(\frac{1-p}{1-q} \right)^{N-\nu_{n-1}}
\end{cases}$$

In particolare si ha

$$\alpha_n = \frac{v(1+r)^n}{(u-d)S_{n-1}} \left(\frac{p}{q} - \frac{1-p}{1-q} \right) L_{n-1}^{-1} \qquad (2.86)$$

Notiamo infine che la proporzione investita nel titolo rischioso è costante, indipendente dal periodo e dallo stato del sistema: infatti da (2.85) e (2.86) si ha

$$\pi_n = \frac{\alpha_n S_{n-1}}{\bar{V}_{n-1}} = \frac{(1+r)(p-q)}{(u-d)q(1-q)} \qquad n = 1 \qquad N \qquad (2.87)$$

Osservazione 2.37. Il fatto che la strategia ottimale consista nell'investire sul titolo rischioso la stessa frazione di capitale in ogni periodo e in ogni stato non significa che la strategia, espressa in unità di titoli in portafoglio, rimanga costante. Infatti, ad ogni cambiamento del prezzo del sottostante, per mantenere invariata la proporzione investita è necessario modificare il numero di unità di titolo rischioso in portafoglio. $\qquad\qquad\square$

2.4.2 Utilità finale nel modello trinomiale completato: metodo MG

Utilizziamo il metodo martingala per risolvere il problema della massimizzazione dell'utilità attesa dalla ricchezza finale nel caso dell'utilità logaritmica in un modello trinomiale completato. Come nel caso binomiale, per il Teorema

2.18 e per l'espressione (2.41) della derivata di Radon-Nikodym di Q rispetto a P, vale

$$\bar{V}_N(\omega) = \frac{1}{\lambda \widetilde{L}(\omega)}$$

$$= v(1+r)^N \left(\frac{p_1}{q_1}\right)^{\nu_N^1(\omega)} \left(\frac{p_2}{q_2}\right)^{\nu_N^2(\omega)} \left(\frac{p_3}{q_3}\right)^{N-\nu_N^1(\omega)-\nu_N^2(\omega)} \qquad \omega \in \Omega$$

Il valore ottimale dell'utilità attesa finale è

$$E\left[\log \bar{V}_N\right] = \log v + N\log(1+r) + E\left[\nu_N^1\right]\log\frac{p_1}{q_1} + E\left[\nu_N^2\right]\log\frac{p_2}{q_2}$$

$$+ \left(N - E\left[\nu_N^1 + \nu_N^2\right]\right)\log\frac{p_3}{q_3}$$

$$= \log v + N\left(\log(1+r) + p_1\log\frac{p_1}{q_1} + p_2\log\frac{p_2}{q_2} + p_3\log\frac{p_3}{q_3}\right)$$

$$\tag{2.88}$$

L'ultimo passo consiste nel determinare la strategia ottimale in termini di strategia di copertura del derivato $\bar{V}_N$. Procediamo a ritroso come nel Paragrafo 1.4.2 e imponiamo la condizione di replicazione per l'ultimo periodo

$$\alpha_N^1 S_N^1 + \alpha_N^2 S_N^2 + \beta_N B_N = \bar{V}_N \tag{2.89}$$

Supposto $S_{N-1}^i = S_0 u_i^{n_1} m_i^{n_2} d^{N-n_1-n_2}$ ossia nel caso $\nu_{N-1}^j = n_j$ con $n_1 + n_2 < N$, la (2.89) è equivalente al seguente sistema di equazioni nelle incognite α_N^1 α_N^2 β_N

$$\begin{cases} \alpha_N^1 u_1 S_{N-1}^1 + \alpha_N^2 u_2 S_{N-1}^2 + \beta_N B_N = \\ \qquad = v(1+r)^N \left(\frac{p_1}{q_1}\right)^{n_1+1} \left(\frac{p_2}{q_2}\right)^{n_2} \left(\frac{p_3}{q_3}\right)^{N-1-n_1-n_2} \\ \alpha_N^1 m_1 S_{N-1}^1 + \alpha_N^2 m_2 S_{N-1}^2 + \beta_N B_N = \\ \qquad = v(1+r)^N \left(\frac{p_1}{q_1}\right)^{n_1} \left(\frac{p_2}{q_2}\right)^{n_2+1} \left(\frac{p_3}{q_3}\right)^{N-1-n_1-n_2} \\ \alpha_N^1 d_1 S_{N-1}^1 + \alpha_N^2 d_2 S_{N-1}^2 + \beta_N B_N = \\ \qquad = v(1+r)^N \left(\frac{p_1}{q_1}\right)^{n_1} \left(\frac{p_2}{q_2}\right)^{n_2} \left(\frac{p_3}{q_3}\right)^{N-n_1-n_2} \end{cases}$$

da cui è possibile ricavarsi la strategia ottimale per l'ultimo periodo. Dalla formula di valutazione neutrale al rischio abbiamo

$$\bar{V}_{N-1} = \frac{1}{1+r} E^Q\left[\bar{V}_N \mid \mathcal{F}_{N-1}\right]$$

da cui otteniamo il valore ottimale al tempo $N-1$:

$$\bar{V}_{N-1} = v(1+r)^{N-1}\left(\frac{p_1}{q_1}\right)^{n_1} \left(\frac{p_2}{q_2}\right)^{n_2} \left(\frac{p_3}{q_3}\right)^{N-1-n_1-n_2}$$

Osserviamo che, poiché $\bar{V}_{N-1}$ ha un'espressione simile a $\bar{V}_N$, i calcoli nei passi successivi sono formalmente analoghi e, procedendo a ritroso, è possibile determinare tutta la strategia ottimale.

2.4.3 Utilità finale nel modello binomiale: metodo PD

Consideriamo il problema della massimizzazione dell'utilità attesa dalla ricchezza finale nel caso dell'utilità logaritmica in un modello binomiale (cfr. Paragrafo 1.4.1) a N periodi, con tassi di crescita u, di decrescita d e tasso privo di rischio r. Indichiamo con p la probabilità di crescita.

Utilizziamo il metodo della Programmazione Dinamica. Seguendo l'Esempio 2.33, la dinamica del valore del portafoglio è data da

$$V_n = G_n(V_{n-1}\ \mu_n; \pi_n) = \begin{cases} V_{n-1}\left(1 + r + \pi_n(u - 1 - r)\right) & \text{se } \mu_n = u - 1 \\ V_{n-1}\left(1 + r + \pi_n(d - 1 - r)\right) & \text{se } \mu_n = d - 1 \end{cases}$$

dove π (che indica la proporzione di titolo rischioso nel portafoglio) costituisce il processo di controllo. Osserviamo che, a partire da $V_{n-1} > 0$, si ha che $V_n > 0$ se e solo se

$$\begin{cases} 1 + r + \pi_n(u - 1 - r) > 0 \\ 1 + r + \pi_n(d - 1 - r) > 0 \end{cases}$$

o equivalentemente, ricordando che vale la condizione $d < 1 + r < u$ per l'assenza d'opportunità d'arbitraggio, se vale

$$\pi_n \in D =]a\ b[\qquad \text{dove} \qquad a = -\frac{1+r}{u-1-r} \qquad b = \frac{1+r}{1+r-d} \tag{2.90}$$

In base all'algoritmo (2.82) di PD abbiamo, per $v > 0$,

$$W_N(v) = \log v$$
$$W_{N-1}(v) = \max_{\bar{\pi}_N \in D} E\left[\log G_N(v\ \mu_N; \bar{\pi}_N)\right] = \log v + \max_D f$$

dove

$$f(\pi) = p\log(1 + r + \pi(u - 1 - r)) + (1 - p)\log\left(1 + r + \pi(d - 1 - r)\right)$$

Vale

$$f'(\pi) = p\frac{u - 1 - r}{1 + r + \pi(u - 1 - r)} + (1 - p)\frac{d - 1 - r}{1 + r + \pi(d - 1 - r)}$$

e tale derivata si annulla nel punto

$$\bar{\pi} = \frac{(1+r)(pu + (1-p)d - 1 - r)}{(u - 1 - r)(1 + r - d)} \tag{2.91}$$

Un semplice conto mostra che $\bar{\pi} \in D =]a\ b[$ con $a\ b$ in (2.90), per ogni scelta di parametri $p \in]0\ 1[$ e $d < 1 + r < u$. Osservando che

$$\lim_{\pi \to a^+} f(\pi) = \lim_{\pi \to b^-} f(\pi) = -\infty$$

si ha che $\bar{\pi}$ è punto di massimo globale per f e definisce la strategia ottimale $\pi_N^{\max}(v) \equiv \bar{\pi}$, $v \in \mathbb{R}_+$. Inoltre vale

$$\max_D f = f(\bar{\pi})$$

$$= p \log\left(\frac{p(u-d)}{1+r-d}\right) + (1-p)\log\left(\frac{(1-p)(u-d)}{u-1-r}\right) + \log(1+r)$$

$$(2.92)$$

Al passo successivo abbiamo

$$W_{N-2}(v) = \max_{\bar{\pi}_{N-1} \in D} E\left[\log G_{N-1}(v\ \mu_{N-1}; \bar{\pi}_{N-1})\right] + \max_D f$$

$$= \log v + 2f(\bar{\pi})$$

e una formula analoga vale al generico passo n, ossia

$$W_{N-n}(v) = \log v + nf(\bar{\pi})$$

In definitiva il valore ottimo dell'utilità attesa a partire da un capitale iniziale $v > 0$, è uguale a

$$W_0(v) = \log v + Nf(\bar{\pi})$$

con $f(\bar{\pi})$ in (2.92), e la corrispondente strategia ottima è costante, pari a

$$\pi_n^{\max}(v) = \bar{\pi} \qquad v \in \mathbb{R}_+ \quad n = 1 \qquad N$$

con $\bar{\pi}$ definito in (2.91).

Osservazione 2.38. Ricordiamo l'espressione della misura martingala nel modello binomiale

$$q = Q(1 + \mu_n = u) = \frac{1 + r - d}{u - d}$$

Un semplice conto mostra che si ha la seguente espressione, equivalente alla (2.91), per la strategia ottimale:

$$\bar{\pi} = \frac{(1+r)(p-q)}{(u-d)q(1-q)}$$

che coincide con quella trovata col metodo martingala (vedi (2.87)). Inoltre vale anche

$$W_n(v) = \log v + (N-n)\left(p\log\frac{p}{q} + (1-p)\log\frac{1-p}{1-q} + \log(1+r)\right) \qquad \square$$

Esempio 2.39. Consideriamo i seguenti valori numerici per i parametri: $N = 2$, $r = 0$, $u = 2$, $d = \frac{1}{2}$ e $p = \frac{4}{9}$. La dinamica del valore del portafoglio è data da

$$V_n = G_n(V_{n-1}\ \mu_n; \pi_n) = V_{n-1}(1 + \pi_n\mu_n) = \begin{cases} V_{n-1}(1 + \pi_n) \\ V_{n-1}(1 - \frac{\pi_n}{2}) \end{cases} \qquad (2.93)$$

dove, al solito, π indica la proporzione di titolo rischioso in portafoglio.

In base all'algoritmo di PD, per $v > 0$ abbiamo

$$W_2(v) = \log v$$

$$W_1(v) = \max_{\bar{\pi}_2 \in]-1\ 2[} E\left[\log G_2(v\ \mu_2; \bar{\pi}_2)\right]$$

$$= \log v + \max_{\bar{\pi}_2 \in]-1\ 2[} \left[\frac{4}{9}\log(1 + \bar{\pi}_2) + \frac{5}{9}\log\left(1 - \frac{\bar{\pi}_2}{2}\right)\right] = \log v + M$$

$$W_0(v) = \max_{\bar{\pi}_1 \in]-1\ 2[} E\left[W_1\left(G_1(v\ \mu_1; \bar{\pi}_1)\right)\right]$$

$$= \log v + M + \max_{\bar{\pi}_1 \in]-1\ 2[} \left[\frac{4}{9}\log(1 + \bar{\pi}_1) + \frac{5}{9}\log\left(1 - \frac{\bar{\pi}_1}{2}\right)\right]$$

$$= \log v + 2M$$

dove

$$M = \max_{\pi \in]-1\ 2[} \left[\frac{4}{9}\log(1 + \pi) + \frac{5}{9}\log\left(1 - \frac{\pi}{2}\right)\right] = \frac{1}{3}\log 2 - \log 3 + \frac{5}{9}\log 5$$

essendo il massimo assunto in $\bar{\pi} = \frac{1}{3}$.

In definitiva il valore ottimo dell'utilità attesa a partire da un capitale iniziale v, è uguale a

$$W_0(v) = \log v + 2\left(\frac{1}{3}\log 2 - \log 3 + \frac{5}{9}\log 5\right)$$

e la corrispondente strategia ottima è costante, pari a

$$\pi_1^{\max}(v) = \pi_2^{\max}(v) = \frac{1}{3} \qquad v \in \mathbb{R}_+$$

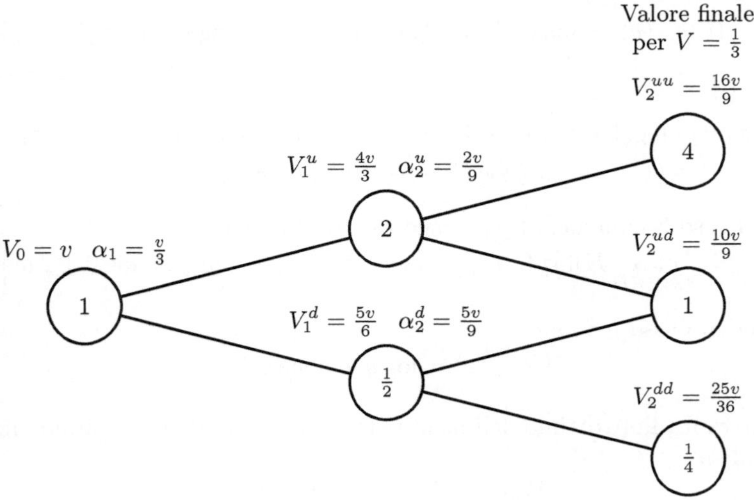

Fig. 2.1. Prezzo del sottostante (all'interno dei cerchi); valore e strategia ottimale per l'utilità finale logaritmica (sopra ai cerchi)

Utilizzando la (2.93), nella Figura 2.1 rappresentiamo il valore della strategia ottimale sull'albero binomiale: rappresentiamo anche la strategia ottimale α calcolata con le formule (2.12) da cui si vede che, nonostante π sia costante, α non lo è. $\square$

2.4.4 Utilità finale nel modello trinomiale standard: metodo PD

Consideriamo il problema della massimizzazione dell'utilità attesa dalla ricchezza finale nel caso dell'utilità logaritmica in un modello trinomiale standard (cfr. Paragrafo 1.4.2) a N periodi, con parametri u m d e tasso a breve r.

Seguendo l'Esempio 2.33, la dinamica del valore del portafoglio è data da

$$V_n = G_n(V_{n-1} \; \mu_n; \pi_n) = \begin{cases} V_{n-1}\left(1 + r + \pi_n(u - 1 - r)\right) & \text{se } \mu_n = u - 1 \\ V_{n-1}\left(1 + r + \pi_n(m - 1 - r)\right) & \text{se } \mu_n = m - 1 \\ V_{n-1}\left(1 + r + \pi_n(d - 1 - r)\right) & \text{se } \mu_n = d - 1 \end{cases}$$

dove π indica la proporzione di titolo rischioso in portafoglio e costituisce il processo di controllo. A partire da $V_{n-1} > 0$ si ha che $V_n > 0$ se e solo se

$$\begin{cases} 1 + r + \pi_n(u - 1 - r) > 0 \\ 1 + r + \pi_n(m - 1 - r) > 0 \\ 1 + r + \pi_n(d - 1 - r) > 0 \end{cases}$$

o equivalentemente, supposto $d < 1 + r < u$, se vale

$$\pi_n \in D =]a \; b[\qquad \text{dove} \qquad a = -\frac{1 + r}{u - 1 - r} \qquad b = \frac{1 + r}{1 + r - d} \qquad (2.94)$$

In base all'algoritmo di PD abbiamo

$$W_N(v) = \log v$$

$$W_{N-1}(v) = \max_{\pi_N \in D} E\left[\log G_N(v \; \mu_N; \bar{\pi}_N)\right] = \log v + \max_D f$$

dove

$$f(\pi) = p_1 \log(1 + r + (u - 1 - r)\pi) + p_2 \log(1 + r + (m - 1 - r)\pi) \\ + (1 - p_1 - p_2) \log(1 + r + (d - 1 - r)\pi)$$

Come nel caso binomiale, al passo successivo abbiamo

$$W_{N-2}(v) = \max_{\pi_{N-1} \in D} E\left[\log G_{N-1}(v \; \mu_{N-1}; \bar{\pi}_{N-1})\right] + \max_D f = \log v + 2 \max_D f$$

e al generico passo n vale

$$W_{N-n}(v) = \log v + n \max_D f$$

In definitiva il valore ottimo dell'utilità attesa a partire da un capitale iniziale v, è uguale a

$$W_0(v) = \log v + N \max_D f$$

e la corrispondente strategia ottima è costante ed è definita dal punto di massimo della funzione f.

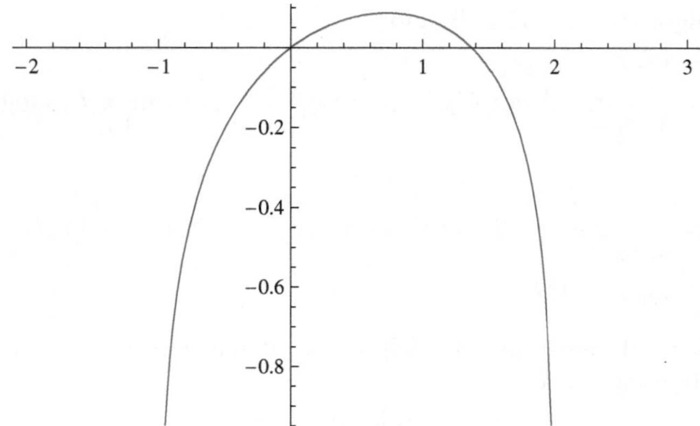

Fig. 2.2. Grafico della funzione f in (2.96)

Esempio 2.40. Consideriamo i seguenti valori numerici per i parametri:

$$u = 2 \quad m = \frac{5}{4} \quad d = \frac{1}{2} \quad r = 0 \quad p_1 = p_2 = \frac{1}{3}$$

La dinamica del valore del portafoglio è data da

$$V_n = G_n(V_{n-1}\,\mu_n; \pi_n) = V_{n-1}\left(1 + \pi_n\mu_n\right) = \begin{cases} V_{n-1}\left(1 + \pi_n\right) \\ V_{n-1}\left(1 + \frac{\pi_n}{4}\right) \\ V_{n-1}\left(1 - \frac{\pi_n}{2}\right) \end{cases} \qquad (2.95)$$

dove π indica la proporzione di titolo rischioso in portafoglio.

Osserviamo che vale

$$E\left[\log G_n(v\,\mu_n; \pi_n)\right] = \log v + f(\pi_n)$$

dove f è la funzione

$$f(\pi) = \frac{1}{3}\log(1 + \pi) + \frac{1}{3}\log\left(1 + \frac{\pi}{4}\right) + \frac{1}{3}\log\left(1 - \frac{\pi}{2}\right) \qquad (2.96)$$

definita per $\pi \in D :=]-1\ 2[$ e il cui grafico è rappresentato in Figura 2.2.
Inoltre poniamo $M = \max\limits_{]-1\ 2[} f$ e osserviamo che, poiché vale

$$f'(\pi) = -\frac{1}{6\left(1 - \frac{\pi}{2}\right)} + \frac{1}{12\left(1 + \frac{\pi}{4}\right)} + \frac{1}{3(1 + \pi)}$$

allora $f'(\pi) = 0$ per $\pi = -1 + \sqrt{3}$ e quindi

$$M = f(-1 + \sqrt{3})$$
$$= \frac{\log 3}{6} + \frac{1}{3}\log\left(1 + \frac{1}{2}\left(1 - \sqrt{3}\right)\right) + \frac{1}{3}\log\left(1 - \frac{1}{4}\left(1 - \sqrt{3}\right)\right) \qquad (2.97)$$

In base all'algoritmo di PD abbiamo

$$W_N(v) = \log v$$

$$W_{N-1}(v) = \max_{\bar{\pi}_N \in \,]-1\;2[} E\left[\log G_N(v\;\mu_N; \bar{\pi}_N)\right] = \log v + \max_{]-1\;2[} f = \log v + M$$

$$\vdots$$

$$W_{N-n}(v) = \max_{\bar{\pi}_{N-n-1} \in \,]-1\;2[} E\left[\log G_n(v\;\mu_n; \bar{\pi}_{N-n+1})\right] + (n-1)M$$

$$= \log v + nM$$

In definitiva il valore ottimo dell'utilità attesa a partire da un capitale iniziale $v > 0$, è uguale a

$$W_0(v) = \log v + NM$$

con M in (2.97) e la corrispondente strategia ottima è costante, pari a

$$\pi_n^{\max}(v) \equiv -1 + \sqrt{3} \qquad v \in \mathbb{R}_+ \quad n = 1 \qquad N$$

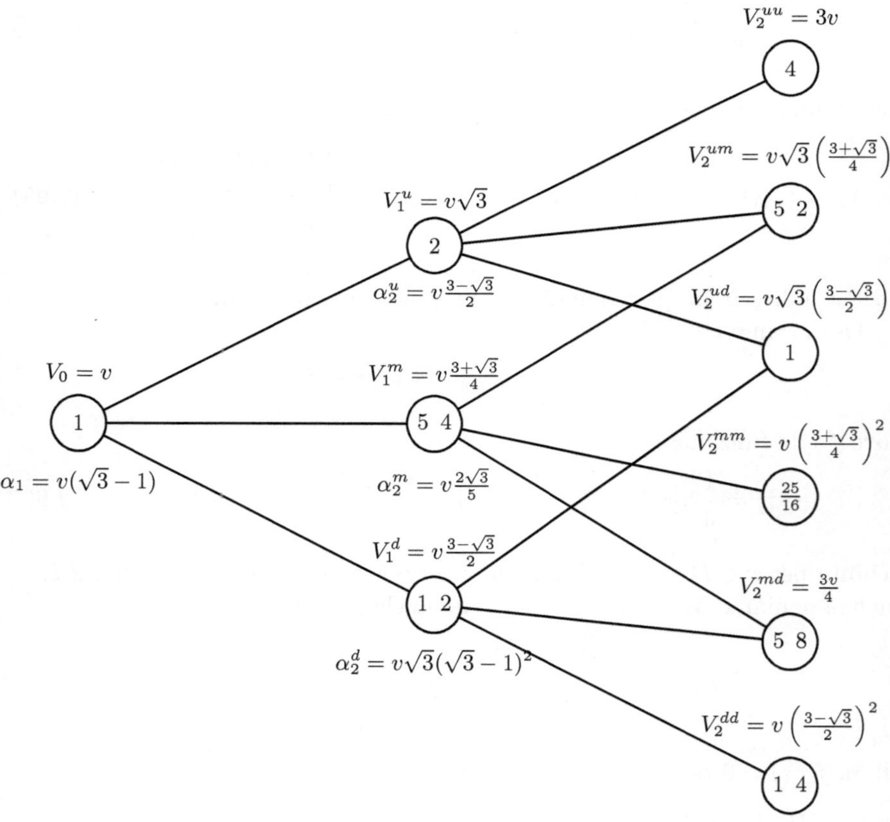

Fig. 2.3. Prezzo del sottostante (all'interno dei cerchi), valore (sopra ai cerchi) e strategia ottimale (sotto ai cerchi) per l'utilità finale logaritmica

Utilizzando la (2.95), nella Figura 2.3 rappresentiamo il valore della strategia ottimale sull'albero trinomiale. Inoltre rappresentiamo anche la strategia ottimale α calcolata con le formule (2.12).   □

2.4.5 Utilità finale nel modello trinomiale completato: metodo PD

Il problema della massimizzazione dell'utilità logaritmica in un modello trinomiale completato è essenzialmente analogo al caso trinomiale standard eccetto per il fatto che bisogna ottimizzare la strategia su due titoli.

Utilizziamo le notazioni generali del Paragrafo 1.4.2 e ricordiamo l'Esempio 2.33: la dinamica del valore del portafoglio è data da

$$V_n = G_n(V_{n-1} \; \mu_n; \pi_n)$$

$$= \begin{cases} V_{n-1}\left(1 + r + \pi_n^1\left(u_1 - 1 - r\right) + \pi_n^2\left(u_2 - 1 - r\right)\right) \\ V_{n-1}\left(1 + r + \pi_n^1\left(m_1 - 1 - r\right) + \pi_n^2\left(m_2 - 1 - r\right)\right) \\ V_{n-1}\left(1 + r + \pi_n^1\left(d_1 - 1 - r\right) + \pi_n^2\left(d_2 - 1 - r\right)\right) \end{cases} \qquad (2.98)$$

dove $\pi = (\pi^1 \; \pi^2)$ è il vettore delle proporzioni dei titoli rischiosi in portafoglio, che costituisce il processo di controllo.

Osserviamo che vale

$$E\left[\log G_n(v \; \mu_n; \pi_n^1 \; \pi_n^2)\right] = \log v + f(\pi_n^1 \; \pi_n^2)$$

dove f è la funzione

$$\begin{aligned} f(\pi^1 \; \pi^2) =\, & p_1 \log\left(1 + r + \pi^1\left(u_1 - 1 - r\right) + \pi^2\left(u_2 - 1 - r\right)\right) \\ & + p_2 \log\left(1 + r + \pi^1\left(m_1 - 1 - r\right) + \pi^2\left(m_2 - 1 - r\right)\right) \qquad (2.99) \\ & + p_3 \log\left(1 + r + \pi^1\left(d_1 - 1 - r\right) + \pi^2\left(d_2 - 1 - r\right)\right) \end{aligned}$$

definita sull'insieme D dei valori di $(\pi^1 \; \pi^2)$ tali che gli argomenti delle funzioni logaritmiche in (2.99) sono positivi.

Supponiamo che la funzione f ammetta massimo globale su D (questo fatto sarà verificato di caso in caso, vedi Esempio 2.41) e poniamo

$$M = \max_D f$$

In base all'algoritmo di PD abbiamo

$$W_N(v) = \log v$$

$$W_{N-1}(v) = \max_{\bar{\pi}_N \in D} E\left[\log G_N(v \; \mu_N; \bar{\pi}_N)\right] = \log v + M$$

e al generico passo n vale $W_{N-n}(v) = \log v + nM$. Pertanto il valore ottimo dell'utilità attesa a partire da un capitale iniziale v è uguale a

$$W_0(v) = \log v + NM$$

e la corrispondente strategia ottima è costante, pari a

$$\pi_n^{\max}(v) \equiv \left(\bar{\pi}^1 \; \bar{\pi}^2\right) \qquad v \in \mathbb{R}_+ \quad n = 1 \qquad N$$

dove $\left(\bar{\pi}^1 \; \bar{\pi}^2\right)$ è punto di massimo della funzione f in (2.99).

Esempio 2.41. Consideriamo i seguenti valori numerici per i parametri:

$$u_1 = 2 \quad m_1 = 1 \quad d_1 = \frac{1}{2} \quad u_2 = \frac{8}{3} \quad m_2 = \frac{8}{9} \quad d_2 = \frac{1}{3} \quad r = 0$$

e $p_1 = p_2 = \frac{1}{3}$. Per la (2.98) la dinamica del valore del portafoglio è data da

$$V_n = G_n(V_{n-1} \; \mu_n; \pi_n) = \begin{cases} V_{n-1}\left(1 + \pi_n^1 + \frac{5\pi_n^2}{3}\right) \\ V_{n-1}\left(1 - \frac{\pi_n^2}{9}\right) \\ V_{n-1}\left(1 - \frac{\pi_n^1}{2} - \frac{2\pi_n^2}{3}\right) \end{cases}$$

Si ha

$$E\left[\log G_n(v \; \mu_n; \pi_n)\right] = \log v + f(\pi_n)$$

dove f è la funzione in (2.99) che in questo caso vale

$$f(\pi^1 \; \pi^2) = \frac{1}{3}\log\left(1 + \pi^1 + \frac{5\pi^2}{3}\right) + \frac{1}{3}\log\left(1 - \frac{\pi^2}{9}\right)$$
$$+ \frac{1}{3}\log\left(1 - \frac{\pi^1}{2} - \frac{2\pi^2}{3}\right) \tag{2.100}$$

Osserviamo che il dominio D di f è limitato, infatti imponendo che gli argomenti dei logaritmi in (2.100) siano positivi si ottengono le condizioni $\pi^2 < 9$ e

$$\pi^1 + \frac{5\pi^2}{3} > -1 \qquad -\pi^1 - \frac{4\pi^2}{3} > -2 \tag{2.101}$$

Sommando le due disequazioni in (2.101) si ricava $\pi^2 > -9$ e dalla limitatezza di π^2 segue facilmente che anche π^1 è limitata.

Per determinare il massimo di f, ne calcoliamo le derivate parziali:

$$\partial_{\pi^1} f(\pi^1 \; \pi^2) = \frac{1}{3\left(1 + \pi^1 + \frac{5\pi^2}{3}\right)} - \frac{1}{6\left(1 - \frac{\pi^1}{2} - \frac{2\pi^2}{3}\right)}$$
$$\partial_{\pi^2} f(\pi^1 \; \pi^2) = \frac{5}{9\left(1 + \pi^1 + \frac{5\pi^2}{3}\right)} - \frac{1}{27\left(1 - \frac{\pi^2}{9}\right)} - \frac{2}{9\left(1 - \frac{\pi^1}{2} - \frac{2\pi^2}{3}\right)}$$

Il gradiente di f si annulla in

$$\bar{\pi}^1 = -4 \qquad \bar{\pi}^2 = 3 \tag{2.102}$$

che sono valori che appartengono a D.

Poiché D è limitato, tale punto critico è anche punto di massimo globale di f e si ha

$$M = \max f = f(-4 \; 3) = \frac{1}{3}\log\frac{4}{3}$$

In definitiva il valore ottimo dell'utilità attesa a partire da un capitale iniziale $v > 0$, è uguale a

$$W_0(v) = \log v + NM$$

che coincide col valore ottimo ottenuto col metodo martingala in (2.88). Coi dati di questo esempio si ha inoltre

$$\left(\log(1 + r) + p_1 \log \frac{p_1}{q_1} + p_2 \log \frac{p_2}{q_2} + p_3 \log \frac{p_3}{q_3} \right) = \frac{1}{3} \log \frac{4}{3}$$

La corrispondente strategia ottima (costante) è data in (2.102).   □

2.4.6 Consumo intermedio nel modello binomiale: metodo MG

Utilizziamo il metodo martingala per risolvere il problema della massimizzazione dell'utilità attesa da consumo intermedio nel caso dell'utilità logaritmica in un modello binomiale. Ricordando che $\mathcal{I}(w) = \frac{1}{w}$ nel caso dell'utilità logaritmica e posto $L_n = E\left[\frac{dQ}{dP} \, \mathcal{F}_n \right]$ per il processo della derivata di Radon-Nikodym di Q rispetto a P e $\widetilde{L}_n = B_n^{-1} L_n$, per il Teorema 2.24 vale

$$\bar{C}_n = \mathcal{I}_n \left(\lambda \widetilde{L}_n \right) = \frac{1}{\lambda \widetilde{L}_n} \qquad n = 0 \qquad N$$

dove λ è determinato dalla (2.56):

$$v = E^P \left[\sum_{n=0}^{N} \widetilde{L}_n \mathcal{I}_n \left(\lambda \widetilde{L}_n \right) \right] = E^P \left[\sum_{n=0}^{N} \frac{1}{\lambda} \right] = \frac{N+1}{\lambda}$$

Dunque, ricordando l'espressione di L_n in (2.39)

$$L_n = \left(\frac{q}{p} \right)^{\nu_n} \left(\frac{1-q}{1-p} \right)^{n-\nu_n}$$

otteniamo la seguente espressione per il consumo ottimale:

$$\bar{C}_n(\omega) = \frac{v(1+r)^n}{N+1} \left(\frac{p}{q} \right)^{\nu_n(\omega)} \left(\frac{1-p}{1-q} \right)^{n-\nu_n(\omega)} \qquad \omega \in \Omega \qquad (2.103)$$

Possiamo allora calcolare il valore ottimale dell'utilità attesa:

$$E \left[\sum_{n=0}^{N} \log \bar{C}_n \right]$$

$$= \sum_{n=0}^{N} \left(\log \left(\frac{v(1+r)^n}{N+1} \right) + E[\nu_n] \log \frac{p}{q} + (n - E[\nu_n]) \log \frac{1-p}{1-q} \right)$$

$$= (N+1) \log \frac{v}{N+1} + \sum_{n=0}^{N} \left(\log(1+r)^n + np \log \frac{p}{q} + n(1-p) \log \frac{1-p}{1-q} \right)$$

$$= (N+1) \left(\log \frac{v}{N+1} + \frac{N}{2} \left(\log(1+r) + p \log \frac{p}{q} + (1-p) \log \frac{1-p}{1-q} \right) \right)$$

L'ultimo passo consiste nel determinare la strategia di investimento ottimale seguendo la procedura del passo **P3** nella Sezione 2.2.3: imponiamo la condizione di replicazione per l'ultimo periodo

$$\alpha_N S_N + \beta_N B_N = \bar{C}_N$$

equivalente al sistema di equazioni

$$\begin{cases} \alpha_N u S_{N-1} + \beta_N B_N = \frac{v(1+r)^N}{N+1}\left(\frac{p}{q}\right)^{\nu_{N-1}+1}\left(\frac{1-p}{1-q}\right)^{N-1-\nu_{N-1}} \\ \alpha_N d S_{N-1} + \beta_N B_N = \frac{v(1+r)^N}{N+1}\left(\frac{p}{q}\right)^{\nu_{N-1}}\left(\frac{1-p}{1-q}\right)^{N-\nu_{N-1}} \end{cases}$$

da cui

$$\alpha_N = \frac{v(1+r)^N}{(N+1)(u-d)S_{N-1}}\left(\frac{p}{q}-\frac{1-p}{1-q}\right)\left(\frac{p}{q}\right)^{\nu_{N-1}}\left(\frac{p-1}{q-1}\right)^{N-1-\nu_{N-1}}$$

$$= \frac{v(1+r)^N}{(N+1)(u-d)S_{N-1}}\left(\frac{p}{q}-\frac{1-p}{1-q}\right)L_{N-1}^{-1}$$

Nel generico periodo n imponiamo la condizione di replicazione (2.61) cioè

$$\alpha_n S_n + \beta_n B_n = \bar{V}_n \tag{2.104}$$

per cui ci serve il valore di $\bar{V}_n$. Anche qui troviamo una relazione uguale alla (2.64) cioè

$$\bar{V}_n = (N+1-n)\,\bar{C}_n \tag{2.105}$$

che può essere dimostrata per induzione all'indietro su n utilizzando la relazione ricorsiva (2.62). Infatti, per $n = N$ la (2.105) è vera per la condizione di replicazione $\bar{V}_N = \bar{C}_N$. Supposta vera la (2.105) per $n+1$, dalla (2.62) e la (2.103) otteniamo

$$\bar{V}_n = \frac{1}{1+r}E^Q\left\{(N-n)\bar{C}_{n+1}\ \ \mathcal{F}_{N-1}\right\} + \bar{C}_n$$

$$= (N-n)\frac{v(1+r)^n}{N+1}$$

$$\cdot\left(q\left(\frac{p}{q}\right)^{\nu_n+1}\left(\frac{1-p}{1-q}\right)^{n-\nu_n} + (1-q)\left(\frac{p}{q}\right)^{\nu_n}\left(\frac{1-p}{1-q}\right)^{n+1-\nu_n}\right) + \bar{C}_n$$

$$= (N-n)\frac{v(1+r)^n}{N+1}\left(\frac{p}{q}\right)^{\nu_n}\left(\frac{1-p}{1-q}\right)^{n-\nu_n}\left(q\frac{p}{q}+(1-q)\frac{1-p}{1-q}\right) + \bar{C}_n$$

$$= (N+1-n) + \bar{C}_n$$

Sempre per la (2.103), la (2.105) diventa allora

$$\bar{V}_n = \frac{v(1+r)^n(N+1-n)}{N+1}\left(\frac{p}{q}\right)^{\nu_n}\left(\frac{1-p}{1-q}\right)^{n-\nu_n} \tag{2.106}$$

Imponendo allora la condizione di replicazione (2.104), un semplice calcolo mostra che vale

$$\alpha_n = \frac{v(1+r)^n(N+1-n)}{(N+1)(u-d)S_{n-1}}\left(\frac{p}{q}-\frac{1-p}{1-q}\right)\left(\frac{p}{q}\right)^{\nu_{n-1}}\left(\frac{p-1}{q-1}\right)^{n-1-\nu_{n-1}}$$

$$= \frac{v(1+r)^n(N+1-n)}{(N+1)(u-d)S_{n-1}}\left(\frac{p}{q}-\frac{1-p}{1-q}\right)L_{n-1}^{-1}$$

$$\tag{2.107}$$

Notiamo infine che la proporzione investita nel titolo rischioso è pari a

$$\pi_n = \frac{\alpha_n S_{n-1}}{\bar{V}_{n-1}} = \frac{(N+1-n)(p-q)(1+r)}{(N+2-n)(1-q)q(u-d)} \qquad n = 1 \quad N \qquad (2.108)$$

ed è quindi dipendente dal periodo ma indipendente dallo stato del sistema.

Esempio 2.42. Consideriamo i seguenti valori numerici per i parametri: $N = 2$, $u = 2$, $d = \frac{1}{2}$, $r = 0$ e $p = \frac{4}{9}$. Allora in base alla formula (2.103) il processo di consumo ottimale è dato da

$$\bar{C}_n = \frac{v 2^{3\nu_n - n} 5^{n - \nu_n}}{3^{n+1}} \qquad n = 0 \ 1 \ 2$$

e ciò è in accordo con quanto verrà determinato nell'Esempio 2.43 col metodo della PD.

In base alla (2.107) la strategia ottimale è data da

$$\alpha_n = \frac{2^{3\nu_{n-1}-1} 5^{1-\nu_{n-1}} v}{27 S_{n-1}} \qquad \beta_n = \frac{5^{1-\nu_{n-1}} 8^{\nu_{n-1}} v}{27} \qquad n = 1 \ 2$$

corrispondente a quanto sarà riportato in Figura 2.5. $\square$

2.4.7 Consumo intermedio nel modello trinomiale completato: metodo MG

Come nel caso binomiale vale

$$\bar{C}_n = \mathcal{I}_n \left(B_n^{-1} \lambda L_n \right) = \frac{(1+r)^n}{\lambda L_n} \qquad n = 0 \quad N$$

dove λ è determinato dalla (2.56), ossia $\lambda = \frac{N+1}{v}$ Dunque, ricordando l'espressione di L_n in (2.42)

$$L_n = \left(\frac{q_1}{p_1} \right)^{\nu_n^1} \left(\frac{q_2}{p_2} \right)^{\nu_n^2} \left(\frac{q_3}{p_3} \right)^{n - \nu_n^1 - \nu_n^2}$$

otteniamo la seguente espressione per il consumo ottimale:

$$\bar{C}_n = \frac{v(1+r)^n}{N+1} \left(\frac{p_1}{q_1} \right)^{\nu_n^1} \left(\frac{p_2}{q_2} \right)^{\nu_n^2} \left(\frac{p_3}{q_3} \right)^{n - \nu_n^1 - \nu_n^2} \qquad (2.109)$$

Per quanto riguarda la strategia di investimento ottimale, seguendo la procedura del passo **P3** nella Sezione 2.2.3, dalla condizione di replicazione per l'ultimo periodo

$$\alpha_N^1 S_N^1 + \alpha_N^2 S_N^2 + \beta_N B_N = \bar{C}_N$$

otteniamo il sistema di equazioni

$$
\begin{cases}
\alpha_N^1 u_1 S_{N-1}^1 + \alpha_N^2 u_2 S_{N-1}^2 + \beta_N B_N \\
\quad = \frac{v(1+r)^N}{N+1} \left(\frac{p_1}{q_1}\right)^{\nu_{N-1}^1+1} \left(\frac{p_2}{q_2}\right)^{\nu_{N-1}^2} \left(\frac{p_3}{q_3}\right)^{N-1-\nu_{N-1}^1-\nu_{N-1}^2} \\
\alpha_N^1 m_1 S_{N-1}^1 + \alpha_N^2 m_2 S_{N-1}^2 + \beta_N B_N \\
\quad = \frac{v(1+r)^N}{N+1} \left(\frac{p_1}{q_1}\right)^{\nu_{N-1}^1} \left(\frac{p_2}{q_2}\right)^{\nu_{N-1}^2+1} \left(\frac{p_3}{q_3}\right)^{N-1-\nu_{N-1}^1-\nu_{N-1}^2} \\
\alpha_N^1 d_1 S_{N-1}^1 + \alpha_N^2 d_2 S_{N-1}^2 + \beta_N B_N \\
\quad = \frac{v(1+r)^N}{N+1} \left(\frac{p_1}{q_1}\right)^{\nu_{N-1}^1} \left(\frac{p_2}{q_2}\right)^{\nu_{N-1}^2} \left(\frac{p_3}{q_3}\right)^{N-\nu_{N-1}^1-\nu_{N-1}^2}
\end{cases}
$$

$$(2.110)$$

Utilizzando la formula di valutazione neutrale al rischio (2.9) e ricordando che $\bar{V}_N = \bar{C}_N$, calcoliamo

$$
\begin{aligned}
\bar{V}_{N-1} &= \frac{1}{1+r} E^Q \left[\bar{V}_N \mid \mathcal{F}_{N-1} \right] + \bar{C}_{N-1} \\
&= \frac{v(1+r)^{N-1}}{N+1} \left(q_1 \left(\frac{p_1}{q_1}\right)^{\nu_{N-1}^1+1} \left(\frac{p_2}{q_2}\right)^{\nu_{N-1}^2} \left(\frac{p_3}{q_3}\right)^{N-1-\nu_{N-1}^1-\nu_{N-1}^2} \right. \\
&\quad + q_2 \left(\frac{p_1}{q_1}\right)^{\nu_{N-1}^1} \left(\frac{p_2}{q_2}\right)^{\nu_{N-1}^2+1} \left(\frac{p_3}{q_3}\right)^{N-1-\nu_{N-1}^1-\nu_{N-1}^2} \\
&\quad \left. + q_3 \left(\frac{p_1}{q_1}\right)^{\nu_{N-1}^1} \left(\frac{p_2}{q_2}\right)^{\nu_{N-1}^2} \left(\frac{p_3}{q_3}\right)^{N-\nu_{N-1}^1-\nu_{N-1}^2} \right) + \bar{C}_{N-1} \\
&= 2\bar{C}_{N-1}
\end{aligned}
$$

e in generale possiamo provare per induzione che

$$
\bar{V}_n = (N+1-n)\bar{C}_n = \frac{v(1+r)^n(N+1-n)}{N+1} \left(\frac{p_1}{q_1}\right)^{\nu_n^1} \left(\frac{p_2}{q_2}\right)^{\nu_n^2} \left(\frac{p_3}{q_3}\right)^{n-\nu_n^1-\nu_n^2}
$$

Dunque per determinare la strategia nei passi successivi è sufficiente risolvere un sistema lineare formalmente analogo a (2.110).

2.4.8 Consumo intermedio nel modello binomiale: metodo PD

Consideriamo il problema della massimizzazione dell'utilità attesa dal consumo intermedio nel caso dell'utilità logaritmica in un modello binomiale a N periodi, con tassi di crescita u, di decrescita d, tasso privo di rischio r e con probabilità p di crescita.

Per la (2.11) la dinamica del valore del portafoglio è data da

$$
\begin{aligned}
V_n &= G_r(V_{n-1} \mid \mu_n; \pi_n \mid C_{n-1}) \\
&= (V_{n-1} - C_{n-1})(1+r) + V_{n-1}\pi_n(\mu_n - r) \\
&= (V_{n-1} - C_{n-1})(1+r) + \begin{cases} V_{n-1}\pi_n(u-1-r) \\ V_{n-1}\pi_n(d-1-r) \end{cases}
\end{aligned}
$$

dove π indica la proporzione di titolo rischioso nel portafoglio e C è il processo di consumo.

Contrariamente a quanto fatto negli esempi con utilità finale, qui non imponiamo a π e C di garantire che $V_n \geq 0$. Questo costituirebbe un vincolo nel problema di ottimizzazione e introdurrebbe complicazioni nei calcoli. Piuttosto ci limiteremo a verificare caso per caso se $V_n \geq 0$ come nell'Esempio 2.43 che segue.

Seguendo l'Esempio 2.35 con la scelta delle funzioni di utilità

$$u_n(C) = \log C \quad \text{per} \quad n = 0 \quad\quad N \quad \text{e} \quad u(C) \equiv 0$$

in base all'algoritmo (2.83) di PD abbiamo, per $v > 0$,

$$W_N(v) = \max_{\bar{C}_N \leq v} u_N(\bar{C}_N) = \log v$$

e, per $n = N \quad 1$,

$$W_{n-1}(v) = \max_{\bar{\pi}_n \; \bar{C}_{n-1}} \left(\log \bar{C}_{n-1} + E\left[W_n \left(G_n \left(v \; \mu_n ; \bar{\pi}_n \; \bar{C}_{n-1} \right) \right) \right] \right)$$

$$= \max_{\bar{\pi}_n \; \bar{C}_{n-1}} f_{n \, v} \left(\bar{\pi}_n \; \bar{C}_{n-1} \right)$$

dove

$$f_{n \, v}(\pi \; C) = \log C + p W_n \Big((v - C)(1 + r) + \pi v (u - 1 - r) \Big)$$

$$+ (1 - p) W_n \Big((v - C)(1 + r) + \pi v (d - 1 - r) \Big)$$

Supponendo che $f_{n \, v}$ ammetta massimo globale nel punto $\left(\bar{\pi}_{n \, v} \; \bar{C}_{n-1 \, v} \right)$, questo definisce la strategia ottimale[6]:

$$\pi_n^{\max}(v) = \bar{\pi}_{n \, v} \quad\quad C_{n-1}^{\max}(v) = \bar{C}_{n-1 \, v} \quad\quad v \in \mathbb{R}_+ \quad n = 1 \quad N$$

Esempio 2.43. Consideriamo i seguenti valori numerici per i parametri: $N = 2$, $r = 0$, $u = 2$, $d = \frac{1}{2}$ e $p = \frac{4}{9}$. Allora la dinamica del valore del portafoglio è data da

$$V_n = G_n(V_{n-1} \; \mu_n; \pi_n \; C_{n-1}) = \begin{cases} V_{n-1}(1 + \pi_n) - C_{n-1} \\ V_{n-1}\left(1 - \frac{\pi_n}{2}\right) - C_{n-1} \end{cases}$$

In base all'algoritmo di PD abbiamo

$$W_2(v) = \log v$$

$$W_1(v) = \max_{\bar{\pi}_2 \; \bar{C}_1} \left(\log \bar{C}_1 + E\left[\log G_2(v \; \mu_2; \bar{\pi}_2 \; \bar{C}_1) \right] \right)$$

$$= \max_{\bar{\pi}_2 \; \bar{C}_1} \left(\log \bar{C}_1 + \frac{4}{9} \log \left(v(1 + \bar{\pi}_2) - \bar{C}_1 \right) + \frac{5}{9} \log \left(v \left(1 - \frac{\bar{\pi}_2}{2} \right) - \bar{C}_1 \right) \right)$$

$$= 2 \log v + \frac{4}{9} \log \frac{8}{5} - \log \frac{24}{5} \tag{2.111}$$

---

[6] Vale inoltre $C_N^{\max}(v) = v$.

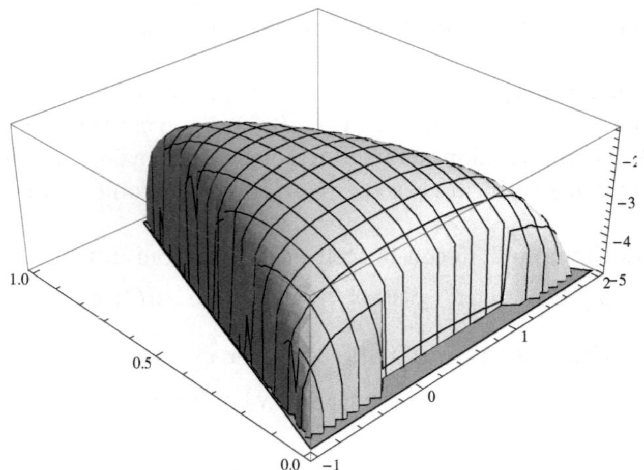

Fig. 2.4. Grafico della funzione $f_{2,v}$ in (2.112) con $v = 1$, per $\pi \in]-1\ 2[$ e $C \in]0\ 1[$

essendo il massimo assunto in

$$\bar{\pi}_{2\,v} = \frac{1}{6} \qquad \bar{C}_{1\,v} = \frac{v}{2}$$

che è l'unico punto critico della funzione

$$f_{2\,v}(\pi\ C) = \log C + \frac{4}{9}\log\left(v\left(1+\pi\right)-C\right) + \frac{5}{9}\log\left(v\left(1-\frac{\pi}{2}\right)-C\right) \quad (2.112)$$

rappresentata in Figura 2.4 nel caso $v = 1$. Si noti che $\bar{C}_{1\,v} > 0$ ed è quindi nel dominio della funzione $u(C) = \log C$. In Figura 2.4 è anche rappresentata la regione di π e C per cui il valore del portafoglio è positivo.

Calcoliamo ora l'utilità ottima iniziale: ricordando l'espressione di W_1 in (2.111), vale

$$W_0(v) = \max_{\bar{\pi}_1\ \bar{C}_0}\left(\log \bar{C}_0 + E\left[W_1\left(v\left(1+\bar{\pi}_1\mu_1\right)-\bar{C}_0\right)\right]\right)$$

$$= \max_{\bar{\pi}_1\ \bar{C}_0}\left(\log \bar{C}_0 + \frac{4}{9}W_1\left(v\left(1+\bar{\pi}_1(u-1)\right)-\bar{C}_0\right)\right.$$

$$\left. + \frac{5}{9}W_1\left(v\left(1+\bar{\pi}_1(d-1)\right)-\bar{C}_0\right)\right)$$

$$= 3\log v + \frac{2}{3}\log 5 + \log\frac{10}{729}$$

essendo il massimo assunto in

$$\bar{\pi}_{1\,v} = \frac{2}{9} \qquad \bar{C}_{0\,v} = \frac{v}{3}$$

determinato annullando il gradiente della funzione da massimizzare. Anche qui risulta $\bar{C}_{0\,v} > 0$ ed è perciò nel dominio della funzione $u(C) = \log C$. La strategia ottimale è quindi data da

$$\pi_1^{\mathrm{max}}(v) = \frac{2}{9} \qquad \pi_2^{\mathrm{max}}(v) = \frac{1}{6}$$

$$C_0^{\mathrm{max}}(v) = \frac{v}{3} \qquad C_1^{\mathrm{max}}(v) = \frac{v}{2} \qquad C_2^{\mathrm{max}}(v) = v$$

Si noti che la strategia di investimento π^{max} qui ottenuta coincide, per i dati di questo esempio tra cui $N = 2$ $r = 0$ $q = \frac{1}{3}$, con quella ottenuta col metodo MG in (2.108). Con i dati specifici, la (2.108) diventa infatti

$$\pi_n = \frac{3-n}{3(4-n)}$$

e quindi si ha $\pi_1 = \frac{2}{9}$ $\pi_2 = \frac{1}{6}$. Per quanto riguarda i consumi, dall'espressione (2.105) ottenuta col metodo martingala si ottiene

$$\bar{C}_n = \frac{\bar{V}_n}{N+1-n}$$

e quindi $\bar{C}_0 = \frac{\bar{V}_0}{3}$ $\bar{C}_1 = \frac{\bar{V}_1}{2}$ $\bar{C}_2 = \bar{V}_2$.

Nella Figura 2.5 rappresentiamo sull'albero binomiale il valore della strategia ottimale definita ricorsivamente da $V_0 = v$ e

$$V_n = V_{n-1} - C_{n-1}^{\mathrm{max}}(V_{n-1}) + \begin{cases} V_{n-1}\pi_n^{\mathrm{max}}(V_{n-1}) \\ -\dfrac{V_{n-1}\pi_n^{\mathrm{max}}(V_{n-1})}{2} \end{cases}$$

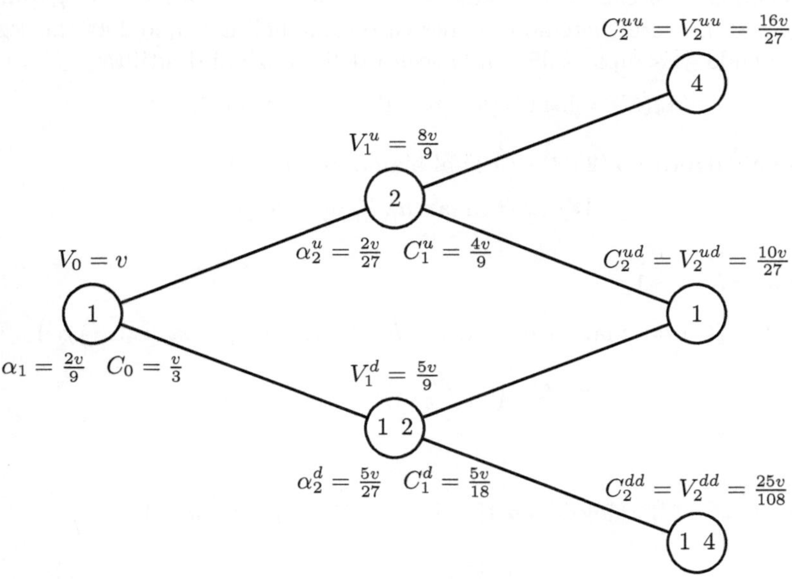

Fig. 2.5. Prezzo del sottostante (all'interno dei cerchi), valore (sopra ai cerchi) e strategia ottimale con consumo (sotto ai cerchi) per l'utilità logaritmica

dove l'ultimo termine rappresenta i valori in caso di crescita e decrescita. Rappresentiamo inoltre la strategia ottimale α calcolata con le formule (2.12):

$$\alpha_n = \frac{\pi_n^{\max} V_{n-1}}{S_{n-1}} \qquad n = 1\ 2$$

Come si può verificare direttamente osservando l'albero binomiale, i valori V_n della strategia ottimale sono positivi per ogni n. $\square$

2.4.9 Consumo intermedio nel modello trinomiale standard: metodo PD

Consideriamo il problema della massimizzazione dell'utilità attesa dal consumo intermedio nel caso dell'utilità logaritmica in un modello trinomiale standard (cfr. Paragrafo 1.4.2) a N periodi, con parametri $u\ m\ d$ e tasso a breve r.

Per la (2.11) (vedi anche l'Esempio 2.35) la dinamica del valore del portafoglio è data da

$$V_n = (V_{n-1} - C_{n-1})(1 + r) + \begin{cases} V_{n-1}\pi_n(u - 1 - r) \\ V_{n-1}\pi_n(m - 1 - r) \\ V_{n-1}\pi_n(d - 1 - r) \end{cases}$$

dove π indica la proporzione di titolo rischioso nel portafoglio e C è il processo di consumo. Analogamente all'esempio precedente e contrariamente a quanto fatto negli esempi con utilità finale, qui non imponiamo a π e C di garantire che $V_n > 0$. Lo verificheremo caso per caso come nell'Esempio 2.44 che segue.

Seguendo l'Esempio 2.35 con la scelta delle funzioni di utilità

$$u_n(C) = \log C \ \text{ per } \ n = 0 \qquad N \ \text{ e } \ u(C) \equiv 0$$

in base all'algoritmo (2.83) di PD abbiamo, per $v > 0$,

$$W_N(v) = \max_{\bar{C}_N \leq v} u_N(\bar{C}_N) = \log v$$

e, per $n = N \qquad 1$,

$$W_{n-1}(v) = \max_{\bar{\pi}_n\ \bar{C}_{n-1}} \left(\log \bar{C}_{n-1} + E\left[W_n\left(G_n\left(v\ \mu_n; \bar{\pi}_n\ \bar{C}_{n-1}\right)\right)\right] \right)$$

$$= \max_{\bar{\pi}_n\ \bar{C}_{n-1}} f_{n\ v}\left(\bar{\pi}_n\ \bar{C}_{n-1}\right)$$

dove

$$f_{n\ v}(\pi\ C) = \log C + p_1 W_n\Big((v - C)(1 + r) + \pi v(u - 1 - r)\Big)$$

$$+ p_2 W_n\Big((v - C)(1 + r) + \pi v(m - 1 - r)\Big)$$

$$+ p_3 W_n\Big((v - C)(1 + r) + \pi v(d - 1 - r)\Big)$$

Supponendo che $f_{n\,v}$ ammetta massimo globale nel punto $\left(\bar{\pi}_{n\,v}\ \bar{C}_{n-1\,v}\right)$, questo definisce la strategia ottimale[7]:

$$\pi_n^{\max}(v) = \bar{\pi}_{n\,v} \qquad C_{n-1}^{\max}(v) = \bar{C}_{n-1\,v} \qquad v \in \mathbb{R}_+ \quad n = 1 \qquad N$$

Esempio 2.44. Consideriamo i seguenti valori numerici per i parametri: $N = 2$ e, come nell'Esempio 2.40, $r = 0$, $u = 2$, $m = \frac{5}{4}$, $d = \frac{1}{2}$ e $p_1 = p_2 = \frac{1}{3}$. Allora la dinamica del valore del portafoglio è data da

$$V_n = \begin{cases} V_{n-1}(1 + \pi_n) - C_{n-1} \\ V_{n-1}\left(1 + \frac{\pi_n}{4}\right) - C_{n-1} \\ V_{n-1}\left(1 - \frac{\pi_n}{2}\right) - C_{n-1} \end{cases} \tag{2.113}$$

In base all'algoritmo di PD abbiamo

$$W_2(v) = \log v$$

$$W_1(v) = \max_{\bar{\pi}_2\ \bar{C}_1} \left(\log \bar{C}_1 + \frac{1}{3}\log\left(v\left(1 + \bar{\pi}_2\right) - \bar{C}_1\right) + \frac{1}{3}\log\left(v\left(1 + \frac{\bar{\pi}_2}{4}\right) - \bar{C}_1\right) \right.$$

$$\left. + \frac{1}{3}\log\left(v\left(1 - \frac{\bar{\pi}_2}{2}\right) - \bar{C}_1\right) \right)$$

$$= \max_{\bar{\pi}_2\ \bar{C}_1} f_{2\,v}(\bar{\pi}_2\ \bar{C}_1) \tag{2.114}$$

dove

$$f_{2\,v}(\pi\ C) = \log C + \frac{1}{3}\log\left(v\left(1 + \pi\right) - C\right) + \frac{1}{3}\log\left(v\left(1 + \frac{\pi}{4}\right) - C\right)$$

$$+ \frac{1}{3}\log\left(v\left(1 - \frac{\pi}{2}\right) - C\right)$$

Per determinare il massimo, calcoliamo i punti critici risolvendo il sistema

$$\begin{cases} \partial_\pi f_{2\,v}(\pi\ C) = \frac{v}{3}\left(\frac{1}{2C+(\pi-2)v} + \frac{1}{4(v-C)+\pi v} + \frac{1}{v(1+\pi)-C}\right) = 0 \\ \partial_C f_{2\,v}(\pi\ C) = \frac{1}{C} + \frac{2}{6C+3(\pi-2)v} + \frac{1}{3C-3v(1-\pi)} + \frac{4}{12C-3(4+\pi)v} = 0 \end{cases}$$

Le soluzioni del sistema sono le coppie

$$\left(\frac{1}{2}\left(-1-\sqrt{3}\right)\ \frac{v}{2}\right) \quad \text{e} \quad \left(\frac{1}{2}\left(-1+\sqrt{3}\right)\ \frac{v}{2}\right)$$

tuttavia solo

$$\left(\pi_{2\,v}^{\max}\ C_{1\,v}^{\max}\right) := \left(\frac{1}{2}\left(-1+\sqrt{3}\right)\ \frac{v}{2}\right)$$

appartiene al dominio di $f_{2\,v}$. In tale punto $f_{2\,v}$ assume il proprio massimo

$$f_{2\,v}\left(\frac{1}{2}\left(-1+\sqrt{3}\right)\ \frac{v}{2}\right) = 2\log v + \frac{1}{3}\log\frac{3\sqrt{3}}{256} \tag{2.115}$$

Si noti che $C_{1\,v}^{\max} > 0$ ed è quindi nel dominio della funzione $u(C) = \log C$.

---

[7] Vale inoltre $C_N^{\max}(v) = v$.

Calcoliamo ora l'utilità ottima iniziale: ricordando l'espressione di W_1 in (2.114)-(2.115), vale

$$W_0(v) = \max_{\bar{\pi}_1 \, \bar{C}_0} \left(\log \bar{C}_0 + E\left[W_1 \left(G_1 \left(v \, \mu_1; \bar{\pi}_1 \, \bar{C}_0 \right) \right) \right] \right)$$

$$= \max_{\bar{\pi}_1 \, \bar{C}_0} f_{1 \, v} \left(\bar{\pi}_1 \, \bar{C}_0 \right)$$

dove

$$f_{1 \, v}(\pi \, C) = \log C + \frac{1}{3} \log \frac{3\sqrt{3}}{256} + \frac{2}{3} \log \left(v \left(1 + \pi \right) - C \right)$$

$$+ \frac{2}{3} \log \left(v \left(1 + \frac{\pi}{4} \right) - C \right) + \frac{2}{3} \log \left(v \left(1 - \frac{\pi}{2} \right) - C \right)$$

Anche in questo caso, due punti annullano il gradiente della funzione

$$\left(\frac{2}{3} \left(-1 - \sqrt{3} \right) \, \frac{v}{3} \right) \quad e \quad \left(\frac{2}{3} \left(-1 + \sqrt{3} \right) \, \frac{v}{3} \right)$$

Tuttavia solo

$$\left(\pi_{1 \, v}^{\max} \, C_{0 \, v}^{\max} \right) := \left(\frac{2}{3} \left(-1 + \sqrt{3} \right) \, \frac{v}{3} \right)$$

appartiene al dominio di $f_{1 \, v}$ e in tale punto $f_{1 \, v}$ assume il proprio massimo

$$f_{1 \, v} \left(\frac{2}{3} \left(-1 + \sqrt{3} \right) \, \frac{v}{3} \right) = 5 \log v + \log \frac{3\sqrt{3}}{128}$$

Anche qui risulta $C_{0 \, v}^{\max} > 0$ ed è perciò nel dominio della funzione $u(C) = \log C$.

Verifichiamo infine che il valore della strategia ottimale è positivo qualunque sia il capitale iniziale $v > 0$. Infatti utilizzando la formula (2.113) per la dinamica del valore del portafoglio e inserendo i valori ottimali $\left(\pi_{1 \, v}^{\max} \, C_{0 \, v}^{\max} \right)$, abbiamo al primo periodo

$$V_1^u = \frac{2\sqrt{3}}{3} v \qquad V_1^m = \frac{3 + \sqrt{3}}{6} v \qquad V_1^d = \left(1 - \frac{\sqrt{3}}{3} \right) v$$

Analogamente inserendo i valori ottimali $\left(\pi_{2 \, v}^{\max} \, C_{1 \, v}^{\max} \right)$ nella formula (2.113) e indicando con V_1 il valore (positivo) al primo istante, abbiamo al secondo istante

$$V_2^u = \frac{\sqrt{3}}{2} V_1 \qquad V_2^m = \frac{3 + \sqrt{3}}{8} V_1 \qquad V_2^d = \frac{3 - \sqrt{3}}{4} V_1$$

Questo prova che il processo V è positivo. $\qquad\qquad\qquad\qquad\qquad\qquad$ □

2.4.10 Consumo intermedio nel modello trinomiale completato: metodo PD

Il problema della massimizzazione dell'utilità logaritmica in un modello trinomiale completato è essenzialmente analogo al caso trinomiale standard (vedi la sezione precedente) eccetto per il fatto che bisogna ottimizzare la strategia su due titoli.

Ricordando l'Esempio 2.35 la dinamica del valore del portafoglio è data da

$$V_n = (V_{n-1} - C_{n-1})(1+r)$$

$$+ \begin{cases} V_{n-1}\left(\pi_n^1 (u_1 - 1 - r) + \pi_n^2 (u_2 - 1 - r)\right) \\ V_{n-1}\left(\pi_n^1 (m_1 - 1 - r) + \pi_n^2 (m_2 - 1 - r)\right) \\ V_{n-1}\left(\pi_n^1 (d_1 - 1 - r) + \pi_n^2 (d_2 - 1 - r)\right) \end{cases} \qquad (2.116)$$

dove $\pi = (\pi^1 \ \pi^2)$ è il vettore delle proporzioni dei titoli rischiosi in portafoglio, che costituisce il processo di controllo.

In base all'algoritmo (2.83) di PD abbiamo, per $v > 0$,

$$W_N(v) = \max_{\bar{C}_N \leq v} u_N(\bar{C}_N) = \log v$$

e, per $n = N \quad 1$,

$$W_{n-1}(v) = \max_{\bar{\pi}_n \ \bar{C}_{n-1}} \left(\log \bar{C}_{n-1} + E\left[W_n\left(G_n\left(v \ \mu_n; \bar{\pi}_n \ \bar{C}_{n-1}\right)\right)\right] \right)$$

$$= \max_{\bar{\pi}_n \ \bar{C}_{n-1}} f_{n \ v}\left(\bar{\pi}_n \ \bar{C}_{n-1}\right)$$

dove

$$f_{n \ v}(\pi \ C) = \log C$$

$$+ p_1 W_n\left((v - C)(1+r) + \pi^1 v(u_1 - 1 - r) + \pi^2 v(u_2 - 1 - r)\right)$$

$$+ p_2 W_n\left((v - C)(1+r) + \pi v (m - 1 - r) + \pi^2 v(m_2 - 1 - r)\right)$$

$$+ p_3 W_n\left((v - C)(1+r) + \pi v (d - 1 - r) + \pi^2 v(d_2 - 1 - r)\right)$$

Supponendo che $f_{n \ v}$ ammetta massimo globale nel punto $\left(\bar{\pi}_{n \ v} \ \bar{C}_{n-1 \ v}\right)$, questo definisce la strategia ottimale[8]:

$$\pi_n^{\max}(v) = \bar{\pi}_{n \ v} \qquad C_{n-1}^{\max}(v) = \bar{C}_{n-1 \ v} \qquad v \in \mathbb{R}_+ \quad n = 1 \qquad N$$

Anche qui si verificherà caso per caso a posteriori se i valori ottimali trovati per π e C garantiscono la positività del valore del portafoglio.

---

[8] Vale inoltre $C_N^{\max}(v) = v$.

2.5 Esercizi risolti

Esercizio 2.45. In un mercato binomiale con $u = 2$, $d = \frac{1}{2}$, $r = \frac{1}{4}$ e $p = \frac{1}{3}$, si considerino i seguenti problemi di massimizzazione dell'utilità attesa finale:

i) data la funzione d'utilità logaritmica

$$u(v) = \log v \qquad v > 0$$

utilizzando la relazione ricorsiva all'indietro della Programmazione Dinamica, si mostri che il valore atteso ottimale è della forma

$$W_n(v) = (N - n)\log\frac{5}{3\sqrt[3]{2}} + \log v \tag{2.117}$$

Si determini la strategia ottimale;

ii) data la funzione d'utilità esponenziale

$$u(v) = -e^{-v} \qquad v \in \mathbb{R}$$

si mostri che il valore atteso ottimale è della forma

$$W_n(v) = -M^{N-n}e^{-va^{N-n}} \tag{2.118}$$

con $M = \frac{2\sqrt{2}}{3}$, $a = \frac{5}{4}$ e si determini la strategia ottimale.

Svolgimento dell'Esercizio 2.45

i) Seguendo la Sezione 2.4.3 osserviamo preliminarmente che l'evoluzione del valore di un portafoglio autofinanziante è data da

$$V_n = V_{n-1}\left(1 + r + \pi_n\left(\mu_n - r\right)\right) = \begin{cases} \frac{V_{n-1}}{4}\left(5 + 3\pi_n\right) & \text{se } \mu_n = u - 1 \\ \frac{V_{n-1}}{4}\left(5 - 3\pi_n\right) & \text{se } \mu_n = d - 1 \end{cases}$$

Dato $V_{n-1} > 0$, si ha che $V_n > 0$ se e solo se

$$\pi_n \in D = \left]-\frac{5}{3}, \frac{5}{3}\right[$$

L'algoritmo di PD è dato da

$$\begin{cases} W_N(v) = \log v & \text{e, per } n = N \qquad 1 \\ W_{n-1}(v) = \sup_{\pi_n \in D}\left(\frac{1}{3}W_n\left(\frac{v}{4}\left(5 + 3\pi_n\right)\right) + \frac{2}{3}W_n\left(\frac{v}{4}\left(5 - 3\pi_n\right)\right)\right) \end{cases}$$

Proviamo la tesi per induzione. Per $n = N$ la tesi è verificata. Supposta valida la (2.117), per l'algoritmo di PD abbiamo

$$W_{n-1}(v) = (N - n)\log\frac{5}{3\sqrt[3]{2}} + \max_{\pi \in \left]-\frac{5}{3}, \frac{5}{3}\right[} f_v(\pi)$$

dove

$$f_v(\pi) = \log v - \log 4 + \frac{1}{3}\log\left(5 + 3\pi\right) + \frac{2}{3}\log\left(5 - 3\pi\right)$$

Si ha

$$f'_v(\pi) = \frac{1}{5 + 3\pi} - \frac{2}{5 - 3\pi}$$

e l'unico punto critico (e punto di massimo globale) di f è $\bar{\pi} = -\frac{5}{9} \in D$. In definitiva vale

$$W_{n-1}(v) = (N - n)\log \frac{5}{3\sqrt[3]{2}} + f_v(\bar{\pi}) = \log v + (N - n)\log\frac{5}{3\sqrt[3]{2}} + \log\frac{5}{3\sqrt[3]{2}}$$

che prova la tesi. Inoltre la strategia ottimale è costante, pari a $\pi_n^{\max}(v) = -\frac{5}{9}$

ii) L'algoritmo di PD è dato da

$$\begin{cases} W_N(v) = -e^{-v} & \text{e, per } n = N \qquad 1 \\ W_{n-1}(v) = \sup_{\pi_n} \left(\frac{1}{3}W_n\left(\frac{v}{4}(5 + 3\pi_n)\right) + \frac{2}{3}W_n\left(\frac{v}{4}(5 - 3\pi_n)\right)\right) \end{cases}$$

Per provare la tesi per induzione osserviamo anzitutto che il caso $n = N$ è ovvio. Assumendo l'ipotesi induttiva (2.118), otteniamo

$$W_{n-1}(v) = M^{N-n}\sup_{\pi} f_v(\pi)$$

dove

$$f_v(\pi) = -\frac{1}{3}e^{-\frac{v}{4}(5+3\pi)a^{N-n}} - \frac{2}{3}e^{-\frac{v}{4}(5-3\pi)a^{N-n}}$$

Annulliamo la derivata prima di f_v per determinarne il punto di massimo

$$f'_v(\pi) = \frac{1}{4}a^{N-n}ve^{-\frac{v}{4}(5+3\pi)a^{N-n}} - \frac{1}{2}a^{N-n}ve^{-\frac{v}{4}(5-3\pi)a^{N-n}}$$

$$= \frac{1}{4}a^{N-n}ve^{-\frac{v}{4}(5+3\pi)a^{N-n}}\left(1 - 2e^{\frac{3}{2}a^{N-n}\pi v}\right) = 0$$

e otteniamo

$$\bar{\pi}_v = -\frac{2\log 2}{3a^{N-n}v}$$

che definisce la strategia ottimale $\pi_n^{\max}(v)$. Inoltre si ha

$$f_v(\bar{\pi}) = -Me^{-\frac{5}{4}a^{N-n}v}$$

da cui si ottiene la tesi. $\square$

Esercizio 2.46. In un modello di mercato binomiale a N periodi si consideri il problema della massimizzazione dell'utilità attesa finale con un capitale iniziale $V_0 = v$, per la funzione d'utilità

$$u(v) = -\frac{1}{v} \qquad v > 0$$

i) Usando il metodo martingala si provi che il valore terminale del portafoglio che realizza l'utilità attesa massima è dato da

$$\bar{V}_N = \frac{v}{\sqrt{\widetilde{L}}E\left[\sqrt{\widetilde{L}}\right]} \tag{2.119}$$

dove $\widetilde{L} = B_N^{-1}L$ con $L = \frac{dQ}{dP}$, derivata di Radon-Nikodym della misura martingala Q rispetto alla misura P del mondo reale;

ii) nel caso uni-periodale, ossia per $N = 1$, si calcoli la strategia ottimale provando che la proporzione ottimale da investire nel titolo rischioso è data da

$$\pi_1^{\max}(v) = \frac{1+r}{(u-d)E\left[\sqrt{L}\right]} \left(\sqrt{\frac{p}{q}} - \sqrt{\frac{1-p}{1-q}}\right) \qquad (2.120)$$

Svolgimento dell'Esercizio 2.46

i) Ricordiamo (vedi l'Esempio 2.19) l'espressione della derivata di Radon-Nikodym

$$L = \frac{dQ}{dP} = \left(\frac{q}{p}\right)^{\nu_N} \left(\frac{1-q}{1-p}\right)^{N-\nu_N} \qquad (2.121)$$

dove ν_N è la variabile aleatoria che indica il numero di movimenti di crescita del titolo rischioso.

Si ha $u'(v) = \frac{1}{v^2}$ e quindi $\mathcal{I}(w) = \frac{1}{\sqrt{w}}$. Allora per il Teorema 2.18 si ha che il valore finale ottimale è pari a

$$\bar{V}_N = \frac{1}{\sqrt{\lambda \widetilde{L}}} \qquad (2.122)$$

dove λ è determinato dall'equazione di budget

$$E^P\left[\mathcal{I}\left(\lambda\widetilde{L}\right)\widetilde{L}\right] = \frac{E^P\left[\sqrt{\widetilde{L}}\right]}{\sqrt{\lambda}} = v \qquad \text{ossia} \qquad \sqrt{\lambda} = \frac{E^P\left[\sqrt{\widetilde{L}}\right]}{v}$$

Sostituendo l'espressione di λ in (2.122) otteniamo la (2.119). Osserviamo che, per la (2.121), vale

$$E\left[\sqrt{L}\right] = \sum_{k=0}^{N} \binom{N}{k} p^k (1-p)^{N-k} \left(\frac{q}{p}\right)^{\frac{k}{2}} \left(\frac{1-q}{1-p}\right)^{\frac{N-k}{2}}$$

$$= \sum_{k=0}^{N} \binom{N}{k} (pq)^{\frac{k}{2}} \left((1-p)(1-q)\right)^{\frac{N-k}{2}}$$

ii) Nel caso $N = 1$ si ha che L assume solo i valori $\frac{q}{p}$ e $\frac{1-q}{1-p}$, rispettivamente in caso di crescita e decrescita del sottostante. Per determinare la strategia ottimale, imponiamo la condizione di replicazione

$$\alpha_1 S_1 + \beta_1(1+r) = \bar{V}_1$$

che equivale al seguente sistema di equazioni nelle incognite $\alpha_1 \ \beta_1$:

$$\alpha_1 u S_0 + \beta_1(1+r) = \frac{v(1+r)}{E\left[\sqrt{L}\right]} \sqrt{\frac{p}{q}}$$

$$\alpha_1 d S_0 + \beta_1(1+r) = \frac{v(1+r)}{E\left[\sqrt{L}\right]} \sqrt{\frac{1-p}{1-q}}$$

Otteniamo come soluzione

$$\bar{a}_1(v) = \frac{v(1+r)}{S_0(u-d)E\left[\sqrt{L}\right]}\left(\sqrt{\frac{p}{q}} - \sqrt{\frac{1-p}{1-q}}\right)$$

da cui segue la (2.120).   □

Esercizio 2.47. In un modello di mercato binomiale a N periodi si consideri il problema della massimizzazione dell'utilità attesa finale con un capitale iniziale $V_0 = v$, per la funzione d'utilità potenza

$$u(v) = \frac{v^\gamma}{\gamma} \qquad v > 0$$

dove γ è un parametro fissato tale che $\gamma < 1$ e $\gamma \neq 0$.

i)   Assumendo che il tasso privo di rischio sia nullo, $r = 0$, si mostri con l'algoritmo della Programmazione Dinamica che il valore atteso ottimale è della forma

$$W_n(v) = M^{N-n}\frac{v^\gamma}{\gamma} \tag{2.123}$$

con M costante opportuna. Si provi inoltre che la proporzione ottimale per l'investimento nel titolo rischioso è data da

$$\pi_n^{\max}(v) = \frac{K-1}{u-1+K(1-d)} \qquad \text{dove} \qquad K = \left(\frac{p(u-1)}{(1-p)(1-d)}\right)^{\frac{1}{1-\gamma}} \tag{2.124}$$

ii) Usando il metodo martingala si provi che il valore terminale del portafoglio che realizza l'utilità attesa massima è dato da

$$\bar{V}_N = vM\widetilde{L}^{\frac{1}{\gamma-1}} \qquad M = \left(E^P\left[\widetilde{L}^{\frac{\gamma}{\gamma-1}}\right]\right)^{-1} \tag{2.125}$$

dove $\widetilde{L} = B_N^{-1}L$ e $L = \frac{dQ}{dP}$ è la derivata di Radon-Nikodym della misura martingala Q rispetto alla misura P del mondo reale.

iii) Sempre nell'ambito del metodo martingala ed utilizzando la formula di valutazione neutrale al rischio

$$V_n = \frac{1}{(1+r)^{N-n}}E^Q\left[V_N \;\; \mathcal{F}_n\right] \tag{2.126}$$

si determini il valore del portafoglio ottimale e la strategia ottimale.

Svolgimento dell'Esercizio 2.47

i) Ricordiamo dalla Sezione 2.4.3 che, nel caso $r = 0$, l'evoluzione del valore di un portafoglio autofinanziante è data da

$$V_n = V_{n-1}\left(1 + \pi_n\mu_n\right) = \begin{cases} V_{n-1}\left(1 + \pi_n(u-1)\right) \\ V_{n-1}\left(1 + \pi_n(d-1)\right) \end{cases}$$

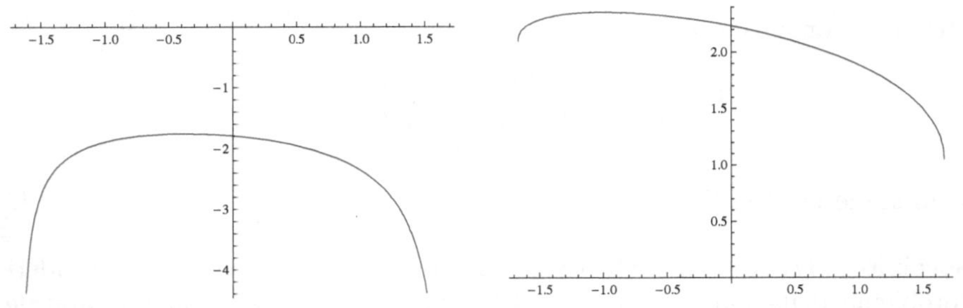

Fig. 2.6. Grafico della funzione f in (2.127) con $\gamma = \frac{1}{2}$ (a destra) e $\gamma = -\frac{1}{2}$ (a sinistra)

Dato $V_{n-1} > 0$ si ha $V_n > 0$ se $\pi \in D := \left] \frac{1}{1-u} \ \frac{1}{1-d} \right[$. Allora, dato $v > 0$, l'algoritmo di PD è il seguente:

$$\begin{cases} W_N(v) & = \dfrac{v^\gamma}{\gamma} \qquad \text{e, per } n = N \qquad 1 \\[2mm] W_{n-1}(v) & = \sup_{\pi_n \in D} \Big(pW_n \left(v \left(1 + \pi_n(u-1)\right)\right) \\[1mm] & \quad + (1-p)W_n \left(v \left(1 + \pi_n(d-1)\right)\right) \Big) \end{cases}$$

Procedendo per induzione la tesi è ovvia per $n = N$. Supponiamo dunque che valga l'ipotesi induttiva (2.123): allora per l'algoritmo di PD abbiamo

$$W_{n-1}(v) = M^{N-n} \frac{v^\gamma}{\gamma} \max_\pi f(\pi)$$

dove f è la funzione

$$f(\pi) = p\left(1 + \pi(u-1)\right)^\gamma + (1-p)\left(1 + \pi(d-1)\right)^\gamma \tag{2.127}$$

il cui grafico è rappresentato in Figura 2.6 per $\gamma = \pm\frac{1}{2}$ e con la scelta di parametri $u = 2$ e $d = \frac{1}{2}$. Questo prova la tesi con $M = \max_\pi f(\pi)$.

Infine per determinare la strategia ottimale, cerchiamo il punto di massimo della funzione f in (2.127). Imponendo

$$f'(\pi) = p\gamma(u-1)\left(1 + \pi(u-1)\right)^{\gamma-1} + (1-p)(d-1)\left(1 + \pi(d-1)\right)^{\gamma-1} = 0$$

otteniamo

$$\frac{1 + \pi(u-1)}{1 + \pi(d-1)} = \left(\frac{p(u-1)}{(1-p)(1-d)} \right)^{\frac{1}{1-\gamma}} =: K$$

da cui l'unico punto critico (e punto di massimo) di f è in

$$\bar\pi = \frac{K-1}{u - 1 + K(1-d)}$$

che definisce la strategia ottimale come in (2.124). Verifichiamo che $\bar\pi \in D$: anzitutto vale

$$\frac{K-1}{u - 1 + K(1-d)} < \frac{K}{K(1-d)} = \frac{1}{1-d}$$

Per l'altra disuguaglianza notiamo che se $K \geq 1$ allora

$$\frac{K-1}{u-1+K(1-d)} \geq 0 > \frac{1}{1-u}$$

Per il caso $K < 1$ notiamo anzitutto che, essendo $K > 0$, abbiamo

$$\frac{1}{u-1+K(1-d)} < \frac{1}{u-1+K(1-u)}$$

e quindi

$$\frac{K-1}{u-1+K(1-d)} > \frac{K-1}{u-1+K(1-u)} = \frac{K-1}{(K-1)(1-u)} = \frac{1}{1-u}$$

ii) Ricordiamo (cfr. (2.38)) l'espressione della derivata di Radon-Nikodym

$$L = \frac{dQ}{dP} = \left(\frac{q}{p}\right)^{\nu_N} \left(\frac{1-q}{1-p}\right)^{N-\nu_N}$$

dove ν_N è la variabile aleatoria che indica il numero di movimenti di crescita del titolo rischioso.

Si ha $u'(v) = v^{\gamma-1}$ e quindi $\mathcal{I}(w) = w^{\frac{1}{\gamma-1}}$. Allora per il Teorema 2.18 si ha che il valore finale ottimale è pari a

$$\bar{V}_N = \mathcal{I}\left(\lambda\widetilde{L}\right) = \left(\lambda\widetilde{L}\right)^{\frac{1}{\gamma-1}} \tag{2.128}$$

dove λ è determinato dall'equazione di budget

$$v = E^P\left[\left(\lambda\widetilde{L}\right)^{\frac{1}{\gamma-1}} \widetilde{L}\right]$$

equivalente a

$$\lambda^{\frac{1}{\gamma-1}} = \frac{v}{E^P\left[\widetilde{L}^{\frac{\gamma}{\gamma-1}}\right]}$$

Sostituendo tale espressione in (2.128) otteniamo la (2.125). Notiamo esplicitamente che vale

$$E\left[\widetilde{L}^{\frac{\gamma}{\gamma-1}}\right] = \frac{1}{(1+r)^{\frac{N\gamma}{\gamma-1}}} \sum_{k=0}^{N} \binom{N}{k} \left(\frac{q}{p}\right)^{\frac{\gamma k}{\gamma-1}} \left(\frac{1-q}{1-p}\right)^{\frac{\gamma(N-k)}{\gamma-1}} p^k(1-p)^{N-k}$$

$$= \frac{1}{(1+r)^{\frac{N\gamma}{\gamma-1}}} \sum_{k=0}^{N} \binom{N}{k} q^{\frac{\gamma k}{\gamma-1}} (1-q)^{\frac{\gamma(N-k)}{\gamma-1}} p^{\frac{k}{\gamma-1}} (1-p)^{\frac{N-k}{\gamma-1}} \tag{2.129}$$

iii) Poniamo per brevità $\delta = \frac{1}{\gamma-1}$. Nel punto precedente abbiamo mostrato che il valore finale ottimale è pari a $\bar{V}_N = vM\widetilde{L}^\delta$ da cui, per la (2.126), vale

$$\bar{V}_n = \frac{vM}{(1+r)^{N-n}} E^Q\left[\widetilde{L}^\delta \quad \mathcal{F}_n\right]$$

Ricordiamo (cfr. Esempio 2.19) che

$$L_n := E\left[L \mid \mathcal{F}_n\right] = \left(\frac{q}{p}\right)^{\nu_n} \left(\frac{1-q}{1-p}\right)^{n-\nu_n}$$

e notiamo che, per ogni $n < N$, si ha

$$L = \left(\frac{q}{p}\right)^{\nu_N} \left(\frac{1-q}{1-p}\right)^{N-\nu_N}$$

$$= \left(\frac{q}{p}\right)^{\nu_n} \left(\frac{1-q}{1-p}\right)^{n-\nu_n} \left(\frac{q}{p}\right)^{\nu_N-\nu_n} \left(\frac{1-q}{1-p}\right)^{N-n-(\nu_N-\nu_n)}$$

Quindi, essendo ν_n una variabile aleatoria $\mathcal{F}_n$-misurabile e poiché $\nu_N - \nu_n$ ha la stessa distribuzione di ν_{N-n} ed è indipendente da $\mathcal{F}_n$ in Q, vale

$$E^Q\left[L^\delta \mid \mathcal{F}_n\right] = L_n^\delta E^Q\left[L_{N-n}^\delta\right] \tag{2.130}$$

In definitiva otteniamo la seguente formula

$$\bar{V}_n = \frac{v M_n}{(1+r)^{N(1+\delta)-n}} L_n^\delta \qquad \text{con} \quad M_n = M E^Q\left[L_{N-n}^\delta\right] \tag{2.131}$$

dove M_n ha un'espressione esplicita che si ricava facilmente come in (2.129).

Possiamo infine determinare la strategia ottimale imponendo la condizione di replicazione

$$\alpha_n S_n + \beta_n B_n = \bar{V}_n$$

equivalente al sistema

$$\begin{cases} \alpha_n u S_{n-1} + \beta_n B_n = \frac{v M_n}{(1+r)^{N(1+\delta)-n}} \left(\frac{q}{p}\right)^{(\nu_{n-1}+1)\delta} \left(\frac{1-q}{1-p}\right)^{(n-1-\nu_{n-1})\delta} \\ \alpha_n d S_{n-1} + \beta_n B_n = \frac{v M_n}{(1+r)^{N(1+\delta)-n}} \left(\frac{q}{p}\right)^{(\nu_{n-1})\delta} \left(\frac{1-q}{1-p}\right)^{(n-\nu_{n-1})\delta} \end{cases}$$

da cui

$$\alpha_n = \frac{v M_n}{(1+r)^{N(1+\delta)-n}(u-d)S_{n-1}} \cdot$$

$$\cdot \left(\left(\frac{q}{p}\right)^\delta - \left(\frac{1-q}{1-p}\right)^\delta\right) \left(\frac{q}{p}\right)^{\nu_{n-1}\delta} \left(\frac{q-1}{p-1}\right)^{(n-1-\nu_{n-1})\delta}$$

$$= \frac{v M_n}{(1+r)^{N(1+\delta)-n}(u-d)S_{n-1}} \left(\left(\frac{q}{p}\right)^\delta - \left(\frac{1-q}{1-p}\right)^\delta\right) L_{n-1}^\delta \tag{2.132}$$

Utilizzando le formule (2.131) e (2.132) possiamo facilmente ricavare la proporzione ottimale da investire nel titolo rischioso:

$$\pi_n^{(\max)} = \frac{\alpha_n S_{n-1}}{\bar{V}_{n-1}} = \frac{(1+r)M_n}{(u-d)M_{n-1}} \left(\left(\frac{q}{p}\right)^\delta - \left(\frac{1-q}{1-p}\right)^\delta\right)$$

Concludiamo con un'osservazione: dalla (2.124) sappiamo che $\pi_n^{(\max)}$ è indipendente dallo stato e dal periodo: questo non sembra evidente dalla formula precedente. Tuttavia possiamo verificare direttamente che il rapporto $\frac{M_n}{M_{n-1}}$ è indipendente da n. Infatti, per la (2.131), vale

$$\bar{V}_{n-1} = \frac{vM_{n-1}}{(1+r)^{N(1+\delta)-n+1}} L_{n-1}^{\delta}$$

e d'altra parte per la formula di valutazione neutrale al rischio

$$\bar{V}_{n-1} = \frac{1}{1+r} E^Q\left[\bar{V}_n \ \mathcal{F}_{n-1}\right] =$$

(per la (2.131))

$$= \frac{vM_n}{(1+r)^{N(1+\delta)-n+1}} E^Q\left[L_n^{\delta} \ \mathcal{F}_{n-1}\right] =$$

(procedendo come nella prova della (2.131))

$$= \frac{vM_n}{(1+r)^{N(1+\delta)-n+1}} L_{n-1}^{\delta} E^Q\left[L_1^{\delta}\right]$$

Allora, eguagliando le due espressioni, otteniamo

$$M_{n-1} = M_n E^Q\left[L_1^{\delta}\right] = M_n \left(q\left(\frac{q}{p}\right)^{\delta} - (1-q)\left(\frac{1-q}{1-p}\right)^{\delta}\right)$$

da cui la tesi. $\qquad\square$

Esercizio 2.48. In un modello di mercato trinomiale standard a N periodi si consideri il problema della massimizzazione dell'utilità attesa finale con un capitale iniziale $V_0 = v$, per la funzione d'utilità potenza

$$u(v) = \frac{v^{\gamma}}{\gamma} \qquad v > 0$$

dove γ è un parametro fissato tale che $\gamma < 1$ e $\gamma \neq 0$.

i) Assumendo che il tasso privo di rischio sia nullo, $r = 0$, si mostri con l'algoritmo della Programmazione Dinamica che il valore atteso ottimale è della forma

$$W_n(v) = M^{N-n} \frac{v^{\gamma}}{\gamma} \tag{2.133}$$

con M costante opportuna. Si provi inoltre che, nel caso che si scelga $m = 1$, la proporzione ottimale per l'investimento nel titolo rischioso è data da

$$\pi_n^{\max}(v) = \frac{K-1}{u-1+K(1-d)} \quad \text{con} \quad K = \left(\frac{p_1(u-1)}{p_3(1-d)}\right)^{\frac{1}{1-\gamma}} \tag{2.134}$$

ii) Supponendo che nel modello di mercato le μ_n siano invece binomiali per gli stessi valori di u e d come in i), si faccia vedere che valgono gli stessi risultati come in i) pur di porre

$$p_1 = P\{-1 + \mu_n = u-\} \quad \text{e} \quad p_3 = 1 - p_1 = P\{-1 + \mu_n = d-\}$$

Svolgimento dell'Esercizio 2.48

i) Ricordiamo dalla Sezione 2.4.4 che, nel caso $r = 0$, l'evoluzione del valore di un portafoglio autofinanziante è data da

$$V_n = \begin{cases} V_{n-1}\left(1 + \pi_n(u - 1)\right) & \text{se } \mu_n = u - 1 \\ V_{n-1}\left(1 + \pi_n(m - 1)\right) & \text{se } \mu_n = m - 1 \\ V_{n-1}\left(1 + \pi_n(d - 1)\right) & \text{se } \mu_n = d - 1 \end{cases}$$

Dato $V_{n-1} > 0$ si ha $V_n > 0$ se (vedi (2.90)) $\pi \in D := \left]\frac{1}{1-u} \; \frac{1}{1-d}\right[$. Allora, dato $v > 0$, l'algoritmo di PD è il seguente:

$$\begin{cases} W_N(v) &= \frac{v^\gamma}{\gamma} \qquad \text{e, per } n = N \qquad 1 \\[2mm] W_{n-1}(v) &= \sup_{\tau_n \in D} \Big(p_1 W_n\left(v\left(1 + \pi_n(u - 1)\right)\right) \\[2mm] & \qquad + p_2 W_n\left(v\left(1 + \pi_n(m - 1)\right)\right) + p_3 W_n\left(v\left(1 + \pi_n(d - 1)\right)\right)\Big) \end{cases}$$

Procedendo per induzione la tesi è ovvia per $n = N$. Supponiamo dunque che valga l'ipotesi induttiva (2.133): allora per l'algoritmo di PD abbiamo

$$W_{n-1}(v) = M^{N-n}\frac{v^\gamma}{\gamma} \max_\pi f(\pi) \tag{2.135}$$

dove f è la funzione

$$f(\pi) = p_1\left(1 + \pi(u - 1)\right)^\gamma + p_2\left(1 + \pi(m - 1)\right)^\gamma + p_3\left(1 + \pi(d - 1)\right)^\gamma \tag{2.136}$$

e questo prova la tesi con $M = \max\limits_\pi f(\pi)$.

Infine per determinare la strategia ottimale, cerchiamo il punto di massimo della funzione f in (2.136). Imponendo

$$f'(\pi) = p_1\gamma(u - 1)\left(1 + \pi(u - 1)\right)^{\gamma-1} + p_2\gamma(m - 1)\left(1 + \pi(m - 1)\right)^{\gamma-1}$$
$$+ p_3\gamma(d - 1)\left(1 + \pi(d - 1)\right)^{\gamma-1} = 0$$

e, ricordando che consideriamo il caso di $m = 1$, otteniamo

$$\frac{1 + \pi(u - 1)}{1 + \pi(d - 1)} = \left(\frac{p_1(u - 1)}{p_3(1 - d)}\right)^{\frac{1}{1-\gamma}} =: K$$

da cui l'unico punto critico (e punto di massimo) di f è in

$$\bar\pi = \frac{K - 1}{u - 1 + K(1 - d)}$$

che, come nel caso dell'utilità logaritmica (vedi Esempio 2.40) è indipendente da n e da v e definisce la strategia ottimale come in (2.134). Per verificare che $\bar\pi \in D$ si può seguire lo stesso ragionamento come nel precedente Esercizio 2.47.

Sostituendo l'espressione di $\bar\pi$ nella relazione ricorsiva della Programmazione dinamica, abbiamo (vedi (2.135) e (2.136))

$$W_{n-1}(v) = M^{N-n}\frac{v^\gamma}{\gamma}$$
$$\cdot \left[p_1\left(1 + \frac{(K-1)(u-1)}{u-1+K(1-d)}\right)^\gamma + p_2 + p_3\left(1 + \frac{(K-1)(d-1)}{u-1+K(1-d)}\right)^\gamma\right]$$

dove l'ultimo fattore in parentesi quadre rappresenta il valore di $M = \max\limits_{\pi} f(\pi)$.

ii) Basta porre $p_2 = 0$ nel modello trinomiale e tutto il resto rimane invariato anche per il modello binomiale coi risultati che coincidono con quelli dell'Esercizio 2.47-i). $\square$

Esercizio 2.49. In un modello di mercato trinomiale completato a N periodi con i dati come nell'Esempio 2.41 si consideri il problema della massimizzazione dell'utilità attesa finale con un capitale iniziale $V_0 = v$, per la funzione d'utilità potenza

$$u(v) = \frac{v^\gamma}{\gamma} \qquad v > 0$$

dove γ è un parametro fissato tale che $\gamma < 1$ e $\gamma \neq 0$.

i) Utilizzando l'algoritmo della Programmazione Dinamica si faccia vedere che il valore atteso ottimale è della forma

$$W_n(v) = M^{N-n}\frac{v^\gamma}{\gamma} \tag{2.137}$$

con M costante opportuna, e che le proporzioni ottimali per l'investimento nei due titoli rischiosi sono date da

$$\bar{\pi}_n^1 = -\frac{2\left(5 + 2^{4+\frac{1}{\gamma-1}} - 7\cdot 3^{\frac{\gamma}{\gamma-1}}\right)}{1 + 2^{\frac{\gamma}{\gamma-1}} + 3^{\frac{\gamma}{\gamma-1}}} \qquad \bar{\pi}_n^2 = \frac{18\left(1 + 2^{\frac{\gamma}{\gamma-1}}\right)}{1 + 2^{\frac{\gamma}{\gamma-1}} + 3^{\frac{\gamma}{\gamma-1}}} - 9 \tag{2.138}$$

e sono quindi indipendenti dallo stato e dal periodo.

ii) Usando il metodo martingala e ricordando l'ipotesi $r = 0$, si provi che il valore terminale del portafoglio che realizza l'utilità attesa massima è dato da

$$\bar{V}_N = vML^{\frac{1}{\gamma-1}} \quad \text{con} \quad M = \left(E^P\left[L^{\frac{\gamma}{\gamma-1}}\right]\right)^{-1} \tag{2.139}$$

dove $L = \frac{dQ}{dP}$ è la derivata di Radon-Nikodym della misura martingala Q rispetto alla misura P del mondo reale.

iii) Utilizzando la formula di valutazione neutrale al rischio (con $r = 0$)

$$V_n = E^Q\left[V_N \mid \mathcal{F}_n\right] \tag{2.140}$$

si determini il valore del portafoglio ottimale e la strategia ottimale.

Svolgimento dell'Esercizio 2.49
i) Ricordiamo dall'Esempio 2.41 che, nel caso $r = 0$, l'evoluzione del valore di un portafoglio autofinanziante è data da

$$V_n = \begin{cases} V_{n-1}\left(1 + \pi_n^1 + \frac{5\pi_n^2}{3}\right) \\ V_{n-1}\left(1 - \frac{\pi_n^2}{9}\right) \\ V_{n-1}\left(1 - \frac{\pi_n^1}{2} - \frac{2\pi_n^2}{3}\right) \end{cases}$$

e, sempre per l'Esempio 2.41, dato $V_{n-1} > 0$ si ha $V_n > 0$ se

$$\pi_n \in D = \left\{ (\pi^1 \ \pi^2) \ \ \pi^1 + \frac{5\pi^2}{3} > -1 \ \ -\pi^1 - \frac{4\pi^2}{3} > -2 \right\}$$

dove D è un dominio limitato.

Allora, dato $v > 0$, l'algoritmo di PD è il seguente:

$$\begin{cases} W_N(v) & = \frac{v^\gamma}{\gamma} \qquad \text{e, per } n = N \qquad 1 \\ W_{n-1}(v) & = \sup_{(\pi_n^1 \ \pi_n^2) \in D} \frac{1}{3}\left(W_n \left(v \left(1 + \pi_n^1 + \frac{5}{3}\pi_n^2 \right) \right) \right. \\ & \left. + W_n \left(v \left(1 - \frac{1}{9}\pi_n^2 \right) \right) + W_n \left(v \left(1 - \frac{1}{2}\pi_n^1 - \frac{2}{3}\pi_n^2 \right) \right) \right) \end{cases}$$

Procedendo per induzione la tesi è ovvia per $n = N$. Supponiamo dunque che valga l'ipotesi induttiva (2.137): allora per l'algoritmo di PD abbiamo

$$W_{n-1}(v) = M^{N-n} \frac{v^\gamma}{3\gamma} \max_{(\pi^1 \ \pi^2) \in D} f(\pi^1 \ \pi^2)$$

dove f è la funzione

$$f(\pi^1 \ \pi^2) = \left(1 + \pi_n^1 + \frac{5}{3}\pi_n^2 \right)^\gamma + \left(1 - \frac{1}{9}\pi_n^2 \right)^\gamma + \left(1 - \frac{1}{2}\pi_n^1 - \frac{2}{3}\pi_n^2 \right)^\gamma \quad (2.141)$$

Per determinare il massimo di f, ne calcoliamo le derivate parziali:

$$\partial_{\pi^1} f(\pi^1 \ \pi^2) = \gamma \left(1 + \pi^1 + \frac{5}{3}\pi^2 \right)^{\gamma-1} - \frac{\gamma}{2} \left(1 - \frac{\pi^1}{2} - \frac{2\pi^2}{3} \right)^{\gamma-1}$$

$$\partial_{\pi^2} f(\pi^1 \ \pi^2) = \frac{5\gamma}{3} \left(1 + \pi^1 + \frac{5}{3}\pi^2 \right)^{\gamma-1} - \frac{\gamma}{9} \left(1 - \frac{\pi^2}{9} \right)^{\gamma-1}$$
$$- \frac{2\gamma}{3} \left(1 - \frac{\pi^1}{2} - \frac{2\pi^2}{3} \right)^{\gamma-1}$$

Annullando il gradiente si trova un sistema equivalente al seguente

$$\begin{cases} 1 + \pi^1 + \frac{5}{3}\pi^2 = \left(\frac{1}{2}\right)^{\frac{1}{\gamma-1}} \left(1 - \frac{\pi^1}{2} - \frac{2\pi^2}{3} \right) \\ 1 + \pi^1 + \frac{5}{3}\pi^2 = \left(\frac{1}{3}\right)^{\frac{1}{\gamma-1}} \left(1 - \frac{\pi^2}{9} \right) \end{cases}$$

che è un sistema lineare di due equazioni in due incognite la cui soluzione $(\bar\pi^1 \ \bar\pi^2)$ è data in (2.138). Poiché D è limitato, il punto critico $(\bar\pi^1 \ \bar\pi^2)$ è anche massimo globale di f e si ha

$$M = \frac{1}{3} \max f = \frac{1}{3} f(\bar\pi^1 \ \bar\pi^2) = \frac{2^\gamma}{3} \left(1 + \left(\frac{3}{2}\right)^{\frac{\gamma}{1-\gamma}} + 3^{\frac{\gamma}{1-\gamma}} \right)^{-\gamma}$$
$$+ \frac{1}{3} \left(\frac{2^{4+\frac{1}{\gamma-1}} - 52^{\frac{\gamma}{\gamma-1}}}{1 + 2^{\frac{\gamma}{\gamma-1}} + 3^{\frac{\gamma}{\gamma-1}}} \right)^\gamma + \frac{6^\gamma}{3} \left(1 + 2^{\frac{\gamma}{\gamma-1}} + 3^{\frac{\gamma}{\gamma-1}} \right)^{-\gamma}$$

ii) Dal Teorema 2.18, e tenendo presente che qui è $r = 0$ e quindi $B_N = 1$, abbiamo che (vedi la (2.128) nell'Esercizio 2.47)

$$\bar{V}_N = \mathcal{I}(\lambda L) = (\lambda L)^{\frac{1}{\gamma-1}}$$

dove (vedi (2.41)),

$$L(\omega) = \left(\frac{q_1}{p_1}\right)^{\nu_N^1(\omega)} \left(\frac{q_2}{p_2}\right)^{\nu_N^2(\omega)} \left(\frac{q_3}{p_3}\right)^{N-\nu_N^1(\omega)-\nu_N^2(\omega)}$$

e l'equazione di budget impone che

$$v = E^Q\left[\mathcal{I}(\lambda L)\right] = \lambda^{\frac{1}{\gamma-1}} E^Q\left\{L^{\frac{1}{\gamma-1}}\right\} = \lambda^{\frac{1}{\gamma-1}} E^P\left\{L^{\frac{\gamma}{\gamma-1}}\right\}$$

cosicché, ponendo $M := \left(E^P\left\{L^{\frac{\gamma}{\gamma-1}}\right\}\right)^{-1}$ (può essere determinata in analogia a (2.129)), si ha $\lambda = (vM)^{\gamma-1}$ e quindi

$$\bar{V}_N = v\, M\, L^{\frac{1}{\gamma-1}}$$

iii) Poniamo per brevità $\delta = \frac{1}{\gamma-1}$. Essendo $\bar{V}_N = vML^\delta$ per la (2.126), vale

$$\bar{V}_n = vM\, E^Q\left[L^\delta \mid \mathcal{F}_n\right]$$

Da (2.41) abbiamo

$$\begin{aligned}
L &= \left(\frac{q_1}{p_1}\right)^{\nu_N^1} \left(\frac{q_2}{p_2}\right)^{\nu_N^2} \left(\frac{q_3}{p_3}\right)^{N-\nu_N^1-\nu_N^2} \\
&= \left(\frac{q_1}{p_1}\right)^{\nu_n^1} \left(\frac{q_2}{p_2}\right)^{\nu_n^2} \left(\frac{q_3}{p_3}\right)^{n-\nu_n^1-\nu_n^2} \\
&\quad \cdot \left(\frac{q_1}{p_1}\right)^{\nu_N^1-\nu_n^1} \left(\frac{q_2}{p_2}\right)^{\nu_N^2-\nu_n^2} \left(\frac{q_3}{p_3}\right)^{N-n-(\nu_N^1-\nu_n^1)-(\nu_N^2-\nu_n^2)}
\end{aligned}$$

Quindi, essendo $\nu_n^1\ \nu_n^2$ variabili aleatorie $\mathcal{F}_n$-misurabili e poiché $\nu_N^i - \nu_n^i$ ($i = 1\ 2$) hanno la stessa distribuzione di ν_{N-n}^i indipendentemente da $\mathcal{F}_n$ in Q, vale

$$E^Q\left[L^\delta \mid \mathcal{F}_n\right] = L_n^\delta E^Q\left[L_{N-n}^\delta\right] \tag{2.142}$$

In definitiva otteniamo la seguente formula

$$\bar{V}_n = vM_n L_n^\delta \qquad \text{con } M_n = M E^Q\left[L_{N-n}^\delta\right] \tag{2.143}$$

dove M_n ha un'espressione esplicita che si calcola analogamente a (2.129).

Quanto alla strategia ottimale di replicazione abbiamo per $n \leq N$ la condizione di replicazione

$$\alpha_n^1 S_n^1 + \alpha_n^2 S_n^2 + \beta_n B_n = \bar{V}_n$$

equivalente al sistema

$$2\alpha_n^1 S_{n-1}^1 + \frac{8}{3}\alpha_n^2 S_{n-1}^2 + \beta_n = vM_n \left(\frac{q_1}{p_1}\right)^{(\nu_{n-1}^1+1)\delta}\left(\frac{q_2}{p_2}\right)^{\nu_{n-1}^2\delta}\cdot$$
$$\cdot\left(\frac{q_3}{p_3}\right)^{(n-1-\nu_{n-1}^1-\nu_{n-1}^2)\delta}$$

$$\alpha_n^1 S_{n-1}^1 + \frac{8}{9}\alpha_n^2 S_{n-1}^2 + \beta_n = vM_n \left(\frac{q_1}{p_1}\right)^{\nu_{n-1}^1\delta}\cdot$$
$$\cdot\left(\frac{q_2}{p_2}\right)^{(\nu_{n-1}^2+1)\delta}\left(\frac{q_3}{p_3}\right)^{(n-1-\nu_{n-1}^1-\nu_{n-1}^2)\delta}$$

$$\frac{1}{2}\alpha_n^1 S_{n-1}^1 + \frac{1}{3}\alpha_n^2 S_{n-1}^2 + \beta_n = vM_n \left(\frac{q_1}{p_1}\right)^{\nu_{n-1}^1\delta}\cdot$$
$$\cdot\left(\frac{q_2}{p_2}\right)^{\nu_{n-1}^2\delta}\left(\frac{q_3}{p_3}\right)^{(n-\nu_{n-1}^1-\nu_{n-1}^2)\delta} \qquad \square$$

Esercizio 2.50. In un modello di mercato binomiale si assuma $r = 0$ e si consideri il problema della massimizzazione dell'utilità attesa finale per una funzione utilità della forma

$$u(v) = -e^{-v} \qquad v \in \mathbb{R}$$

i) Sulla base dell'algoritmo di Programmazione Dinamica si provi per induzione che il valore atteso ottimale è della forma

$$W_n(v) = -g(n)e^{-v} \qquad g(n) = \left(pe^{-c_1} + (1-p)e^{-c_2}\right)^{N-n} \qquad (2.144)$$

dove, indicata con $q = \frac{1-d}{u-d}$ la probabilità di crescita nella misura martingala,

$$c_1 = (1-q)\log\frac{p(1-q)}{q(1-p)} \qquad c_2 = q\log\frac{q(1-p)}{p(1-q)}$$

Si provi inoltre che la strategia ottima è definita da

$$\pi_n^{\max}(v) = \frac{1}{v(u-d)}\log\frac{p(1-q)}{q(1-p)}; \qquad (2.145)$$

ii) si consideri il caso di un modello trinomiale standard con $m = 1$ e si mostri che vale

$$W_n(v) = -h(n)e^{-v} \qquad h(n) = \left(p_1 e^{-(1-q)c} + p_2 + p_3 e^{-qc}\right)^{N-n}$$

dove

$$c = \log\frac{p_1(1-\delta)}{p_3\delta} \qquad \text{con} \qquad \delta = \frac{1-d}{u-d}$$

Si provi inoltre che la strategia ottima è definita da

$$\pi_n^{\max}(v) = \frac{1}{v(u-d)}\log\frac{p_1(1-\delta)}{p_3\delta} \qquad (2.146)$$

Svolgimento dell'Esercizio 2.50

i) Procediamo per induzione a ritroso. La tesi è ovviamente vera per $n = N$. Supposto vero il risultato per n, dimostriamolo per $n - 1$. Ricordando che l'evoluzione del valore di un portafoglio autofinanziante è data da

$$V_n = V_{n-1}\left(1 + \pi_n \mu_n\right) = \begin{cases} V_{n-1}\left(1 + \pi_n(u - 1)\right) \\ V_{n-1}\left(1 + \pi_n(d - 1)\right) \end{cases}$$

per il PD, vale

$$W_{n-1}(v) = -g(n) \min_{\pi_n} E\left[e^{-v(1+\pi_n \mu_n)}\right]$$

Poniamo

$$f_v(\pi) = E\left[e^{-v(1+\pi_n \mu_n)}\right] = pe^{-v(1+\pi(u-1))} + (1 - p)e^{-v(1+\pi(d-1))}$$

e annulliamo la derivata prima di f_v per determinare il punto di minimo:

$$f_v'(\pi) = -pv(u - 1)e^{-v(1+\pi(u-1))} - (1 - p)v(d - 1)e^{-v(1+\pi(d-1))} = 0$$

ossia

$$\frac{p(u - 1)}{(1 - p)(1 - d)} e^{-v\pi(u-d)} = 1$$

da cui si ha che l'unico punto critico (e punto di minimo) di f_v è

$$\bar{\pi} = \frac{1}{v(u - d)} \log \frac{p(u - 1)}{(1 - p)(1 - d)}$$

Questo definisce la strategia ottimale e dunque prova la (2.145). Infine un semplice calcolo mostra che

$$f_v(\bar{\pi}) = pe^{-v-c_1} + (1 - p)e^{-v-c_2}$$

da cui segue la tesi.

Notiamo che per $p = q$, vale $\pi_n^{\max}(v) \equiv 0$ e questo fatto si può giustificare nel modo seguente: nella misura martingala, il rendimento del titolo rischioso è, in media, pari a quello del titolo non rischioso; di conseguenza, per minimizzare il rischio, appare logico che la strategia ottimale consista nell'investire tutto nel titolo non rischioso.

ii) Come nel punto precedente procediamo per induzione e supposta vera la tesi per n, proviamo il risultato per $n - 1$: per la PD vale

$$\begin{aligned} W_{n-1}(v) &= -h(n) \min_{\pi} E\left[e^{-v(1+\pi \mu_n)}\right] \\ &= -h(n) \min_{\pi} \left(p_1 e^{-v(1+\pi(u-1))} + p_2 e^{-v(1+\pi(m-1))} \right. \qquad (2.147) \\ &\qquad \left. + p_3 e^{-v(1+\pi(d-1))}\right) \end{aligned}$$

Annullando la derivata prima e ricordando l'ipotesi $m = 1$, si trova

$$p_1(u - 1)e^{-v(1+\pi(u-1))} + p_3(d - 1)e^{-v(1+\pi(d-1))} = 0$$

da cui

$$\frac{p_1(u-1)}{p_3(1-d)}e^{-v\pi(u-d)} = 1$$

che individua la strategia ottima in (2.146). Infine, utilizzando tale strategia per calcolare il valore ottimale in (2.147), otteniamo

$$W_{n-1}(v) = -h(n)\left(p_1 e^{-v-(1-\delta)c} + p_2 e^{-v} + p_3 e^{-v-\delta c}\right)$$

da cui segue la tesi. $\square$

Esercizio 2.51. In un modello di mercato binomiale a N periodi si consideri il problema della massimizzazione dell'utilità attesa finale con un capitale iniziale $V_0 = v$, per la funzione d'utilità esponenziale

$$u(v) = -e^{-v} \qquad v \in \mathbb{R}$$

i)   Usando il metodo martingala si determini il valore finale ottimale del portafoglio;

ii) nel caso uni-periodale, ossia per $N = 1$, si calcoli la strategia ottimale provando che la proporzione ottimale da investire nel titolo rischioso è data da

$$\pi_1^{\max}(v) = \frac{1}{v(u-d)} \log \frac{p(1-q)}{q(1-p)} \tag{2.148}$$

che coincide con quanto provato con il metodo della Programmazione Dinamica in (2.145).

Svolgimento dell'Esercizio 2.51
i) Ricordiamo (vedi l'Esempio 2.19) che la derivata di Radon-Nikodym della misura martingala Q rispetto alla misura reale P è data da

$$L = \frac{dQ}{dP} = \left(\frac{q}{p}\right)^{\nu_N} \left(\frac{1-q}{1-p}\right)^{N-\nu_N} \tag{2.149}$$

dove ν_N è la variabile aleatoria che indica il numero di movimenti di crescita del titolo rischioso.

Poiché $u'(v) = e^{-v}$, vale $\mathcal{I}(w) = -\log w$ con $w > 0$. Allora per il Teorema 2.18 e ricordando che $r = 0$, si ha che il valore finale ottimale è pari a

$$\bar{V}_N = \mathcal{I}(\lambda L) = -\log L - \log \lambda$$

dove λ è determinato dall'equazione di budget

$$v = E^Q\left[-\log(\lambda L)\right] \qquad \text{ossia} \qquad -\log \lambda = v + E^Q\left[\log L\right]$$

Allora vale

$$\bar{V}_N = v - \log L + E^Q\left[\log L\right]$$

dove

$$E^Q\left[\log L\right] = Nq\log\left(\frac{q}{p}\right) + N(1-q)\log\left(\frac{1-q}{1-p}\right)$$

ii) Nel caso $N = 1$, L assume solo i valori $\frac{q}{p}$ e $\frac{1-q}{1-p}$, rispettivamente in caso di crescita e decrescita del sottostante. Inoltre vale

$$\bar{V}_1 = v - \log L + q \log \frac{q}{p} + (1 - q) \log \frac{1-q}{1-p}$$

Per determinare la strategia ottimale, imponiamo la condizione di replicazione

$$\alpha_1 S_1 + \beta_1 = \bar{V}_1$$

che equivale al seguente sistema di equazioni nelle incognite α_1 β_1:

$$\alpha_1 u S_0 + \beta_1 = v + (1 - q) \left(\log \frac{1-q}{1-p} - \log \frac{q}{p} \right)$$

$$\alpha_1 d S_0 + \beta_1 = v + q \left(\log \frac{q}{p} - \log \frac{1-q}{1-p} \right)$$

Otteniamo come soluzione

$$\bar{\alpha}_1(v) = \frac{1}{S_0(u - d)} \log \frac{p(1 - q)}{q(1 - p)}$$

da cui segue la (2.148), in base alla definizione $\pi_1 = \frac{\alpha_1 S_0}{V_0}$.   □

Esercizio 2.52. In un mercato trinomiale standard con $r = 0$ e $m = 1$, si consideri il problema della massimizzazione dell'utilità attesa finale per la funzione d'utilità logaritmica

$$u(v) = \log v \qquad v > 0$$

Si utilizzi la ricorsione della Programmazione Dinamica per provare che vale

$$W_n(v) = \log v + (N - n)M \tag{2.150}$$

dove

$$M = p_1 \log \frac{p_1(u - 1) + (p_3 - 1)(d - 1)}{1 - d} + p_3 \log \frac{(1 - p_1)(u - 1) - p_3(d - 1)}{u - 1}$$

e la strategia ottimale è costante, definita da

$$\pi_n^{\max}(v) = \frac{p_1(u - 1) + p_3(d - 1)}{(u - 1)(1 - d)} \tag{2.151}$$

Svolgimento dell'Esercizio 2.52

L'evoluzione temporale del valore di un portafoglio autofinanziante è, nel contesto del modello assegnato,

$$V_n = G_n(V_{n-1} \; \mu_n; \pi_n) = V_{n-1}(1 + \pi_n \mu_n) = \begin{cases} V_{n-1}(1 + \pi_n(u - 1)) \\ V_{n-1} \\ V_{n-1}(1 + \pi_n(d - 1)) \end{cases}$$

Dato $V_{n-1} > 0$ si ha $V_n > 0$ se $\pi \in D := \left] \frac{1}{1-u} \; \frac{1}{1-d} \right[$ e l'algoritmo di PD è dato da

$$\begin{cases} W_N(v) = \log v & \text{e, per } n = N \quad 1 \\ W_{n-1}(v) = \sup_{\pi_n \in D} E\left[W_n\left(G_n(v \; \mu_n; \pi_n) \right) \right] \end{cases}$$

Procediamo per induzione a ritroso e, supposta la (2.150) vera per n, dimostriamo la tesi per $n-1$. Vale

$$W_{n-1}(v) = (N-n)M + \log v + \sup_{\pi_n \in D} E\left[\log\left(1 + \pi_n \mu_n\right)\right] \qquad (2.152)$$

Risulta che

$$\begin{aligned} f(\pi) :=& E\left[\log\left(1 - \pi_n \mu_n\right)\right] \\ =& p_1 \log(1 + \pi(u-1)) + p_2 \log(1 + \pi(m-1)) + p_3 \log(1 + \pi(d-1)) \end{aligned}$$

e, ricordando l'ipotesi $m = 1$,

$$f'(\pi) = \frac{p_1(u-1)}{1 + \pi(u-1)} + \frac{p_3(d-1)}{1 + \pi(d-1)}$$

da cui segue che l'unico punto critico (e di massimo) di f è

$$\bar{\pi} = \frac{p_1(u-1) + p_3(d-1)}{(u-1)(1-d)}$$

e ciò prova la (2.151).

Verifichiamo che $\bar{\pi} \in D$: da un lato abbiamo che

$$\bar{\pi} < \frac{p_1(u-1)}{(u-1)(1-d)} < \frac{1}{1-d}$$

D'altra parte, essendo $m = 1$, si ha

$$\bar{\pi} = \frac{p_1(u-1) + p_2(m-1) + p_3(d-1)}{(u-1)(1-d)} > \frac{(p_1 + p_2 + p_3)(d-1)}{(u-1)(1-d)} = \frac{1}{1-u}$$

Utilizzando tale valore ottimale ricaviamo da (2.152) l'espressione di W_{n-1}:

$$\begin{aligned} W_{n-1}(v) = (N-n)M + \log v &+ p_1 \log\left(1 + \frac{p_1(u-1) + p_3(d-1)}{1-d}\right) \\ &+ p_3 \log\left(1 - \frac{p_1(u-1) + p_3(d-1)}{u-1}\right) \end{aligned}$$

da cui segue la tesi. $\qquad\qquad\qquad\qquad\qquad\qquad\qquad\qquad\qquad\qquad\qquad\square$

Esercizio 2.53. In un modello di mercato binomiale assumiamo $u = 2$, $d = 1\,2$ e $r = 0$. Si consideri il problema della massimizzazione dell'utilità attesa finale con un capitale iniziale $V_0 = v$, per una funzione utilità della forma

$$u(v) = 1 - \frac{1}{v} \qquad v > 0$$

i) Sulla base dell'algoritmo di PD si provi per induzione che il valore atteso ottimale è della forma

$$W_n(v) = 1 - \frac{M^{N-n}}{v} \qquad (2.153)$$

per un opportuno valore M dipendente dalla probabilità di crescita p;

ii) si determini la strategia ottima $\pi_n^{\max}$, verificando che è la stessa per ogni n, e si determinino i valori di p tali che $\pi_n^{\max} > 0$.

Svolgimento dell'Esercizio 2.53

i) La dinamica del valore di un portafoglio autofinanziante è data da

$$V_n = G_n\left(V_{n-1}\ \mu_n; \pi_n\right) = V_{n-1}\left(1 + \pi_n\mu_n\right) = \begin{cases} V_{n-1}\left(1 + \pi_n\left(u-1\right)\right) \\ V_{n-1}\left(1 + \pi_n\left(d-1\right)\right) \end{cases}$$

Dunque, posto $V_{n-1} > 0$, la condizione $V_n > 0$ equivale a

$$\pi_n\left(u-1\right) > -1 \qquad \pi_n\left(d-1\right) > -1$$

o, utilizzando il fatto che $d < 1 < u$,

$$\frac{1}{1-u} < \pi_n < \frac{1}{1-d}$$

Nel nostro caso $-1 < \pi_n < 2$.

Come suggerito, per provare la (2.153), procediamo per induzione su n: per $n = N$ vale

$$W_N(v) = 1 - \frac{1}{v} = 1 - \frac{M^0}{v}$$

Nel passo generico si ha

$$W_{n-1}(v) = \max_{\pi_n \in]-1\ 2[} E\left[W_n\left(G_n\left(v\ \mu_n; \pi_n\right)\right)\right] =$$

(per l'ipotesi induttiva)

$$= \max_{\pi_n \in]-1\ 2[} \left(p\left(1 - \frac{M^{N-n}}{v(1+\pi_n)}\right) + (1-p)\left(1 - \frac{M^{N-n}}{v(1 - \frac{\pi_n}{2})}\right)\right)$$

$$= 1 - \frac{M^{N-n}}{v} \min_{\pi_n \in]-1\ 2[} f(\pi_n)$$

dove

$$f(\pi) = \frac{p}{1+\pi} + \frac{1-p}{1 - \frac{\pi}{2}} \tag{2.154}$$

è la funzione rappresentata in Figura 2.7, nel caso $p = \frac{1}{2}$.

Questo prova la (2.153) con

$$M = \min_{\pi \in]-1\ 2[} f(\pi)$$

ii) Poiché la strategia ottima $\pi_n^{\max}$ è individuata dal punto di minimo della funzione f nell'intervallo $]-1\ 2[$, essa è indipendente da n. Per determinarla calcoliamo la derivata di f:

$$f'(\pi) = \frac{2(1-p)}{(-2+\pi)^2} - \frac{p}{(1+\pi)^2}$$

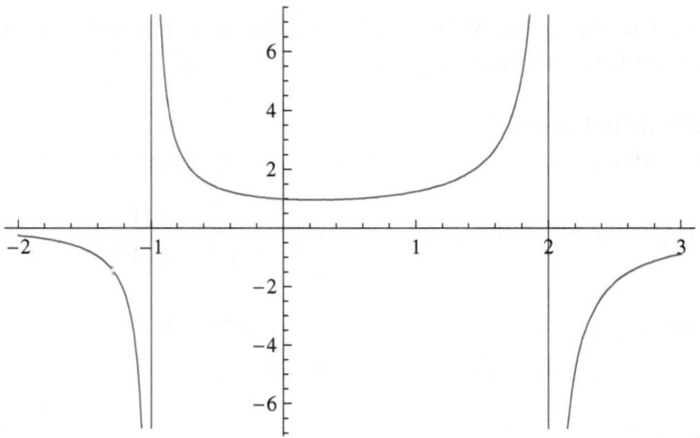

Fig. 2.7. Grafico della funzione f in (2.154) per $p = \frac{1}{2}$

che si annulla nei punti

$$\pi^{\pm}(p) := \frac{2 \pm 3\sqrt{2p(1-p)}}{3p-2}$$

nell'ipotesi $p \neq \frac{2}{3}$. Ma poiché $\pi^+(p)$ non appartiene all'intervallo $]-1\ 2[$ per ogni $p \in]0\ 1[$, allora l'unica soluzione accettabile è

$$\pi_n^{\max}(p) := \frac{2 - 3\sqrt{2p(1-p)}}{3p-2}$$

Notiamo che per $p = \frac{2}{3}$ vale

$$f'(\pi) = \frac{4\pi - 2}{\left(\pi^2 - \pi - 2\right)^2}$$

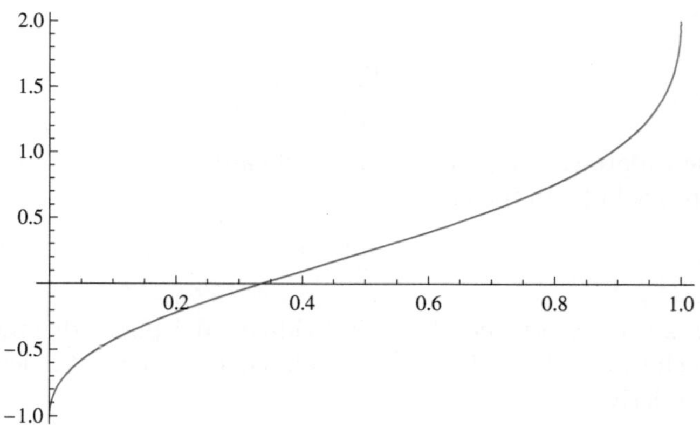

Fig. 2.8. Grafico della funzione $p \mapsto \pi_n^{\max}(p)$

e l'unico punto critico di f in questo caso è

$$\frac{1}{2} = \lim_{p \to \frac{2}{3}} \pi^-(p) =: \pi_n^{\max}\left(\tfrac{2}{3}\right)$$

In Figura 2.8 è rappresentato il grafico della funzione $p \mapsto \pi_n^{\max}(p)$ con $p \in {]}0\ 1[$.

Infine la disequazione irrazionale

$$\pi_n^{\max}(p) = \frac{2 - 3\sqrt{2p(1-p)}}{3p - 2} > 0 \qquad p \in {]}0\ 1[$$

è risolta per $p \in {]}\frac{1}{3}\ 1[$. $\qquad\qquad\qquad\qquad\qquad\qquad\qquad\qquad$ $\square$

Esercizio 2.54. In un modello di mercato binomiale si assuma $u = 2$, $d = 1\ 2$, $r = 0$ e $p = \frac{2}{5}$. Si consideri il problema della massimizzazione dell'utilità attesa finale con un capitale iniziale $V_0 = v$, per la "funzione d'utilità"

$$u(v) = Kv - \frac{v^2}{2} \qquad v \in [0\ K]$$

dove $K > 0$ è fissato e, per convenzione, $u(v) = -\infty$ per $v \in \mathbb{R}\ [0\ K]$. Si noti che la u non è una funzione d'utilità in pieno accordo con la Definizione 2.10: essa corrisponde però ad un classico criterio, quello di media-varianza, e risulta comunque soddisfare le due principali condizioni **H1** e **H2**.

i) Si imposti la relazione ricorsiva della Programmazione Dinamica per la risoluzione del problema di ottimizzazione dato;
ii) si determini la strategia ottimale nell'ultimo periodo, da $N-1$ a N;
iii) si consideri infine il problema della massimizzazione dell'utilità attesa finale per la funzione d'utilità

$$u(v) = Kv - \frac{v^2}{2} \qquad v \in {]}-\infty\ K]$$

e si faccia vedere, sulla base della PD, che il valore ottimale è della forma

$$W_n(v) = g(n)K^2 + M^{N-n}\left(Kv - \frac{v^2}{2}\right) \tag{2.155}$$

con g funzione opportuna e $M = \frac{54}{55}$, e che la proporzione ottimale da investire nel titolo rischioso è data da

$$\pi_n^{\max}(v) = \frac{2}{11}\left(\frac{K}{v} - 1\right)$$

Svolgimento dell'Esercizio 2.54
i) Ricordiamo che, nel contesto del modello assegnato, l'evoluzione temporale del valore di un portafoglio autofinanziante è data da (cfr. (2.80))

$$V_n = G_n(V_{n-1}\ \mu_n; \pi_n) = \begin{cases} V_{n-1}(1 + \pi_n) & \text{se } \mu_n = u - 1 \\ V_{n-1}\left(1 - \frac{\pi_n}{2}\right) & \text{se } \mu_n = d - 1 \end{cases} \tag{2.156}$$

Ora per $V_{n-1} \in [0\ K]$ si ha che $V_n \geq 0$ se e solo se

$$\begin{cases} 1 + \pi_n \geq 0 \\ 1 - \frac{\pi_n}{2} \geq 0 \end{cases} \qquad \text{ossia} \qquad -1 \leq \pi_n \leq 2 \qquad (2.157)$$

Inoltre vale $V_n \leq K$ se e solo se[9]

$$\begin{cases} V_{n-1}\left(1 + \pi_n\right) \leq K \\ V_{n-1}\left(1 - \frac{\pi_n}{2}\right) \leq K \end{cases} \qquad \text{ossia} \qquad -2\left(\frac{K}{V_{n-1}} - 1\right) \leq \pi_n \leq \frac{K}{V_{n-1}} - 1$$

In definitiva, dato $V_{n-1} \in [0\ K]$, si ha che $V_n \in [0\ K]$ se e solo se

$$a(V_{n-1}) \leq \pi_n \leq b(V_{n-1})$$

dove

$$a(v) = -\min\left\{1\ 2\left(\frac{K}{v} - 1\right)\right\} \qquad b(v) = \min\left\{2\ \frac{K}{v} - 1\right\} \qquad (2.158)$$

Allora l'algoritmo di PD è dato da

$$\begin{cases} W_N(v) = u(v) & \text{e, per } n = N \quad 1 \\ W_{n-1}(v) = \max_{\pi_n \in [a(v)\ b(v)]} E\left[W_n\left(G_n(v\ \mu_n; \pi_n)\right)\right] \end{cases} \qquad (2.159)$$

con $a\ b$ definite in (2.158).

ii) Dalla (2.159) abbiamo

$$W_{N-1}(v) = \max_{\pi_N \in [a(v)\ b(v)]} E\left[u\left(G_N(v\ \mu_N; \pi_N)\right)\right] = \max_{\pi_N \in [a(v)\ b(v)]} f_v(\pi_N) \qquad (2.160)$$

dove

$$f_v(\pi) = \frac{2}{5}\left(K(1+\pi)v - \frac{1}{2}(1+\pi)^2 v^2\right) + \frac{3}{5}\left(K\left(1 - \frac{\pi}{2}\right)v - \frac{1}{2}\left(1 - \frac{\pi}{2}\right)^2 v^2\right)$$

ed il grafico di tale funzione è riportato in Figura 2.9.

Per determinare il massimo in (2.160), calcoliamo la derivata di f_v

$$\begin{aligned} f'_v(\pi) &= \frac{2}{5}\left(Kv - (1+\pi)v^2\right) + \frac{3}{5}\left(-\frac{Kv}{2} - \frac{1}{2}\left(-1 + \frac{\pi}{2}\right)v^2\right) \\ &= \frac{v}{20}(2K - (2 + 11\pi)v) \end{aligned}$$

e osserviamo che l'unico punto critico di f_v è in

$$\bar{\pi}_v = \frac{2}{11}\left(\frac{K}{v} - 1\right) \qquad (2.161)$$

Si noti che $\lim_{v \to 0^+} \bar{\pi}_v = +\infty$ e $\bar{\pi}_v$ appartiene all'intervallo $[a(v)\ b(v)]$ se e solo se $\bar{\pi}_v \leq 2$ ossia se $v \geq \frac{K}{12}$. In definitiva il punto di massimo di f_v nell'intervallo $[a(v)\ b(v)]$ è

$$\pi^{\max}(v) = \begin{cases} 2 & \text{se } 0 \leq v \leq \frac{K}{12} \\ \frac{2}{11}\left(\frac{K}{v} - 1\right) & \text{se } \frac{K}{12} \leq v \leq K \end{cases}$$

---

[9] Se $V_{n-1} = 0$ allora $V_n \leq K$ per ogni $\pi_n \in \mathbb{R}$.

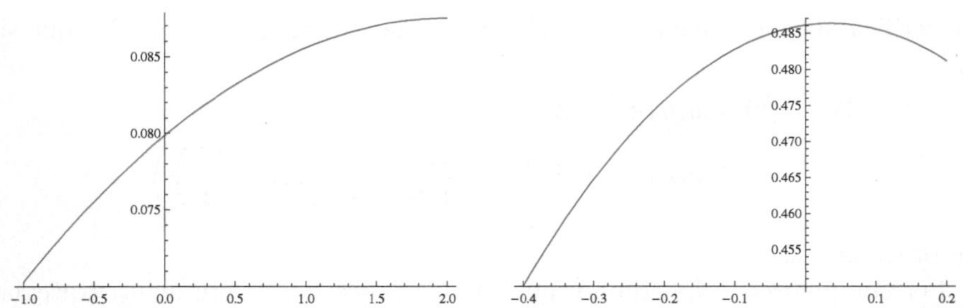

Fig. 2.9. Grafico della funzione f_v sull'intervallo $[a(v), b(v)]$ con la scelta $K = 1$ e $v = \frac{1}{12}$ (a sinistra) e $v = \frac{10}{12}$ (a destra)

e vale

$$W_{N-1}(v) = \begin{cases} \frac{3v}{5}(2K - 3v) & \text{se } 0 \leq v \leq \frac{K}{12} \\ \frac{1}{20}\left(K^2 + 18Kv - 9v^2\right) & \text{se } \frac{K}{12} \leq v \leq K \end{cases}$$

iii) La funzione $u(v) = Kv - \frac{v^2}{2}$ è definita per ogni $v \in \mathbb{R}$ ma è una funzione crescente (e verifica le proprietà di una funzione d'utilità) solo per $v \leq K$. La condizione $u(v) = -\infty$ per $v < 0$, assunta nei punti precedenti, esprime il fatto che la strategia ottimale è ricercata fra le strategie che non espongono a perdite, ossia per le quali $V_n \geq 0$ per ogni n. In questo punto tale restrizione è rimossa.

Sia $V_{n-1} \leq K$. Ricordando la formula (2.156) per la dinamica del valore di un portafoglio autofinanziante, abbiamo che $V_n \leq K$ se e solo se π_n verifica la seguente condizione:

$$\begin{cases} V_{n-1}(1 + \pi_n) \leq K \\ V_{n-1}\left(1 - \frac{\pi_n}{2}\right) \leq K \end{cases} \qquad \text{ossia} \qquad -2\left(K - V_{n-1}\right) \leq \pi_n V_{n-1} \leq K - V_{n-1}$$

$$(2.162)$$

La (2.155) è valida per $n = N$ ponendo $g(N) = 0$. Supposta valida la (2.155) per un generico n, per l'algoritmo di PD abbiamo

$$W_{n-1}(v) = g(n)K^2 + M^{N-n} \max_{-2(K-v) \leq \pi v \leq K - v} f_v(\pi)$$

dove

$$f_v(\pi) = \frac{2}{5}\left(K(1 + \pi)v - \frac{v^2}{2}(1 + \pi)^2\right) + \frac{3}{5}\left(K\left(1 - \frac{\pi}{2}\right)v - \frac{v^2}{2}\left(1 - \frac{\pi}{2}\right)^2\right)$$

Per determinare la strategia ottimale, annulliamo la derivata prima di f_v:

$$f_v'(\pi) = \frac{2}{5}\left(Kv - v^2(1 + \pi)\right) + \frac{3}{5}\left(-\frac{Kv}{2} + \frac{v^2}{2}\left(1 - \frac{\pi}{2}\right)\right) = 0$$

L'unico punto critico di f_v è

$$\bar{\pi}_v = \frac{2}{11}\left(\frac{K}{v} - 1\right)$$

che verifica la condizione (2.162) e determina la strategia ottimale. Dunque si ha

$$W_{n-1}(v) = g(n)K^2 + M^{N-n} f_v(\bar{\pi}_v)$$
$$= g(n)K^2 + M^{N-n}\left(\frac{K^2}{110} + \frac{54}{55}\left(Kv - \frac{v^2}{2}\right)\right)$$

che prova la tesi.

Per completezza, riportiamo infine la dinamica del valore della strategia ottimale: sostituendo $\pi_n = \bar{\pi}_{V_{n-1}}$ in (2.156) abbiamo

$$V_n = \begin{cases} \frac{1}{11}\left(9V_{n-1} + 2K\right) & \text{se } \mu_n = u - 1 \\ \frac{1}{11}\left(12V_{n-1} - K\right) & \text{se } \mu_n = d - 1 \end{cases} \qquad \square$$

Esercizio 2.55. In un modello di mercato binomiale a N periodi si consideri il problema della massimizzazione dell'utilità attesa finale con un capitale iniziale $V_0 = v$, per la "funzione d'utilità"

$$u(v) = Kv - \frac{v^2}{2} \qquad v \leq K$$

dove $K > 0$ è fissato. Si ricordi che la derivata di Radon-Nikodym $L = \frac{dQ}{dP}$ della misura martingala Q rispetto alla misura P del mondo reale è data da

$$L = \left(\frac{q}{p}\right)^{\nu_N} \left(\frac{1-q}{1-p}\right)^{N-\nu_N}$$

dove ν_N è la variabile aleatoria che indica il numero di movimenti di crescita del titolo rischioso.

i) Usando il metodo martingala si provi che, nel caso $r = 0$, il valore terminale del portafoglio che realizza l'utilità attesa massima è dato da

$$\bar{V}_N = K - \frac{L}{E^Q\left[L\right]}\left(K - v\right) \leq K; \qquad (2.163)$$

ii) nel caso uni-periodale, ossia per $N = 1$, supponendo sempre $r = 0$, si calcoli la strategia ottimale provando che la proporzione ottimale da investire nel titolo rischioso è data da

$$\pi_1^{\max}(v) = \left(1 - \frac{K}{v}\right)\frac{(p-q)}{E^Q\left[L\right](p-1)p(u-d)}$$

Svolgimento dell'Esercizio 2.55
i) Si ha $u'(v) = K - v$ e quindi $\mathcal{I}(w) = K - w$. Allora, per il Teorema 2.18 si ha che il valore finale ottimale è pari a

$$\bar{V}_N = K - \lambda L \qquad (2.164)$$

dove λ è determinato dall'equazione di budget

$$E^Q\left[(K - \lambda L)\right] = v \qquad \text{ossia} \qquad \lambda = \frac{K - v}{E^Q\left[L\right]}$$

Sostituendo l'espressione di λ in (2.164) otteniamo la (2.163) dove

$$E^Q[L] = \sum_{k=0}^{N} \binom{N}{k} \left(\frac{q^2}{p}\right)^k \left(\frac{(1-q)^2}{1-p}\right)^{N-k}$$

ii) Nel caso $N = 1$ si ha che L assume solo i valori $\frac{q}{p}$ e $\frac{1-q}{1-p}$, rispettivamente in caso di crescita e decrescita del sottostante, cosicché vale

$$E^Q[L] = \frac{q^2}{p} + \frac{(1-q)^2}{1-p}$$

Per determinare la strategia ottimale, imponiamo la condizione di replicazione

$$\alpha_1 S_1 + \beta_1 = \bar{V}_1$$

che equivale al seguente sistema di equazioni nelle incognite α_1 β_1:

$$\alpha_1 u S_0 + \beta_1 = K - \frac{q}{p}\frac{K-v}{E^Q[L]}$$

$$\alpha_1 d S_0 + \beta_1 = K - \left(\frac{1-q}{1-p}\right)\frac{K-v}{E^Q[L]}$$

Otteniamo come soluzione

$$\bar{\alpha}_1(v) = \frac{(p-q)(v-K)}{E^Q[L](p-1)pS_0(u-d)}$$

o, in termini di portafoglio relativo,

$$\pi_1^{\max}(v) = \frac{S_0\bar{\alpha}_1(v)}{v} = \left(1 - \frac{K}{v}\right)\frac{(p-q)}{E^Q[L](p-1)p(u-d)}$$

Coi dati dell'esercizio 2.54 abbiamo $q = \frac{1}{3}$ $E^Q L = \frac{55}{54}$ per cui l'espressione sopra diventa

$$\pi_1^{\max}(v) = \frac{2}{11}\left(\frac{K}{v} - 1\right)$$

in accordo con quanto trovato mediante il metodo della programmazione dinamica in (2.161). $\qquad\square$

Esercizio 2.56. In un mercato trinomiale standard assumiamo i seguenti valori $u^1 = \frac{7}{3}$, $m^1 = 1$ e $d^1 = \frac{1}{2}$ per i parametri della dinamica del titolo rischioso. Supponendo che $r = 0$ e la misura del mondo reale sia definita da $p_1 = p_2 = p_3 = \frac{1}{3}$, si consideri il problema della massimizzazione dell'utilità attesa finale per una "funzione utilità" della forma

$$u(v) = Kv - \frac{v^2}{2} \qquad v \le K$$

dove $K > 0$ è fissato e assumiamo per convenzione $u(v) = -\infty$ per $v > K$.

i) Si imposti la relazione ricorsiva della Programmazione Dinamica per la risoluzione del problema di ottimizzazione dato, e si determini la strategia ottimale $\pi_N^{\max}(v)$;

ii) nel mercato trinomiale completato con un secondo titolo tale che $u^2 = \frac{22}{9}$, $m^2 = 1$ e $d^2 = \frac{1}{3}$, si imposti la relazione ricorsiva della Programmazione Dinamica nel caso uni-periodale, $N = 1$.

Svolgimento dell'Esercizio 2.56

i) Ricordiamo che l'evoluzione temporale del valore di un portafoglio autofinanziante è, nel contesto del modello assegnato, data da (cfr. (2.80))

$$V_n = G_n(V_{n-1}\,\mu_n; \pi_n) = V_{n-1}(1 + \pi_n\mu_n)$$

$$= \begin{cases} V_{n-1}\left(1 + \frac{4}{3}\pi_n\right) & \text{se } \mu_n = u^1 - 1 \\ V_{n-1} & \text{se } \mu_n = m^1 - 1 \\ V_{n-1}\left(1 - \frac{\pi_n}{2}\right) & \text{se } \mu_n = d^1 - 1 \end{cases} \qquad (2.165)$$

Di conseguenza, dato $V_{n-1} \leq K$, si ha che $V_n \leq K$ per i valori di π_n tali che

$$\pi_n \in D(V_{n-1}) := \left\{ \pi \ \left| \ -2(K - V_{n-1}) \leq \pi V_{n-1} \leq \frac{3}{4}(K - V_{n-1}) \right. \right\} \qquad (2.166)$$

L'algoritmo di PD è dato da

$$\begin{cases} W_N(v) = u(v) & \text{e, per } n = N \quad 1 \\ W_{n-1}(v) = \sup_{\pi_n \in D(v)} E\left[W_n\left(G_n(v\,\mu_n; \pi_n)\right)\right] \end{cases} \qquad (2.167)$$

In particolare, ricordando che $u(v) = -\infty$ per $v > K$, vale

$$W_{N-1}(v) = \sup_{\pi_N \in D(v)} E\left[u\left(G_N(v\,\mu_N; \pi)\right)\right] = \frac{1}{3}\max_{\pi_N \in D(v)} f_v(\pi_N)$$

dove

$$f_v(\pi) = Kv\left(1 + \frac{4\pi}{3}\right) - \frac{v^2}{2}\left(1 + \frac{4\pi}{3}\right)^2$$

$$+ Kv - \frac{v^2}{2} + Kv\left(1 - \frac{\pi}{2}\right) - \frac{v^2}{2}\left(1 - \frac{\pi}{2}\right)^2$$

Se $v = 0$ allora $f_v \equiv 0$, mentre per $v > 0$ vale

$$f_v'(\pi) = \frac{4Kv}{3} - \frac{4v^2}{3}\left(1 + \frac{4\pi}{3}\right) - \frac{Kv}{2} + \left(1 - \frac{\pi}{2}\right)\frac{v^2}{2}$$

$$= \frac{1}{36}v(30K - (30 + 73\pi)v)$$

cosicché

$$\bar{\pi}_v = \frac{30(K - v)}{73v}$$

è l'unico punto critico e punto di massimo di f_v. Si noti che $\bar{\pi}_v$ verifica la condizione (2.166) e dunque definisce la strategia ottimale $\pi_N^{\max}(v)$.

Si noti inoltre che $\lim\limits_{v\to 0^+} \bar{\pi}_v = +\infty$: sostituendo l'espressione di $\pi_N^{\max}(v)$ in (2.165) per $n = N$, otteniamo la dinamica la dinamica del portafoglio corrispondente alla strategia ottimale nell'ultimo periodo:

$$V_N = \begin{cases} \frac{1}{73}(40K + 33V_{N-1}) \\ V_{N-1} \\ \frac{1}{73}(-15K + 88V_{N-1})\} \end{cases}$$

ii) Poniamo per semplicità
$$a^i = u^i - 1 \qquad b^i = m^i - 1 \qquad c^i = d^i - 1 \qquad i = 1\ 2$$

L'algoritmo di PD è analogo a (2.167) dove ora
$$G_n(v\ \mu_n; \pi_n^1\ \pi_n^2) = \begin{cases} v\left(1 + \pi_n^1 a^1 + \pi_n^2 a^2\right) \\ v\left(1 + \pi_n^1 b^1 + \pi_n^2 b^2\right) \\ v\left(1 + \pi_n^1 c^1 + \pi_n^2 c^2\right) \end{cases}$$

Da qui per $N = 1$ si ha
$$W_0(v) = \sup_{(\bar{\pi}^1\ \bar{\pi}^2)\in D(v)} E\left[u\left(G_n(v\ \mu_1; \bar{\pi}^1\ \bar{\pi}^2)\right)\right] = \frac{1}{3}\max_{(\bar{\pi}^1\ \bar{\pi}^2)\in D(v)} f_v\left(\bar{\pi}^1\ \bar{\pi}^2\right)$$

dove $D(v)$ indica l'insieme delle coppie $(\pi^1\ \pi^2)$ tali che $G_n(v\ \mu_n; \pi^1\ \pi^2) \leq K$ per i vari valori di μ_n e

$$\begin{aligned} f_v\left(\pi^1\ \pi^2\right) = {} & Kv\left(1 + \pi^1 a^1 + \pi^2 a^2\right) - \frac{v^2}{2}\left(1 + \pi^1 a^1 + \pi^2 a^2\right)^2 \\ & + Kv\left(1 + \pi^1 b^1 + \pi^2 b^2\right) - \frac{v^2}{2}\left(1 + \pi^1 b^1 + \pi^2 b^2\right)^2 \\ & + Kv\left(1 + \pi^1 c^1 + \pi^2 c^2\right) - \frac{v^2}{2}\left(1 + \pi^1 c^1 + \pi^2 c^2\right)^2 \end{aligned}$$

Annullando il gradiente della funzione f_v otteniamo il sistema di equazioni lineari
$$\begin{cases} Ka^1 - va^1\left(1 + \pi^1 a^1 + \pi^2 a^2\right) \\ + Kb^1 - vb^1\left(1 + \pi^1 b^1 + \pi^2 b^2\right) + Kc^1 - vc^1\left(1 + \pi^1 c^1 + \pi^2 c^2\right) = 0 \\ Ka^2 - va^2\left(1 + \pi^1 a^1 + \pi^2 a^2\right) \\ + Kb^2 - vb^2\left(1 + \pi^1 b^1 + \pi^2 b^2\right) + Kc^2 - vc^2\left(1 + \pi^1 c^1 + \pi^2 c^2\right) = 0 \end{cases}$$

con soluzione
$$\bar{\pi}_v^1 = \frac{38(K - v)}{3v} \qquad\qquad \bar{\pi}_v^2 = \frac{11(v - K)}{v}$$

Un calcolo diretto mostra che vale
$$G_n\left(v\ \mu_n; \bar{\pi}_n^1\ \bar{\pi}_n^2\right) = \begin{cases} K & \text{se } \mu_n^1 = u^1 - 1 \quad \mu_n^2 = u^2 - 1 \\ v & \text{se } \mu_n^1 = m^1 - 1 \quad \mu_n^2 = m^2 - 1 \\ K & \text{se } \mu_n^1 = d^1 - 1 \quad \mu_n^2 = d^2 - 1 \end{cases}$$

e quindi $\left(\bar{\pi}_v^1\ \bar{\pi}_v^2\right) \in D(v)$. Allora, essendo il grafico della funzione $(\pi^1\ \pi^2) \mapsto f_v\left(\pi^1\ \pi^2\right)$ un paraboloide rivolto verso il basso, possiamo concludere che $\left(\bar{\pi}_n^1\ \bar{\pi}_n^2\right)$ è un punto di massimo assoluto. $\qquad\square$

Osservazione 2.57. Riprendiamo l'Esercizio 2.56, assumendo che il tasso privo di rischio non sia nullo ma pari a $r = \frac{1}{2}$. Allora la dinamica di un portafoglio autofinanziante è data da

$$V_n = G_n(V_{n-1}, \mu_n; \pi_n) = V_{n-1}\left(1 + r + \pi_n\left(\mu_n - r\right)\right)$$

$$= \begin{cases} V_{n-1}\left(\frac{3}{2} + \frac{5}{6}\pi_n\right) & \text{se} \quad \mu_n = u^1 - 1 \\ V_{n-1}\left(\frac{3}{2} - \frac{\pi_n}{2}\right) & \text{se} \quad \mu_n = m^1 - 1 \\ V_{n-1}\left(\frac{3}{2} - \pi_n\right) & \text{se} \quad \mu_n = d^1 - 1 \end{cases} \qquad (2.168)$$

Ne viene che, dato $V_{n-1} \leq \frac{2}{3}K$, allora $V_n \leq K$ per i valori di π_n tali che

$$-\left(K - \frac{3}{2}V_{n-1}\right) \leq \pi_n V_{n-1} \leq \frac{6}{5}\left(K - \frac{3}{2}V_{n-1}\right)$$

Tuttavia se $V_{n-1} > \frac{2}{3}K$ allora V_n assume valori maggiori di K per ogni π_n; in particolare, assumendo che $u = -\infty$ su $]K, +\infty[$, il problema di massimizzazione a partire da $v > \frac{2}{3}K$ non ha soluzione. $\square$

Esercizio 2.58. In un modello di mercato binomiale a N periodi si consideri il problema della massimizzazione dell'utilità attesa da consumo intermedio per la funzione d'utilità potenza

$$u_n(C) = \frac{C^\gamma}{\gamma} \qquad C > 0 \quad n \leq N$$

dove γ è un parametro fissato tale che $\gamma < 1$ e $\gamma \neq 0$.

i)   Usando il metodo martingala si provi che il processo del consumo ottimale è dato da

$$\bar{C}_n = Mv\widetilde{L}_n^{\frac{1}{\gamma-1}} \qquad (2.169)$$

dove M è una costante positiva (da determinare) e $\widetilde{L}_n = B_n^{-1}L_n$ con $L_n = E^P\left[\frac{dQ}{dP}\,\Big|\,\mathcal{F}_n\right]$, ossia (L_n) è il processo derivata di Radon-Nikodym della misura martingala Q rispetto alla misura P del mondo reale;

ii) utilizzando la formula di valutazione neutrale al rischio

$$V_{n-1} = \frac{1}{1+r}E^Q\left[V_n \mid \mathcal{F}_{n-1}\right] + C_{n-1} \qquad n = 1, \dots, N \qquad (2.170)$$

si provi per induzione che il valore del portafoglio ottimale è della forma

$$\bar{V}_n = M_n\bar{C}_n \qquad (2.171)$$

dove $M_0, \dots, M_N$ sono costanti positive da determinare;

iii) infine si determini la strategia ottimale $\bar{\alpha}$ nel generico periodo n.

Svolgimento dell'Esercizio 2.58

i) Ricordiamo l'espressione in (2.39) del processo L_n:

$$L_n = \left(\frac{q}{p}\right)^{\nu_n}\left(\frac{1-q}{1-p}\right)^{n-\nu_n}$$

dove ν_n è la variabile aleatoria che indica il numero di movimenti di crescita del titolo rischioso dopo i primi n periodi. Si ha $u'(v) = v^{\gamma-1}$ e quindi $\mathcal{I}(w) = w^{\frac{1}{\gamma-1}}$.

Per il Teorema 2.24 si ha che il consumo ottimale è pari a

$$\bar{C}_n = \left(\lambda \widetilde{L}_n\right)^{\frac{1}{\gamma-1}} \tag{2.172}$$

dove λ è determinato dall'equazione di budget

$$v = E^P\left[\sum_{n=0}^{N} \widetilde{L}_n \mathcal{I}_n\left(\lambda\widetilde{L}_n\right)\right] = \lambda^{\frac{1}{\gamma-1}} E^P\left[\sum_{n=0}^{N} \widetilde{L}_n^{\frac{\gamma}{\gamma-1}}\right]$$

Dunque abbiamo

$$\lambda^{\frac{1}{\gamma-1}} = Mv$$

dove M è la costante definita da

$$M^{-1} = E^P\left[\sum_{n=0}^{N} \widetilde{L}_n^{\frac{\gamma}{\gamma-1}}\right]$$

e, sostituendo l'espressione di λ nella (2.172), otteniamo la (2.169):

$$\bar{C}_n = Mv\widetilde{L}_n^{\frac{1}{\gamma-1}}$$

Osserviamo che

$$M^{-1} = \sum_{n=0}^{N} \frac{1}{(1+r)^{\frac{n\gamma}{\gamma-1}}} E\left[L_n^{\frac{\gamma}{\gamma-1}}\right]$$

$$= \sum_{n=0}^{N} \frac{1}{(1+r)^{\frac{n\gamma}{\gamma-1}}} \sum_{k=0}^{n} \binom{n}{k} \left(\frac{q}{p}\right)^k \left(\frac{1-q}{1-p}\right)^{n-k} p^k(1-p)^{n-k}$$

Per esempio, per $N = 2$ vale

$$M^{-1} = 1 + \frac{1}{(1+r)^{\frac{\gamma}{\gamma-1}}} \left(p\left(\frac{q}{p}\right)^{\frac{\gamma}{\gamma-1}} + (1-p)\left(\frac{1-q}{1-p}\right)^{\frac{\gamma}{\gamma-1}}\right)$$

$$+ \frac{1}{(1+r)^{\frac{2\gamma}{\gamma-1}}} \left(p^2\left(\frac{q}{p}\right)^{\frac{2\gamma}{\gamma-1}} + 2p(1-p)\left(\frac{q(1-q)}{p(1-p)}\right)^{\frac{\gamma}{\gamma-1}}\right.$$

$$\left. + (1-p)^2\left(\frac{1-q}{1-p}\right)^{\frac{2\gamma}{\gamma-1}}\right)$$

ii) Procediamo per induzione a ritroso: poiché $\bar{V}_N = \bar{C}_N$, allora vale la (2.171) per $n = N$ con $M_N = 1$. Assumiamo ora che valga

$$\bar{V}_n = M_n\bar{C}_n$$

per una certa costante M_n: allora per la formula di valutazione neutrale al rischio si ha

$$\bar{V}_{n-1} = \frac{M_n}{1+r} E^Q\left[\bar{C}_n \mid \mathcal{F}_{n-1}\right] + \bar{C}_{n-1} \tag{2.173}$$

Ora per la (2.169) vale

$$E^Q\left[\bar{C}_n \mid \mathcal{F}_{n-1}\right] = Mv E^Q\left[\widetilde{L}_n^{\frac{1}{\gamma-1}} \mid \mathcal{F}_{n-1}\right]$$

$$= \frac{Mv}{(1+r)^{\frac{n}{\gamma-1}}}\left(q\left(\frac{q}{p}\right)^{\frac{\nu_{n-1}+1}{\gamma-1}}\left(\frac{1-q}{1-p}\right)^{\frac{n-1-\nu_{n-1}}{\gamma-1}}\right.$$

$$\left. + (1-q)\left(\frac{q}{p}\right)^{\frac{\nu_{n-1}}{\gamma-1}}\left(\frac{1-q}{1-p}\right)^{\frac{n-\nu_{n-1}}{\gamma-1}}\right)$$

$$= \frac{\bar{C}_{n-1}}{(1+r)^{\frac{1}{\gamma-1}}}\left(q\left(\frac{q}{p}\right)^{\frac{1}{\gamma-1}} + (1-q)\left(\frac{1-q}{1-p}\right)^{\frac{1}{\gamma-1}}\right) = \bar{C}_{n-1} E^Q\left[\widetilde{L}_1^{\frac{1}{\gamma-1}}\right]$$

Sostituendo tale espressione nella (2.173), otteniamo

$$\bar{V}_{n-1} = \left(1 + \frac{M_n}{1+r} E^Q\left[\widetilde{L}_1^{\frac{1}{\gamma-1}}\right]\right)\bar{C}_{n-1}$$

che prova la tesi con le costanti M_n definite ricorsivamente da

$$M_N = 1 \qquad M_{n-1} = \left(1 + \frac{M_n}{1+r} E^Q\left[\widetilde{L}_1^{\frac{1}{\gamma-1}}\right]\right)$$

o più esplicitamente

$$M_{N-n} = \sum_{k=0}^{n} \frac{1}{(1+r)^k}\left(E^Q\left[\widetilde{L}_1^{\frac{1}{\gamma-1}}\right]\right)^k$$

iii) Per determinare la strategia ottimale al periodo n, imponiamo la condizione di replicazione $\alpha_n S_n + \beta_n B_n = \bar{V}_n$ e utilizziamo l'espressione di $\bar{V}_n$ calcolata al punto precedente, ossia

$$\bar{V}_n = MM_n v \widetilde{L}_n^{\frac{1}{\gamma-1}}$$

Allora abbiamo

$$\begin{cases} \alpha_n u S_{n-1} + \beta_n B_n = \dfrac{MM_n v}{(1+r)^{\frac{n}{\gamma-1}}}\left(\dfrac{q}{p}\right)^{\frac{\nu_{n-1}+1}{\gamma-1}}\left(\dfrac{1-q}{1-p}\right)^{\frac{n-1-\nu_{n-1}}{\gamma-1}} \\[3mm] \alpha_n d S_{n-1} + \beta_n B_n = \dfrac{MM_n v}{(1+r)^{\frac{n}{\gamma-1}}}\left(\dfrac{q}{p}\right)^{\frac{\nu_{n-1}}{\gamma-1}}\left(\dfrac{1-q}{1-p}\right)^{\frac{n-\nu_{n-1}}{\gamma-1}} \end{cases}$$

da cui

$$\alpha_n = \frac{MM_nv}{(u-d)S_{n-1}(1+r)^{\frac{n}{\gamma-1}}} \cdot$$

$$\cdot \left(\left(\frac{q}{p}\right)^{\frac{1}{\gamma-1}} - \left(\frac{1-q}{1-p}\right)^{\frac{1}{\gamma-1}}\right) \left(\frac{q}{p}\right)^{\frac{\nu_{n-1}}{\gamma-1}} \left(\frac{q-1}{p-1}\right)^{\frac{n-1-\nu_{n-1}}{\gamma-1}}$$

$$= \frac{MM_nv}{(u-d)S_{n-1}(1+r)^{\frac{n}{\gamma-1}}} \left(\left(\frac{q}{p}\right)^{\frac{1}{\gamma-1}} - \left(\frac{1-q}{1-p}\right)^{\frac{1}{\gamma-1}}\right) L_{n-1}^{\frac{1}{\gamma-1}}$$

$\square$

Esercizio 2.59. In un mercato binomiale a N periodi si consideri il problema della massimizzazione dell'utilità attesa da consumo intermedio per un capitale iniziale $V_0 = v$ e per una funzione utilità $u_n(C) = 2\sqrt{C}$ $C > 0$ $n \le N$ Si utilizzi il metodo martingala. I dati numerici per il modello siano $S_0 = 1$ $u = 2$, $d = \frac{1}{2}$, $r = 0$ e $p = \frac{1}{2}$

i) Indicando con ν_n il numero di "salite" del prezzo fino al periodo n incluso, si faccia vedere che, nel caso specifico, la derivata di Radon-Nikodym della misura martingala rispetto a quella fisica è data da

$$L_n = \left(\frac{4}{3}\right)^n 2^{-\nu_n};$$

ii) supponendo $N = 1$, si faccia vedere che risulta

$$\bar{C}_0 = \frac{8}{17} \qquad \bar{C}_1 = \begin{cases} \frac{9}{34}v & \text{se} \quad \nu_1 = 0 \\ \\ \frac{36}{34}v & \text{se} \quad \nu_1 = 1; \end{cases}$$

iii) sapendo che $V_1 = \bar{C}_1$, si determini la strategia di copertura $(\alpha_1 \; \beta_1)$ al primo periodo. Si verifichi il risultato sulla base di $V_0 = \alpha_1 S_0 + \beta_1 + \bar{C}_0$

Svolgimento dell'Esercizio 2.59

i) In base all'Esempio 2.19 abbiamo

$$L_n = \left(\frac{q}{p}\right)^{\nu_n} \left(\frac{1-q}{1-p}\right)^{n-\nu_n}$$

Essendo in questo esercizio $q = \frac{1-d}{u-d} = \frac{1}{3}$, risulta

$$L_n = \left(\frac{2}{3}\right)^{\nu_n} \left(\frac{4}{3}\right)^{n-\nu_n} = \left(\frac{4}{3}\right)^n 2^{-\nu_n}$$

ii) Per il Teorema 2.24 si ha che il consumo ottimale è pari a

$$\bar{C}_n = \mathcal{I}_n\left(\lambda L_n\right) \quad \left(\mathcal{I}_n = (u'_n)^{-1}\right)$$

e la condizione di budget è

$$E^P\left[\sum_{n=0}^{N} L_n \mathcal{I}_n(\lambda L_n)\right] = v$$

Per i dati di questo esercizio, $\mathcal{I}_n(y) = \frac{1}{y^2}$ $\widetilde{L}_n = L_n$ e l'equazione di budget per determinare λ diventa

$$v = \frac{L_0}{\lambda^2 L_0^2} + E\left[\frac{L_1}{\lambda^2 L_1^2}\right] = \frac{1}{\lambda^2}\left(1 + E\left[\frac{1}{L_1}\right]\right)$$

$$= \frac{1}{\lambda^2}\left(1 + \frac{3}{4}\cdot\frac{3}{2}\right) = \frac{1}{\lambda^2}\frac{17}{8}$$

Si ha quindi $\lambda = \sqrt{\frac{17}{8\,v}}$ da cui risultano immediatamente i valori richiesti di $\bar{C}_0$ e $\bar{C}_1$.

iii) Seguendo la procedura del passo **P3** della Sezione 2.2.3 dobbiamo imporre

$$\alpha_1 S_1 + \beta_1 = \bar{C}_1$$

che è equivalente al sistema

$$\begin{cases} 2\alpha_1 + \beta_1 = \frac{36}{34}v \\ \frac{1}{2}\alpha_1 + \beta_1 = \frac{9}{34}v \end{cases}$$

e che fornisce come soluzione

$$\alpha_1 = \frac{9}{17}v \qquad \beta_1 = 0$$

Come verifica si ottiene

$$V_0 = \frac{9}{17}v + \frac{8}{17}v = v \qquad\qquad \square$$

Esercizio 2.60. In un modello di mercato trinomiale completato a N periodi si consideri il problema della massimizzazione dell'utilità attesa da consumo intermedio per un capitale iniziale $V_0 = v$ e per una funzione utilità $u_n(C) = 2\sqrt{C}$ $C > 0$ $n \le N$ Si utilizzi il metodo martingala. I dati numerici per il modello siano $S_0^1 = S_0^2 = 1$ $u_1 = 2, m_1 = 1$ $d_1 = \frac{1}{2}$; $u_2 = \frac{8}{3}$, $m_2 = \frac{8}{9}$ $d_2 = \frac{1}{3}$; $r = 0$ e $p_1 = p_2 = p_3 = \frac{1}{3}$

i) Si faccia vedere che nell'unica misura martingala equivalente Q si ha

$$q_1 = \frac{1}{6} \qquad q_2 = \frac{1}{2} \qquad q_3 = \frac{1}{3}$$

e che, indicando con ν^1 e ν^2 le variabili aleatorie che contano il numero dei movimenti corrispondenti a u ed m rispettivamente fino al periodo n incluso, la derivata di Radon-Nikodym della misura martingala rispetto a quella fisica è

$$L_n = \left(\frac{1}{2}\right)^{\nu_n^1}\left(\frac{3}{2}\right)^{\nu_n^{1\,2}}$$

ii) Supponendo $N = 1$, si faccia vedere che risulta

$$\bar{C}_0 = \frac{9}{20}\,v \qquad \bar{C}_1 = \begin{cases} \frac{9}{5}\,v & \text{se} \quad \nu_1^1 = 1 \\[2mm] \frac{1}{5}\,v & \text{se} \quad \nu_1^2 = 1 \\[2mm] \frac{9}{20}\,v & \text{se} \quad \nu_1^1 = \nu_1^2 = 0 \end{cases}$$

Come si può verificare la correttezza di questi risultati numerici?

iii) Sapendo che $V_1 = \bar{C}_1$, si imposti il sistema di equazioni che deve soddisfare la strategia di copertura $(\alpha_1^1 \ \alpha_1^2 \ \beta_1)$ al primo periodo. In base a cosa si può verificare la correttezza della soluzione numerica?

Svolgimento dell'Esercizio 2.60

i) I valori per le q_i risultano dalla formula (1.46). Per la L_n si ha l'espressione generale (vedi (2.42))

$$L_n = \left(\frac{q_1}{p_1}\right)^{\nu_n^1} \left(\frac{q_2}{p_2}\right)^{\nu_n^2} \left(\frac{q_3}{p_3}\right)^{n - \nu_n^1 - \nu_n^2}$$

Essendo qui $q_3 = p_3$ si ottiene l'espressione voluta.

ii) Per il Teorema 2.24 si ha che il consumo ottimale è pari a

$$\bar{C}_n = \mathcal{I}_n\,(\lambda L_n) \qquad \text{con } \mathcal{I}_n = (u_n')^{-1}$$

e la condizione di budget è

$$E^P \left\{ \sum_{n=0}^{N} L_n \mathcal{I}_n(\lambda L_n) \right\} = v$$

Nel caso specifico abbiamo $\mathcal{I}_n(y) \equiv \frac{1}{y^2}$. Quindi

$$\bar{C}_n = \lambda^{-2} 4^{\nu_n^1} \left(\frac{4}{9}\right)^{\nu_n^2}$$

e l'equazione di budget diventa

$$v = \lambda^{-2} E^P \left[1 + 2^{\nu_1^1} \left(\frac{2}{3}\right)^{\nu_1^2} \right] = \lambda^{-2} \left(1 + \frac{2}{3} + \frac{2}{9} + \frac{1}{3} \right) = \lambda^{-2} \frac{20}{9}$$

cosicché $\lambda^{-2} = \frac{9}{20}\,v$ e

$$\bar{C}_n = \frac{9}{20}\,v\,4^{\nu_n^1} \left(\frac{4}{9}\right)^{\nu_n^2}$$

che, per $n = 0$ ed $n = 1$, diventa come richiesto.

Una verifica la si può fare sulla base della seguente relazione, che discende dalla relazione di autofinanziamento (2.2) e dal fatto che è $V_1 = \bar{C}_1$ e, per questo esercizio, $r = 0$:

$$E^Q\left[\bar{C}_1\right] = v - \bar{C}_0$$

Nel caso dell'esercizio la parte di sinistra è uguale a

$$v\left(\frac{1}{6}\cdot\frac{9}{5}+\frac{1}{2}\cdot\frac{1}{5}+\frac{1}{3}\cdot\frac{9}{20}\right)=\frac{11}{20}\,v$$

e questo valore coincide con quello della parte destra, cioè con

$$v-\bar{C}_0=v\left(1-\frac{9}{20}\right)=\frac{11}{20}\,v$$

iii) Il sistema di equazioni, a cui deve soddisfare la strategia di copertura $(\alpha_1^1\ \alpha_1^2\ \beta_1)$, è

$$\begin{cases}2\alpha_1^1+\frac{8}{3}\alpha_1^2+\beta_1=\frac{9}{5}\,v\\[2mm]\alpha_1^1+\frac{8}{9}\alpha_1^2+\beta_1=\frac{1}{5}\,v\\[2mm]\frac{1}{2}\alpha_1^1+\frac{1}{3}\alpha_1^2+\beta_1=\frac{9}{20}\,v\end{cases}$$

Per la verifica della correttezza della soluzione numerica si noti che, coi dati di questo esercizio, vale $v=V_0=\alpha_1^1+\alpha_1^2+\beta_1$. D'altra parte, come già visto al precedente punto ii), deve valere $v-\bar{C}_0=E^Q\left[\bar{C}_1\right]$.   □

Esercizio 2.61. In un mercato binomiale si consideri il problema della massimizzazione dell'utilità attesa da consumo intermedio per una funzione utilità della forma

$$u_n(C)=\sqrt{C}\qquad C\geq 0\ \ n\leq N$$

Assumendo i seguenti valori $u=2$, $d=\frac{1}{2}$, $r=0$ e $p=\frac{1}{2}$, si utilizzi la Programmazione Dinamica per provare che l'utilità attesa ottimale è della forma

$$W_n(v)=k_n\sqrt{v}\tag{2.174}$$

per un'opportuna costante positiva k_n. Si determini inoltre la strategia ottimale di investimento e consumo.

Svolgimento dell'Esercizio 2.61

La dinamica del valore di una strategia autofinanziante con consumo è data da

$$V_n=G_n(V_{n-1}\ \mu_n;\pi_n\ C_{n-1})=(V_{n-1}-C_{n-1})\,(1+r)+V_{n-1}\pi_n\,(\mu_n-r)$$
$$=\begin{cases}V_{n-1}(1+\pi_n)-C_{n-1}\\[2mm]V_{n-1}\left(1-\frac{\pi_n}{2}\right)-C_{n-1}\end{cases}$$

dove π indica la proporzione di titolo rischioso in portafoglio e C è il processo di consumo.

Proviamo la tesi per induzione: per $n=N$ è ovviamente verificata con $k_N=1$. Supposta valida la (2.174), per l'algoritmo di Programmazione Dinamica (vedi (2.83)) abbiamo

$$W_{n-1}(v)=\max_{\pi_r\ C_{n-1}}\left(\sqrt{C_{n-1}}+k_n E\left[G_n(v\ \mu_n;\pi_n\ C_{n-1})^{\frac{1}{2}}\right]\right)$$
$$=\max_{\pi\ C} f_{n\ v}(\pi\ C)\tag{2.175}$$

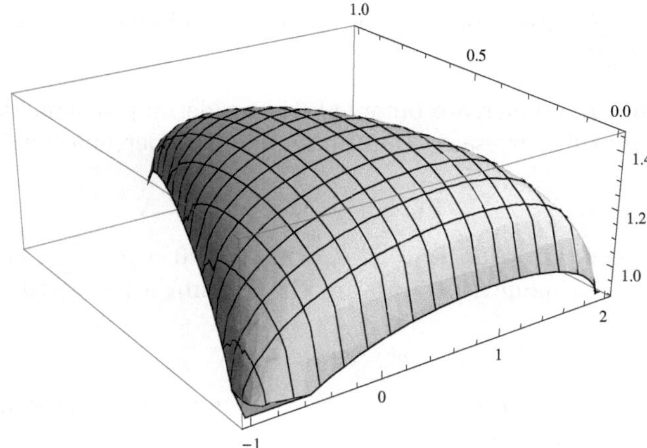

Fig. 2.10. Grafico della funzione $f_{n,v}$ in (2.176) per $v = 1$

dove

$$f_{n\,v}(\pi\ C) = \sqrt{C} + \frac{k_n}{2}\sqrt{-C + v + \pi v} + \frac{k_n}{2}\sqrt{-C + v - \frac{\pi v}{2}} \qquad (2.176)$$

è definita sull'insieme D dei $(\pi\ C)$ tali che $C \geq 0$ e $G_n(v\ \mu_n; \pi\ C) \geq 0$. Il grafico della funzione $f_{n\,v}$, per $v = 1$, è rappresentato in Figura 2.10.

Annulliamo il gradiente di $f_{n\,v}$ per determinarne il punto di massimo:

$$\partial_\pi f_{n\,v}(\pi\ C) = -\frac{k_n v}{8\sqrt{-C + v - \frac{\pi v}{2}}} + \frac{k_n v}{4\sqrt{-C + v + \pi v}} = 0$$

$$\partial_C f_{n\,v}(\pi\ C) = \frac{1}{2\sqrt{C}} - \frac{k_n}{4\sqrt{-C + v - \frac{\pi v}{2}}} - \frac{k_n}{4\sqrt{-C + v + \pi v}} = 0$$

Il sistema ha un'unica soluzione che è punto di massimo di $f_{n\,v}$ e definisce la strategia ottimale:

$$\pi_n^{\max}(v) = \frac{9k_n^2}{8 + 9k_n^2} \qquad C_{n-1}^{\max}(v) = \frac{8v}{8 + 9k_n^2}$$

Inoltre per la (2.175) vale

$$W_{n-1}(v) = f_{n\,v}(\pi_n^{\max}(v)\ C_{n-1}^{\max}(v))$$

$$= 2\sqrt{2}\sqrt{\frac{v}{8 + 9k_n^2}} + \frac{k_n}{2}\sqrt{v - \frac{8v}{8 + 9k_n^2} - \frac{9k_n^2 v}{2\,(8 + 9k_n^2)}}$$

$$+ \frac{k_n}{2}\sqrt{v - \frac{8v}{8 + 9k_n^2} + \frac{9k_n^2 v}{8 + 9k_n^2}} = \frac{\sqrt{8 + 9k_n^2}}{2\sqrt{2}}\sqrt{v}$$

e questo prova la tesi con la sequenza k_n definita ricorsivamente da $k_N = 1$ e

$$k_{n-1} = \frac{\sqrt{8 + 9k_n^2}}{2\sqrt{2}}$$

Si noti che la massimizzazione è stata fatta sul dominio della funzione $f_{n\,v}$ e quindi $(\pi_n^{\max}\ C_{n-1}^{\max}) \in D$. $\square$

Esercizio 2.62. In un mercato binomiale si consideri il problema della massimizzazione dell'utilità attesa da consumo intermedio per una funzione utilità della forma

$$u_n(C) = -e^{-C} \qquad C \in \mathbb{R} \ \ n \le N$$

Assumendo i seguenti valori $u = 2$, $d = \frac{1}{2}$, $r = 0$ e $p = \frac{1}{2}$, si utilizzi la Programmazione Dinamica per provare che l'utilità attesa ottimale è della forma

$$W_n(v) = -h_n e^{-k_n v} \tag{2.177}$$

per opportune costanti positive $h_n\ k_n$. Si determini inoltre la strategia ottimale di investimento e consumo.

Svolgimento dell'Esercizio 2.62

Come nell'esercizio precedente, la dinamica del valore di una strategia autofinanziante con consumo è data da

$$V_n = G_n(V_{n-1}\ \mu_n; \pi_n\ C_{n-1}) = (V_{n-1} - C_{n-1})(1 + r) + V_{n-1}\pi_n(\mu_n - r)$$
$$= \begin{cases} V_{n-1}(1 + \pi_n) - C_{n-1} \\ V_{n-1}\left(1 - \frac{\pi_n}{2}\right) - C_{n-1} \end{cases}$$

dove π indica la proporzione di titolo rischioso in portafoglio e C è il processo di consumo.

Proviamo la tesi per induzione: per $n = N$ è ovviamente verificata con $h_N = k_N = 1$. Supposta valida la (2.177), per l'algoritmo di Programmazione Dinamica abbiamo

$$W_{n-1}(v) = \max_{\pi_n\ C_{n-1}} \left(-e^{-C_{n-1}} + h_n E\left[e^{-k_n G_n(v\ \mu_n; \pi_n\ C_{n-1})} \right] \right)$$
$$= \max_{\pi\ C} f_{n\,v}(\pi\ C) \tag{2.178}$$

dove

$$f_{n\,v}(\pi\ C) = -e^{-C} - \frac{h_n}{2}\left(e^{-k_n(-C+v+\pi v)} + e^{-k_n\left(-C+v-\frac{\pi v}{2}\right)} \right) \tag{2.179}$$

che è definita per tutti i valori $C \ge 0$ e $\pi \in \mathbb{R}$. Il grafico della funzione $f_{n\,v}$ è rappresentato in Figura 2.11.

Annulliamo il gradiente di $f_{n\,v}$ per determinarne il punto di massimo:

$$\partial_\pi f_{n\,v}(\pi\ C) = -\frac{k_n h_n v}{4} e^{-k_n\left(-C+v-\frac{\pi v}{2}\right)} + \frac{k_n h_n v}{2} e^{-k_n(-C+v+\pi v)} = 0$$

$$\partial_C f_{n\,v}(\pi\ C) = e^{-C} - \frac{k_n h_n}{2} e^{-k_n\left(-C+v-\frac{\pi v}{2}\right)} - \frac{k_n h_n}{2} e^{-k_n(-C+v+\pi v)} = 0$$

o equivalentemente

$$e^{\frac{3k_n \pi v}{2}} = 2 \qquad k_n h_n e^{(1+k_n)C - k_n(1+\pi)v}\left(1 + e^{\frac{3k_n \pi v}{2}}\right) = 2$$

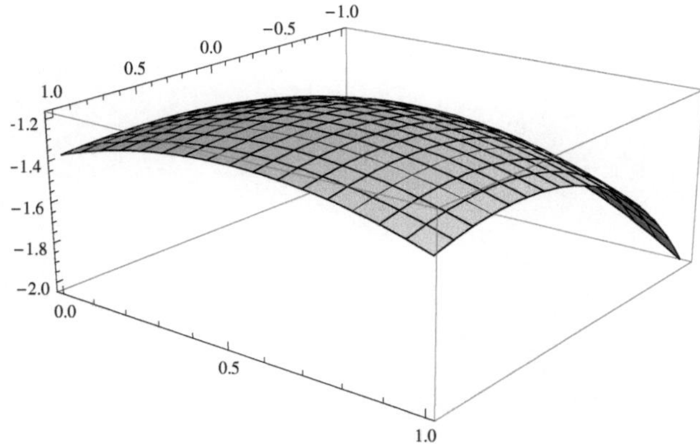

Fig. 2.11. Grafico della funzione $f_{n,v}$ in (2.179) per $v = k_n = h_n = 1$

Tale sistema ha un'unica soluzione che è punto di massimo di $f_{n,v}$ e definisce la strategia ottimale:

$$\pi_n^{\max}(v) = \frac{2\log 2}{3k_n v} \qquad C_{n-1}^{\max}(v) = \frac{k_n v + \log\left(\frac{2}{3}\frac{2^{2/3}}{k_n h_n}\right)}{1 + k_n} \tag{2.180}$$

Inoltre per la (2.178) vale

$$W_{n-1}(v) = f_{n,v}(\pi_n^{\max}(v) \; C_{n-1}^{\max}(v)) = -h_{n-1}e^{-k_{n-1}v}$$

dove le sequenze dei h_n e k_n sono definite ricorsivamente da $h_N = k_N = 1$ e

$$h_{n-1} = \frac{1 + k_n}{k_n}\left(2^{-\frac{5}{3}}3k_n h_n\right)^{\frac{1}{1+k_n}} \qquad k_{n-1} = \frac{k_n}{1 + k_n} \tag{2.181}$$

Poiché la funzione d'utilità esponenziale è definita su tutto $\mathbb{R}$, occorre verificare che il processo $C^{\max}$ definito in (2.180) sia un processo di consumo e in particolare valga

$$C_n^{\max} \geq 0 \qquad 0 \leq n \leq N \tag{2.182}$$

Si prova facilmente che vale

$$0 < K_{n-1} \leq k_n \leq 1$$

e di conseguenza, per la definizione (2.180), affinché valga la (2.182) è sufficiente verificare che

$$y_n := k_n h_n \leq \frac{2}{3}2^{2/3} \qquad 0 \leq n \leq N$$

D'altra parte, per la definizione (2.181), si ha

$$y_{n-1} = \left(2^{-\frac{5}{3}}3y_n\right)^{\frac{1}{1+k_n}} \leq \sqrt{2^{-\frac{5}{3}}3y_n} < \sqrt{y_n}$$

da cui risulta $y_n \leq 1 < \frac{2}{3}2^{2/3}$. $\qquad\qquad\qquad\qquad\qquad\qquad\qquad\square$

3

Opzioni Americane

Le opzioni Americane generalizzano quelle Europee nel senso che esse possono essere esercitate in qualunque momento prima della scadenza. Le opzioni Americane fanno parte della categoria più generale dei derivati Americani che definiremo nel Paragrafo 3.1 come una sequenza $X = (X_n)$ di variabili casuali adattate ad una data filtrazione $(\mathcal{F}_n)$, tipicamente generata dai prezzi dei sottostanti. Il valore di X_n è il premio/payoff pagato al possessore del derivato qualora questi eserciti la sua opzione al tempo t_n.

Oltre ai problemi tipici per i derivati Europei, per quelli Americani si aggiunge il problema della determinazione della strategia di esercizio ottimale. Quest'ultimo è un problema di ottimizzazione, cosa che ci ha indotti a far seguire il capitolo sulle opzioni Americane a quello sull'ottimizzazione di portafoglio. I problemi che affronteremo sono quindi:

i) la determinazione del *prezzo di arbitraggio* di un'opzione/derivato Americano;

ii) la determinazione di una *strategia ottimale di esercizio*;

iii) la determinazione di una *strategia di copertura* del derivato Americano.

Lo strumento basilare per la risoluzione di questi problemi è dato dal cosiddetto *inviluppo di Snell* di una data sequenza di variabili casuali, nel nostro caso la $X = (X_n)$, che è definito dalla (3.9) per i valori scontati e dalla (3.19) per quelli non scontati. Vedremo che l'inviluppo di Snell del derivato Americano $X = (X_n)$ fornisce allo stesso tempo il prezzo di arbitraggio come pure due strategie di esercizio ottimali, quella minimale e quella massimale. Si può anche notare come la forma della (3.9), e rispettivamente della (3.19), ricorda l'algoritmo della Programmazione Dinamica.

Rispetto a quello dei derivati Europei, il prezzaggio dei derivati Americani è reso difficile dal fatto che, in generale, il processo $\widetilde{X} = (\widetilde{X}_n)$ dei valori scontati dei payoff non è una martingala e quindi non è possibile determinare una strategia replicante $(\alpha\ \beta)$, cioè tale che $V_n^{(\alpha\ \beta)} = X_n$, cosa che invece era uno dei fondamenti del prezzaggio in assenza di arbitraggio nel caso Europeo. Mentre nella maggior parte dei testi (vedi, per esempio, anche [16] e [20]) il

Pascucci A, Runggaldier WJ.: Finanza Matematica.
© Springer-Verlag Italia 2009, Milano

prezzo di arbitraggio di un derivato Americano viene definito su base intuitiva mediante l'inviluppo di Snell di $\widetilde{X} = (\widetilde{X}_n)$, qui nelle Sezioni 3.1.1 e 3.1.2 seguiamo [17] e definiamo il prezzo di un derivato Americano come l'unico valore che non genera possibilità d'arbitraggio, facendo poi vedere che esso coincide anche con il prezzo definito sulla base dell'inviluppo di Snell.

Mentre per il prezzaggio e la copertura è naturale supporre che il mercato sia completo, cosa che noi faremo anche in questo capitolo, la completezza è irrilevante nella determinazione di una strategia ottimale di esercizio. Come vedremo, questo fatto risulta direttamente dall'algoritmo basato sull'inviluppo di Snell per il quale basta l'esistenza di una misura martingala. D'altra parte negli esercizi considereremo solo mercati completi.

Risulta naturale porsi la domanda se ci sia una relazione tra opzioni Americane ed Europee ed a questo dedicheremo la parte conclusiva della parte teorica, cioè il Paragrafo 3.2.

Nella sezione degli esercizi affronteremo i tre problemi di prezzaggio, copertura ed esercizio ottimale per vari tipi di opzioni Americane in modelli di mercato completi, cioè quello binomiale e quello trinomiale completato. Per permettere un migliore passaggio dalla parte teorica a quella degli esercizi veri e propri abbiamo premesso la Sezione 3.3.1 di "Preliminari".

3.1 Derivati Americani e strategie d'esercizio anticipato

Consideriamo un modello di mercato $(B\ S)$ del tipo introdotto nel Capitolo 1 e assumiamo che ci sia assenza di opportunità di arbitraggio o, equivalentemente, che esista almeno una misura martingala Q.

Un derivato Americano è caratterizzato dalla possibilità di esercizio anticipato in ogni istante t_n, $0 \leq n \leq N$, durante la vita del contratto. Per descrivere un derivato Americano è dunque necessario specificare il premio (il payoff) che deve essere pagato al possessore nel caso decida di esercitare l'opzione al tempo t_n con $n \leq N$. Come i derivati Europei, anche quelli Americani sono relativi ad uno o più sottostanti, che tipicamente sono titoli rischiosi, il cui prezzo è genericamente indicato con S. Per esempio, nel caso di una Call Americana con sottostante S e strike K, il payoff all'istante t_n è pari a $X_n = (S_n - K)^+$ Anche se in questo libro consideriamo $\mathcal{F}_n = \mathcal{F}_n^\mu = \mathcal{F}_n^S$ per ogni n, per mettere in risalto che un derivato dipende dal mercato sottostante S, in analogia alla Definizione 1.17 di derivato Europeo, nella seguente definizione di derivato Americano indicheremo esplicitamente la filtrazione con $\left(\mathcal{F}_n^S\right)$.

Definizione 3.1. *Un derivato Americano è un processo stocastico $X = (X_n)$ non-negativo e adattato alla filtrazione $(\mathcal{F}_n^S)$.*

Osservazione 3.2. Ricordiamo che abbiamo supposto uno spazio di probabilità sottostante in cui Ω ha un numero finito di elementi. Conseguentemente tutti i valori attesi di X, che introdurremo nel seguito, esistono finiti. □

Poiché la scelta dell'istante in cui esercitare un'opzione Americana deve dipendere solo dalle informazioni disponibili al momento, che tipicamente sono date dalle osservazioni dei prezzi dei sottostanti, la seguente definizione di *strategia d'esercizio* sembra naturale.

Definizione 3.3. *Una strategia (o tempo) d'esercizio è un tempo d'arresto ossia una variabile aleatoria*

$$\nu : \Omega \longrightarrow \{0, 1, \dots, N\}$$

tale che

$$\{\nu = n\} \in \mathcal{F}_n, \qquad n = 0, \dots, N \tag{3.1}$$

Indichiamo con $\mathcal{T}_0$ la famiglia di tutte le strategie d'esercizio.

Intuitivamente, per ogni traiettoria $\omega \in \Omega$ del mercato sottostante, il numero $\nu(\omega)$ rappresenta l'istante in cui si decide di esercitare il derivato Americano. La condizione (3.1) significa che la decisione di esercitare all'istante n-esimo dipende solo da $\mathcal{F}_n$, ossia dalle informazioni disponibili al tempo t_n.

Definizione 3.4. *Dati un derivato Americano X e una strategia d'esercizio $\nu \in \mathcal{T}_0$, la variabile aleatoria X_ν definita da*

$$(X_\nu)(\omega) = X_{\nu(\omega)}(\omega) \qquad \omega \in \Omega$$

è detta payoff di X relativa alla strategia ν. Data una misura martingala Q, diciamo che una strategia d'esercizio ν_0 è ottimale per X in Q se

$$E^Q\left[\widetilde{X}_{\nu_0}\right] = \max_{\nu \in \mathcal{T}_0} E^Q\left[\widetilde{X}_\nu\right] \tag{3.2}$$

Possiamo considerare la variabile aleatoria $\widetilde{X}_\nu$ come il payoff scontato di *un'opzione Europea*. Allora $E^Q\left[\widetilde{X}_\nu\right]$ rappresenta un prezzo neutrale al rischio per l'opzione (nella misura martingala Q), relativo alla scelta d'esercizio anticipato ν.

3.1.1 Valutazione d'arbitraggio

In un mercato libero d'arbitraggi e completo, il prezzo di un derivato Europeo con payoff X_N è per definizione uguale al valore di una strategia replicante: in particolare, *il prezzo d'arbitraggio scontato è una Q-martingala*. Nel valutare un derivato Americano occorre tener conto del fatto che in generale non è possibile determinare una strategia replicante, ossia un strategia $(\alpha, \beta) \in \mathcal{A}$ tale che $V_n^{(\alpha, \beta)} = X_n$ per ogni n. Il motivo è semplice: mentre $\widetilde{V}^{(\alpha, \beta)}$ è una Q-martingala, in generale $\widetilde{X}$ è solo un processo adattato.

D'altra parte, in base ad argomenti d'arbitraggio è possibile determinare un limite inferiore e superiore per il prezzo di X. Per fissare le idee, indichiamo con H_0 un possibile prezzo iniziale di X e definiamo la famiglia delle strategie super-replicanti per X:

$$\mathcal{A}_X^+ = \{(\alpha, \beta) \in \mathcal{A} \mid V_n^{(\alpha, \beta)} \geq X_n, \ n = 0, \dots, N\}$$

Per evitare di introdurre opportunità d'arbitraggio, il prezzo H_0 deve essere minore o uguale del valore iniziale $V_0^{(\alpha\ \beta)}$ di ogni $(\alpha\ \beta) \in \mathcal{A}_X^+$, ossia

$$H_0 \leq \inf_{(\alpha\ \beta) \in \mathcal{A}_X^+} V_0^{(\alpha\ \beta)}$$

Analogamente, definiamo

$$\mathcal{A}_X^- = (\alpha\ \beta) \in \mathcal{A} \quad \text{esiste } \nu \in \mathcal{T}_0 \text{ t.c. } X_\nu \geq V_\nu^{(\alpha\ \beta)}$$

Intuitivamente, un elemento $(\alpha\ \beta)$ di $\mathcal{A}_X^-$ rappresenta una strategia d'investimento sulla quale assumere una posizione corta per ricevere soldi con cui acquistare l'opzione Americana e cercare di sfruttare il fatto che esiste una strategia d'esercizio ν che garantisce un payoff X_ν maggiore o uguale a $V_\nu^{(\alpha\ \beta)}$: tale payoff è quindi sufficiente a chiudere la posizione corta su $(\alpha\ \beta)$. Per evitare di creare opportunità d'arbitraggio, il prezzo iniziale H_0 di X deve necessariamente essere maggiore o uguale a $V_0^{(\alpha\ \beta)}$ per ogni $(\alpha\ \beta) \in \mathcal{A}_X^-$ e quindi abbiamo

$$\sup_{(\alpha\ \beta) \in \mathcal{A}_X^-} V_0^{(\alpha\ \beta)} \leq H_0$$

In definitiva abbiamo determinato un intervallo per i possibili prezzi d'arbitraggio di X. Mostriamo ora che il valore neutrale al rischio del payoff relativo ad una strategia d'esercizio ottimale appartiene a tale intervallo.

Proposizione 3.5. *In un mercato libero da arbitraggi, per ogni misura martingala Q vale*

$$\sup_{(\alpha\ \beta) \in \mathcal{A}_X^-} V_0^{(\alpha\ \beta)} \leq \max_{\nu \in \mathcal{T}_0} E^Q \left[\widetilde{X}_\nu \right] \leq \inf_{(\alpha\ \beta) \in \mathcal{A}_X^+} V_0^{(\alpha\ \beta)} \tag{3.3}$$

Dimostrazione. Per ogni $(\alpha\ \beta) \in \mathcal{A}_X^-$ esiste $\nu_0 \in \mathcal{T}_0$ tale che $V_{\nu_0}^{(\alpha\ \beta)} \leq X_{\nu_0}$. Inoltre $\widetilde{V}^{(\alpha\ \beta)}$ è una Q-martingala e quindi per il Teorema di Optional Sampling[1] abbiamo

$$V_0^{(\alpha\ \beta)} = \widetilde{V}_0^{(\alpha\ \beta)} = E^Q \left[\widetilde{V}_{\nu_0}^{(\alpha\ \beta)} \right] \leq E^Q \left[\widetilde{X}_{\nu_0} \right] \leq \sup_{\nu \in \mathcal{T}_0} E^Q \left[\widetilde{X}_\nu \right]$$

da cui, per l'arbitrarietà di $(\alpha\ \beta) \in \mathcal{A}_X^-$ otteniamo la prima disuguaglianza in (3.3).

D'altra parte, se $(\alpha\ \beta) \in \mathcal{A}_X^+$ allora, ancora per il Teorema di Optional Sampling, per ogni $\nu \in \mathcal{T}_0$ abbiamo

$$V_0^{(\alpha\ \beta)} = E^Q \left[\widetilde{V}_\nu^{(\alpha\ \beta)} \right] \geq E^Q \left[\widetilde{X}_\nu \right]$$

da cui otteniamo la seconda disuguaglianza in (3.3), data l'arbitrarietà di $(\alpha\ \beta) \in \mathcal{A}_X^+$ e $\nu \in \mathcal{T}_0$. $\quad\square$

---

[1] Il Teorema di Optional Sampling afferma che se M è una martingala (rispettivamente, una sub-martingala) e ν è un tempo d'arresto limitato allora $E[M_\nu] = M_0$ (rispettivamente, $E[M_\nu] \geq M_0$). Per la dimostrazione si veda per esempio il Teorema 2.122 in [17].

3.1.2 Prezzo d'arbitraggio in un mercato completo

In analogia a quanto avviene per i derivati di tipo Europeo, per poter dare una definizione univoca di un prezzo di arbitraggio per un'opzione Americana, supporremo che il mercato sia completo cioè che esista un'unica misura martingala equivalente. Per introdurre ora la definizione di prezzo d'arbitraggio di un derivato Americano abbiamo bisogno del seguente risultato preliminare.

Teorema 3.6. [Teorema di decomposizione di Doob]
Ogni processo adattato Y può essere decomposto in modo unico nella somma

$$Y = M + A \tag{3.4}$$

dove M è una martingala tale che $M_0 = Y_0$ e A è un processo predicibile e tale che $A_0 = 0$. Inoltre Y è una super-martingala se e solo se A è decrescente.

Dimostrazione. Definiamo ricorsivamente i processi M e A ponendo

$$\begin{cases} M_0 = Y_0, \\ M_n = M_{n-1} + Y_n - E\left[Y_n \mid \mathcal{F}_{n-1}\right], & n \geq 1, \end{cases} \tag{3.5}$$

e

$$\begin{cases} A_0 = 0, \\ A_n = A_{n-1} - \left(Y_{n-1} - E\left[Y_n \mid \mathcal{F}_{n-1}\right]\right), & n \geq 1. \end{cases} \tag{3.6}$$

Più esplicitamente vale

$$M_n = Y_n + \sum_{k=0}^{n-1} \left(Y_k - E\left[Y_{k+1} \mid \mathcal{F}_k\right]\right), \tag{3.7}$$

e

$$A_n = -\sum_{k=0}^{n-1} \left(Y_k - E\left[Y_{k+1} \mid \mathcal{F}_k\right]\right). \tag{3.8}$$

Allora è facile verificare che M è una martingala, A è predicibile e vale la (3.4). Si può provare la tesi anche procedendo per induzione e in tal caso è sufficiente utilizzare le formule (3.5) e (3.6).

Per quanto riguarda l'unicità della decomposizione, se vale la (3.4) allora si ha anche

$$Y_n - Y_{n-1} = M_n - M_{n-1} + A_n - A_{n-1},$$

e considerando l'attesa condizionata (nell'ipotesi che M sia una martingala e A sia predicibile), abbiamo

$$E\left[Y_n \mid \mathcal{F}_{n-1}\right] - Y_{n-1} = A_n - A_{n-1},$$

da cui segue che A deve essere necessariamente definito dalla formula (3.6). Infine dalla (3.4) e dalla relazione precedente possiamo concludere che M è definito univocamente dalla relazione ricorsiva (3.5). $\qquad \square$

Sia per ottenere il prezzo d'arbitraggio e la strategia di copertura in un mercato completo, sia per determinare una strategia ottimale di esercizio in un mercato privo di arbitraggio, uno strumento fondamentale è costituito dal cosiddetto *inviluppo di Snell* del processo X che definisce un dato derivato Americano.

In generale nella teoria della probabilità, fissato uno spazio di probabilità $(\Omega\ \mathcal{F}\ P)$ munito di filtrazione $(\mathcal{F}_n)$, si dà la seguente

Definizione 3.7. *Dato un processo adattato X, si dice inviluppo di Snell di X la più piccola super-martingala che domina X.*

Abbiamo ora il seguente

Lemma 3.8. *Dato un derivato Americano X ed indicato con $\widetilde{X}$ il suo valore scontato, il processo $\widetilde{H}$ definito ricorsivamente da*

$$\widetilde{H}_n = \begin{cases} \widetilde{X}_N & n = N \\ \max\left\{\widetilde{X}_n\ E^Q\left[\widetilde{H}_{n+1}\,\text{--}\mathcal{F}_n\right]\right\} & n = 0 \quad N-1 \end{cases} \tag{3.9}$$

è la più piccola super-martingala che domina $\widetilde{X}$ ed è quindi l'inviluppo di Snell di $\widetilde{X}$.

Dimostrazione. Evidentemente $\widetilde{H}$ è un processo adattato e non-negativo. Inoltre, per ogni n, vale

$$\widetilde{H}_n \geq E^Q\left[\widetilde{H}_{n+1}\,\text{--}\mathcal{F}_n\right] \tag{3.10}$$

ossia $\widetilde{H}$ è una Q-*super-martingala*. Inoltre $\widetilde{H}$ *è la più piccola super-martingala che domina* $\widetilde{X}$: infatti, se Y è una Q-super-martingala tale che $Y_n \geq \widetilde{X}_n$, allora anzitutto vale

$$\widetilde{H}_N = \widetilde{X}_N \leq Y_N$$

La tesi segue allora per induzione: infatti, supposto che $\widetilde{H}_n \leq Y_n$, si ha

$$\widetilde{H}_{n-1} = \max\left\{\widetilde{X}_{n-1}\ E^Q\left[\widetilde{H}_n\,\text{--}\mathcal{F}_{n-1}\right]\right\}$$

$$\leq \max\left\{\widetilde{X}_{n-1}\ E^Q\left[Y_n\,\text{--}\mathcal{F}_{n-1}\right]\right\}$$

$$\leq \max\left\{\widetilde{X}_{n-1}\ Y_{n-1}\right\} = Y_{n-1} \qquad \square$$

Nell'ipotesi che il mercato sia libero d'arbitraggi e completo, il seguente risultato prepara la definizione di prezzo d'arbitraggio dell'opzione Americana X.

Teorema 3.9. *Assumiamo che esista e sia unica la misura martingala Q. Allora esiste una strategia $(\alpha\ \beta) \in \mathcal{A}_X^+ \cap \mathcal{A}_X^-$ e pertanto si ha:*

i) $V_n^{(\alpha\ \beta)} \geq X_n\ \ n = 0\ \ \ N;$
ii) esiste $\nu_0 \in \mathcal{T}_0$ tale che $X_{\nu_0} = V_{\nu_0}^{(\alpha\ \beta)}$.

Inoltre si ha

$$E^Q\left[\widetilde{X}_{\nu_0}\right] = V_0^{(\alpha\ \beta)} = \max_{\nu\in\mathcal{T}_0} E^Q\left[\widetilde{X}_\nu\right] \tag{3.11}$$

e tale valore definisce il prezzo iniziale d'arbitraggio di X.

Osservazione 3.10. In base a quanto osservato nella Sezione 3.1.1, il prezzo iniziale di X definito in (3.11) è *l'unico valore da assegnare a X che evita di introdurre possibilità d'arbitraggio.* Come nel caso Europeo, tale prezzo corrisponde al valore iniziale di una strategia di copertura per X. Inoltre esso è anche pari al valore atteso in Q del payoff ottenuto con una strategia ottimale d'esercizio anticipato. $\square$

Osservazione 3.11. L'esistenza della strategia ottimale di esercizio ν_0 risulta qui solo per mercati completi. Nella Sezione 3.1.3 faremo vedere l'esistenza di una strategia ottimale di esercizio nella sola ipotesi di assenza di opportunità d'arbitraggio. $\square$

Dimostrazione. La dimostrazione è costruttiva ed è costituita da due passi principali in cui

1) costruiamo l'inviluppo di Snell del processo $\widetilde{X}$;
2) usiamo il Teorema di decomposizione di Doob per isolare la parte martingala del processo $\widetilde{H}$ al fine di determinare la strategia $(\alpha\ \beta) \in \mathcal{A}_X^+ \cap \mathcal{A}_X^-$.

Infine concludiamo la prova del teorema mostrando che $\widetilde{H}_0 = \widetilde{V}_0^{(\alpha\ \beta)} = V_0^{(\alpha\ \beta)}$ e vale la (3.11).

Passo 1: introduciamo il processo H ponendo $H_n = B_n\widetilde{H}_n$ dove $\widetilde{H}$ è definito ricorsivamente in (3.9). Proveremo nel seguito (cfr. (3.14)) che H definisce il prezzo d'arbitraggio del derivato Americano X. Tale definizione ha un chiaro significato intuitivo: infatti l'opzione X vale $H_N = X_N$ a scadenza e, al tempo t_{N-1}, vale

- X_{N-1} nel caso sia esercitata;
- $\frac{1}{1+r}E^Q\left[H_N\mid\mathcal{F}_{N-1}\right]$ pari al prezzo di un'opzione Europea con payoff H_N e scadenza N, nel caso non sia esercitata.

Allora sembra ragionevole definire

$$H_{N-1} = \max\left\{X_{N-1}\ \frac{1}{1+r}E^Q\left[H_N\mid\mathcal{F}_{N-1}\right]\right\} \tag{3.12}$$

e ripetendo tale argomento a ritroso otteniamo per $\widetilde{H}_n = B_n^{-1}H_n$ la (3.9).

Il fatto che $\widetilde{H}$ sia una Q–super-martingala significa che $\widetilde{H}$ "decresce in media" e intuitivamente ciò corrisponde al fatto che, col passare del tempo, il vantaggio della possibilità dell'esercizio anticipato diminuisce.

Passo 2: proviamo ora che esiste $(\alpha\ \beta) \in \mathcal{A}_X^+ \cap \mathcal{A}_X^-$. Poiché $\widetilde{H}$ è una Q-super-martingala, per il Teorema di decomposizione di Doob vale

$$\widetilde{H} = M + A$$

dove M è una Q-martingala tale che $M_0 = \tilde{H}_0$ e A è un processo predicibile e decrescente con valore iniziale nullo.

Poiché per ipotesi il mercato è completo, esiste una strategia $(\alpha\ \beta) \in \mathcal{A}$ che replica il derivato Europeo con payoff M_N, nel senso che $\tilde{V}_N(\alpha\ \beta) = M_N$. Inoltre, poiché M e $\tilde{V} := \tilde{V}^{(\alpha\ \beta)}$ sono Q-martingale con lo stesso valore finale, sono uguali:

$$\tilde{V}_n = E^Q\left[\tilde{V}_N \mid \mathcal{F}_n\right] = E^Q\left[M_N \mid \mathcal{F}_n\right] = M_n \tag{3.13}$$

Quindi $(\alpha\ \beta) \in \mathcal{A}_X^+$ poiché $A_n \leq 0$. Inoltre, essendo $A_0 = 0$, vale

$$V_0 = M_0 = H_0 \tag{3.14}$$

Per verificare che $(\alpha\ \beta) \in \mathcal{A}_X^-$, poniamo:

$$\nu_0(\omega) = \min\{n \mid \tilde{H}_n(\omega) = \tilde{X}_n(\omega)\} \qquad \omega \in \Omega \tag{3.15}$$

Poiché

$$\{\nu_0 = n\} = \{\tilde{H}_0 > \tilde{X}_0\} \cap \cdots \cap \{\tilde{H}_{n-1} > \tilde{X}_{n-1}\} \cap \{\tilde{H}_n = \tilde{X}_n\} \in \mathcal{F}_n$$

per ogni n, allora ν_0 è una strategia d'esercizio. Inoltre, ν_0 è il primo istante in cui $\tilde{X}_n \geq E^Q\left[\tilde{H}_{n+1} \mid \mathcal{F}_n\right]$ e quindi intuitivamente rappresenta il primo tempo in cui conviene esercitare l'opzione.

In base al Teorema di decomposizione di Doob (si veda in particolare la formula (3.7)), per $n = 1 \quad N$, abbiamo

$$M_n = \tilde{H}_n + \sum_{k=0}^{n-1} \left(\tilde{H}_k - E^Q\left[\tilde{H}_{k+1} \mid \mathcal{F}_k\right]\right)$$

e di conseguenza

$$M_{\nu_0} = \tilde{H}_{\nu_0} \tag{3.16}$$

poiché

$$\tilde{H}_k = E^Q\left[\tilde{H}_{k+1} \mid \mathcal{F}_k\right] \quad \text{su} \quad \{k < \nu_0\}$$

Allora, per la (3.13), si ha (ricordiamo che avevamo posto $\tilde{V} = \tilde{V}^{(\alpha\ \beta)}$)

$$\tilde{V}_{\nu_0} = M_{\nu_0} =$$

(per la (3.16))

$$= \tilde{H}_{\nu_0} =$$

(per definizione di ν_0)

$$= \tilde{X}_{\nu_0} \tag{3.17}$$

e questo prova che $(\alpha\ \beta) \in \mathcal{A}_X^-$.

Conclusione: verifichiamo che ν_0 è una strategia ottimale d'esercizio. Poiché $(\alpha\ \beta) \in \mathcal{A}_X^+ \cap \mathcal{A}_X^-$, per la (3.3) della Proposizione 3.5 otteniamo

$$V_0 = V_0^{(\alpha\ \beta)} = \max_{\nu \in \mathcal{T}_0} E^Q\left[\widetilde{X}_\nu\right]$$

D'altra parte, per la (3.17) e per il Teorema di Optional sampling, vale

$$V_0 = E^Q\left[\widetilde{X}_{\nu_0}\right]$$

e questo conclude la prova.   □

Osservazione 3.12. Il Teorema 3.9 è significativo dal punto di vista applicativo poiché fornisce un algoritmo per il calcolo di:

i) il *prezzo iniziale d'arbitraggio* di X. Infatti per la (3.14) il prezzo iniziale di X è pari a H_0 e si calcola mediante la formula iterativa (3.9) (oppure anche mediante la seguente (3.19)). Notiamo che tale formula è un caso particolare dell'algoritmo di Programmazione Dinamica;

ii) una *strategia ottimale d'esercizio*, data da ν_0 in (3.15), per la quale si ha

$$E^Q\left[\widetilde{X}_{\nu_0}\right] = \max_{\nu \in \mathcal{T}_0} E^Q\left[\widetilde{X}_\nu\right]$$

Al riguardo si veda anche la Sezione 3.1.3 dove, senza richiedere la completezza del mercato, viene anche fatto vedere che ci possono essere più strategie ottimali di esercizio, di cui ν_0 è quella che esercita prima di tutte le altre;

iii) una *strategia di copertura* per X data da $(\alpha\ \beta) \in \mathcal{A}_X^+ \cap \mathcal{A}_X^-$ e tale che $V_n^{(\alpha\ \beta)} \geq X_n$ per ogni n: per la (3.14) il costo iniziale di tale strategia è uguale ad H_0 ed è pari al prezzo d'arbitraggio del derivato, secondo la definizione data in (3.11). Ricordiamo che $(\alpha\ \beta)$ è definita come una strategia replicante per il payoff Europeo M_N. Il problema della determinazione di $(\alpha\ \beta)$ sarà approfondito nella Sezione 3.1.4.   □

Osservazione 3.13. Fissato $n \leq N$, poniamo

$$\mathcal{T}_n = \ \nu \in \mathcal{T}_0 \ \ \nu \geq n$$

Intuitivamente si può pensare a $\mathcal{T}_n$ come alla famiglia delle strategie d'esercizio di un'opzione Americana *acquistata al tempo* t_n. Una strategia d'esercizio $\nu_n \in \mathcal{T}_n$ si dice ottimale per X in Q se vale

$$E^Q\left[\widetilde{X}_{\nu_n}\ \mathcal{F}_n\right] = \max_{\nu \in \mathcal{T}_n} E^Q\left[\widetilde{X}_\nu\ \mathcal{F}_n\right]$$

Se $\widetilde{H}$ è il processo in (3.9), poniamo

$$\nu_n(\omega) = \min\ k \geq n \ \ \widetilde{H}_k(\omega) = \widetilde{X}_k(\omega) \qquad \omega \in \Omega$$

Il Teorema 3.9 si estende e si può provare che ν_n è il primo tempo ottimale d'esercizio successivo a n. Per essere più precisi vale

$$\widetilde{H}_n = E^Q\left[\widetilde{X}_{\nu_n}\ \mathcal{F}_n\right] = \max_{\nu \in \mathcal{T}_n} E^Q\left[\widetilde{X}_\nu\ \mathcal{F}_n\right] \tag{3.18}$$

Notiamo esplicitamente che per i valori non scontati $H_n = B_n \widetilde{H}_n$ (vedi anche la (3.12)) vale

$$H_n = \begin{cases} X_N & n = N \\ \max\left\{ X_n, \ \frac{1}{1+r} E^Q\left[H_{n+1} -\mathcal{F}_n\right] \right\} & n = 0 \quad\quad N-1 \end{cases} \tag{3.19}$$

$\square$

In base al Teorema 3.9 ed all'Osservazione 3.13 è naturale dare la seguente

Definizione 3.14. *Il processo H in (3.19) è detto prezzo d'arbitraggio del derivato Americano X.*

Osservazione 3.15. Dalla (3.18) risulta che il prezzo H_n è $\mathcal{F}_n$−misurabile. Ricordiamo che avevamo considerato $(\mathcal{F}_n) = \left(\mathcal{F}_n^S\right)$ ossia la filtrazione generata dai prezzi S dei titoli sul mercato. Se S è un processo di Markov allora, sempre per la (3.18), risulta che

$$H_n = H_n(S_n) \tag{3.20}$$

cioè il prezzo nell'istante n è una funzione dei prezzi dei sottostanti in quell'istante. $\square$

Osservazione 3.16. Per la Put Americana nel modello binomiale esiste un cosiddetto *prezzo critico*. Più precisamente si ha quanto segue (per maggiori dettagli si veda il Paragrafo 3.4.5 in [17]): sia $H_n(x)$ il prezzo (non scontato) di una Put Americana nel periodo n quando il prezzo del sottostante è $S_n = x$. Se il parametro d nel modello binomiale è minore di 1, allora $x \mapsto H_n(x)$ è continua convessa e decrescente ed esiste $x_n^* \in (0 \ K)$ tale che

$$\begin{cases} H_n(x) = (K-x)^+ & \text{se } x \in [0 \ x_n^*] \\[2mm] H_n(x) > (K-x)^+ & \text{se } x \in]x_n^* \ Kd^{-(N-n)}[\\[2mm] H_n(x) = 0 & \text{se } x \geq Kd^{-(N-n)} \end{cases} \tag{3.21}$$

$\square$

Concludiamo la sezione enunciando[2] un risultato che sarà utilizzato nel seguito. Dato un processo $H = (H_n)$ e un tempo d'arresto ν, indichiamo con $H^\nu = (H_n^\nu)$ il processo definito da

$$H_n^\nu(\omega) = H_{n\wedge\nu(\omega)}(\omega) \qquad \omega \in \Omega$$

cioè il processo H arrestato al tempo di arresto ν.

Lemma 3.17. *Se H è adattato anche H^ν è un processo adattato. Se H è una martingala (risp. super-, sub-martingala) anche H^ν è una martingala (risp. super-, sub-martingala).*

---

[2] Per la dimostrazione si veda, per esempio, il Lemma 2.119 in [17].

3.1.3 Strategie ottimali d'esercizio

La strategia ottimale d'esercizio per un derivato Americano X non è in generale unica. Lo scopo di questa sezione è di caratterizzare le strategie d'esercizio ottimali e determinare la prima e l'ultima di tali strategie.

Mentre per la definizione univoca di prezzo di arbitraggio avevamo supposto che il mercato fosse completo, per la determinazione di una strategia ottimale di esercizio supporremo solamente che il mercato sia libero d'arbitraggi. Fissiamo allora una misura martingala Q e consideriamo l'inviluppo di Snell $\widetilde{H}$ di $\widetilde{X}$ relativo a Q (vedi (3.9)).

In base alla Definizione 3.4, una strategia d'esercizio $\bar{\nu} \in \mathcal{T}_0$ è ottimale per X in Q se vale

$$E^Q\left[\widetilde{X}_{\bar{\nu}}\right] = \max_{\nu \in \mathcal{T}_0} E^Q\left[\widetilde{X}_\nu\right]$$

Lemma 3.18. *Per ogni $\nu \in \mathcal{T}_0$ vale*

$$E^Q\left[\widetilde{X}_\nu\right] \leq H_0 \tag{3.22}$$

Inoltre $\nu \in \mathcal{T}_0$ è ottimale per X in Q se e solo se

$$E^Q\left[\widetilde{X}_\nu\right] = H_0 \tag{3.23}$$

Dimostrazione. Vale

$$E^Q\left[\widetilde{X}_\nu\right] \overset{(1)}{\leq} E^Q\left[\widetilde{H}_\nu\right] = E^Q\left[\widetilde{H}_N^\nu\right] \overset{(2)}{\leq} H_0 \tag{3.24}$$

dove la disuguaglianza (1) è conseguenza del fatto che $X_\nu \leq H_\nu$ e la (2) è conseguenza del fatto che $\widetilde{H}$ (e quindi anche $\widetilde{H}^\nu$, per il Lemma 3.17) è una Q-super-martingala, in base alla definizione di inviluppo di Snell.

In base alla (3.22), è chiaro che la (3.23) è una condizione sufficiente per l'ottimalità di ν. Per provare che la (3.23) è anche necessaria, basta verificare che esiste almeno una strategia per cui vale tale uguaglianza: due di queste strategie verranno costruite esplicitamente nella seguente Proposizione 3.20. Il lettore può verificare che la dimostrazione di tale proposizione è indipendente dal risultato che stiamo provando cosicché non c'è rischio di utilizzare un argomento circolare. Notiamo anche che, nell'ipotesi di completezza del mercato, avevamo definito nel Teorema 3.9 una strategia d'esercizio per cui vale la (3.23). $\qquad\square$

Corollario 3.19. *Se $\nu \in \mathcal{T}_0$ è tale che*

i) $\widetilde{X}_\nu = \widetilde{H}_\nu$,

ii) $\widetilde{H}^\nu$ è una Q-martingala,

allora ν è una strategia d'esercizio ottimale per X in Q.

Dimostrazione. Le condizioni *i)* e *ii)* garantiscono l'uguaglianza rispettivamente nei passaggi (1) e (2) della formula (3.24). Ne segue che $E^Q\left[\widetilde{X}_\nu\right] = H_0$ e quindi, per il Lemma 3.18, ν è ottimale per X in Q. $\qquad\square$

Per comodità, introduciamo il processo E definito da

$$E_n = \frac{1}{1+r} E^Q\left[H_{n+1} \mid \mathcal{F}_n\right] \qquad n \le N-1 \qquad (3.25)$$

Ponendo per convenzione $E_N = -1$, abbiamo (vedi la (3.19)) che

$$H_n = \max\{X_n, E_n\} \qquad n \le N$$

e inoltre gli insiemi $\{n \mid X_n \ge E_n\}$ e $\{n \mid X_n > E_n\}$ sono diversi dall'insieme vuoto poiché $X_N \ge 0$ per ipotesi. Di conseguenza sono ben poste le seguenti definizioni di strategie d'esercizio:

$$\nu_{\min} = \min\{n \mid X_n \ge E_n\} \qquad (3.26)$$

$$\nu_{\max} = \min\{n \mid X_n > E_n\} \qquad (3.27)$$

Proposizione 3.20. *Le strategie d'esercizio $\nu_{\min}$ e $\nu_{\max}$ sono ottimali per X in Q.*

Dimostrazione. Proviamo l'ottimalità di $\nu_{\min}$ e $\nu_{\max}$ verificando le condizioni i) e ii) del Corollario 3.19. Segue dalla definizione (3.26)-(3.27) che

$$H_{\nu_{\min}} = \max\{X_{\nu_{\min}}, E_{\nu_{\min}}\} = X_{\nu_{\min}}$$

$$H_{\nu_{\max}} = \max\{X_{\nu_{\max}}, E_{\nu_{\max}}\} = X_{\nu_{\max}}$$

che prova la i). Poi ricordiamo che per il Teorema di decomposizione di Doob vale

$$\widetilde{H}_n = M_n + A_n \qquad n \le N$$

dove M è una Q-martingala tale che $M_0 = H_0$ e A è un processo predicibile e decrescente tale che $A_0 = 0$. Nello specifico vale (vedi (3.8))

$$A_n = -\sum_{k=0}^{n-1} \left(\widetilde{H}_k - \widetilde{E}_k\right) \qquad n \le N$$

Dalla definizione (3.26)-(3.27) si ha

$$H_n = E_n \quad \text{per} \quad n \le \nu_{\max} - 1$$

cosicché

$$A_n = 0 \quad \text{per} \quad n \le \nu_{\max} \qquad (3.28)$$

e

$$A_n < 0 \quad \text{per} \quad n \ge \nu_{\max} + 1 \qquad (3.29)$$

Ne viene allora che

$$\widetilde{H}_n = M_n \quad \text{per} \quad n \le \nu_{\max} \qquad (3.30)$$

e quindi, essendo chiaramente $\nu_{\min} \le \nu_{\max}$, abbiamo

$$\widetilde{H}^{\nu_{\min}} = M^{\nu_{\min}} \qquad \widetilde{H}^{\nu_{\max}} = M^{\nu_{\max}}$$

Di conseguenza, per il Lemma 3.17, si ha che i processi $\widetilde{H}^{\nu_{\min}}$, $\widetilde{H}^{\nu_{\max}}$ sono Q-martingale: questo prova la ii) del Corollario 3.19 e conclude la dimostrazione.

Osserviamo che questo risultato estende in parte il Teorema 3.9 in cui avevamo provato l'ottimalità di ν_0 in (3.15) sotto l'ipotesi di completezza del mercato. $\square$

Osserviamo infine che $\nu_{\min}$ e $\nu_{\max}$ sono rispettivamente la *prima* e *l'ultima* strategia d'esercizio ottimale per X in Q.

Proposizione 3.21. *Se $\nu \in \mathcal{T}_0$ è ottimale per X in Q allora*

$$\nu_{\min} \le \nu \le \nu_{\max} \qquad P\text{-}q.s.$$

Dimostrazione. Supponiamo che

$$P\left(\nu < \nu_{\min}\right) > 0 \tag{3.31}$$

Per provare che ν non può essere ottimale è sufficiente mostrare che in tal caso la (1) in (3.24) è una disuguaglianza stretta. Ora, essendo P e Q equivalenti, da (3.31) segue

$$Q\left(\widetilde{X}_\nu < \widetilde{H}_\nu\right) > 0$$

e quindi, poiché $\widetilde{X}_\nu \le \widetilde{H}_\nu$, abbiamo

$$E^Q\left[\widetilde{X}_\nu\right] < E^Q\left[\widetilde{H}_\nu\right]$$

D'altra parte supponiamo che

$$P\left(\nu > \nu_{\max}\right) > 0 \tag{3.32}$$

Per provare che ν non può essere ottimale è sufficiente mostrare che la (2) in (3.24) è una disuguaglianza stretta. Ora, essendo P Q equivalenti e il processo A decrescente e non-positivo, dalla (3.29) segue

$$E^Q\left[A_\nu\right] < 0$$

Di conseguenza si ha

$$E^Q\left[\widetilde{H}_\nu\right] = E^Q\left[M_\nu\right] + E^Q\left[A_\nu\right] < M_0 = H_0 \qquad \square$$

Osservazione 3.22. I risultati precedenti si estendono facilmente alle strategie d'esercizio successive ad un fissato tempo n. In particolare (cfr. Lemma 3.18) per ogni $\nu \in \mathcal{T}_n$ vale

$$E^Q\left[\widetilde{X}_\nu \mid \mathcal{F}_n\right] \le H_n$$

e $\nu \in \mathcal{T}_n$ è ottimale per X in Q se e solo se $E^Q\left[\widetilde{X}_\nu \mid \mathcal{F}_n\right] = H_n$. Inoltre (cfr. Corollario 3.19) se $\nu \in \mathcal{T}_n$ è tale che

i) $\widetilde{X}_\nu = \widetilde{H}_\nu$,

ii) $\widetilde{H}^\nu$ è una Q-martingala,

allora ν è una strategia d'esercizio ottimale per X in Q. Infine (cfr. Proposizioni 3.20 e 3.21) le strategie d'esercizio definite da

$$\nu_{n\,\min} = \min\left\{k \ge n \mid X_k \ge E_k\right\}$$
$$\nu_{n\,\max} = \min\left\{k \ge n \mid X_k > E_k\right\}$$

sono rispettivamente la prima e l'ultima strategia ottimale d'esercizio successiva al tempo n. $\qquad \square$

3.1.4 Strategie di copertura

Consideriamo un derivato Americano X in un mercato completo in cui Q indica la misura martingala. Dal punto di vista teorico, il problema della copertura del derivato X è risolto dal Teorema 3.9 (si veda anche la successiva Osservazione 3.12): nella dimostrazione di tale teorema, una strategia sub- e super-replicante $(\alpha \; \beta)$ (ossia una strategia $(\alpha \; \beta) \in \mathcal{A}_X^+ \cap \mathcal{A}_X^-$) è definita in termini di strategia replicante per il derivato Europeo M_N. Più precisamente, se M indica il processo martingala della decomposizione di Doob di $\widetilde{H}$, cioè dell'inviluppo di Snell di $\widetilde{X}$, per la completezza del mercato esiste una strategia $(\alpha \; \beta) \in \mathcal{A}$ tale

$$\widetilde{V}_N^{(\alpha \; \beta)} = M_N$$

e si prova che $(\alpha \; \beta) \in \mathcal{A}_X^+ \cap \mathcal{A}_X^-$. Ricordiamo che, una volta determinato $\widetilde{H}$ come in (3.9), in base alla (3.5) il processo M si può calcolare mediante la formula ricorsiva (in avanti)

$$M_0 = H_0 \qquad M_{n+1} = M_n + \widetilde{H}_{n+1} - E\left[\widetilde{H}_{n+1} \mid \mathcal{F}_n\right] \tag{3.33}$$

e di conseguenza la strategia di copertura può essere costruita procedendo come nel caso Europeo. Notiamo tuttavia che dalla formula (3.33), in particolare dal condizionamento rispetto a $\mathcal{F}_n$, risulta che il payoff M_N è dipendente dalle singole traiettorie del sottostante S anche nel caso in cui X non lo è. A causa di ciò, come verificheremo direttamente nell'Esercizio 3.28, questo metodo di calcolo della strategia di copertura risulta estremamente oneroso, in particolare quando il numero dei periodi è elevato.

D'altra parte il processo M dipende dalla traiettoria del sottostante solo perché deve tenere memoria degli eventuali esercizi anticipati, ma nel momento in cui il derivato viene esercitato non è più necessario coprirlo: questa elementare osservazione suggerisce come il problema della copertura possa essere drasticamente semplificato. Infatti ricordiamo (cfr. (3.30)) che vale

$$\widetilde{H}_n = M_n \quad \text{per} \quad n \leq \nu_{\max}$$

In particolare, prima del tempo $\nu_{\max}$ *la strategia di copertura può essere calcolata utilizzando direttamente il processo $\widetilde{H}$ anziché M:* il vantaggio è che se X è Markoviano[3] allora anche $\widetilde{H}$ lo è. Per esempio, consideriamo il caso di un modello binomiale e indichiamo con

$$S_{n\,k} = u^k d^{n-k} S_0 \qquad n = 0 \qquad N \qquad k = 0 \qquad n \tag{3.34}$$

il valore del sottostante, individuato dalle coordinate Markoviane n (tempo) e k (numero di movimenti di crescita). Analogamente indichiamo con $H_{n\,k}$ il valore di H nel nodo di coordinate $(n \; k)$ sull'albero binomiale. Allora la

---

[3] Nel senso che X_n dipende dal sottostante tramite i valori di un processo di Markov che (vedi l'Osservazione 3.15) può essere il valore S_n del sottostante stesso nel periodo n se S è Markoviano.

strategia di copertura per il periodo n-esimo con $n \leq \nu_{\max}$ è semplicemente data da

$$\alpha_{n\,k} = \frac{H_{n\,k+1} - H_{n\,k}}{(u-d)S_{n-1\,k}} \qquad k = 0 \qquad n-1 \qquad (3.35)$$

proprio come nel caso Europeo.

Al tempo $\nu_{\max}$ non è necessario calcolare la strategia di copertura $\alpha_{\nu_{\max}}$ (relativa al periodo $(\nu_{\max}+1)$-esimo) perché $\nu_{\max}$ è l'ultimo istante in cui è possibile esercitare il derivato Americano in modo ottimale. Se il possessore dell'opzione erroneamente non esercitasse in un tempo precedente o uguale a $\nu_{\max}$, allora il venditore potrebbe realizzare un guadagno certo e privo di rischio (ossia un arbitraggio): infatti, essendo il valore della strategia di copertura, precedentemente costruita, pari a $M_{\nu_{\max}}$, per il venditore è sufficiente utilizzare nel periodo $(\nu_{\max}+1)$-esimo la strategia

$$\alpha_{\nu_{\max}+1\,k} = \frac{M_{\nu_{\max}+1\,k+1} - M_{\nu_{\max}+1\,k}}{(u-d)S_{\nu_{\max}\,k}}$$

per ottenere all'istante successivo il capitale

$$M_{\nu_{\max}+1} > \widetilde{H}_{\nu_{\max}+1} \geq \widetilde{X}_{\nu_{\max}+1}$$

strettamente maggiore del payoff. Rimandiamo anche all'Esercizio 3.29 per un esempio concreto di calcolo della strategia di copertura nel caso in cui il possessore dell'opzione decida di esercitare in modo non ottimale.

3.2 Opzioni Americane ed Europee

In un mercato libero d'arbitraggi e completo, indichiamo con H il processo del prezzo d'arbitraggio di un derivato Americano X. Indichiamo inoltre con H^E il processo del prezzo del derivato Europeo con payoff X_N. Ricordiamo (vedi (3.18)) che vale

$$\widetilde{H}_n = \max_{\nu \in \mathcal{T}_n} E^Q\left[\widetilde{X}_\nu \mid \mathcal{F}_n\right] \qquad \widetilde{H}_n^E = E^Q\left[\widetilde{X}_N \mid \mathcal{F}_n\right] \qquad n = 0 \qquad N$$

dove al solito Q indica la misura martingala; inoltre $\widetilde{H}$ è la più piccola Q-super-martingala maggiore di $\widetilde{X}$.

In questo paragrafo studiamo la relazione fra i prezzi H e H^E. In particolare presentiamo due modi per far vedere che, in assenza di dividendi e supposto $r \geq 0$, un'opzione Call Americana vale quanto la corrispondente Europea e quindi una strategia ottimale di esercizio è data da $\nu = \nu_{\max} = N$.

Proposizione 3.23. *Vale*

$$H_n \geq H_n^E \qquad n = 0 \qquad N \qquad (3.36)$$

Inoltre se $H_n^E \geq X_n$ per ogni n, allora $H = H^E$ e $\nu = N$ è una strategia ottimale d'esercizio.

Dimostrazione. La prima affermazione è conseguenza della proprietà di super-martingala di $\widetilde{H}$, infatti vale

$$\widetilde{H}_n \geq E^Q\left[\widetilde{H}_N \mid \mathcal{F}_n\right] = E^Q\left[\widetilde{X}_N \mid \mathcal{F}_n\right] = \widetilde{H}_n^E$$

Ciò è intuitivo poiché un'opzione Americana, rispetto alla corrispondente Europea, dà in più al possessore la libertà di scelta del momento di esercizio e dunque ha un valore maggiore.

Per quanto riguarda la seconda affermazione, l'ipotesi $H_n^E \geq X_n$ per ogni n implica che $\widetilde{H}^E$ è una martingala (e quindi anche una super-martingala) che domina $\widetilde{X}$: essendo però (vedi Lemma 3.8) $\widetilde{H}$ la più piccola super-martingala che maggiora $\widetilde{X}$, si ha l'uguaglianza $\widetilde{H} = \widetilde{H}^E$ da cui anche $H = H^E$. $\square$

Corollario 3.24. *Nel caso* $X_n = (S_n - K)^+$ *e* $r \geq 0$*, si ha* $H_n^E \geq (S_n - K)^+$ *e quindi* $H = H^E$*: in altri termini, una Call Americana vale quanto la corrispondente Call Europea.*

Dimostrazione. Posto $B_n = (1+r)^n$, vale anzitutto

$$\widetilde{H}_n^E = \frac{1}{B_N}E^Q\left[(S_N - K)^+ \mid \mathcal{F}_n\right] \geq \frac{1}{B_N}E^Q\left[S_N - K \mid \mathcal{F}_n\right] = \widetilde{S}_n - \frac{K}{B_N}$$

Di conseguenza, essendo $r \geq 0$, si ha

$$H_n^E \geq S_n - K\frac{B_n}{B_N} \geq S_n - K$$

ed essendo $H_n^E \geq 0$, vale anche

$$H_n^E \geq (S_n - K)^+ \qquad\qquad \square$$

Forniamo ora una seconda condizione sufficiente affinché un'opzione Americana valga come la corrispondente Europea.

Proposizione 3.25. *Se* $\widetilde{X}$ *è una* Q*-sub-martingala, ossia vale*

$$\widetilde{X}_n \leq E^Q\left[\widetilde{X}_{n+1} \mid \mathcal{F}_n\right] \qquad n = 0 \qquad N-1$$

allora $H = H^E$*.*

Dimostrazione. Per l'ipotesi di sub-martingalità e per il Teorema di Optional sampling, vale

$$E^Q\left[\widetilde{X}_\nu \mid \mathcal{F}_n\right] \leq E^Q\left[\widetilde{X}_N \mid \mathcal{F}_n\right] \tag{3.37}$$

per ogni n e $\nu \in \mathcal{T}_n$. Segue dalla (3.37) che N è un tempo ottimale d'esercizio ed anche che

$$\widetilde{H}_n = \max_{\nu \in \mathcal{T}_n} E^Q\left[\widetilde{X}_\nu \mid \mathcal{F}_n\right] \leq E^Q\left[\widetilde{X}_N \mid \mathcal{F}_n\right] = \widetilde{H}_n^E$$

e quindi, per la (3.36), concludiamo che $H = H^E$.

Possiamo anche dare la seguente prova diretta della (3.37): per ogni $\nu \in \mathcal{T}_n$ vale

$$E^Q\left[\widetilde{X}_\nu \mid \mathcal{F}_n\right] = \sum_{k=n}^{N} E^Q\left[\mathbb{1}_{\{\nu=k\}}\widetilde{X}_k \mid \mathcal{F}_n\right]$$

$$\leq \sum_{k=n}^{N} E^Q\left[\mathbb{1}_{\{\nu=k\}}E^Q\left[\widetilde{X}_N \mid \mathcal{F}_k\right] \mid \mathcal{F}_n\right]$$

$$= \sum_{k=n}^{N} E^Q\left[E^Q\left[\mathbb{1}_{\{\nu=k\}}\widetilde{X}_N \mid \mathcal{F}_k\right] \mid \mathcal{F}_n\right]$$

$$= \sum_{k=n}^{N} E^Q\left[\mathbb{1}_{\{\nu=k\}}\widetilde{X}_N \mid \mathcal{F}_n\right] = E^Q\left[\widetilde{X}_N \mid \mathcal{F}_n\right] \qquad \square$$

Presentiamo la seguente dimostrazione alternativa del Corollario 3.24. In base alla Proposizione 3.25, è sufficiente mostrare che se $X_n = (S_n - K)^+$ e $r \geq 0$ allora $\widetilde{X}$ è una Q-sub-martingala: si ha infatti

$$E^Q\left[\widetilde{X}_{n+1} \mid \mathcal{F}_n\right] = \frac{1}{B_{n+1}}E^Q\left[(S_{n+1} - K)^+ \mid \mathcal{F}_n\right]$$

$$\geq \frac{1}{B_{n+1}}E^Q\left[S_{n+1} - K \mid \mathcal{F}_n\right] = \widetilde{S}_n - \frac{K}{B_{n+1}} \geq$$

(essendo $r \geq 0$)

$$\geq \widetilde{S}_n - \frac{K}{B_n}$$

da cui la tesi, essendo $E^Q\left[\widetilde{X}_{n+1} \mid \mathcal{F}_n\right] \geq 0$.

Forniamo ora un criterio più generale affinché $H = H^E$, basato sulla proprietà di convessità della funzione di payoff.

Corollario 3.26. *Se $\widetilde{X}_n = g(\widetilde{S}_n)$ con g funzione convessa, allora $\widetilde{X}$ è una Q-sub-martingala. In particolare, nel caso $r = 0$, non solo la Call ma anche la Put Americana vale come la corrispondente Europea.*

Dimostrazione. La tesi è conseguenza della disuguaglianza di Jensen: vale infatti

$$E^Q\left[\widetilde{X}_{n+1} \mid \mathcal{F}_n\right] = E^Q\left[g(\widetilde{S}_{n+1}) \mid \mathcal{F}_n\right] \geq g\left(E^Q\left[\widetilde{S}_{n+1} \mid \mathcal{F}_n\right]\right) = g(\widetilde{S}_n) = \widetilde{X}_n$$

Infine, se $r = 0$, è chiaro che il payoff della Put Americana è del tipo $X_n = \widetilde{X}_n = g(\widetilde{S}_n) = g(S_n)$ dove $g(x) = (K - x)^+$ è una funzione convessa e dunque la tesi segue dalla Proposizione 3.25. $\qquad \square$

A questo punto, visto che nella versione "non scontata" sia la Call che la Put sono funzioni convesse del sottostante, ci si può chiedere cosa distingua la Put dalla Call per rendere la versione Americana della Put non equivalente alla Europea (almeno nel caso $r \neq 0$). Nell'ipotesi che valga $X_n = \varphi(S_n)$ per ogni n e sia $r \geq 0$, il risultato seguente fornisce una condizione su φ, aggiuntiva alla convessità, che garantisce che $H = H^E$.

Corollario 3.27. *Sia $r \geq 0$ e assumiamo che $X_n = \varphi(S_n)$ per ogni n. Se φ è funzione convessa tale che $\varphi(0) = 0$, allora $\widetilde{X}$ è una Q-sub-martingala e di conseguenza $H = H^E$.*

Dimostrazione. Osserviamo preliminarmente che, per la convessità di φ, vale

$$\varphi(\alpha x + (1 - \alpha)y) \leq \alpha\varphi(x) + (1 - \alpha)\varphi(y) \qquad x \, y \in \mathbb{R}^d \quad \alpha \in [0 \ 1]$$

e in particolare, per $y = 0$, si ha

$$\varphi(\alpha x) \leq \alpha\varphi(x) \qquad x \in \mathbb{R}^d \tag{3.38}$$

Allora abbiamo

$$X_n = \varphi(S_n) = \varphi\left(\frac{1}{1+r} E^Q \left[S_{n+1} \ \mathcal{F}_n\right]\right) \leq$$

(per la (3.38) con $\alpha = \frac{1}{1+r} \in]0 \ 1]$, essendo $r \geq 0$)

$$\leq \frac{1}{1+r}\varphi\left(E^Q \left[S_{n+1} \ \mathcal{F}_n\right]\right) \leq$$

(per la disuguaglianza di Jensen)

$$\leq \frac{1}{1+r} E^Q \left[\varphi(S_{n+1}) \ \mathcal{F}_n\right] = \frac{1}{1+r} E^Q \left[X_{n+1} \ \mathcal{F}_n\right]$$

da cui segue la tesi. $\square$

A conclusione notiamo che la Call e la Put si distinguono anche per il fatto che nella Call la φ è monotona crescente e nella Put decrescente. Osserviamo però che le proprietà di convessità e monotonia crescente di φ non sono in generale sufficienti a garantire che, posto $X_n = \varphi(S_n)$, il processo $\widetilde{X}$ sia una Q-sub-martingala. Per esempio, la funzione $\varphi(x) = 1 + x$, con $x \in \mathbb{R}$, è convessa, monotona crescente e tale che, nel caso $r > 0$, il processo $\widetilde{X}$ è una *Q-super-martingala*: infatti si ha

$$X_n = 1 + S_n = 1 + \frac{1}{1+r} E^Q \left[S_{n+1} \ \mathcal{F}_n\right]$$

$$> \frac{1}{1+r} E^Q \left[1 + S_{n+1} \ \mathcal{F}_n\right] = \frac{1}{1+r} E^Q \left[X_{n+1} \ \mathcal{F}_n\right]$$

3.3 Esercizi risolti

3.3.1 Preliminari

Introduciamo le notazioni che utilizzeremo sistematicamente nella risoluzione degli esercizi in cui considereremo modelli di tipo binomiale e trinomiale. Nel caso binomiale, come già nel Paragrafo 3.1.4, indicheremo con $Y_{n,k}$ il prezzo di un titolo Y individuato sull'albero binomiale dalle coordinate n (tempo) e k (numero di movimenti di crescita del sottostante).

Più in generale, quando sia necessario identificare le singole traiettorie del processo dei prezzi, adotteremo una notazione del tipo

$$Y_n^{ud...uu} \tag{3.39}$$

dove, al solito, l'indice n al pedice indica l'istante di tempo mentre la sequenza all'apice indica i movimenti di crescita u e decrescita d della traiettoria del sottostante, riportati in modo ordinato dal tempo iniziale fino al tempo n.

Nel caso del modello trinomiale useremo una notazione analoga alla (3.39) in cui all'apice compaiono non solo le lettere u e d ma anche m in corrispondenza del movimento "intermedio".

Nella parte teorica si è visto che il prezzo H di un'opzione Americana X è definito dalla relazione ricorsiva

$$H_n = \begin{cases} X_N & n = N \\ \max\{X_n, E_n\} & n = 0, \dots, N-1 \end{cases} \tag{3.40}$$

dove il processo E è definito da $E_N = -1$ e

$$E_n = \frac{1}{1+r} E^Q[H_{n+1} \mid \mathcal{F}_n] \qquad n \le N-1 \tag{3.41}$$

Per la proprietà di Markov del processo dei prezzi binomiale e trinomiale, nel caso il payoff sia del tipo $X_n = X_n(S_n)$ si ha (vedi Osservazione 3.15) che anche H_n si esprime in funzione di S_n ad ogni istante n.

Una volta determinato il processo E in (3.41), la minima e massima fra le strategie ottimali d'esercizio sono definite rispettivamente da

$$\nu_{\min} = \min\{n \mid X_n \ge E_n\} \tag{3.42}$$
$$\nu_{\max} = \min\{n \mid X_n > E_n\} \tag{3.43}$$

Infine, per quanto riguarda il problema della copertura, abbiamo osservato nella Sezione 3.1.4, che fino al tempo $\nu_{\max}$ la strategia di copertura può essere calcolata utilizzando direttamente il processo H anziché M, la parte martingala della decomposizione di Doob di $\widetilde{H}$. Ne segue che la strategia di copertura (α_n, β_n), costruita all'istante $n-1$ per il periodo n-esimo, si determina imponendo la condizione di replicazione

$$\alpha_n S_n + \beta_n B_n = H_n \tag{3.44}$$

per $n \le \nu_{\max}$.

3.3.2 Esercizi e loro risoluzione

Esercizio 3.28. In un modello di mercato binomiale si consideri una Put Americana con payoff $X_n = (K - S_n)^+$. I dati numerici siano $u = 2, d = \frac{1}{2}, S_0 = 1, K = \frac{1}{2}$ e l'orizzonte temporale sia di tre periodi, cioè $N = 3$. Al variare del tasso di interesse r, si determini:

i) il processo H del prezzo dell'opzione e la minima e massima strategia ottimale d'esercizio;
ii) la martingala M della decomposizione di Doob di $\widetilde{H}$ e, nel caso $r > 0$, la strategia di copertura del derivato Americano. *(Questo punto dell'esercizio è inteso a far vedere la onerosità del calcolo della strategia di copertura basato sulla replica del processo martingala M calcolato secondo le (3.33) ed il vantaggio della procedura alternativa descritta al Paragrafo 3.1.4).*

Svolgimento dell'Esercizio 3.28
i) Affinché il modello sia libero d'arbitraggi deve valere la relazione $d < 1+r < u$ che in questo caso equivale a

$$-\frac{1}{2} < r < 1. \tag{3.45}$$

Assumendo valida la (3.45), si ha che la misura martingala è definita in termini di

$$q = \frac{1+r-d}{u-d} = \frac{1}{3}(1+2r), \qquad 1-q = \frac{2}{3}(1-r).$$

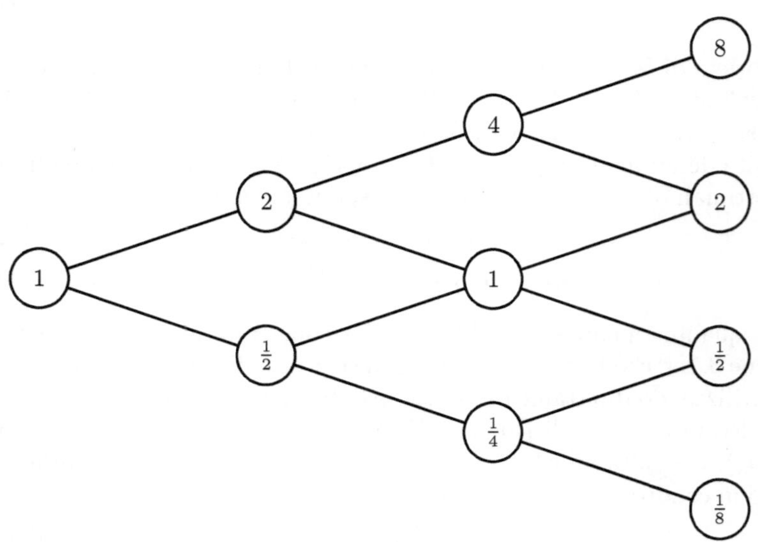

Fig. 3.1. Albero binomiale dei prezzi del sottostante

Rappresentiamo in Figura 3.1 l'albero binomiale dei prezzi del sottostante. Ricordiamo che il processo del prezzo d'arbitraggio del derivato Americano è definito ricorsivamente da

$$H_n = \begin{cases} (\frac{1}{2} - S_N)^+, & n = N, \\ \max\left\{(\frac{1}{2} - S_n)^+, E_n\right\}, & n = 0, \ldots, N-1, \end{cases} \tag{3.46}$$

dove E è il processo in (3.41):

$$E_n = \frac{1}{1+r} E^Q\left[H_{n+1} \mid \mathcal{F}_n\right].$$

Con le notazioni della Sezione 3.3.1, all'ultimo periodo abbiamo

$$\begin{cases} H_{3,3} = X_{3,3} = \left(\frac{1}{2} - 8\right)^+ = 0, \\ H_{3,2} = X_{3,2} = \left(\frac{1}{2} - 2\right)^+ = 0, \\ H_{3,1} = X_{3,1} = \left(\frac{1}{2} - \frac{1}{2}\right)^+ = 0, \\ H_{3,0} = X_{3,0} = \left(\frac{1}{2} - \frac{1}{8}\right)^+ = \frac{3}{8}. \end{cases}$$

Successivamente, seguendo la (3.46), si ha

$$X_{2,2} = X_{2,1} = E_{2,2} = E_{2,1} = 0,$$

da cui $H_{2,2} = H_{2,1} = 0$. Inoltre

$$X_{2,0} = \left(\frac{1}{2} - \frac{1}{4}\right)^+ = \frac{1}{4},$$

e

$$E_{2,0} = \frac{1}{1+r}\left(qH_{3,1} + (1-q)H_{3,0}\right) = \frac{3}{8}\left(\frac{1-q}{1+r}\right) = \frac{1}{4}\left(\frac{1-r}{1+r}\right).$$

Allora si ha

$$H_{2,0} = \max\ X_{2,0}, E_{2,0}$$

$$= \max\left\{\frac{1}{4}, \frac{1}{4}\left(\frac{1-r}{1+r}\right)\right\} = \begin{cases} \frac{1}{4} & \text{se } 0 < r < 1, \\ \frac{1}{4}\left(\frac{1-r}{1+r}\right) & \text{se } -\frac{1}{2} < r \leq 0. \end{cases}$$

Al passo precedente $X_{1,1} = E_{1,1} = H_{1,1} = 0$ e

$$E_{1,0} = \frac{1}{1+r}\left(qH_{2,1} + (1-q)H_{2,0}\right)$$

$$= \begin{cases} \frac{1}{4}\left(\frac{1-q}{1+r}\right) = \frac{1}{6}\left(\frac{1-r}{1+r}\right) & \text{se } 0 < r < 1, \\ \frac{1}{4}\frac{(1-q)(1-r)}{(1+r)^2} = \frac{1}{6}\left(\frac{1-r}{1+r}\right)^2 & \text{se } -\frac{1}{2} < r \leq 0. \end{cases}$$

In ogni caso, essendo $X_{1,0} = 0$, vale $H_{1,0} = E_{1,0}$. Infine, al primo istante, si ha $X_{0,0} = 0$ e quindi

$$H_{0,0} = E_{0,0} = \frac{1}{1+r}\left(qH_{1,1} + (1-q)H_{1,0}\right)$$

$$= \begin{cases} \frac{1}{6}\frac{(1-q)(1-r)}{(1+r)^2} = \frac{1}{9}\left(\frac{1-r}{1+r}\right)^2 & \text{se } 0 < r < 1, \\ \frac{1}{6}\frac{(1-q)(1-r)^2}{(1+r)^3} = \frac{1}{9}\left(\frac{1-r}{1+r}\right)^3 & \text{se } -\frac{1}{2} < r \leq 0. \end{cases}$$

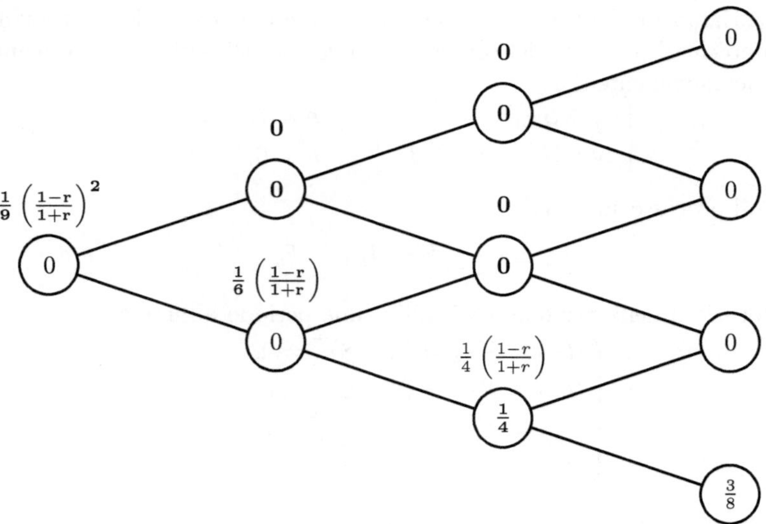

Fig. 3.2. Valori dei processi X (dentro al cerchio) e E (sopra al cerchio) nel caso $0 < r < 1$

Per facilitare i calcoli seguenti, nella Figura 3.2 rappresentiamo i valori dei processi X (dentro al cerchio) e E (sopra al cerchio) nel caso $0 < r < 1$, evidenziando in grassetto il massimo fra i due, pari al prezzo H dell'opzione Americana.

Osservando la Figura 3.2 possiamo facilmente determinare la prima e l'ultima strategia ottimale d'esercizio nel caso $0 < r < 1$. Infatti, per definizione vale

$$\nu_{\min} = \min\{n \mid X_n \geq E_n\} = \begin{cases} 1 & \text{in } \{S_1 = S_{1,1}\} \\ 2 & \text{in } \{S_1 = S_{1,0}\} \end{cases}$$

Analogamente si ha

$$\nu_{\max} = \min\{n \mid X_n > E_n\} = \begin{cases} 2 & \text{in } \{S_2 = S_{2,0}\} \\ 3 & \text{altrimenti.} \end{cases}$$

In Figura 3.3 rappresentiamo la prima e l'ultima strategia ottimale d'esercizio nel caso $0 < r < 1$.

Consideriamo ora il caso $-\frac{1}{2} < r \leq 0$: in Figura 3.4 rappresentiamo i valori dei processi X (dentro al cerchio) e E (sopra al cerchio), evidenziando in grassetto il massimo fra i due, pari al prezzo H dell'opzione Americana.

Per quanto riguarda le strategie d'esercizio ottimale, consideriamo prima il caso $r < 0$: per definizione vale

$$\nu_{\min} = \min\{n \mid X_n \geq E_n\} = \begin{cases} 1 & \text{in } \{S_1 = S_{1,1}\} \\ 2 & \text{in } \{S_1 = S_{1,0}\} \cap \{S_2 = S_{2,1}\} \\ 3 & \text{in } \{S_2 = S_{2,0}\} \end{cases}$$

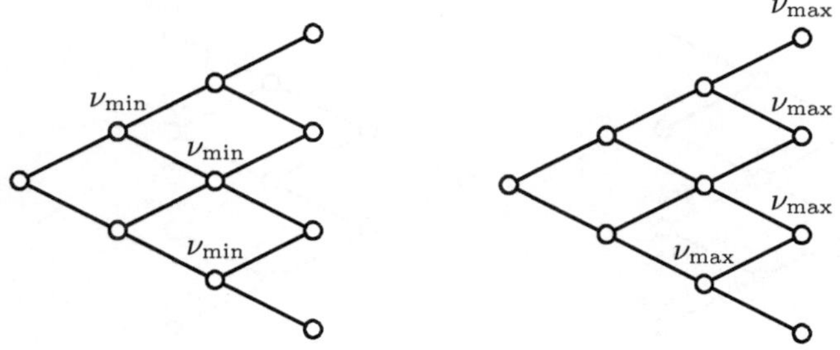

Fig. 3.3. Minima (a sinistra) e massima (a destra) strategia d'esercizio ottimale nel caso $0 < r < 1$

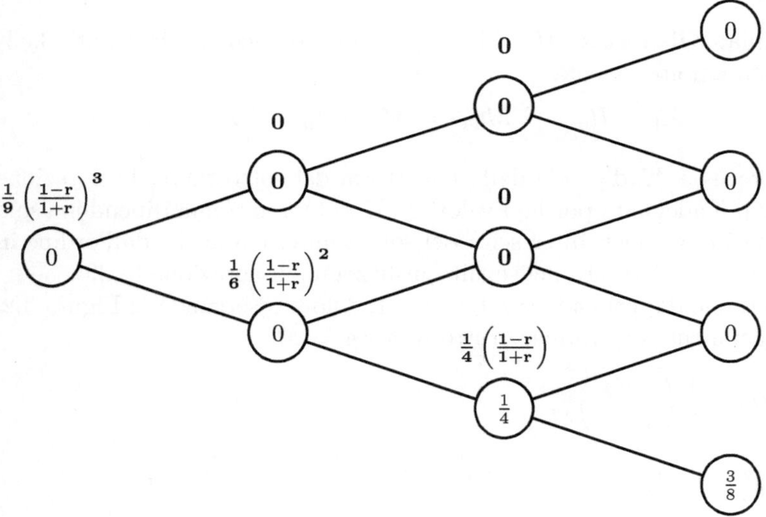

Fig. 3.4. Valori dei processi X (dentro al cerchio) e E (sopra al cerchio) nel caso $-\frac{1}{2} < r < 0$

e

$$\nu_{\max} = \min\{n : X_n > E_n\} = 3$$

In Figura 3.5 rappresentiamo la prima e l'ultima strategia ottimale d'esercizio nel caso $-\frac{1}{2} < r < 0$.

Infine nel caso $r = 0$, abbiamo $\nu_{\max} = 3$ e

$$\nu_{\min} = \min\{n : X_n \geq E_n\} = \begin{cases} 1 & \text{in } \{S_1 = S_{1,1}\} \\ 2 & \text{in } \{S_1 = S_{1,0}\} \end{cases}$$

Notiamo che in questo caso (come nel caso $r < 0$) $N = \nu_{\max}$ è un tempo ottimale d'esercizio e quindi il derivato Americano vale quanto il corrispondente Europeo, in accordo con il Corollario 3.26.

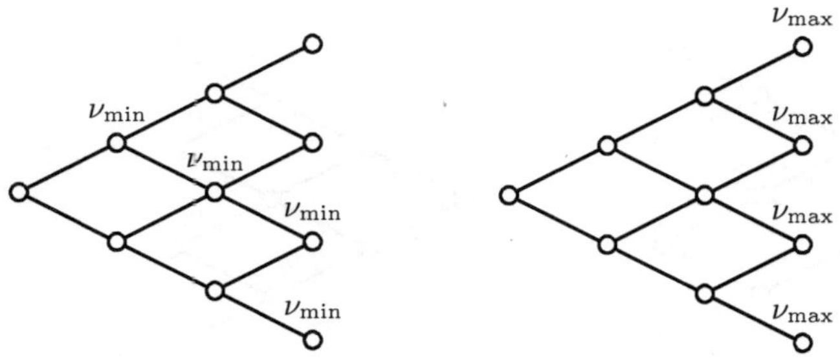

Fig. 3.5. Minima (a sinistra) e massima (a destra) strategia d'esercizio ottimale nel caso $-\frac{1}{2} < r < 0$

ii) Determiniamo il processo M utilizzando la formula ricorsiva in avanti (3.33) che in questo ambito diventa

$$M_0 = H_0, \qquad M_{n+1} = M_n + \widetilde{H}_{n+1} - \widetilde{E}_n.$$

Poiché il processo M dipende dalla traiettoria del sottostante, la notazione $M_{n,k}$ non è più adeguata poiché i valori di M al tempo n non dipendono solo dal numero di movimenti di crescita del sottostante, ma anche dall'ordine in cui sono avvenuti. Pertanto nel seguito utilizziamo la notazione (3.39).

Consideriamo dapprima il caso $0 \le r < 1$. Allora osservando la Figura 3.2, possiamo facilmente determinare tutto il processo M:

$$M_0 = H_0 = \frac{1}{9}\left(\frac{1-r}{1+r}\right)^2,$$

$$M_1^u = \widetilde{H}_{1,1} + M_0 - E_0 = 0 + \frac{1}{9}\left(\frac{1-r}{1+r}\right)^2 - \frac{1}{9}\left(\frac{1-r}{1+r}\right)^2 = 0,$$

$$M_1^d = \widetilde{H}_{1,0} + M_0 - E_0 = \frac{1-r}{6(1+r)^2} + \frac{1}{9}\left(\frac{1-r}{1+r}\right)^2 - \frac{1}{9}\left(\frac{1-r}{1+r}\right)^2$$

$$= \frac{1-r}{6(1+r)^2};$$

nel secondo istante abbiamo

$$M_2^{uu} = \widetilde{H}_{2,2} + M_1^u - \widetilde{E}_{1,1} = 0,$$

$$M_2^{ud} = \widetilde{H}_{2,1} + M_1^u - \widetilde{E}_{1,1} = 0,$$

$$M_2^{du} = \widetilde{H}_{2,1} + M_1^d - \widetilde{E}_{1,0} = 0 + \frac{1-r}{6(1+r)^2} - \frac{1-r}{6(1+r)^2} = 0,$$

$$M_2^{dd} = \widetilde{H}_{2,0} + M_1^d - \widetilde{E}_{1,0} = \frac{1}{4(1+r)^2} + \frac{1-r}{6(1+r)^2} - \frac{1-r}{6(1+r)^2}$$

$$= \frac{1}{4(1+r)^2},$$

e nel terzo istante abbiamo

$$M_3^{uuu} = \widetilde{H}_{3,3} + M_2^{uu} - \widetilde{E}_{2,2} = 0$$

$$M_3^{uud} = \widetilde{H}_{3,2} + M_2^{uu} - \widetilde{E}_{2,2} = 0$$

$$M_3^{udu} = \widetilde{H}_{3,2} + M_2^{ud} - \widetilde{E}_{2,1} = 0$$

$$M_3^{duu} = \widetilde{H}_{3,2} + M_2^{du} - \widetilde{E}_{2,1} = 0$$

$$M_3^{udd} = \widetilde{H}_{3,1} + M_2^{ud} - \widetilde{E}_{2,1} = 0$$

$$M_3^{dud} = \widetilde{H}_{3,1} + M_2^{du} - \widetilde{E}_{2,1} = 0$$

$$M_3^{ddu} = \widetilde{H}_{3,1} + M_2^{dd} - \widetilde{E}_{2,0} = 0 + \frac{1}{4(1+r)^2} - \frac{1-r}{4(1+r)^3} = \frac{r}{2(1+r)^3}$$

$$M_3^{ddd} = \widetilde{H}_{3,0} + M_2^{dd} - \widetilde{E}_{2,0} = \frac{3}{8(1+r)^3} + \frac{1}{4(1+r)^2} - \frac{1-r}{4(1+r)^3}$$

$$= \frac{1}{2(1+r)^3} \left(\frac{3}{4} + r \right)$$

In accordo con quanto osservato nel Paragrafo 3.1.4, possiamo verificare che vale semplicemente

$$M_n = \widetilde{H}_n \quad \text{per } n \leq \nu_{\max} \tag{3.47}$$

In particolare nel caso $r < 0$, poiché $\nu_{\max} = N$, si ha che il processo M coincide col processo $\widetilde{H}$.

Infine determiniamo la strategia di copertura nel caso $r > 0$. A posteriori, come già osservato nel Paragrafo 3.1.4, *per calcolare la strategia di copertura non è necessario determinare il processo M*: infatti ricordiamo che è sufficiente calcolare la strategia per $n \leq \nu_{\max}$ e quindi, per la (3.47), possiamo direttamente utilizzare l'usuale formula di copertura (3.35) che qui riportiamo per comodità

$$\alpha_{n,k} = \frac{H_{n,k+1} - H_{n,k}}{(u-d)S_{n-1,k}} \qquad k = 0 \qquad n-1$$

Qui $\alpha_{n,k}$ indica la strategia di copertura per il periodo n-esimo, che si costruisce all'istante $n-1$ nel caso $S_{n-1} = S_{n-1,k}$. La strategia per il primo periodo è pari a

$$\alpha_1 = \frac{H_{1,1} - H_{1,0}}{(u-d)S_0} = \frac{0 - \frac{1}{6}\left(\frac{1-r}{1+r}\right)}{\frac{2}{3}} = -\frac{1}{4}\left(\frac{1-r}{1+r}\right)$$

Dalla relazione di autofinanziamento

$$H_0 = \alpha_1 S_0 + \beta_1 B_0$$

si ricava facilmente anche la quota di titolo non rischioso che è pari a

$$\beta_1 = H_0 - \alpha_1 = \frac{1}{9}\left(\frac{1-r}{1+r}\right)^2 + \frac{1}{4}\left(\frac{1-r}{1+r}\right) = \frac{4r^2 - 17r + 13}{36(1+r)^2}$$

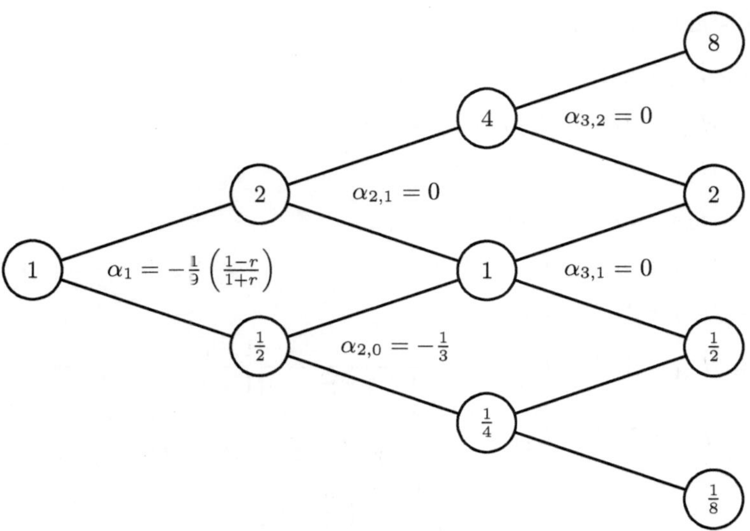

Fig. 3.6. Strategia di copertura nel caso $0 < r < 1$

Dunque nel primo periodo si vende allo scoperto una quantità pari a $\frac{1}{4}\left(\frac{1-r}{1+r}\right)$ di titolo rischioso e lo si investe, insieme all'ammontare ricevuto dalla vendita del derivato, nel bond.

Nel secondo periodo, la strategia è la seguente

$$\alpha_{2,1} = \frac{H_{2,2} - H_{2,1}}{(u-d)S_{1,1}} = 0$$

$$\alpha_{2,0} = \frac{H_{2,1} - H_{2,0}}{(u-d)S_{1,0}} = \frac{0 - \frac{1}{4}}{\frac{2}{3}\cdot\frac{1}{2}} = -\frac{1}{3}$$

Dunque, se il prezzo è salito si investe tutto nel bond, altrimenti ci si indebita ulteriormente di un terzo nel titolo rischioso. Infine nell'ultimo periodo dobbiamo calcolare la strategia solo nel caso in cui $S_2 = S_{2,2}$ e $S_2 = S_{2,1}$ perché in $S_2 = S_{2,0}$ si ha esercizio anticipato (si veda l'albero a destra nella Figura 3.3). Si ha

$$\alpha_{3,2} = \frac{H_{3,3} - H_{3,2}}{(u-d)S_{2,2}} = 0$$

$$\alpha_{3,1} = \frac{H_{3,2} - H_{3,1}}{(u-d)S_{2,1}} = 0$$

La strategia di copertura α è rappresentata in Figura 3.6. $\square$

Esercizio 3.29. In un modello di mercato binomiale si consideri una opzione Americana con premio di esercizio

$$X_n = \min\ \max\ S_n\ K_1\ K_2$$

cioè un'opzione di tipo "collar". I dati numerici siano

$$u = 2, \quad d = \frac{1}{2}, \quad S_0 = 1, \quad K_1 = 1, \quad K_2 = 2, \quad r = \frac{1}{2},$$

e l'orizzonte temporale sia di due periodi, cioè $N = 2$.

i) Si determini il processo del prezzo dell'opzione Americana e le strategie di esercizio minimale e massimale;
ii) si determini la strategia di copertura;
iii) si faccia vedere cosa succederebbe se il cliente esercitasse erroneamente l'opzione in $n = 2$.

Svolgimento dell'Esercizio 3.29
i) Notiamo innanzi tutto che, sulla base dei dati numerici, per la misura martingala vale

$$q = \frac{1 + r - d}{u - d} = \frac{2}{3}.$$

In Figura 3.7 rappresentiamo l'albero binomiale del prezzo del sottostante (dentro al cerchio) e del payoff dell'opzione Americana (sopra al cerchio).

All'ultimo periodo il prezzo d'arbitraggio del derivato H è pari a

$$\begin{cases} H_2^{uu} = X_2^{uu} = \min\left(\max(4,1),2\right) = 2, \\ H_2^{ud} = X_2^{ud} = \min\left(\max(1,1),2\right) = 1, \\ H_2^{dd} = X_2^{dd} = \min\left\{\max\left\{\frac{1}{4},1\right\},2\right\} = 1. \end{cases}$$

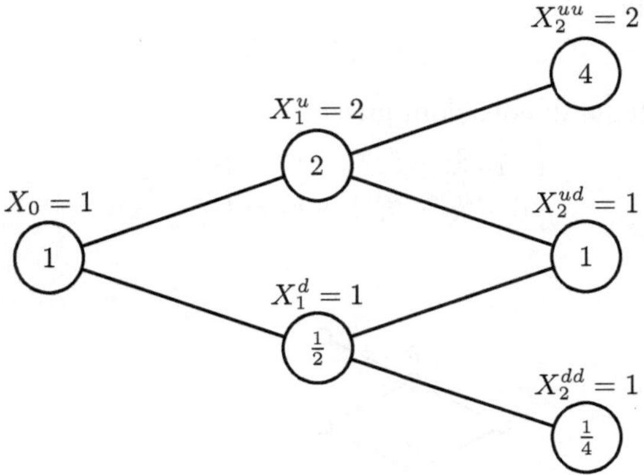

Fig. 3.7. Albero binomiale dei prezzi del sottostante S (all'interno dei cerchi) e dei valori del payoff X (sopra i cerchi)

Calcoliamo ora il prezzo d'arbitraggio al tempo $n = 1$: per definizione si ha

$$H_1^u = \max \ X_1^u \ E_1^u \ = \max\left\{2 \ \frac{1}{1+r}\left(qH_2^{uu} + (1-q)H_2^{ud}\right)\right\}$$

$$= \max\left\{2 \ \frac{2}{3}\left(\frac{2}{3}\cdot 2 + \frac{1}{3}\cdot 1\right)\right\} = \max\left\{2 \ \frac{10}{9}\right\} = 2$$

$$H_1^d = \max\left\{X_1^d \ E_1^d\right\} = \max\left\{1 \ \frac{1}{1+r}\left(qH_2^{du} + (1-q)H_2^{dd}\right)\right\}$$

$$= \max\left\{1 \ \frac{2}{3}\left(\frac{2}{3}\cdot 1 + \frac{1}{3}\cdot 1\right)\right\} = \max\left\{1 \ \frac{2}{3}\right\} = 1$$

Inoltre al tempo iniziale si ha

$$H_0 = \max \ {-}X_0 \ E_0{-} = \max\left\{1 \ \frac{1}{1+r}\left(qH_1^u + (1-q)H_1^d\right)\right\}$$

$$= \max\left\{1 \ \frac{2}{3}\left(\frac{2}{3}\cdot 2 + \frac{1}{3}\cdot 1\right)\right\} = \max\left\{1 \ \frac{10}{9}\right\} = \frac{10}{9}$$

Confrontando i valori di X e E appena calcolati, otteniamo

$$\bar{\nu} := \nu_{\min} = \min{-}n \ {-}X_n \geq E_n{-} = \nu_{\max} = \min{-}n \ {-}X_n > E_n{-} = 1$$

e quindi in questo caso l'opzione Americana non si riduce ad un'Europea. Ciò è anche in accordo con la Proposizione 3.25 dato che $\widetilde{X}$ qui non è una Q-sub-martingala. Infatti si ha p.es.

$$\widetilde{X}_1^u = \frac{4}{3} > E^Q{-}\widetilde{X}_2 \ \mathcal{F}_1^u \ = \frac{2}{3}\frac{8}{9} + \frac{1}{3}\frac{4}{9} = \frac{20}{27}$$

Rappresentiamo la strategia d'esercizio ottimale in Figura 3.8.

ii) Per quanto osservato nel Paragrafo 3.1.4, poiché $\nu_{\max} = 1$, è sufficiente calcolare la strategia di copertura solo per il primo periodo. Inoltre tale strategia coincide con la strategia di copertura di H_1 e dunque si ottiene imponendo la condizione di replicazione

$$\alpha_1 S_1 + \beta_1 B_1 = H_1$$

che fornisce il sistema di equazioni lineari

$$\begin{cases} \alpha_1 u S_0 + \beta_1(1+r) = H_1^u \\ \alpha_1 d S_0 + \beta_1(1+r) = H_1^d \end{cases}$$

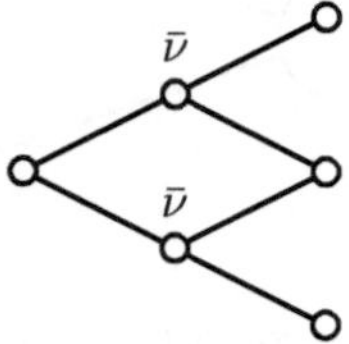

Fig. 3.8. Strategia d'esercizio ottimale

equivalente a

$$\begin{cases} 2\alpha_1 + \frac{3}{2}\beta_1 = 2 \\ \frac{1}{2}\alpha_1 + \frac{3}{2}\beta_1 = 1 \end{cases}$$

La soluzione di tale sistema è

$$\alpha_1 = \frac{2}{3} \qquad \beta_1 = \frac{4}{9} \tag{3.48}$$

Verifichiamo che il costo iniziale di tale strategia è pari al prezzo iniziale dell'opzione Americana: ricordando che $S_0 = B_0 = 1$, vale infatti

$$\frac{2}{3}S_0 + \frac{4}{9}B_0 = \frac{10}{9} = H_0$$

Alternativamente si poteva anche calcolare la strategia utilizzando la formula (3.35) che qui diventa

$$\alpha_1 = \frac{H_1^u - H_1^d}{S_0(u - d)} \qquad \beta_1 = H_0 - \alpha_1 S_0$$

iii) Assumiamo ora che il possessore dell'opzione non eserciti in modo razionale all'istante $n = 1$. Per esempio, supponiamo che per $S_1 = S_1^u = 2$ il possessore non eserciti. In tal caso è necessario coprire il payoff X_2 e a tal fine costruiamo la strategia di copertura $(\alpha_2 \ \beta_2)$ tale che

$$\alpha_2 S_2 + \beta_2 B_2 = X_2$$

o, più esplicitamente,

$$\begin{cases} \alpha_2 u S_1^u + \beta_2(1 + r)^2 = X_2^{uu} \\ \alpha_2 d S_1^u + \beta_2(1 + r)^2 = X_2^{ud} \end{cases}$$

Tale sistema fornisce

$$\begin{cases} 4\alpha_2 + \frac{9}{4}\beta_2 = 2 \\ \alpha_2 + \frac{9}{4}\beta_2 = 1 \end{cases}$$

con soluzione

$$\alpha_2 = \frac{1}{3} \qquad \beta_2 = \frac{8}{27}$$

Notiamo tuttavia che il costo per la costruzione di tale strategia in $S_1 = S_1^u = 2$ è pari a

$$V_1^u := \alpha_2 S_1^u + \beta_2 B_1 = \frac{1}{3} \cdot 2 + \frac{8}{27} \cdot \frac{3}{2} = \frac{10}{9}$$

che è strettamente minore di $H_1^u = 2$, pari al valore della strategia di copertura costruita all'istante iniziale. In definitiva il venditore dell'opzione deve impegnare solo $\frac{10}{9}$ per coprire l'opzione, a fronte di un capitale disponibile pari a 2 (derivante dalla vendita iniziale dell'opzione e dall'investimento nella strategia di copertura (3.48) nel primo periodo). Il risultato è un profitto certo e privo di rischio per il venditore pari a

$$H_1^u - V_1^u = \frac{8}{9}$$

Analogamente, se il possessore non esercita nel caso $S_1 = S_1^d = \frac{1}{2}$, costruiamo la strategia di copertura tale che

$$\begin{cases} \alpha_2 u S_1^d + \beta_2 (1+r)^2 = X_2^{ud} \\ \alpha_2 d S_1^d + \beta_2 (1+r)^2 = X_2^{dd} \end{cases}$$

Tale sistema fornisce

$$\begin{cases} \alpha_2 + \frac{9}{4}\beta_2 = 1 \\ \frac{1}{4}\alpha_2 + \frac{9}{4}\beta_2 = 1 \end{cases}$$

con soluzione

$$\alpha_2 = 0 \qquad \beta_2 = \frac{4}{9}$$

In questo caso il costo per la costruzione della strategia in $S_1 = S_1^d = \frac{1}{2}$ è pari a

$$V_1^d = \alpha_2 S_1^d + \beta_2 B_1 = \frac{4}{9} \cdot \frac{3}{2} = \frac{2}{3}$$

che è strettamente minore di $H_1^d = 1$, pari al valore della strategia di copertura costruita all'istante iniziale. Il risultato è ancora un profitto certo e privo di rischio per il venditore pari a

$$H_1^d - V_1^d = \frac{1}{3} \qquad\qquad \square$$

Esercizio 3.30. In un modello di mercato binomiale si consideri una Call Americana "up-and-out" con payoff

$$X_n = \begin{cases} (S_n - K)^+ & \text{se } S_k \leq 3 \text{ per ogni } k \leq n \\ 0 & \text{altrimenti} \end{cases}$$

Assumendo i seguenti dati numerici

$$u = 2 \quad d = \frac{1}{2} \quad r = 0 \quad S_0 = 1 \quad K = \frac{1}{3}$$

e l'orizzonte temporale di tre periodi, cioè $N = 3$, si determini:

i)   il processo H del prezzo dell'opzione;
ii) la minima e massima fra le strategie ottimali d'esercizio;
iii) la strategia di copertura dell'opzione per il primo periodo.

Svolgimento dell'Esercizio 3.30

i) Si tratta di un'opzione con barriera il cui payoff è path-dependent, ossia X_n dipende dalla traiettoria del sottostante e non solo da S_n. In particolare per ogni n occorre distinguere le traiettorie tali che, in qualche istante minore o uguale a n, il prezzo del sottostante è maggiore della barriera 3, caso in cui il payoff si annulla. In Figura 3.9 rappresentiamo l'albero binomiale del prezzo del sottostante (dentro al cerchio) e del payoff dell'opzione Americana (sopra al cerchio).

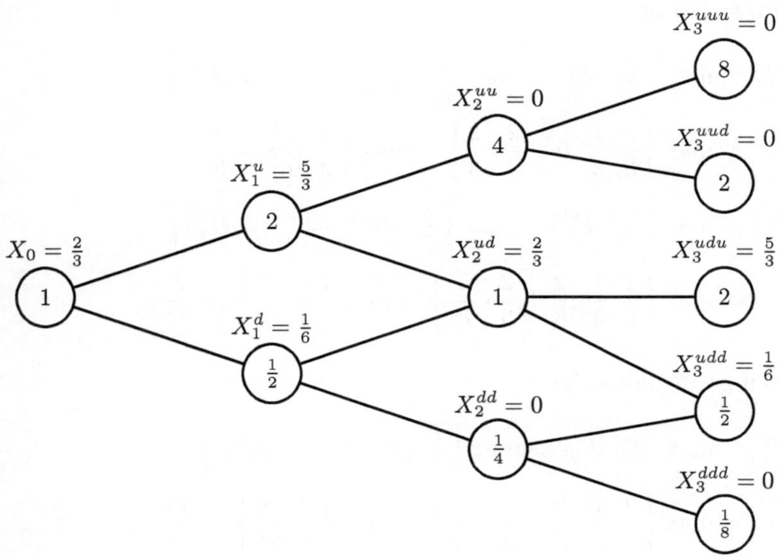

Fig. 3.9. Albero binomiale dei prezzi del sottostante S (all'interno dei cerchi) e dei valori del payoff X (sopra i cerchi)

All'ultimo periodo il prezzo d'arbitraggio del derivato H è pari a

$$\begin{cases} H_3^{uuu} = X_3^{uuu} = 0, \\ H_3^{uud} = X_3^{uud} = 0, \\ H_3^{udu} = X_3^{udu} = \left(2 - \frac{1}{3}\right)^+ = \frac{5}{3}, \\ H_3^{udd} = X_3^{udd} = \left(\frac{1}{2} - \frac{1}{3}\right)^+ = \frac{1}{6}, \\ H_3^{ddd} = X_3^{ddd} = \left(\frac{1}{8} - \frac{1}{3}\right)^+ = 0. \end{cases}$$

Calcoliamo ora il prezzo d'arbitraggio al tempo $n = 2$: per definizione si ha

$$H_2^{uu} = \max\left\{X_2^{uu}, E_2^{uu}\right\} = \max\left\{0, qH_3^{uuu} + (1-q)H_3^{uud}\right\} = 0,$$

$$H_2^{ud} = \max\left\{X_2^{ud}, E_2^{ud}\right\} = \max\left\{\frac{2}{3}, qH_3^{udu} + (1-q)H_3^{udd}\right\}$$

$$= \max\left\{\frac{2}{3}, \frac{1}{3} \cdot \frac{5}{3} + \frac{2}{3} \cdot \frac{1}{6}\right\} = \max\left\{\frac{2}{3}, \frac{2}{3}\right\} = \frac{2}{3},$$

$$H_2^{dd} = \max\left\{X_2^{dd}, E_2^{dd}\right\} = \max\left\{0, qH_3^{ddu} + (1-q)H_3^{ddd}\right\}$$

$$= \frac{1}{3} \cdot \frac{1}{6} + \frac{2}{3} \cdot 0 = \frac{1}{18}.$$

Al tempo $n = 1$ si ha

$$H_1^u = \max\left\{X_1^u\ E_1^u\right\} = \max\left\{\frac{5}{3}\quad qH_2^{uu} + (1-q)H_2^{ud}\right\}$$

$$= \max\left\{\frac{5}{3}\quad \frac{1}{3}\cdot 0 + \frac{2}{3}\cdot\frac{2}{3}\right\} = \max\left\{\frac{5}{3}\quad \frac{4}{9}\right\} = \frac{5}{3}$$

$$H_1^d = \max\left\{X_1^d\ E_1^d\right\} = \max\left\{\frac{1}{6}\quad qH_2^{du} + (1-q)H_2^{dd}\right\}$$

$$= \max\left\{\frac{1}{6}\quad \frac{1}{3}\cdot\frac{2}{3} + \frac{2}{3}\cdot\frac{1}{18}\right\} = \max\left\{\frac{1}{6}\quad \frac{7}{27}\right\} = \frac{7}{27}$$

Infine al tempo iniziale si ha

$$H_0 = \max\left\{X_0\ E_0\right\} = \max\left\{\frac{2}{3}\quad qH_1^u + (1-q)H_1^d\right\}$$

$$= \max\left\{\frac{2}{3}\quad \frac{1}{3}\cdot\frac{5}{3} + \frac{2}{3}\cdot\frac{7}{27}\right\} = \max\left\{\frac{2}{3}\quad \frac{59}{81}\right\} = \frac{59}{81}$$

ii) Confrontando i valori di X e E calcolati nel punto precedente, possiamo facilmente determinare la prima e l'ultima strategia ottimale d'esercizio. Infatti, per definizione vale

$$\nu_{\min} = \min\left\{n\ \big|\ X_n \geq E_n\right\} = \begin{cases} 1 & \text{in } \{S_1 = S_1^u\} \\ 2 & \text{in } \{S_2 = S_2^{du}\} \\ 3 & \text{altrimenti} \end{cases}$$

e

$$\nu_{\max} = \min\left\{n\ \big|\ X_n > E_n\right\} = \begin{cases} 1 & \text{in } \{S_1 = S_1^u\} \\ 3 & \text{altrimenti.} \end{cases}$$

In Figura 3.10 rappresentiamo la prima e l'ultima strategia ottimale d'esercizio. Si noti che il fatto che sia ottimale esercitare anticipatamente se $S_1 = uS_0$, è dovuto alla presenza della barriera. Per i valori di S "lontani" dalla barriera, l'esercizio anticipato non è ottimale come nel caso standard della Call Americana senza barriera che è equivalente alla Call Europea.

iii) Calcoliamo la strategia di copertura per il primo periodo: poiché $\nu_{\max} \geq 1$, per quanto osservato nel Paragrafo 3.1.4, tale strategia coincide con la strategia di copertura di H e dunque si ottiene imponendo la condizione di replicazione

$$\alpha_1 S_1 + \beta_1 B_1 = H_1$$

che fornisce il sistema di equazioni lineari

$$\begin{cases} \alpha_1 uS_0 + \beta_1(1+r) = H_1^u \\ \alpha_1 dS_0 + \beta_1(1+r) = H_1^d \end{cases}$$

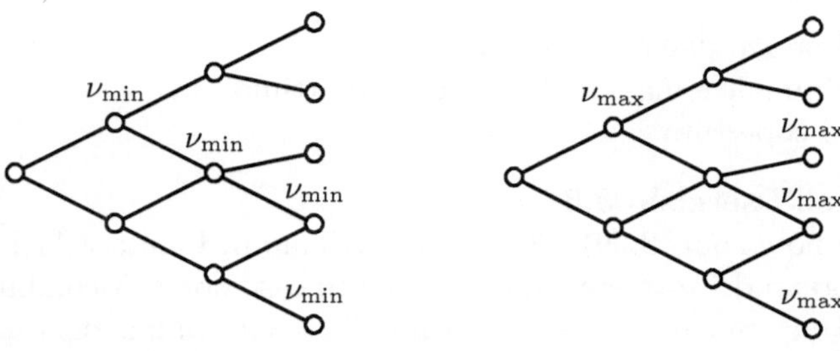

Fig. 3.10. Minima (a sinistra) e massima (a destra) strategia d'esercizio ottimale

equivalente a (ricordiamo che $r = 0$)

$$\begin{cases} 2\alpha_1 + \beta_1 = \frac{5}{3} \\ \frac{1}{2}\alpha_1 + \beta_1 = \frac{7}{27} \end{cases}$$

La soluzione di tale sistema è

$$\alpha_1 = \frac{76}{81} \qquad \beta_1 = -\frac{17}{81}$$

Verifichiamo infine che il costo iniziale di tale strategia è pari al prezzo iniziale dell'opzione Americana: ricordando che $S_0 = B_0 = 1$, vale infatti

$$\frac{76}{81}S_0 - \frac{17}{81}B_0 = \frac{59}{81} = H_0$$

Alternativamente si poteva anche calcolare la strategia utilizzando la formula (3.35) che qui diventa

$$\alpha_1 = \frac{H_1^u - H_1^d}{S_0(u - d)} \qquad \beta_1 = H_0 - \alpha_1 S_0$$

$\square$

Esercizio 3.31. Si consideri un'opzione Put Americana su un basket di due titoli in un modello di mercato trinomiale completato (cfr. Sezione 1.4.2), con payoff

$$X_n = \left(2 - \frac{S_n^1 + S_n^2}{2}\right)^+$$

Si assuma che i parametri per il processo dei titoli rischiosi $S = \left(S^1\ S^2\right)$ siano

$$u_1 = \frac{11}{6} \quad u_2 = \frac{5}{6} \quad m_1 = m_2 = 1 \quad d_1 = \frac{1}{2} \quad d_2 = 2 \quad S_0^1 = S_0^2 = 1 \quad r = \frac{1}{4}$$

Si consideri l'orizzonte temporale di due periodi, cioè $N = 2$, e si noti che, in base ai dati numerici, per l'unica misura martingala equivalente Q si ha

$$Q(h = 1) = q_1 = \frac{1}{2} \quad Q(h = 2) = q_2 = \frac{1}{6} \quad Q(h = 3) = q_3 = \frac{1}{3}$$

dove per il significato di h si veda la Sezione 1.4.2. Si determini:

i) il processo del prezzo dell'opzione Americana;
ii) le strategie minimale e massimale di esercizio ottimo;
iii) la strategia di copertura.

Svolgimento dell'Esercizio 3.31

i) Utilizziamo le notazioni (3.39), (3.41) e riportiamo in Figura 3.11 l'albero trinomiale (dei prezzi dei sottostanti) che in questo caso non è "ricombinante" in quanto $u_i d_i \neq m_i^2$. Si noti che al movimento di crescita di uno dei due titoli corrisponde un movimento di decrescita dell'altro.

All'ultimo periodo abbiamo

$$\begin{cases} H_2^{uu} = X_2^{uu} = \left(1 - \frac{\frac{121}{36} + \frac{25}{36}}{2}\right)^+ = 0, \\ H_2^{um} = X_2^{um} = \left(1 - \frac{\frac{11}{6} + \frac{5}{6}}{2}\right)^+ = \frac{2}{3}, \\ H_2^{ud} = X_2^{ud} = \left(1 - \frac{\frac{11}{12} + \frac{5}{3}}{2}\right)^+ = \frac{17}{24}, \\ H_2^{mm} = X_2^{mm} = 0, \\ H_2^{md} = X_2^{md} = \left(1 - \frac{\frac{1}{2} + 2}{2}\right)^+ = \frac{3}{4}, \\ H_2^{dd} = X_2^{dd} = \left(1 - \frac{\frac{1}{4} + 4}{2}\right)^+ = 0. \end{cases}$$

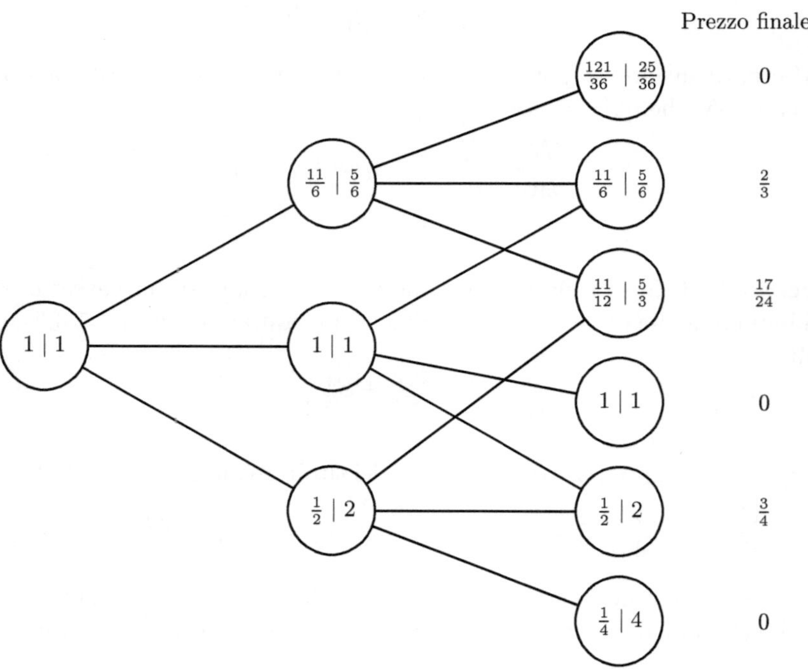

Fig. 3.11. Albero trinomiale a due periodi: prezzi dei titoli S^1, S^2 e prezzo finale $H_2 = X_2$ dell'opzione Put

Successivamente, per definizione di prezzo d'arbitraggio, si ha

$$H_1 = \max\{-X_1, E_1\}$$

dove

$$\begin{cases} X_1^u = \left(1 - \frac{\frac{11}{6} + \frac{5}{6}}{2}\right)^+ = \frac{2}{3} \\ X_1^m = 0 \\ X_1^d = \left(1 - \frac{\frac{1}{2} + 2}{2}\right)^+ = \frac{3}{4}; \end{cases}$$

inoltre $E_1 = \frac{1}{1+r} E^Q\left[H_2 \mid \mathcal{F}_1\right]$ e in particolare

$$E_1^u = \frac{1}{1+r}\left(\frac{1}{2}H_2^{uu} + \frac{1}{6}H_2^{um} + \frac{1}{3}H_2^{ud}\right) = \frac{4}{5}\left(\frac{1}{2}\cdot 0 + \frac{1}{6}\cdot\frac{2}{3} + \frac{1}{3}\cdot\frac{17}{24}\right) = \frac{5}{18}$$

$$E_1^m = \frac{1}{1+r}\left(\frac{1}{2}H_2^{mu} + \frac{1}{6}H_2^{mm} + \frac{1}{3}H_2^{md}\right) = \frac{4}{5}\left(\frac{1}{2}\cdot\frac{2}{3} + \frac{1}{6}\cdot 0 + \frac{1}{3}\cdot\frac{3}{4}\right) = \frac{7}{15}$$

$$E_1^d = \frac{1}{1+r}\left(\frac{1}{2}H_2^{du} + \frac{1}{6}H_2^{dm} + \frac{1}{3}H_2^{dd}\right) = \frac{4}{5}\left(\frac{1}{2}\cdot\frac{17}{24} + \frac{1}{6}\cdot\frac{3}{4} + \frac{1}{3}\cdot 0\right) = \frac{23}{60}$$

Quindi vale

$$H_1^u = X_1^u = \frac{2}{3} > E_1^u \qquad H_1^m = E_1^m = \frac{7}{15} \qquad H_1^d = X_1^d = \frac{3}{4} > E_1^d$$

Infine si ha $X_0 = 0$ e

$$E_0 = \frac{1}{1+r}\left(\frac{1}{2}H_1^u + \frac{1}{6}H_1^m + \frac{1}{3}H_1^d\right) = \frac{4}{5}\left(\frac{1}{2}\cdot\frac{2}{3} + \frac{1}{6}\cdot\frac{7}{15} + \frac{1}{3}\cdot\frac{3}{4}\right) = \frac{119}{225}$$

da cui abbiamo che il prezzo iniziale dell'opzione Americana è pari a

$$H_0 = \max\{-X_0, E_0\} = \frac{119}{225}$$

ii) Per quanto riguarda le strategie d'esercizio ottimali, per definizione vale

$$\nu_{\max} = \min\{n : -X_n > E_n\} = \begin{cases} 1 & \text{in } \{h_1 = 1\} \cup \{h_1 = 3\} \\ 2 & \text{altrimenti} \end{cases} \tag{3.49}$$

ed è immediato verificare che $\nu_{\min} = \nu_{\max} =: \bar{\nu}$. Rappresentiamo la strategia ottimale $\bar{\nu}$ in Figura 3.12.

iii) Ricordiamo che, per quanto osservato nel Paragrafo 3.1.4, occorre determinare la strategia di copertura (α_n, β_n) dell'opzione Americana solo per $n \le \nu_{\max}$: inoltre in tali istanti di tempo, la strategia coincide con la strategia di copertura di H.

Data l'espressione di $\nu_{\max}$ in (3.49), è dunque sufficiente calcolare la strategia iniziale (α_1, β_1) per il primo periodo e la strategia (α_2, β_2) per il secondo periodo, solo nel caso $h_1 = 2$ ossia quando $S_1^1 = S_1^2 = 1$. Infatti $n = 1$ è l'ultimo istante di esercizio ottimale nel caso $h_1 = 1$ o $h_1 = 3$: in altri termini, se i

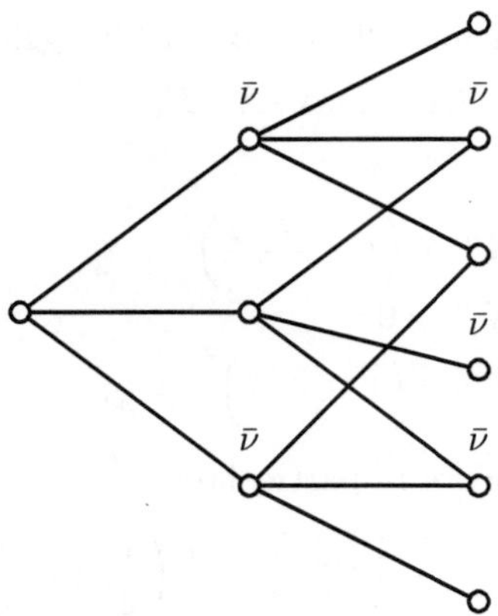

Fig. 3.12. Strategia d'esercizio ottimale

titoli crescono o decrescono nel primo periodo allora l'opzione va esercitata e pertanto non è necessario determinare la strategia di copertura per il secondo periodo.

Determiniamo la strategia di copertura per il primo periodo imponendo la condizione di replicazione

$$\alpha_1^1 S_1^1 + \alpha_1^2 S_1^2 + \beta_1 B_1 = H_1$$

Otteniamo

$$\begin{cases} \alpha_1^1 u_1 S_0^1 + \alpha_1^2 u_2 S_0^2 + \beta_1(1+r) = H_1^u \\ \alpha_1^1 m_1 S_0^1 + \alpha_1^2 m_2 S_0^2 + \beta_1(1+r) = H_1^m \\ \alpha_1^1 d_1 S_0^1 + \alpha_1^2 d_2 S_0^2 + \beta_1(1+r) = H_1^d \end{cases}$$

che fornisce il sistema

$$\begin{cases} \frac{11}{6}\alpha_1^1 + \frac{5}{6}\alpha_1^2 + \frac{5}{4}\beta_1 = \frac{2}{3} \\ \alpha_1^1 + \alpha_1^2 + \frac{5}{4}\beta_1 = \frac{7}{15} \\ \frac{1}{2}\alpha_1^1 + 2\alpha_1^2 + \frac{5}{4}\beta_1 = \frac{3}{4} \end{cases}$$

con soluzione

$$\alpha_1^1 = \frac{89}{270} \qquad \alpha_1^2 = \frac{121}{270} \qquad \beta_1 = -\frac{56}{225}$$

Verifichiamo che il costo iniziale di tale strategia è pari al prezzo iniziale dell'opzione Americana: ricordando che $S_0^1 = S_0^2 = B_0 = 1$, vale infatti

$$\frac{89}{270}S_0^1 + \frac{121}{270}S_0^2 - \frac{56}{225}B_0 = \frac{119}{225} = H_0$$

Determiniamo ora la strategia di copertura per il secondo periodo, nel caso $S_1^1 = S_1^2 = 1$, imponendo la condizione di replicazione

$$\alpha_2^1 S_2^1 + \alpha_2^2 S_2^2 + \beta_2 B_2 = H_2$$

Otteniamo

$$\begin{cases} \alpha_2^1 u_1 + \alpha_2^2 u_2 + \beta_2(1+r)^2 = H_2^{mu} \\ \alpha_2^1 m_1 + \alpha_2^2 m_2 + \beta_2(1+r)^2 = H_2^{mm} \\ \alpha_2^1 d_1 + \alpha_2^2 d_2 + \beta_2(1+r)^2 = H_2^{md} \end{cases}$$

che fornisce il sistema

$$\begin{cases} \frac{11}{6}\alpha_2^1 + \frac{5}{6}\alpha_2^2 + \frac{25}{16}\beta_2 = \frac{2}{3} \\ \alpha_2^1 + \alpha_2^2 + \frac{25}{16}\beta_2 = 0 \\ \frac{1}{2}\alpha_2^1 + 2\alpha_2^2 + \frac{25}{16}\beta_2 = \frac{3}{4} \end{cases}$$

con soluzione

$$\alpha_2^1 = \frac{19}{18} \qquad \alpha_2^2 = \frac{23}{18} \qquad \beta_2 = -\frac{112}{75}$$

Anche in questo caso verifichiamo che il valore di tale strategia è pari al prezzo dell'opzione Americana: infatti, essendo $S_1^1 = S_1^2 = 1$ e $B_1 = \frac{5}{4}$, vale

$$\frac{19}{18}S_1^1 + \frac{23}{18}S_1^2 - \frac{112}{75}B_1 = \frac{7}{15} = H_1^m$$

Si osservi che, pur trattandosi di un'opzione di vendita, la strategia di copertura consiste nell'assumere posizioni di acquisto sui titoli rischiosi: ciò è dovuto al comportamento controvariante tra i titoli rischiosi, ossia al fatto che al movimento di crescita di uno dei due titoli corrisponde la decrescita dell'altro titolo. □

Esercizio 3.32. Si consideri un'opzione Call Americana su un basket di due titoli in un modello di mercato trinomiale completato, con payoff

$$X_n = S_n^2 - m_n \quad \text{dove} \quad m_n := \min\left\{S_n^1\ S_n^2\right\}$$

Si assuma che i parametri per il processo dei titoli rischiosi $S = \left(S^1\ S^2\right)$ siano i seguenti

$$u_1 = \frac{11}{6} \quad u_2 = \frac{5}{6} \quad m_1 = m_2 = 1 \quad d_1 = \frac{1}{2} \quad d_2 = 2 \quad S_0^1 = S_0^2 = 1 \quad r = \frac{1}{4}$$

Si consideri l'orizzonte temporale di due periodi, cioè $N = 2$, e si noti che, in base ai dati numerici, per l'unica misura martingala equivalente Q si ha

$$Q(h=1) = q_1 = \frac{1}{2} \quad Q(h=2) = q_2 = \frac{1}{6} \quad Q(h=3) = q_3 = \frac{1}{3}$$

dove per il significato di h si veda la Sezione 1.4.2. Si determini:

i) il processo del prezzo dell'opzione Americana;
ii) le strategie minimale e massimale di esercizio ottimo;
iii) la strategia di copertura al secondo periodo negli scenari in cui $\nu_{\max} > 1$.

Svolgimento dell'Esercizio 3.32
i) Utilizziamo le notazioni (3.39), (3.41) e riportiamo in Figura 3.13 l'albero trinomiale (dei prezzi dei sottostanti) che in questo caso non è "ricombinante" in quanto $u_i d_i \neq m_i^2$.

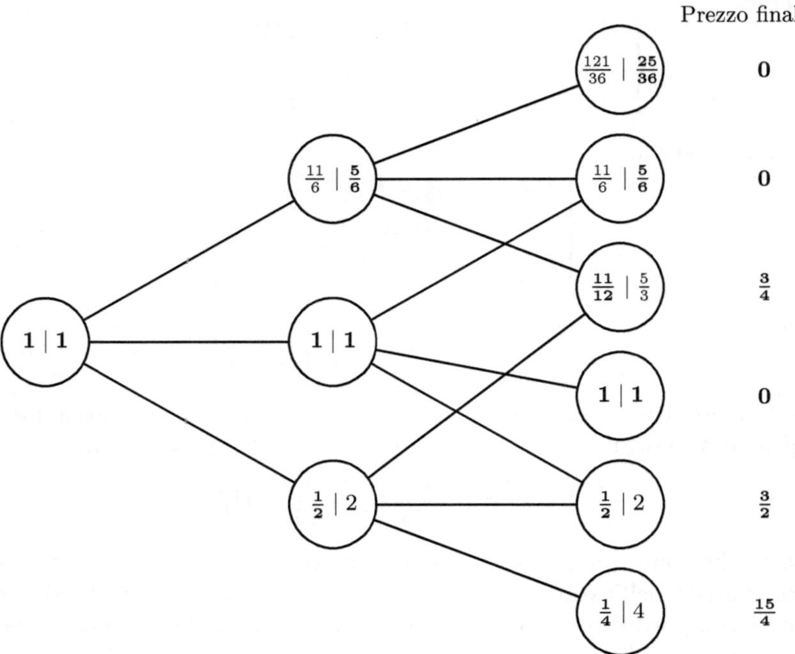

Fig. 3.13. Albero trinomiale a due periodi: prezzi dei titoli S^1, S^2 (indichiamo in grassetto il minimo dei due, pari al valore di m_n) e prezzo finale $H_2 = X_2$ dell'opzione Put

All'ultimo periodo abbiamo

$$\begin{cases} H_2^{uu} = X_2^{uu} = \frac{25}{36} - \frac{25}{36} = 0, \\ H_2^{um} = X_2^{um} = \frac{5}{6} - \frac{5}{6} = 0, \\ H_2^{ud} = X_2^{ud} = \frac{5}{3} - \frac{11}{12} = \frac{3}{4}, \\ H_2^{mm} = X_2^{mm} = 0, \\ H_2^{md} = X_2^{md} = 2 - \frac{1}{2} = \frac{3}{2}, \\ H_2^{dd} = X_2^{dd} = 4 - \frac{1}{4} = \frac{15}{4}. \end{cases}$$

Successivamente, per definizione di prezzo d'arbitraggio, si ha

$$H_1 = \max\left\{X_1, E_1\right\},$$

dove

$$\begin{cases} X_1^u = \frac{5}{6} - \frac{5}{6} = 0, \\ X_1^m = 1 - 1 = 0, \\ X_1^d = 2 - \frac{1}{2} = \frac{3}{2}; \end{cases}$$

inoltre $E_1 = \frac{1}{1+r} E^Q [H_2 - \mathcal{F}_1]$ e in particolare

$$E_1^u = \frac{1}{1+r}\left(\frac{1}{2}H_2^{uu} + \frac{1}{6}H_2^{um} + \frac{1}{3}H_2^{ud}\right) = \frac{4}{5}\left(\frac{1}{2}\cdot 0 + \frac{1}{6}\cdot 0 + \frac{1}{3}\cdot\frac{3}{4}\right) = \frac{1}{5}$$

$$E_1^m = \frac{1}{1+r}\left(\frac{1}{2}H_2^{mu} + \frac{1}{6}H_2^{mm} + \frac{1}{3}H_2^{md}\right) = \frac{4}{5}\left(\frac{1}{2}\cdot 0 + \frac{1}{6}\cdot 0 + \frac{1}{3}\cdot\frac{3}{2}\right) = \frac{2}{5}$$

$$E_1^d = \frac{1}{1+r}\left(\frac{1}{2}H_2^{du} + \frac{1}{6}H_2^{dm} + \frac{1}{3}H_2^{dd}\right) = \frac{4}{5}\left(\frac{1}{2}\cdot\frac{3}{4} + \frac{1}{6}\cdot 0 + \frac{1}{3}\cdot\frac{15}{4}\right) = \frac{13}{10}$$

Quindi vale

$$H_1^u = E_1^u = \frac{1}{5} > X_1^u \qquad H_1^m = E_1^m = \frac{2}{5} > X_1^m \qquad H_1^d = X_1^d = \frac{3}{2} > E_1^d$$

Infine si ha $X_0 = 0$ e

$$E_0 = \frac{1}{1+r}\left(\frac{1}{2}H_1^u + \frac{1}{6}H_1^m + \frac{1}{3}H_1^d\right) = \frac{4}{5}\left(\frac{1}{2}\cdot\frac{1}{5} + \frac{1}{6}\cdot\frac{2}{5} + \frac{1}{3}\cdot\frac{3}{2}\right) = \frac{8}{15}$$

da cui abbiamo che il prezzo iniziale dell'opzione Americana è pari a

$$H_0 = \max -X_0 \; E_0 -= E_0 = \frac{8}{15}$$

ii) Per quanto riguarda le strategie d'esercizio ottimali abbiamo

$$\nu_{\min} = \nu_{\max} = \begin{cases} 1 & \text{in } -h_1 = 3- \\ 2 & \text{altrimenti} \end{cases} \tag{3.50}$$

iii) Data l'espressione di $\nu_{\max}$ in (3.50), è sufficiente calcolare la strategia $(\alpha_2 \; \beta_2)$ per il secondo periodo, nei casi $h_1 = 1$ e $h_1 = 2$.

Iniziamo col caso $S_1^1 = S_1^2 = 1$ ($h_1 = 2$), imponendo la condizione di replicazione

$$\alpha_2^1 S_2^1 + \alpha_2^2 S_2^2 + \beta_2 B_2 = H_2$$

Otteniamo

$$\begin{cases} \alpha_2^1 u_1 + \alpha_2^2 u_2 + \beta_2(1+r)^2 = H_2^{mu} \\ \alpha_2^1 m_1 + \alpha_2^2 m_2 + \beta_2(1+r)^2 = H_2^{mm} \\ \alpha_2^1 d_1 + \alpha_2^2 d_2 + \beta_2(1+r)^2 = H_2^{md} \end{cases}$$

che fornisce il sistema

$$\begin{cases} \frac{11}{6}\alpha_2^1 + \frac{5}{6}\alpha_2^2 + \frac{25}{16}\beta_2 = 0 \\ \alpha_2^1 + \alpha_2^2 + \frac{25}{16}\beta_2 = 0 \\ \frac{1}{2}\alpha_2^1 + 2\alpha_2^2 + \frac{25}{16}\beta_2 = \frac{3}{2} \end{cases}$$

con soluzione

$$\alpha_2^1 = \frac{1}{3} \qquad \alpha_2^2 = \frac{5}{3} \qquad \beta_2 = -\frac{32}{25}$$

Anche in questo caso verifichiamo che il valore di tale strategia è pari al prezzo dell'opzione Americana: infatti, essendo $S_1^1 = S_1^2 = 1$ e $B_1 = \frac{5}{4}$, vale

$$\frac{1}{3}S_1^1 + \frac{5}{3}S_1^2 - \frac{32}{25}B_1 = \frac{2}{5} = H_1^m$$

Passiamo quindi al caso $S_1^1 = \frac{11}{6}$ $S_1^2 = \frac{5}{6}$ ($h_1 = 1$), imponendo la condizione di replicazione

$$\alpha_2^1 S_2^1 + \alpha_2^2 S_2^2 + \beta_2 B_2 = H_2$$

Otteniamo

$$\begin{cases} \frac{11}{6}\alpha_2^1 u_1 + \frac{5}{6}\alpha_2^2 u_2 + \beta_2(1+r)^2 = H_2^{uu} \\ \frac{11}{6}\alpha_2^1 m_1 + \frac{5}{6}\alpha_2^2 m_2 + \beta_2(1+r)^2 = H_2^{um} \\ \frac{11}{6}\alpha_2^1 d_1 + \frac{5}{6}\alpha_2^2 d_2 + \beta_2(1+r)^2 = H_2^{ud} \end{cases}$$

che fornisce il sistema

$$\begin{cases} (\frac{11}{6})^2\alpha_2^1 + (\frac{5}{6})^2\alpha_2^2 + \frac{25}{16}\beta_2 = 0 \\ \frac{11}{6}\alpha_2^1 + \frac{5}{6}\alpha_2^2 + \frac{25}{16}\beta_2 = 0 \\ \frac{11}{6} \cdot \frac{1}{2}\alpha_2^1 + 2 \cdot \frac{5}{6}\alpha_2^2 + \frac{25}{16}\beta_2 = \frac{3}{4} \end{cases}$$

con soluzione

$$\alpha_2^1 = \frac{1}{11} \qquad \alpha_2^2 = 1 \qquad \beta_2 = -\frac{16}{25}$$

Anche in questo caso verifichiamo che il valore di tale strategia è pari al prezzo dell'opzione Americana: infatti, essendo $S_1^1 = \frac{11}{6}$ $S_1^2 = \frac{5}{6}$ e $B_1 = \frac{5}{4}$, vale

$$\frac{1}{11}S_1^1 + S_1^2 - \frac{16}{25}B_1 = \frac{1}{5} = H_1^u \qquad \qquad \square$$

Esercizio 3.33. Sia dato un modello di mercato trinomiale completato (cfr. Sezione 1.4.2) con un titolo non rischioso e due titoli rischiosi S_n^1 S_n^2, in modo che $S_n = (S_n^1 \ S_n^2)$. Si consideri un'opzione scambio di tipo Americano con il processo di premio dato da

$$X_n = (K + S_n^2 - S_n^1)^+$$

I dati numerici siano

$$u_1 = \frac{7}{3} \quad u_2 = \frac{22}{9} \quad m_1 = m_2 = 1 \quad d_1 = \frac{1}{2} \quad d_2 = \frac{1}{3} \quad S_0^1 = S_0^2 = 1 \quad r = \frac{1}{2}$$

e l'orizzonte temporale sia di due periodi, cioè $N = 2$. Si noti che, in base ai dati numerici, per l'unica misura martingala equivalente Q si ha

$$Q(h = 1) = q_1 = \frac{1}{2} \quad Q(h = 2) = q_2 = \frac{1}{6} \quad Q(h = 3) = q_3 = \frac{1}{3}$$

dove per il significato di h si veda la Sezione 1.4.2.

i) Nel caso $K = 0$ si calcoli il prezzo dell'opzione Americana. Si determinino le strategie di esercizio minimale e massimale e si riconosca che questa opzione Americana si riduce ad una Europea;

ii) nel caso $K \leq 0$, utilizzando la proprietà di convessità della funzione di payoff, si verifichi che questa opzione Americana si riduce ad una Europea;

iii) nel caso $K = \frac{1}{10}$ si calcoli il prezzo dell'opzione Americana e si verifichi che all'istante iniziale è maggiore del prezzo della corrispondente opzione Europea. Si determinino inoltre le strategie di esercizio minimale e massimale. Infine si imposti il sistema di equazioni a cui deve soddisfare la strategia di copertura nel primo periodo.

Svolgimento dell'Esercizio 3.33

i) Utilizziamo le notazioni (3.39), (3.41) e riportiamo in Figura 3.14 l'albero trinomiale dei prezzi dei sottostanti. All'ultimo periodo abbiamo

$$\begin{cases} H_2^{uu} = X_2^{uu} = \left(\frac{484}{81} - \frac{49}{9}\right)^+ = \frac{43}{81}, \\ H_2^{um} = X_2^{um} = \left(\frac{22}{9} - \frac{7}{3}\right)^+ = \frac{1}{9}, \\ H_2^{ud} = X_2^{ud} = \left(\frac{22}{27} - \frac{7}{6}\right)^+ = 0, \\ H_2^{mm} = X_2^{mm} = (1 - 1)^+ = 0, \\ H_2^{md} = X_2^{md} = \left(\frac{1}{3} - \frac{1}{2}\right)^+ = 0, \\ H_2^{dd} = X_2^{dd} = \left(\frac{1}{9} - \frac{1}{4}\right)^+ = 0. \end{cases}$$

Successivamente, per definizione di prezzo d'arbitraggio, si ha

$$H_1 = \max\ \left\{X_1, E_1\right\},$$

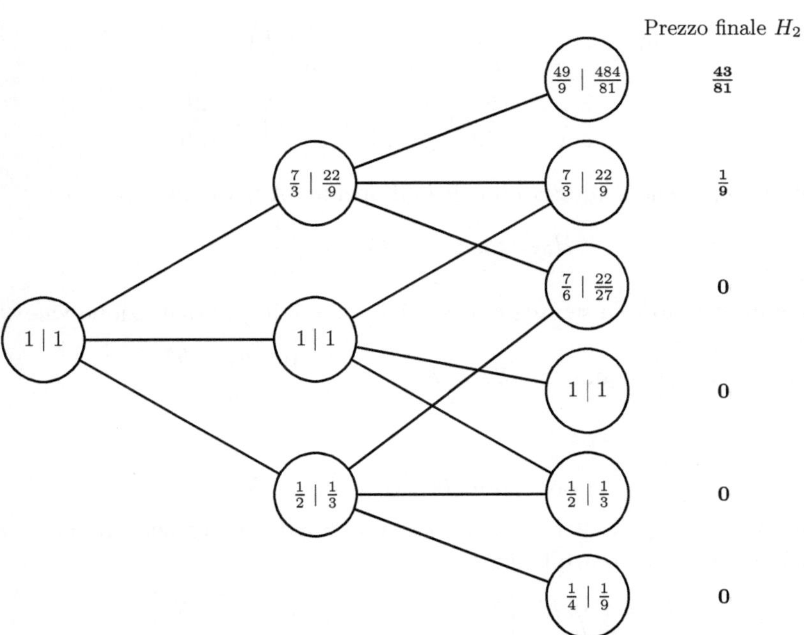

Fig. 3.14. Albero trinomiale a due periodi: prezzi dei titoli S^1, S^2 e prezzo finale H_2 dell'opzione di scambio nel caso $K = 0$

dove $X_1 = \left(S_1^2 - S_1^1\right)^+$ e in particolare

$$X_1^u = \left(\frac{22}{9} - \frac{7}{3}\right)^+ = \frac{1}{9} \qquad X_1^m = (1-1)^+ = 0 \qquad X_1^d = \left(\frac{1}{3} - \frac{1}{2}\right)^+ = 0;$$

inoltre $E_1 = \frac{1}{1+r} E^Q\left[H_2 \mid \mathcal{F}_1\right]$ e in particolare

$$E_1^u = \frac{1}{1+r}\left(\frac{1}{2}H_2^{uu} + \frac{1}{6}H_2^{um} + \frac{1}{3}H_2^{ud}\right)$$

$$= \frac{2}{3}\left(\frac{1}{2}\cdot\frac{43}{81} + \frac{1}{6}\cdot\frac{1}{9} + \frac{1}{3}\cdot 0\right) = \frac{46}{243}$$

$$E_1^m = \frac{1}{1+r}\left(\frac{1}{2}H_2^{mu} + \frac{1}{6}H_2^{mm} + \frac{1}{3}H_2^{md}\right)$$

$$= \frac{2}{3}\left(\frac{1}{2}\cdot\frac{1}{9} + \frac{1}{6}\cdot 0 + \frac{1}{3}\cdot 0\right) = \frac{1}{27}$$

$$E_1^d = \frac{1}{1+r}\left(\frac{1}{2}H_2^{du} + \frac{1}{6}H_2^{dm} + \frac{1}{3}H_2^{dd}\right) = \frac{2}{3}\left(\frac{1}{2}\cdot 0 + \frac{1}{6}\cdot 0 + \frac{1}{3}\cdot 0\right) = 0$$

Quindi vale

$$H_1^u = E_1^u = \frac{46}{243} \qquad H_1^m = E_1^m = \frac{1}{27} \qquad H_1^d = X_1^d = 0$$

Infine si ha $X_0 = (1-1)^+ = 0$ e

$$E_0 = \frac{1}{1+r}\left(\frac{1}{2}H_1^u + \frac{1}{6}H_1^m + \frac{1}{3}H_1^d\right)$$

$$= \frac{2}{3}\left(\frac{1}{2}\cdot\frac{46}{243} + \frac{1}{6}\cdot\frac{1}{27} + \frac{1}{3}\cdot 0\right) = \frac{49}{729}$$

da cui abbiamo che il prezzo iniziale dell'opzione Americana è pari a

$$H_0 = \max\left\{X_0, E_0\right\} = \frac{49}{729}$$

Per quanto riguarda le strategie d'esercizio ottimali, per definizione vale

$$\nu_{\min} = \min\left\{n \mid X_n \geq E_n\right\} = \begin{cases} 1 & \text{in } h_1 = h_1^d \\ 2 & \text{altrimenti} \end{cases}$$

e

$$\nu_{\max} = \min\left\{n \mid X_n > E_n\right\} = 2$$

Poiché $N = \nu_{\max} = 2$ è una strategia ottimale d'esercizio, in base alla definizione di prezzo d'arbitraggio

$$H_0 = \max_{\nu \in \mathcal{T}_0} E^Q\left[\tilde{X}_\nu\right] = E^Q\left[\tilde{X}_{\nu_{\max}}\right] = E^Q\left[\tilde{X}_2\right]$$

e quindi l'opzione Americana equivale all'Europea con payoff X_2. In Figura 3.15 rappresentiamo la prima e l'ultima strategia ottimale d'esercizio.

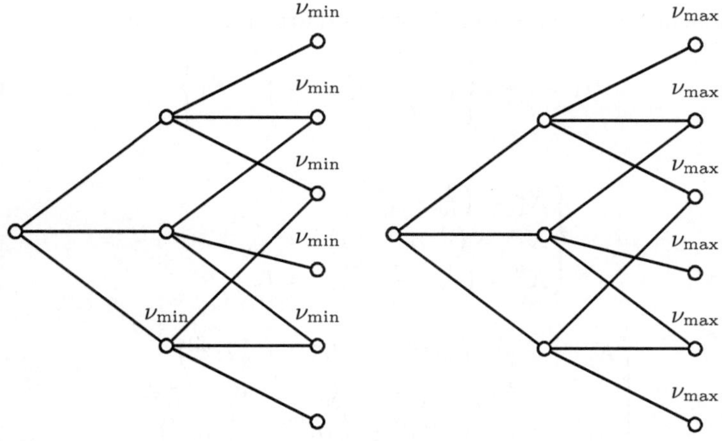

Fig. 3.15. Minima (a sinistra) e massima (a destra) strategia d'esercizio ottimale nel caso $K = 0$

ii) Il payoff è dato da $X_n = g(S_n^1, S_n^2) = \left(K + S_n^1 - S_n^2\right)^+$ con g convessa e tale che $g(0) = 0$ essendo $K \leq 0$. In base al Corollario 3.27 si può quindi concludere che $\widetilde{X}_n$ è una Q-sub-martingala e quindi una possibilità di esercizio ottimale è di continuare fino alla scadenza. Si può verificare anche direttamente che $\widetilde{X}_n$ è una Q-sub-martingala, infatti si ha

$$
\begin{aligned}
E^Q\left[\widetilde{X}_{n+1} \mid \mathcal{F}_n\right] &= E^Q\left[\left(\frac{K}{B_{n+1}} + \frac{S_{n+1}^2}{B_{n+1}} - \frac{S_{n+1}^1}{B_{n+1}}\right)^+ \mid \mathcal{F}_n\right] \\
&\geq \left(E^Q\left[\frac{K}{B_{n+1}} + \frac{S_{n+1}^2}{B_{n+1}} - \frac{S_{n+1}^1}{B_{n+1}} \mid \mathcal{F}_n\right]\right)^+ \\
&= \left(\frac{K}{B_{n+1}} + \frac{S_n^2}{B_n} - \frac{S_n^1}{B_n}\right)^+ \geq \left(\frac{K}{B_n} + \frac{S_n^2}{B_n} - \frac{S_n^1}{B_n}\right)^+ = \widetilde{X}_n
\end{aligned}
$$

dove, nel secondo passaggio, abbiamo utilizzato la disuguaglianza di Jensen e nel quarto passaggio, il fatto che $K \leq 0$ e $r \geq 0$. Allora in questo caso, la tesi segue dalla Proposizione 3.25.

iii) Nel caso $K = \frac{1}{10}$, all'ultimo periodo abbiamo

$$
\begin{cases}
H_2^{uu} = X_2^{uu} = \left(\frac{1}{10} + \frac{484}{81} - \frac{49}{9}\right)^+ = \frac{511}{810}, \\
H_2^{um} = X_2^{um} = \left(\frac{1}{10} + \frac{22}{9} - \frac{7}{3}\right)^+ = \frac{19}{90}, \\
H_2^{ud} = X_2^{ud} = \left(\frac{1}{10} + \frac{22}{27} - \frac{7}{6}\right)^+ = 0, \\
H_2^{mm} = X_2^{ud} = \left(\frac{1}{10} + 1 - 1\right)^+ = \frac{1}{10}, \\
H_2^{md} = X_2^{md} = \left(\frac{1}{10} + \frac{1}{3} - \frac{1}{2}\right)^+ = 0, \\
H_2^{dd} = X_2^{dd} = \left(\frac{1}{10} + \frac{1}{9} - \frac{1}{4}\right)^+ = 0.
\end{cases}
\tag{3.51}
$$

Successivamente, per definizione di prezzo d'arbitraggio, si ha

$$H_1 = \max\left\{ \left(\frac{1}{10} + S_1^2 - S_1^1\right)^+, E_1 \right\}, \tag{3.52}$$

dove

$$\begin{cases} X_1^u = \left(\frac{1}{10} + \frac{22}{9} - \frac{7}{3}\right)^+ = \frac{19}{90}, \\ X_1^m = \left(\frac{1}{10} + 1 - 1\right)^+ = \frac{1}{10}, \\ X_1^d = \left(\frac{1}{10} + \frac{1}{3} - \frac{1}{2}\right)^+ = 0, \end{cases} \tag{3.53}$$

e

$$\begin{cases} E_1^u & = \frac{1}{1+r}\left(\frac{1}{2}H_2^{uu} + \frac{1}{6}H_2^{um} + \frac{1}{3}H_2^{ud}\right) \\ & = \frac{2}{3}\left(\frac{1}{2}\cdot\frac{511}{810} + \frac{1}{6}\cdot\frac{19}{90} + \frac{1}{3}\cdot 0\right) = \frac{284}{1215}, \\ E_1^m & = \frac{1}{1+r}\left(\frac{1}{2}H_2^{mu} + \frac{1}{6}H_2^{mm} + \frac{1}{3}H_2^{md}\right) \\ & = \frac{2}{3}\left(\frac{1}{2}\cdot\frac{19}{90} + \frac{1}{6}\cdot\frac{1}{10} + \frac{1}{3}\cdot 0\right) = \frac{11}{135}, \\ E_1^d & = \frac{1}{1+r}\left(\frac{1}{2}H_2^{du} + \frac{1}{6}H_2^{dm} + \frac{1}{3}H_2^{dd}\right) \\ & = \frac{2}{3}\left(\frac{1}{2}\cdot 0 + \frac{1}{6}\cdot 0 + \frac{1}{3}\cdot 0\right) = 0. \end{cases} \tag{3.54}$$

Quindi vale

$$H_1^u = \max\ X_1^u, E_1^u\ = E_1^u = \frac{284}{1215},$$

$$H_1^m = \max\ X_1^m, E_1^m\ = X_1^m = \frac{1}{10},$$

$$H_1^d = \max\left\{X_1^d, E_1^d\right\} = E_1^d = X_1^d = 0.$$

Infine si ha $X_0 = (1-1)^+ = 0$ e

$$\begin{aligned} E_0 &= \frac{1}{1+r}\left(\frac{1}{2}H_1^u + \frac{1}{6}H_1^m + \frac{1}{3}H_1^d\right) \\ &= \frac{2}{3}\left(\frac{1}{2}\cdot\frac{284}{1215} + \frac{1}{6}\cdot\frac{1}{10} + \frac{1}{3}\cdot 0\right) = \frac{649}{7290}, \end{aligned} \tag{3.55}$$

da cui abbiamo che il prezzo iniziale dell'opzione Americana è pari a

$$H_0 = \max\ X_0, E_0\ = \frac{649}{7290}.$$

Verifichiamo che tale valore è maggiore del prezzo H_0^E della corrispondente opzione Europea: infatti, in base alla (3.51), vale

$$\begin{aligned} H_0^E &= \frac{1}{(1+r)^2}E^Q\left[\widetilde{X}_2\right] \\ &= \frac{4}{9}\left(q_1^2\frac{511}{810} + 2q_1q_2\frac{19}{20} + q_2^2\frac{1}{10}\right) = \frac{317}{3645} < H_0. \end{aligned}$$

Determiniamo ora la minima e massima fra le strategie d'esercizio ottimali: in base alla definizione (3.42)-(3.43) è sufficiente confrontare i valori di X e E

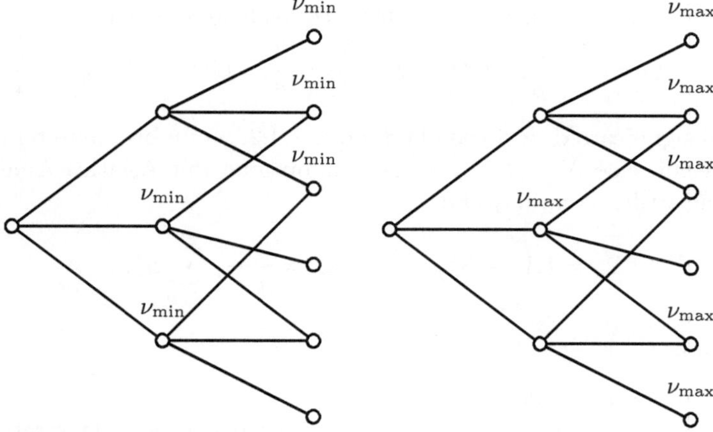

Fig. 3.16. Strategia d'esercizio ottimale per l'opzione Americana di scambio con payoff $X_n = \left(\frac{1}{10} + S_n^2 - S_n^1\right)^+$

calcolati precedentemente in (3.52), (3.53), (3.54) e (3.55) per verificare che vale

$$\nu_{\min} = \begin{cases} 1 & \text{in } h_1 = h_1^d \, h_1^m \\ 2 & \text{altrimenti} \end{cases} \qquad \nu_{\max} = \begin{cases} 1 & \text{in } h_1 = h_1^m \\ 2 & \text{altrimenti} \end{cases}$$

come riportato in Figura 3.16.

Infine determiniamo la strategia di copertura iniziale: poiché $\nu_{\max} \geq 1$ la strategia di copertura dell'opzione Americana nel primo periodo coincide con la strategia di copertura di H_1, in accordo con quanto osservato nel Paragrafo 3.1.4. Dunque imponiamo la condizione di replicazione

$$\alpha_1^1 S_1^1 + \alpha_1^2 S_1^2 + \beta_1 B_1 = H_1$$

equivalente a

$$\begin{cases} \alpha_1^1 u_1 S_0^1 + \alpha_1^2 u_2 S_0^2 + \beta_1(1+r) = H_1^u \\ \alpha_1^1 m_1 S_0^1 + \alpha_1^2 m_2 S_0^2 + \beta_1(1+r) = H_1^m \\ \alpha_1^1 d_1 S_0^1 + \alpha_1^2 d_2 S_0^2 + \beta_1(1+r) = H_1^d \end{cases}$$

che fornisce il sistema

$$\begin{cases} \frac{7}{3}\alpha_1^1 + \frac{22}{9}\alpha_1^2 + \frac{3}{2}\beta_1 = \frac{284}{1215} \\ \alpha_1^1 + \alpha_1^2 + \frac{3}{2}\beta_1 = \frac{1}{10} \\ \frac{1}{2}\alpha_1^1 + \frac{1}{3}\alpha_1^2 + \frac{3}{2}\beta_1 = 0 \end{cases} \qquad \square$$

Esercizio 3.34. Sia un modello di mercato trinomiale completato con due titoli rischiosi S^1 e S^2 (oltre ad uno non rischioso). I dati numerici siano

$$u_1 = 2 \quad m_1 = 1 \quad d_1 = \frac{1}{2} \quad u_2 = \frac{7}{3} \quad m_2 = \frac{7}{9} \quad d_2 = \frac{1}{3} \quad S_0^1 = S_0^2 = 1 \quad r = \frac{1}{4}$$

Risulta che per l'unica misura martingala equivalente Q si ha

$$Q(h = 1) = q_1 = \frac{3}{8}, \quad Q(h = 2) = q_2 = \frac{3}{8}, \quad Q(h = 3) = q_3 = \frac{1}{4},$$

dove per il significato di h si veda la Sezione 1.4.2. Su un orizzonte temporale di due periodi, cioè $N = 2$, si consideri un'opzione Put Asiatica Americana con floating strike, il cui payoff è

$$X_n = \left(A_n - S_n^1\right)^+, \qquad A_n = \frac{1}{n+1} \sum_{k=0}^{n} S_k^1.$$

Si determini:

i) il processo del prezzo dell'opzione;
ii) le strategie minimale e massimale di esercizio ottimo e la strategia di copertura per il primo periodo.

Svolgimento dell'Esercizio 3.34

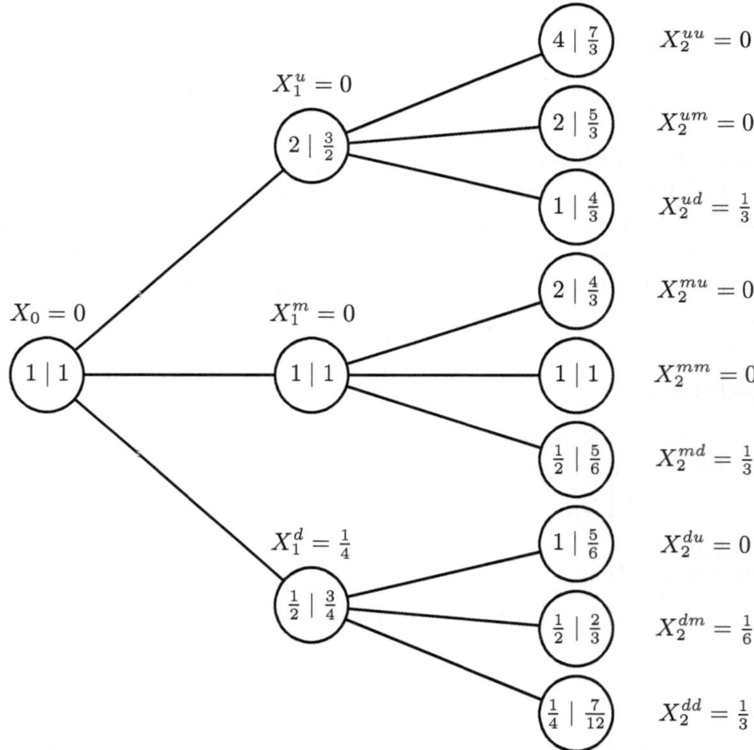

Fig. 3.17. Albero trinomiale a due periodi: all'interno dei cerchi sono riportati i valori di S^1 (a sinistra) e della media A (a destra). Fuori dai cerchi sono riportati i valori del payoff X

i) L'opzione dipende solo dal primo titolo e il payoff è path-dependent, ossia X_n dipende dalla traiettoria del sottostante fino al tempo n e non solo dal prezzo S_n^1. In Figura 3.17 rappresentiamo l'albero trinomiale in cui distinguiamo le singole traiettorie e riportiamo all'interno dei cerchi il prezzo S^1 e la corrispondente media A, e all'esterno dei cerchi riportiamo i valori del payoff X.

All'ultimo periodo il prezzo d'arbitraggio del derivato H è pari a

$$\begin{cases} H_2^{uu} = X_2^{uu} = \left(\frac{7}{3} - 4\right)^+ = 0 \\ H_2^{um} = X_2^{um} = \left(\frac{5}{3} - 2\right)^+ = 0 \\ H_2^{ud} = X_2^{ud} = \left(\frac{4}{3} - 1\right)^+ = \frac{1}{3} \\ H_2^{mu} = X_2^{mu} = \left(\frac{4}{3} - 2\right)^+ = 0 \\ H_2^{mm} = X_2^{mm} = 0 \\ H_2^{md} = X_2^{md} = \left(\frac{5}{6} - \frac{1}{2}\right)^+ = \frac{1}{3} \\ H_2^{du} = X_2^{du} = \left(\frac{5}{6} - 1\right)^+ = 0 \\ H_2^{dm} = X_2^{dm} = \left(\frac{2}{3} - \frac{1}{2}\right)^+ = \frac{1}{6} \\ H_2^{dd} = X_2^{dd} = \left(\frac{7}{12} - \frac{1}{4}\right)^+ = \frac{1}{3} \end{cases}$$

Calcoliamo ora il prezzo d'arbitraggio al tempo $n = 1$: per definizione si ha

$$H_1^u = \max \; X_1^u \; E_1^u \; = \max\left\{0 \; \frac{1}{1+r}\left(q_1 X_2^{uu} + q_2 X_2^{um} + q_3 X_2^{ud}\right)\right\}$$

$$= \frac{4}{5}\left(\frac{3}{8} \cdot 0 + \frac{3}{8} \cdot 0 + \frac{1}{4} \cdot \frac{1}{3}\right) = \frac{1}{15}$$

$$H_1^m = \max \; X_1^m \; E_1^m \; = \max\left\{0 \; \frac{1}{1+r}\left(q_1 X_2^{mu} + q_2 X_2^{mm} + q_3 X_2^{md}\right)\right\}$$

$$= \frac{4}{5}\left(\frac{3}{8} \cdot 0 + \frac{3}{8} \cdot 0 + \frac{1}{4} \cdot \frac{1}{3}\right) = \frac{1}{15}$$

$$H_1^d = \max\left\{X_1^d \; E_1^d\right\} = \max\left\{\frac{1}{4} \; \frac{1}{1+r}\left(q_1 X_2^{du} + q_2 X_2^{dm} + q_3 X_2^{dd}\right)\right\}$$

$$= \max\left\{\frac{1}{4} \; \frac{4}{5}\left(\frac{3}{8} \cdot 0 + \frac{3}{8} \cdot \frac{1}{6} + \frac{1}{4} \cdot \frac{1}{3}\right)\right\} = \max\left\{\frac{1}{4} \; \frac{7}{60}\right\} = \frac{1}{4}$$

Infine al tempo iniziale si ha

$$H_0 = \max \; X_0 \; E_0 \; = \max\left\{0 \; \frac{1}{1+r}\left(q_1 H_1^u + q_2 H_1^m + q_3 H_1^d\right)\right\}$$

$$= \frac{4}{5}\left(\frac{3}{8} \cdot \frac{1}{15} + \frac{3}{8} \cdot \frac{1}{15} + \frac{1}{4} \cdot \frac{1}{4}\right) = \frac{9}{100}$$

ii) Per quanto riguarda le strategie d'esercizio ottimali, ricordando la definizione

$$\nu_{\min} = \min \; n \;\; X_n \geq E_n \qquad \nu_{\max} = \min \; n \;\; X_n > E_n$$

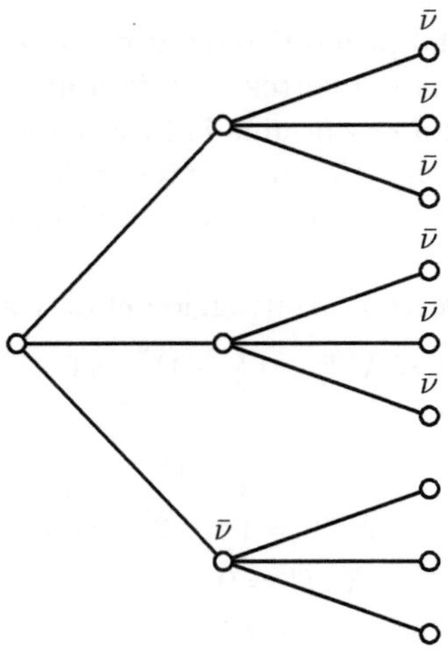

Fig. 3.18. Strategia d'esercizio ottimale

otteniamo

$$\nu_{\max} = \begin{cases} 1 & \text{in} \quad h_1 = 3 \\ 2 & \text{altrimenti} \end{cases} \tag{3.56}$$

ed è immediato verificare che $\nu_{\min} = \nu_{\max} =: \bar{\nu}$. Rappresentiamo la strategia ottimale $\bar{\nu}$ in Figura 3.18.

Infine calcoliamo la strategia di copertura per il primo periodo: osservando che $\nu_{\max} \geq 1$ per la (3.56), tale strategia coincide con la strategia di copertura di H (cfr. Sezione 3.1.4) e dunque si ottiene imponendo la condizione di replicazione

$$\alpha_1^1 S_1^1 + \alpha_1^2 S_1^2 + \beta_1 B_1 = H_1 \tag{3.57}$$

Osserviamo che nel modello trinomiale completato anche se l'opzione dipende solo dal titolo S^1, tuttavia la strategia di copertura richiede di investire su entrambi i titoli rischiosi. Infatti, con la sola possibilità di investire in S^1 il mercato sarebbe incompleto.

La (3.57) fornisce il sistema di equazioni lineari

$$\begin{cases} \alpha_1^1 u_1 S_0^1 + \alpha_1^2 u_2 S_0^2 + \beta_1(1+r) = H_1^u \\ \alpha_1^1 m_1 S_0^1 + \alpha_1^2 m_2 S_0^2 + \beta_1(1+r) = H_1^m \\ \alpha_1^1 d_1 S_0^1 + \alpha_1^2 d_2 S_0^2 + \beta_1(1+r) = H_1^d \end{cases}$$

equivalente a

$$\begin{cases} 2\alpha_1^1 + \frac{7}{3}\alpha_1^2 + \frac{5}{4}\beta_1 = \frac{1}{15} \\ \alpha_1^1 + \frac{7}{9}\alpha_1^2 + \frac{5}{4}\beta_1 = \frac{1}{15} \\ \frac{1}{2}\alpha_1^1 + \frac{1}{3}\alpha_1^2 + \frac{5}{4}\beta_1 = \frac{1}{4} \end{cases}$$

La soluzione di tale sistema è

$$\alpha_1^1 = -\frac{77}{90} \qquad \alpha_1^2 = \frac{11}{20} \qquad \beta_1 = \frac{89}{225}$$

Verifichiamo che il costo iniziale di tale strategia è pari al prezzo iniziale dell'opzione Americana: ricordando che $S_0^1 = S_0^2 = B_0 = 1$, vale infatti

$$-\frac{77}{90}S_0^1 + \frac{11}{20}S_0^2 + \frac{89}{225}B_0 = \frac{9}{100} = H_0.$$

Dunque la strategia di copertura della Put Asiatica, richiede di assumere una posizione corta sul sottostante e nel contempo di acquistare un numero di quote del secondo titolo rischioso S^2 e del bond B rispettivamente pari a $\frac{11}{20}$ e $\frac{89}{225}$. $\qquad\square$

Esercizio 3.35. Sia dato un modello di mercato trinomiale completato con due titoli rischiosi S^1 e S^2 (oltre ad uno non rischioso). I dati numerici siano

$$u_1 = 2, \ m_1 = 1, \ d_1 = \frac{1}{2}, \ u_2 = \frac{7}{3}, \ m_2 = \frac{7}{9}, \ d_2 = \frac{1}{3}, \ S_0^1 = S_0^2 = 1, \ r = \frac{1}{4}.$$

Risulta che per l'unica misura martingala equivalente Q si ha

$$Q(h = 1) = q_1 = \frac{3}{8}, \quad Q(h = 2) = q_2 = \frac{3}{8}, \quad Q(h = 3) = q_3 = \frac{1}{4},$$

dove per il significato di h si veda la Sezione 1.4.2. Su un orizzonte temporale di due periodi, cioè $N = 2$, si consideri un'opzione Backward Put Americana, il cui payoff è

$$X_n = M_n - S_n^1, \qquad M_n = \max_{k \le n} S_k^1.$$

Si determini:

i) il processo del prezzo dell'opzione;
ii) le strategie minimale e massimale di esercizio ottimo e la strategia di copertura per il primo periodo.

Svolgimento dell'Esercizio 3.35

i) Come nell'Esercizio 3.34, l'opzione dipende solo dal primo titolo e il payoff è path-dependent, ossia X_n dipende dalla traiettoria del sottostante fino al tempo n e non solo dal prezzo S_n^1. In Figura 3.19 rappresentiamo l'albero trinomiale in cui distinguiamo le singole traiettorie e riportiamo all'interno dei cerchi il prezzo S^1 e il corrispondente massimo M, e all'esterno dei cerchi riportiamo i valori del payoff X.

All'ultimo periodo il prezzo d'arbitraggio del derivato H è pari a

$$\begin{cases}
H_2^{uu} = X_2^{uu} = 4 - 4 = 0, \\
H_2^{um} = X_2^{um} = 2 - 2 = 0, \\
H_2^{ud} = X_2^{ud} = 2 - 1 = 1, \\
H_2^{mu} = X_2^{mu} = 2 - 2 = 0, \\
H_2^{mm} = X_2^{mm} = 1 - 1 = 0, \\
H_2^{md} = X_2^{md} = 1 - \frac{1}{2} = \frac{1}{2}, \\
H_2^{du} = X_2^{du} = 1 - 1 = 0, \\
H_2^{dm} = X_2^{dm} = 1 - \frac{1}{2} = \frac{1}{2}, \\
H_2^{dd} = X_2^{dd} = 1 - \frac{1}{4} = \frac{3}{4}.
\end{cases}$$

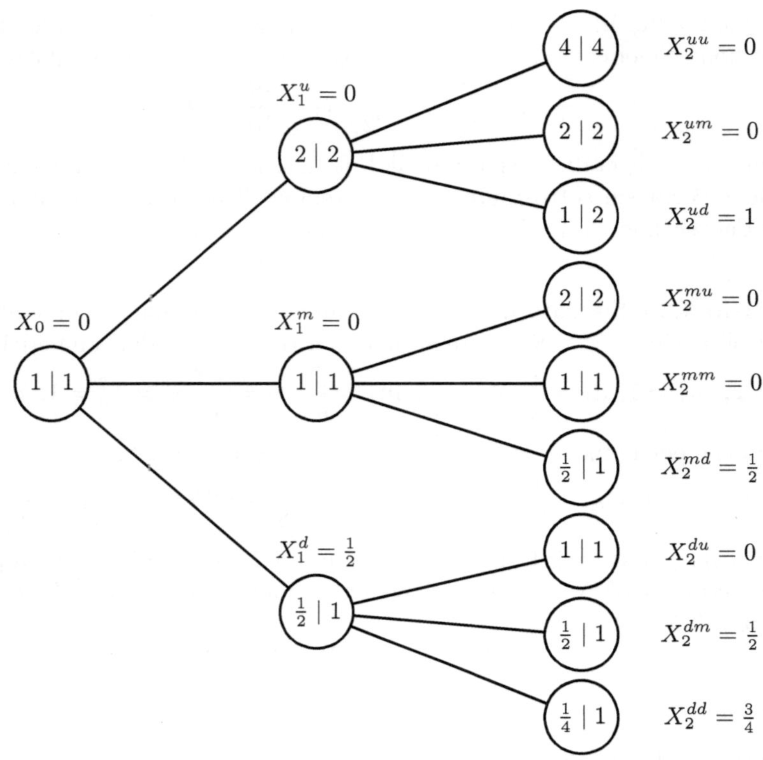

Fig. 3.19. Albero trinomiale a due periodi: all'interno dei cerchi sono riportati i valori di S^1 (a sinistra) e del massimo M (a destra). Fuori dai cerchi sono riportati i valori del payoff X

Calcoliamo ora il prezzo d'arbitraggio al tempo $n = 1$: per definizione si ha

$$H_1^u = \max\left\{X_1^u, E_1^u\right\} = \max\left\{0, \frac{1}{1+r}\left(q_1 X_2^{uu} + q_2 X_2^{um} + q_3 X_2^{ud}\right)\right\}$$

$$= \frac{4}{5}\left(\frac{3}{8}\cdot 0 + \frac{3}{8}\cdot 0 + \frac{1}{4}\cdot 1\right) = \frac{1}{5},$$

$$H_1^m = \max\left\{X_1^m, E_1^m\right\} = \max\left\{0, \frac{1}{1+r}\left(q_1 X_2^{mu} + q_2 X_2^{mm} + q_3 X_2^{md}\right)\right\}$$

$$= \frac{4}{5}\left(\frac{3}{8}\cdot 0 + \frac{3}{8}\cdot 0 + \frac{1}{4}\cdot\frac{1}{2}\right) = \frac{1}{10},$$

$$H_1^d = \max\left\{X_1^d, E_1^d\right\} = \max\left\{\frac{1}{2}, \frac{1}{1+r}\left(q_1 X_2^{du} + q_2 X_2^{dm} + q_3 X_2^{dd}\right)\right\}$$

$$= \max\left\{\frac{1}{2}, \frac{4}{5}\left(\frac{3}{8}\cdot 0 + \frac{3}{8}\cdot\frac{1}{2} + \frac{1}{4}\cdot\frac{3}{4}\right)\right\} = \max\left\{\frac{1}{2}, \frac{3}{10}\right\} = \frac{1}{2}.$$

Infine al tempo iniziale si ha

$$H_0 = \max\{-X_0,\, E_0\} = \max\left\{0,\ \frac{1}{1+r}\left(q_1 H_1^u + q_2 H_1^m + q_3 H_1^d\right)\right\}$$

$$= \frac{4}{5}\left(\frac{3}{8}\cdot\frac{1}{5} + \frac{3}{8}\cdot\frac{1}{10} + \frac{1}{4}\cdot\frac{1}{2}\right) = \frac{19}{100}$$

ii) Per quanto riguarda le strategie d'esercizio ottimali, ricordando la definizione

$$\nu_{\min} = \min\{n : -X_n \geq E_n\} \qquad \nu_{\max} = \min\{n : -X_n > E_n\}$$

otteniamo

$$\nu_{\max} = \begin{cases} 1 & \text{in } \{h_1 = 3\} \\ 2 & \text{altrimenti} \end{cases} \tag{3.58}$$

ed è immediato verificare che $\nu_{\min} = \nu_{\max} =: \bar{\nu}$. La rappresentazione della strategia ottimale $\bar{\nu}$ è la stessa che nella Figura 3.18 dell'Esercizio 3.34.

Infine calcoliamo la strategia di copertura per il primo periodo: osservando che $\nu_{\max} \geq 1$ per la (3.58), tale strategia coincide con la strategia di copertura di H (cfr. Sezione 3.1.4) e dunque si ottiene imponendo la condizione di replicazione

$$\alpha_1^1 S_1^1 + \alpha_1^2 S_1^2 + \beta_1 B_1 = H_1 \tag{3.59}$$

Osserviamo nuovamente che nel modello trinomiale anche se l'opzione dipende solo dal titolo S^1, tuttavia la strategia di copertura richiede di investire su entrambi i titoli rischiosi.

La (3.59) fornisce il sistema di equazioni lineari

$$\begin{cases} \alpha_1^1 u_1 S_0^1 + \alpha_1^2 u_2 S_0^2 + \beta_1(1+r) = H_1^u \\ \alpha_1^1 m_1 S_0^1 + \alpha_1^2 m_2 S_0^2 + \beta_1(1+r) = H_1^m \\ \alpha_1^1 d_1 S_0^1 + \alpha_1^2 d_2 S_0^2 + \beta_1(1+r) = H_1^d \end{cases}$$

equivalente a

$$\begin{cases} 2\alpha_1^1 + \frac{7}{3}\alpha_1^2 + \frac{5}{4}\beta_1 = \frac{1}{5} \\ \alpha_1^1 + \frac{7}{9}\alpha_1^2 + \frac{5}{4}\beta_1 = \frac{1}{10} \\ \frac{1}{2}\alpha_1^1 + \frac{1}{3}\alpha_1^2 + \frac{5}{4}\beta_1 = \frac{1}{2} \end{cases}$$

La soluzione di tale sistema è

$$\alpha_1^1 = -2 \qquad \alpha_1^2 = \frac{27}{20} \qquad \beta_1 = \frac{21}{25}$$

Verifichiamo che il costo iniziale di tale strategia è pari al prezzo iniziale dell'opzione Americana: ricordando che $S_0^1 = S_0^2 = B_0 = 1$, vale infatti

$$-2S_0^1 + \frac{27}{20}S_0^2 + \frac{21}{25}B_0 = \frac{19}{100} = H_0 \qquad\qquad \square$$

4

Tassi d'interesse

In questo capitolo consideriamo la struttura a termine dei tassi ed i derivati dei tassi. I tassi sono intimamente legati al mercato obbligazionario; infatti, da un lato abbiamo i tassi a termine e dall'altro i prezzi a termine. Introduciamo quindi i tassi in relazione ai più semplici titoli del mercato obbligazionario ad essi legati, cioè i cosiddetti T-bonds i quali sono contratti che garantiscono un'unità monetaria alla scadenza T ed esprimono le aspettative del mercato sul valore futuro della moneta.

Per determinare le varie quantità di interesse legate ai tassi ci servono dei modelli stocastici per l'evoluzione dei tassi stessi. In analogia alla modellizzazione dei tassi a tempo continuo, anche a tempo discreto consideriamo due classi di modelli: modelli tipo "short" e modelli tipo "forward".

Tra i modelli tipo short un ruolo particolare è giocato da quelli cosiddetti "affini". Per una trattazione generale di tali modelli si possono consultare [6],[8],[9]. La nostra trattazione per il caso specifico a tempo discreto si ispira a [10]. La trattazione qui presentata dei modelli forward si ispira invece al lavoro originale [13] (si veda anche [7]).

La stocasticità dell'evoluzione dei tassi costituisce un fattore di rischio per pagamenti futuri di interessi, sia effettuati che ricevuti. Per limitare tale tipo di rischio, in analogia ai derivati sui titoli rischiosi, sono stati introdotti i derivati sui tassi, che sono l'oggetto di studio nell'ultima parte di questo capitolo. Nella risoluzione del problema della valutazione dei derivati sui tassi abbiamo cercato di ricondurre tutti i calcoli a delle espressioni che coinvolgono solo T-bonds e le loro relazioni ricorsive. Anche se i calcoli ricorsivi possono essere onerosi in termini di mole di calcolo, essi costituiscono tuttavia un approccio unificato a tutti i derivati dei tassi a differenza di quanto avviene a tempo continuo, dove sono stati introdotti i cosiddetti "market models" che sono diversi a seconda del tipo di derivato (per esempio i LIBOR e gli Swap Market Models). Per una trattazione introduttiva ai derivati dei tassi si può consultare il Capitolo 25 in [3]. Una trattazione più esauriente si trova in [4].

Prima dello svolgimento degli esercizi, nella Sezione 4.6.1 sintetizziamo alcune proprietà specifiche dei due modelli utilizzati e questo soprattutto in

Pascucci A, Runggaldier WJ.: Finanza Matematica.
© Springer-Verlag Italia 2009, Milano

vista delle loro applicazioni nella risoluzione degli esercizi proposti. Gli esercizi stessi sono raggruppati secondo le tematiche trattate nella parte teorica,
iniziando da opzioni su bonds per poi trattare successivamente Caps e Floors,
Swap Rates e Forward Swaps ed infine le Swaptions.

4.1 Bonds e tassi

In questo paragrafo introduciamo e definiamo le grandezze economiche che
intervengono nella descrizione dei mercati dei tassi d'interesse[1].

Cominciamo illustrando le caratteristiche principali in base alle quali i tassi
vengono usualmente classificati. Nel seguito $t < T < S$ indicano tre istanti: un
tasso d'interesse r, relativo all'intervallo temporale $[T, S]$, può essere di tipo

- **semplice o composto:** r è un tasso semplice o composto se è rispettivamente definito in base alla formula di capitalizzazione semplice o
  composta;
- **annuale o su base** $S-T$**:** r è un tasso annuale se è valutato su base annua.
  Precisamente, r è un tasso composto annuale se vale seguente formula di
  capitalizzazione

$$C_S = C_T e^{(S-T)r},$$

  dove C_t indica il valore del capitale al tempo t; analogamente, r è un tasso
  semplice annuale se vale la formula di capitalizzazione

$$C_S = C_T \left(1 + (S - T)r\right).$$

  Invece la formula di capitalizzazione composta

$$C_S = C_T e^r$$

  definisce il tasso r composto su base $S - T$ e la formula

$$C_S = C_T \left(1 + r\right)$$

  definisce il tasso r semplice su base $S - T$;
- **spot o forward[2]:** r è un tasso spot se è valutato all'istante T, ossia
  all'inizio dell'intervallo di riferimento; r è un tasso forward se è valutato
  in un'istante $t < T$ precedente all'intervallo di riferimento.

Poiché i tassi d'interesse sono grandezze non direttamente contrattate nei
mercati finanziari, è opportuno analizzare preliminarmente i più semplici titoli

---

[1] Ci occuperemo della modellizzazione matematica dei mercati dei tassi a partire
dal prossimo Paragrafo 4.2 dove analizzeremo diversi approcci per assegnare una
dinamica stocastica per i tassi d'interesse ed i titoli ad essi collegati.

[2] Utilizziamo qui il termine "forward" che corrisponde alla terminologia italiana "a
termine".

ad essi collegati, chiamati T-**bonds**. Un T-bond è un contratto che garantisce al possessore il pagamento di un'unità monetaria (per esempio, 1 Euro) alla data T, detta scadenza. Essenzialmente i T-bonds esprimono le aspettative del mercato sul valore futuro della moneta.

Nel seguito consideriamo un intervallo temporale $[0 \; \bar{T}]$ suddiviso in un numero $\bar{N}$ di sotto-intervalli di uguale lunghezza $\Delta = \frac{\bar{T}}{\bar{N}}$: nei modelli discreti considerati, assumiamo che le contrattazioni avvengano solo alle date $t_n = n\Delta$ con $0 \le n \le \bar{N}$. Indichiamo con $p(n \; N)$, per $0 \le n \le N \le \bar{N}$, il prezzo al tempo $t_n = n\Delta$ del T-bond con scadenza $T = N\Delta$. Un T-bond è a volte anche chiamato **zero coupon bond** con scadenza T, perché è un contratto che non prevede il pagamento di cedole prima della scadenza.

Notazione 4.1 *Nel seguito, per comodità e ove non ci sia ambiguità, ci riferiremo all'istante temporale n-esimo indifferentemente con t_n o con n. Analogamente il periodo n-esimo sarà indicato con $[t_{n-1} \; t_n]$ o più spesso semplicemente con $[n-1 \; n]$.*

Notiamo che per definizione vale $p(N \; N) = 1$. Inoltre al tempo $n = 0$ (data attuale) la famiglia dei prezzi $p(0 \; N)$ al variare di $N = 1 \; 2 \qquad \bar{N}$ è nota (osservabile sul mercato) e fornisce la struttura a termine degli zero coupon bonds, ossia la famiglia dei dati iniziali dei processi dei prezzi $p(\cdot \; N)$ al variare della scadenza N. Nel seguito indicheremo con $p^*(0 \; N)$, $N \le \bar{N}$, la struttura a termine osservabile sul mercato per distinguerla dai prezzi teorici $p(0 \; N)$, $N \le \bar{N}$, generati da un assegnato modello matematico.

A partire dai prezzi dei T-bond è possibile definire diversi tipi di tassi d'interesse. Assumiamo $n < N < M$ e consideriamo un investimento al tempo n che consiste nel vendere un'unità di $p(n \; N)$ per comprare $\frac{p(n,N)}{p(n,M)}$ unità di $p(n \; M)$, secondo il seguente schema:

vendo un T-bond con $T = N\Delta$
   e incasso $p(n \; N)$

$$- \longrightarrow$$

n	N	M
compro T-bonds con $T = M\Delta$ in no. di $\frac{p(n,N)}{p(n,M)}$	pago 1	incasso $\frac{p(n,N)}{p(n,M)}$

Al tempo n l'investimento ha un costo nullo e prevede di pagare 1 al tempo N per ricevere $\frac{p(n,N)}{p(n,M)}$ al tempo M. Definiamo allora i seguenti tassi in coerenza con i prezzi degli zero coupon bonds:

- $L(n; N \; M)$ è il **tasso forward semplice annuale**, valutato in n per il periodo $[t_N \; t_M]$ e definito dalla formula di capitalizzazione

$$\frac{p(n \; N)}{p(n \; M)} = 1 + L(n; N \; M)(M - N)\Delta$$

o equivalentemente da

$$L(n; N\ M) = \frac{1}{(M-N)\Delta}\left(\frac{p(n\ N)}{p(n\ M)} - 1\right) \tag{4.1}$$

Questa definizione è basata sul fatto che l'investimento di 1 Euro in N al tasso semplice $L(n; N\ M)$ deve dare lo stesso risultato dell'investimento sopra descritto che coinvolge solo i T-bonds. Indichiamo anche con

$$L(n\ N) := L(n; N\ N+1) = \frac{1}{\Delta}\left(\frac{p(n\ N)}{p(n\ N+1)} - 1\right) \tag{4.2}$$

il tasso forward semplice annuale valutato in n per il periodo $[t_N\ t_{N+1}]$.

- $R(n; N\ M)$ è il **tasso forward composto su base** $(M-N)\Delta$, valutato in n per il periodo $[t_N\ t_M]$ e definito dalla formula di capitalizzazione

$$\frac{p(n\ N)}{p(n\ M)} = e^{R(n;N,M)} \tag{4.3}$$

Anche qui la definizione è basata sul fatto che l'investimento di 1 Euro in N al tasso composto $R(n; N\ M)$ deve dare lo stesso risultato dell'investimento sopra descritto che coinvolge solo i T-bonds. Indichiamo anche con

$$R(n\ N) = R(n; N\ N+1) = \log\frac{p(n\ N)}{p(n\ N+1)} \tag{4.4}$$

il tasso forward composto valutato in n per il periodo $[t_N\ t_{N+1}]$.

- $r_n := R(n\ n)$ è il **tasso spot composto su base** Δ relativo al periodo $[t_n\ t_{n+1}]$. Chiameremo r semplicemente **tasso short** o **tasso a breve**. Osserviamo che per definizione vale

$$p(n\ n+1) = e^{-r_n} \tag{4.5}$$

Una volta introdotto il tasso a breve, indichiamo al solito con B il valore del **conto monetario**, ossia di un investimento che consiste nel rivalutare il capitale iniziale in ogni singolo periodo al tasso short: precisamente la dinamica di B è data dalla formula ricorsiva

$$B_{n+1} = B_n e^{r_n}$$

e più in generale

$$B_N = B_n \exp\left(\sum_{k=n}^{N-1} r_k\right) \qquad 0 \le n < N \tag{4.6}$$

dove per convenzione assumiamo $B_0 = 1$.

Sottolineiamo il fatto che r_n indica un valore *aleatorio* che diventa noto al tempo n: in particolare, a differenza dei capitoli precedenti in cui tasso era supposto deterministico se non addirittura costante, a partire dal prossimo paragrafo r (e di conseguenza B) sarà rappresentato da un processo stocastico. Si dice anche che B è un titolo "localmente non-rischioso" in quanto l'investimento nel conto monetario al tempo n dà un rendimento certo e privo di rischio sul periodo immediatamente successivo $[t_n, t_{n+1}]$, essendo r_n noto all'istante t_n.

Osservazione 4.2. Si noti la differenza fra le grandezze $p(n, N)$ e

$$D(n, N) := \exp\left(-\sum_{k=n}^{N-1} r_k \right), \qquad 0 \le n < N \le \bar{N}, \tag{4.7}$$

usualmente detto **fattore di sconto** sul periodo $[t_n, t_N]$: entrambe rappresentano il valore al tempo n di un'unità monetaria consegnata al tempo N. Tuttavia $p(n, N)$ è un valore osservabile al tempo n poiché è il prezzo di un contratto quotato sul mercato al tempo n; al contrario $D(n, N)$ non è noto al tempo n, essendo un valore aleatorio che dipende dall'evoluzione dei tassi fino a scadenza. Questa osservazione sarà precisata in termini matematici rigorosi nel paragrafo seguente (in particolare si veda la formula (4.10)). $\qquad\qquad\square$

4.2 Modelli di mercato dei tassi

Esistono diversi approcci alla modellizzazione stocastica dei tassi in tempo discreto. Qui esaminiamo due fra le principali classi di modelli, rispettivamente detti di tipo *short* e di tipo *forward*. Cominciamo con l'esporre in termini generali alcune delle idee fondamentali.

- **Modelli short.** In un modello short si assegna la dinamica del tasso short r mediante un opportuno processo stocastico. I T-bonds $p(\cdot, N)$ sono considerati *derivati del sottostante r con scadenza N e payoff pari a 1*, in base alla condizione $p(N, N) = 1$. L'idea è di utilizzare la teoria classica della valutazione d'arbitraggio per ricavare i prezzi dei T-bonds dalla dinamica di r. Alcune particolarità di questo approccio sono le seguenti:

  i) il tasso short non è un titolo contrattato sul mercato: pertanto un modello di tipo short è generalmente, anche nei casi più semplici, un modello di mercato *incompleto*, ossia la misura martingala non è unica;

  ii) poiché la struttura a termine iniziale $p^*(0, N)$, $N = 1, \ldots, \bar{N}$, è un dato di mercato che deve essere riprodotto dal modello, è necessario determinare esplicitamente delle condizioni sul processo r in modo che i prezzi teorici dei T-bonds $p(\cdot, N)$ soddisfino la condizione

$$p(0, N) = p^*(0, N), \qquad N \le \bar{N}. \tag{4.8}$$

Usualmente si ipotizza di assegnare la dinamica di r direttamente *sotto una misura martingala* (cfr. Definizione 4.3) mediante un processo stocastico che dipende da alcuni parametri. Imponendo che valga la (4.8), si cerca quindi di ricavare il valore di tali parametri (questa procedura è detta *calibrazione del modello*) e in questo modo si risolve indirettamente anche il problema della scelta della misura martingala. Un esempio di calibrazione di un modello short è riportato nella Sezione 4.3.2;

iii) è generalmente ritenuto poco realistico che le dinamiche dei processi dei prezzi $p(\cdot\ N)$ per tutte le scadenze siano "guidate" dall'unico processo stocastico del tasso short.

Per ovviare ad alcuni dei problemi sopracitati introduciamo i modelli di tipo forward.

- **Modelli forward.** In un modello forward si assegna direttamente la dinamica dei processi dei prezzi $p(\cdot\ N)$ per ogni $N = 1\quad \bar{N}$. Pertanto i T-bonds sono considerati i titoli primitivi di un modello di mercato discreto del tipo studiato nel Capitolo 1. In questo caso la struttura a termine iniziale $p^*(0\ N)$, $N = 1\quad \bar{N}$, è assunta automaticamente come dato iniziale del processo dei prezzi.
  D'altra parte notiamo che, assegnando la dinamica di tutti i prezzi dei T-bonds, è necessario verificare che il modello sia libero da arbitraggi: in altri termini sorge il problema di stabilire delle condizioni che assicurino l'esistenza (ed eventualmente l'unicità) della misura martingala.

Supponiamo ora di avere un modello di mercato discreto (di tipo short oppure forward), costruito su uno spazio di probabilità con filtrazione $(\Omega\ \mathcal{F}\ P\ (\mathcal{F}_n))$, in cui assumiamo che r e $p(\cdot\ N)$, $N = 1\quad \bar{N}$, siano processi *adattati* e i processi dei prezzi $p(\cdot\ N)$ siano *positivi*. Richiamiamo la definizione (4.6) di conto monetario e indichiamo con

$$\widetilde{p}(n\ N) = \frac{p(n\ N)}{B_n} \qquad 0 \leq n \leq N$$

i processi dei prezzi scontati dei T-bonds.

Definizione 4.3. *Una misura martingala con numeraire B è una misura di probabilità Q equivalente a P, rispetto alla quale i processi dei prezzi scontati dei T-bonds sono delle martingale, ossia vale*

$$\widetilde{p}(n\ N) = E^Q\left[\widetilde{p}(n+1\ N)\ \mathcal{F}_n\right] \qquad 0 \leq n < N \leq \bar{N} \tag{4.9}$$

Il seguente lemma traduce in termini matematici il contenuto dell'Osservazione 4.2.

Lemma 4.4. *La condizione di martingalità* (4.9) *è equivalente a*[3]

$$p(n, N) = E^Q \left[D(n, N) \mid \mathcal{F}_n \right], \qquad 0 \le n \le N \le \bar{N}, \qquad (4.10)$$

dove $D(n, N)$ *è il fattore di sconto definito in* (4.7).

Dimostrazione. Dalla proprietà di martingala (4.9) segue

$$\tilde{p}(n, N) = E^Q \left[\tilde{p}(N, N) \mid \mathcal{F}_n \right], \qquad n \le N,$$

ed anche, essendo $p(N, N) = 1$,

$$\frac{p(n, N)}{B_n} = E^Q \left[B_N^{-1} \mid \mathcal{F}_n \right], \qquad n \le N.$$

Allora, poiché r è un processo adattato, abbiamo

$$p(n, N) = E^Q \left[B_n B_N^{-1} \mid \mathcal{F}_n \right], \qquad n \le N,$$

da cui segue la (4.10).

Viceversa, dalla (4.10) ed essendo r adattato, abbiamo

$$\begin{aligned}
p(n, N) &= E^Q \left[e^{-r_n} D(n+1, N) \mid \mathcal{F}_n \right] \\
&= E^Q \left[e^{-r_n} E^Q \left[D(n+1, N) \mid \mathcal{F}_{n+1} \right] \mid \mathcal{F}_n \right] \\
&= E^Q \left[e^{-r_n} p(n+1, N) \mid \mathcal{F}_n \right],
\end{aligned}$$

e la tesi segue dividendo i membri per B_n. $\qquad\square$

Il seguente risultato contiene una caratterizzazione della misura martingala espressa in termini di un'importante relazione tra i prezzi dei T-bonds.

Proposizione 4.5. *Sia* Q *una misura equivalente a* P. *Allora* Q *è una misura martingala se e solo se*

$$\frac{p(n, N)}{p(n, n+1)} = E^Q \left[p(n+1, N) \mid \mathcal{F}_n \right], \qquad 0 \le n < N \le \bar{N}. \qquad (4.11)$$

Dimostrazione. Utilizziamo il Lemma 4.4 e proviamo che la (4.11) è equivalente alla (4.10): infatti, poiché r_n è $\mathcal{F}_n$-misurabile, la (4.10) equivale a

$$p(n, N) = e^{-r_n} E^Q \left[D(n+1, N) \mid \mathcal{F}_n \right] =$$

(per la (4.5))

$$\begin{aligned}
&= p(n, n+1) E^Q \left[E^Q \left[D(n+1, N) \mid \mathcal{F}_{n+1} \right] \mid \mathcal{F}_n \right] \\
&= p(n, n+1) E^Q \left[p(n+1, N) \mid \mathcal{F}_n \right],
\end{aligned}$$

equivalente alla (4.11). $\qquad\square$

---

[3] Poniamo per convenzione $D(n, n) = 1$.

In vista delle applicazioni allo studio dei derivati sui tassi (cfr. Sezione 4.5) proviamo anche il seguente

Corollario 4.6. *In una misura martingala Q, se un processo $X = (X_n)_{n \leq N}$ verifica*

$$X_n = E^Q\left[D(n\ N)X_N\ \mathcal{F}_n\right] \qquad n \leq N$$

allora $\widetilde{X} = \left(\frac{X_n}{B_n}\right)$ è una Q-martingala. In particolare vale

$$X_n = E^Q\left[D(n\ k)X_k\ \mathcal{F}_n\right] \qquad n \leq k \leq N \tag{4.12}$$

e nel caso $k = n+1$

$$X_n = p(n\ n+1)E^Q\left[X_{n+1}\ \mathcal{F}_n\right] \qquad n < N \tag{4.13}$$

Dimostrazione. Essendo il processo del tasso r adattato, per ogni $k \leq n$ si ha

$$E^Q\left[\widetilde{X}_n\ \mathcal{F}_k\right] = \frac{1}{B_k}E^Q\left[E^Q\left[\frac{D(n\ N)B_k}{B_n}X_N\ \mathcal{F}_n\right]\ \mathcal{F}_k\right]$$

$$= \frac{1}{B_k}E^Q\left[D(k\ N)X_N\ \mathcal{F}_k\right] = \widetilde{X}_k$$

La (4.12) segue immediatamente dalla proprietà di martingala e dal fatto che r è adattato; infine la (4.13) segue combinando la (4.12) con la (4.5). $\square$

4.3 Modelli short

Come anticipato nel Paragrafo 4.2, in un modello short si assegna la dinamica del tasso r mediante un opportuno processo stocastico discreto. Inoltre si è soliti supporre che la dinamica di r sia data direttamente sotto una misura martingala Q. Come accennato nell'introduzione al capitolo, in questa sezione ci baseremo principalmente su [10].

Nel seguito considereremo il caso in cui r è un processo Markoviano definito su uno spazio di probabilità con filtrazione $(\Omega\ \mathcal{F}\ Q\ (\mathcal{F}_n))$. Indichiamo con Q_n il nucleo di transizione di r_n, visto come catena di Markov nella misura Q: precisamente poniamo

$$(Q_n\varphi)(r_n) := E^Q\left[\varphi(r_{n+1})\ \mathcal{F}_n\right] = \int_{\mathbb{R}} \varphi(\varrho)Q_n(r_n\ d\varrho) \tag{4.14}$$

per ogni funzione integrabile φ da $\mathbb{R}$ a valori reali. Notiamo che è ammesso che lo spazio degli stati sia $\mathbb{R}$ e quindi non necessariamente discreto come nei capitoli precedenti.

Esempio 4.7 (Modello di Hull-White discreto). Assumiamo la seguente dinamica ricorsiva per il processo r:

$$r_{n+1} = r_n + (\Phi_n - a_n r_n)\Delta + \sigma_n\sqrt{\Delta}W_n \qquad n = 0 \qquad \bar{N} - 1 \tag{4.15}$$

dove a_n σ_n e Φ_n sono parametri non-negativi, $\Delta = \frac{\bar{T}}{N}$ è la lunghezza di ogni sotto-intervallo di $[0\ \bar{T}]$ e (W_n) è una sequenza di variabili aleatorie indipendenti e con distribuzione normale standard, $W_n \sim \mathcal{N}_{0\ 1}$ rispetto ad una misura Q. Allora abbiamo

$$r_{n+1} \sim \mathcal{N}_{r_n + (\Phi_n - a_n r_n)\Delta\ \sigma_n^2 \Delta} \tag{4.16}$$

ossia

$$(Q_n \varphi)(r_n) = \int_{\mathbb{R}} \varphi(\varrho) \mathcal{N}_{r_n + (\Phi_n - a_n r_n)\Delta\ \sigma_n^2 \Delta}(d\varrho)$$

$$= \frac{1}{\sigma\sqrt{2\pi\Delta}} \int_{\mathbb{R}} \varphi(\varrho) \exp\left(-\frac{(\varrho - r_n - (\Phi_n - a_n r_n)\Delta)^2}{2\sigma_n^2 \Delta}\right) d\varrho$$

Notiamo che la formula ricorsiva (4.15) corrisponde alla discretizzazione di Eulero-Maruyama dell'equazione differenziale stocastica proposta da Hull-White in [14]:

$$dr_t = (\Phi(t) - a(t)r_t)\,dt + \sigma(t)dW_t \tag{4.17}$$

dove $\sigma = \sigma(t)$ è la funzione (deterministica) della volatilità, $a = a(t)$ è la velocità (o tasso) di *mean reversion*, Φ è una funzione che regola la media di lungo periodo e W è un moto Browniano reale.

Sottolineiamo il fatto che il processo r in (4.15) può assumere valori negativi arbitrariamente grandi. $\square$

A partire dalla dinamica (4.14), vediamo ora come ricavare il prezzo dei T-bonds. A tal fine utilizziamo il Lemma 4.4 che fornisce l'espressione dei prezzi $p(n\ N)$ in termini di attesa condizionata in Q dei tassi short r_k con $n \le k < N$. Prima di enunciare il prossimo risultato, introduciamo alcune notazioni che useremo sistematicamente nel seguito. Poniamo

$$\varphi_0(r) := e^{-r}$$

e introduciamo la famiglia di funzioni (φ_n^N), con $0 \le n < N \le \bar{N}$, mediante la definizione ricorsiva:

$$\begin{cases} \varphi_{N-1}^N(r) = 1 \\ \varphi_{n-1}^N(r) = Q_{n-1}\left(\varphi_0 \varphi_n^N\right)(r) \qquad 1 \le n \le N-1 \end{cases} \tag{4.18}$$

per ogni $N \le \bar{N}$ e $r \in \mathbb{R}$. Si ha allora il seguente risultato.

Proposizione 4.8. *Assumendo valida la* (4.14) *nella misura martingala* Q, *si ha*

$$p(n\ N) = e^{-r_n}\varphi_n^N(r_n) \qquad 0 \le n < N \le \bar{N} \tag{4.19}$$

con φ_n^N *definita in* (4.18).

Dimostrazione. Fissato N, proviamo la tesi per induzione a ritroso in n. Nel caso $n = N - 1$ si ha $p(N - 1, N) = e^{-r_{N-1}}$ e quindi la tesi segue dal fatto che per definizione $\varphi_{N-1}^N \equiv 1$.

Assumiamo ora che, per ipotesi induttiva, valga la formula (4.19): poiché per costruzione Q è una misura martingala, per la Proposizione 4.5 abbiamo

$$p(n - 1, N) = p(n - 1, n)E^Q\left[p(n, N) \mid \mathcal{F}_{n-1}\right] =$$

(per ipotesi induttiva)

$$= e^{-r_{n-1}} E^Q\left[e^{-r_n}\varphi_n^N(r_n) \mid \mathcal{F}_{n-1}\right]$$
$$= e^{-r_{n-1}} Q_{n-1}\left(\varphi_0\varphi_n^N\right)(r_{n-1}) = e^{-r_{n-1}}\varphi_{n-1}^N(r_{n-1}) \qquad \square$$

4.3.1 Modelli affini

In alcuni casi particolari (fra cui, come vedremo fra breve, anche quello dell'Esempio 4.7) è possibile esplicitare ulteriormente l'espressione dei prezzi dei T-bonds. A tale scopo introduciamo la seguente *funzione generatrice dei momenti*:

$$\widetilde{Q}_n(r, \lambda) := \int_{\mathbb{R}} e^{-\lambda\varrho}Q_n(r, d\varrho) \qquad r, \lambda \in \mathbb{R} \tag{4.20}$$

Notiamo che, poiché la funzione esponenziale è positiva, l'integrale in (4.20) è ben definito (eventualmente pari a $+\infty$) per ogni $r, \lambda \in \mathbb{R}$.

Proposizione 4.9. *Se esistono delle funzioni f_n, g_n tali che vale*

$$\widetilde{Q}_n(r, \lambda) = \exp\left(-f_n(\lambda) - g_n(\lambda)r\right) \qquad r, \lambda \in \mathbb{R} \tag{4.21}$$

per ogni n, $0 \leq n < \bar{N}$, allora le funzioni φ_n^N in (4.18) hanno la seguente espressione

$$\varphi_n^N(r) = \exp\left(-A_n^N - B_n^N r\right) \qquad r \in \mathbb{R} \tag{4.22}$$

con le costanti A_n^N, B_n^N definite dalle formule ricorsive

$$\begin{cases} A_{N-1}^N = B_{N-1}^N = 0 \\ A_{n-1}^N = A_n^N + f_{n-1}\left(1 + B_n^N\right) \\ B_{n-1}^N = g_{n-1}\left(1 + B_n^N\right) \end{cases} \tag{4.23}$$

In particolare vale la seguente formula per i prezzi dei T-bonds:

$$p(n, N) = \exp\left(-A_n^N - \left(1 + B_n^N\right)r_n\right) \qquad 0 \leq n < N \leq \bar{N} \tag{4.24}$$

Definizione 4.10. *Diciamo che un modello short per cui vale la (4.24) è un modello con struttura a termine affine[4].*

---

[4] In generale, in un modello affine il prezzo dei T-bonds è l'esponenziale di una funzione lineare (affine) del tasso r.

Dimostrazione (della Proposizione 4.9). Fissato N, assumiamo la (4.21) e proviamo la tesi per induzione a ritroso in n. Nel caso $n = N-1$ si ha $\varphi^N_{N-1}(r) = 1$ che è coerente con le (4.22)-(4.23) essendo per definizione $A^N_{N-1} = B^N_{N-1} = 0$.

Assumiamo ora valida la tesi per n e proviamo il caso $n - 1$:

$$\varphi^N_{n-1}(r) = Q_{n-1}\left(\varphi_0 \varphi^N_n\right)(r) = \int_\mathbb{R} e^{-\varrho} \varphi^N_n(\varrho) Q_{n-1}(r \; d\varrho) =$$

(per ipotesi induttiva)

$$= \int_\mathbb{R} \exp\left(-A^N_n - \varrho\left(1 + B^N_n\right)\right) Q_{n-1}(r \; d\varrho)$$
$$= e^{-A^N_n} \widetilde{Q}_{n-1}\left(r \; 1 + B^N_n\right) =$$

(per l'ipotesi (4.21))

$$= \exp\left(-A^N_n - f_{n-1}\left(1 + B^N_n\right) - g_{n-1}\left(1 + B^N_n\right) r\right)$$

Questo prova la tesi e le formule ricorsive (4.23). Infine la formula (4.24) segue direttamente dalla Proposizione 4.8. $\square$

Corollario 4.11. *Nelle ipotesi della Proposizione 4.9 si ha anche*

$$L(n \; N) = \frac{1}{\Delta}\left(\exp\left(\left(A^{N+1}_n - A^N_n\right) + \left(B^{N+1}_n - B^N_n\right) r_n\right) - 1\right)$$
$$R(n \; N) = A^{N+1}_n - A^N_n + \left(B^{N+1}_n - B^N_n\right) r_n$$

Dimostrazione. È sufficiente combinare l'espressione (4.24) di $p(n \; N)$ con le formule (4.2) e (4.4) per i tassi forward. $\square$

4.3.2 Modello di Hull-White discreto

In questa sezione riprendiamo il modello dell'Esempio 4.7 e mostriamo che si tratta di un modello affine. Per semplicità considereremo solo il caso di volatilità e velocità di mean reversion costanti, ossia $a_n \equiv a$ e $\sigma_n \equiv \sigma$. Studiamo inoltre il problema della calibrazione del modello alla struttura a termine iniziale.

Preliminarmente calcoliamo la funzione generatrice dei momenti della distribuzione normale $\mathcal{N}_{\mu \; \sigma^2}$.

Lemma 4.12. *Vale*

$$\int_\mathbb{R} e^{-\lambda \varrho} \mathcal{N}_{\mu \; \sigma^2}(d\varrho) = e^{-\lambda\mu + \frac{\lambda^2 \sigma^2}{2}} \tag{4.25}$$

Dimostrazione. Un semplice calcolo mostra

$$\int_{\mathbb{R}} e^{-\lambda\varrho}\mathcal{N}_{\mu,\,\sigma^2}(d\varrho)$$

$$= \frac{1}{\sigma\sqrt{2\pi}}\int_{\mathbb{R}} e^{-\lambda\varrho}\exp\left(-\frac{(\varrho-\mu)^2}{2\sigma^2}\right)d\varrho$$

$$= \frac{1}{\sigma\sqrt{2\pi}}\int_{\mathbb{R}}\exp\left(-\frac{2\sigma^2\lambda\varrho+\varrho^2-2\varrho\mu+\mu^2}{2\sigma^2}\right)d\varrho$$

$$= \exp\left(\frac{-\mu^2-(\lambda\sigma^2-\mu)^2}{2\sigma^2}\right)\int_{\mathbb{R}}\frac{1}{\sigma\sqrt{2\pi}}\exp\left(-\frac{(\varrho+\lambda\sigma^2-\mu)^2}{2\sigma^2}\right)d\varrho$$

$$= \exp\left(-\lambda\mu+\frac{\lambda^2\sigma^2}{2}\right) \qquad\qquad \square$$

Riprendiamo il modello di Hull-White discreto e assumiamo la seguente dinamica ricorsiva per il tasso short:

$$r_{n+1} = r_n + (\Phi_n - ar_n)\,\Delta + \sigma\sqrt{\Delta}W_n \qquad n=0,\ \bar{N}-1 \qquad (4.26)$$

Allora si ha

$$\widetilde{Q}_n\,(r_n,\ \lambda) = \int_{\mathbb{R}} e^{-\lambda\varrho}\mathcal{N}_{r_n+(\Phi_n-ar_n)\Delta,\ \sigma^2\Delta}(d\varrho) =$$

(per il Lemma 4.12)

$$= \exp\left(-\lambda\,(r_n+(\Phi_n-ar_n)\,\Delta)+\frac{\lambda^2\sigma^2\Delta}{2}\right)$$

$$= \exp\left(-f_n(\lambda)-g_n(\lambda)r_n\right)$$

con

$$f_n(\lambda) = \Phi_n\Delta\lambda - \frac{\sigma^2\Delta}{2}\lambda^2 \quad\text{e}\quad g_n(\lambda) = \lambda\,(1-a\Delta)$$

Dunque, per la Proposizione 4.9, il modello di Hull-White discreto è un modello con struttura a termine affine e quindi abbiamo la seguente espressione per i prezzi dei T-bonds:

$$p(n,\ N) = e^{-A_n^N-\left(1+B_n^N\right)r_n} \qquad 0\le n < N \le \bar{N} \qquad (4.27)$$

dove

$$\begin{cases} A_{N-1}^N = B_{N-1}^N = 0 \\ A_{n-1}^N = A_n^N + \Phi_{n-1}\Delta\left(1+B_n^N\right) - \frac{\sigma^2\Delta}{2}\left(1+B_n^N\right)^2 \\ B_{n-1}^N = \left(1+B_n^N\right)(1-a\Delta) \end{cases} \qquad (4.28)$$

o più esplicitamente, per $n \leq N - 2$,

$$
\begin{cases}
A_n^N = \sum_{k=n}^{N-2} \left(\Phi_k \Delta \left(1 + B_{k+1}^N \right) - \frac{\sigma^2 \Delta}{2} \left(1 + B_{k+1}^N \right)^2 \right) \\
B_n^N = (1 - a\Delta)^{N-n-2} \left(N - n - 1 - a\Delta \right)
\end{cases}
\tag{4.29}
$$

Il Corollario 4.11 fornisce anche l'espressione dei tassi forward $L(n\ N)$ e $R(n\ N)$ in funzione delle costanti A_n^N e B_n^N.

Osservazione 4.13. Nel caso $a = 0$, combinando le formule precedenti con

$$
A_n^N - A_{n+1}^N = (N - n - 1)\Phi_n \Delta - \frac{(N - n - 1)^2}{2}\sigma^2 \Delta
$$

$$
(1 + B_n^N)r_n - (1 + B_{n+1}^N)r_{n+1} = (N - n)r_n
$$
$$
- (N - n - 1)\left(r_n + \Phi_n \Delta + \sigma \Delta W_n \right)
$$

$$
r_n = -\frac{\log p(n\ N) + A_n^N}{N - n}
$$

otteniamo anche la seguente relazione ricorsiva per i prezzi dei T-bonds:

$$
p(n+1\ N) = p(n\ N) \exp \left(-\frac{\log p(n\ N) + A_n^N}{N - n} \right.
$$
$$
\left. - \frac{\sigma^2 \Delta}{2}(N - n - 1)^2 - (N - n - 1)\sigma \Delta W_n \right)
$$
$$
\tag{4.30}
$$

$\square$

Vediamo ora che è possibile calibrare il modello di Hull-White discreto alla struttura a termine iniziale $p^*(0\ N)$, $N \leq \bar{N}$, osservabile sul mercato. Per semplicità consideriamo solo il caso $a = 0$.

In questo modello, per ogni scelta del parametro di volatilità σ, possiamo riprodurre la struttura a termine iniziale scegliendo opportunamente i parametri Φ_n. Vale infatti la seguente

Proposizione 4.14. *Nel modello di Hull-White discreto con dinamica*

$$
r_{n+1} = r_n + \Phi_n \Delta + \sigma \sqrt{\Delta} W_n
$$

vale

$$
\Phi_n = \frac{R(0\ n+1) - R(0\ n)}{\Delta} + \sigma^2 \left(n + \frac{1}{2} \right)
\tag{4.31}
$$

Osservazione 4.15. In base alla Proposizione 4.14, per ogni scelta di σ, la calibrazione del modello consiste semplicemente nel porre

$$
\Phi_n = \frac{R^*(0\ n+1) - R^*(0\ n)}{\Delta} + \sigma^2 \left(n + \frac{1}{2} \right)
$$

dove R^* è il tasso forward di mercato, definito al solito da

$$R^*(0\ n) = \log \frac{p^*(0\ n)}{p^*(0\ n+1)}$$

Si noti l'analogia della formula di calibrazione (4.31) con quella del corrispondente modello a tempo continuo (si veda p.es. il Paragrafo 22.4.2 in [3] che riguarda la calibrazione del modello di Ho-Lee che si ottiene da quello di Hull-White per $a = 0$).   □

Dimostrazione (della Proposizione 4.14). Osserviamo anzitutto che per la (4.29) con $a = 0$ si ha $B_n^N = N - n - 1$ e

$$A_0^n = \sum_{k=0}^{n-2} \left(\Phi_k \Delta\,(N - k - 1) - \frac{\sigma^2 \Delta}{2}\,(N - k - 1)^2 \right)$$

da cui

$$A_0^{n+1} - A_0^n = \Delta \sum_{k=0}^{n-1} \Phi_k - \frac{\sigma^2 \Delta}{2} n^2 \quad \text{e} \quad B_0^{n+1} - B_0^n = 1 \qquad (4.32)$$

Allora per la formula per il tasso forward del Corollario 4.11 e per la (4.32), abbiamo

$$R(0\ n+1) = \Delta \sum_{k=0}^{n} \Phi_k - \frac{\sigma^2 \Delta}{2}(n+1)^2 + r_0$$

$$R(0\ n) = \Delta \sum_{k=0}^{n-1} \Phi_k - \frac{\sigma^2 \Delta}{2} n^2 + r_0$$

Sottraendo il secondo termine dal primo risulta

$$\Phi_n \Delta = R(0\ n+1) - R(0\ n) + \sigma^2 \Delta n + \frac{\sigma^2 \Delta}{2}$$

da cui la tesi.   □

Osservazione 4.16. Esiste un altro tipo di distribuzione che, come la distribuzione normale nel Lemma 4.12, ha una funzione generatrice dei momenti che permette di ottenere un modello affine: si tratta della distribuzione *chi-quadro non centrata* che è la distribuzione del quadrato di una o più variabili normali. L'interesse per questo tipo di distribuzione nasce dall'esigenza di avere un modello affine in cui il tasso r è positivo: ricordiamo infatti che nel modello di Hull-White r può essere un numero negativo arbitrariamente grande.

Un celebre esempio di modello affine in tempo continuo in cui $r_t \geq 0$, è quello proposto da Cox, Ingersoll e Ross [5] nel quale la dinamica del tasso short è descritta dalla seguente equazione stocastica

$$dr_t = (\Phi - ar_t)dt + \sigma \sqrt{r_t}dW_t \qquad (4.33)$$

dove W è un moto Browniano. In (4.33) è presente un termine di drift con mean reversion come nella dinamica (4.17) del modello di Hull-White, ma a differenza di quest'ultimo la soluzione r_t di (4.33) è un processo *non-negativo* a causa della radice quadrata nel termine diffusivo.

È noto (si veda per esempio [16], Sezione 6.2.2) che la funzione generatrice dei momenti di r_t coincide con quella di un'opportuna distribuzione chi-quadro non centrata. Notiamo tuttavia che non si può ottenere un modello affine discreto con dinamica equivalente alla (4.33) semplicemente discretizzando l'equazione con uno schema di Eulero come per il modello di Hull-White: per maggiori dettagli sul problema dell'esistenza di modelli di tipo CIR discreto rimandiamo a [12].

Ricordiamo che la distribuzione chi-quadro non centrata (con un grado di libertà) è la distribuzione di X^2 dove X è una variabile aleatoria con distribuzione normale, $X \sim \mathcal{N}_{\mu\,\sigma^2}$. La funzione generatrice dei momenti ha la seguente espressione (si veda, per esempio, [1]):

$$E\left[e^{-\lambda X^2}\right] = \frac{e^{-\frac{\mu^2\lambda}{1+2\sigma^2\lambda}}}{1+2\sigma^2\lambda} \qquad \lambda > -\frac{1}{2\sigma^2} \qquad (4.34)$$

Allora il modo più semplice di modificare la (4.15) per avere un processo r non-negativo mantenendo la struttura affine, sembra quello di considerare la dinamica

$$r_{n+1} = X^2_{n+1} \quad \text{dove} \quad X_{n+1} \sim \mathcal{N}_{\sqrt{r_n+(\Phi_n-a_n r_n)\Delta}\,\,\sigma_n\sqrt{\Delta}}$$

in analogia con la (4.16).

In tal caso per la (4.34) si ha

$$\widetilde{Q}_n\left(r_n\,\lambda\right) = \frac{e^{-\frac{\lambda(r_n+(\Phi_n-ar_n)\Delta)}{1+2\sigma_n\sqrt{\Delta}\lambda}}}{1+2\sigma_n\sqrt{\Delta}\lambda} \qquad \lambda > -\frac{1}{2\sigma_n\sqrt{\Delta}}$$

che prova che il modello è affine. $\qquad\qquad\qquad\qquad\qquad\qquad\qquad\qquad\square$

4.4 Modelli forward

In questa sezione illustriamo l'approccio "forward" che, come già anticipato, consiste nell'assegnare i processi dei prezzi $p(\cdot\ N)$, $N = 1\ \ \bar{N}$.

Esaminando la formula (4.11) sembra naturale introdurre una dinamica ricorsiva del tipo seguente

$$p(n\ N) = \frac{p(n-1\ N)}{p(n-1\ n)}\,\mu_{n\ N} \qquad 1 \leq n \leq N \leq \bar{N} \qquad (4.35)$$

dove $\mu_{n\ N}$ sono variabili aleatorie definite su uno spazio di probabilità con filtrazione $(\Omega\ \mathcal{F}\ P\ (\mathcal{F}_n))$ e assumiamo che, per ogni $N \leq \bar{N}$, i processi

$n \mapsto \mu_{n,N}$ siano adattati. Notiamo che per $n = N$, dalla (4.35) segue che necessariamente $\mu_{n,n} = 1$ per ogni n.

La (4.35) è una condizione naturale e conveniente perché permette di semplificare la condizione di martingalità (4.11) che diventa la seguente formula (4.36). Poiché tale formula esprime il fatto che i prezzi scontati dei T-bonds sono delle martingale nella misura di probabilità Q, essa è alla base dello studio dell'esistenza e unicità della misura martingala (ovvero delle proprietà di assenza di opportunità d'arbitraggi e completezza del modello).

Lemma 4.17. *Sia Q una misura equivalente a P. Allora Q è una misura martingala se e solo se*

$$E^Q\left[\mu_{n,N} \mid \mathcal{F}_{n-1}\right] = 1, \qquad 1 \le n \le N \le \bar{N}. \tag{4.36}$$

Dimostrazione. La (4.36) si ottiene semplicemente combinando la (4.35) con la (4.11). $\qquad\square$

Per illustrare l'utilizzo del Lemma 4.17, nelle Sezioni 4.4.1 e 4.4.2 analizziamo il problema dell'assenza d'opportunità d'arbitraggi (ossia dell'esistenza della misura martingala) nei due casi significativi dei modelli forward binomiale e multinomiale.

La (4.35) definisce i processi dei T-bonds in modo ricorsivo. Il risultato seguente fornisce l'espressione esplicita dei processi dei prezzi in funzione dei dati iniziali.

Proposizione 4.18. *Vale la seguente formula per i prezzi dei T-bonds*

$$p(n, N) = \frac{p(0, N)}{p(0, n)} \prod_{k=1}^{n} \frac{\mu_{k,N}}{\mu_{k,n}}, \tag{4.37}$$

per $1 \le n \le N \le \bar{N}$.

Notiamo che la (4.37) esprime il prezzo di un T-bond in termini del prezzo iniziale $p(0, \cdot)$ (osservabile sul mercato) e dei fattori stocastici $\mu_{n,N}$ del modello considerato. Dunque, come già osservato, una caratteristica favorevole dei modelli forward sta nel fatto che la struttura a termine iniziale $p^*(0, N)$, $N = 1, \ldots, \bar{N}$, è assunta automaticamente come dato iniziale del processo dei prezzi.

Dimostrazione. La (4.37) si prova applicando ripetutamente la (4.35) o per induzione: infatti si ha

$$p(n, N) = p(n - 1, N)\frac{1}{p(n - 1, n)} \mu_{n,N} =$$

(sostituendo le espressioni di $p(n - 1, N)$ e $p(n - 1, n)$ ottenute dalla (4.35))

$$= \left(\frac{p(n - 2, N)}{p(n - 2, n - 1)}\mu_{n-1,N}\right) \frac{p(n - 2, n - 1)}{p(n - 2, n)\mu_{n-1,n}} \mu_{n,N}$$

$$= p(n - 2, N)\frac{1}{p(n - 2, n)}\frac{\mu_{n-1,N}\mu_{n,N}}{\mu_{n-1,n}\mu_{n,n}} = \cdots = \frac{p(0, N)}{p(0, n)} \prod_{k=1}^{n} \frac{\mu_{k,N}}{\mu_{k,n}}. \qquad\square$$

Combinando la formula ricorsiva (4.35) per i prezzi dei T-bonds con le definizioni (4.2), (4.4) e (4.5) dei tassi, otteniamo direttamente le seguenti formule ricorsive per i processi dei tassi.

Corollario 4.19. *Vale*

$$L(n,N) = \left(L(n-1,N) + \frac{1}{\Delta}\right) \frac{\mu_{n,N}}{\mu_{n,N+1}} - \frac{1}{\Delta} \tag{4.38}$$

$$R(n,N) = R(n-1,N) + \log \frac{\mu_{n,N}}{\mu_{n,N+1}} \tag{4.39}$$

$$r_n = -r_{n-1} - \log p(n-1,n+1) - \log \mu_{n,n+1} \tag{4.40}$$

Analogamente combinando l'espressione (4.37) per i prezzi dei T-bonds con le definizioni (4.2), (4.4) e (4.5) dei tassi, otteniamo direttamente le seguenti formule esplicite.

Corollario 4.20. *Vale*

$$L(n,N) = \frac{1}{\Delta}\left(\frac{p(0,N)}{p(0,N+1)} \prod_{k=1}^{n} \frac{\mu_{k,N}}{\mu_{k,N+1}} - 1\right) \tag{4.41}$$

$$R(n,N) = \log \frac{p(0,N)}{p(0,N+1)} + \sum_{k=1}^{n} \log \frac{\mu_{k,N}}{\mu_{k,N+1}} \tag{4.42}$$

$$r_n = \log \frac{p(0,n)}{p(0,n+1)} + \sum_{k=1}^{n} \log \frac{\mu_{k,n}}{\mu_{k,n+1}} \tag{4.43}$$

4.4.1 Modello forward binomiale

Consideriamo un modello forward del tipo (4.35) in cui $\mu_{n,N}$ sono variabili aleatorie che possono assumere due valori

$$\mu_{n,N} = \begin{cases} u_{n,N} \\ d_{n,N} \end{cases} \tag{4.44}$$

dove $0 < d_{n,N} < u_{n,N}$, con $1 \leq n < N \leq \bar{N}$, sono parametri scelti opportunamente. Procedendo come nella dimostrazione del Teorema 1.24 (relativo al modello binomiale standard), possiamo provare che se vale la condizione

$$d_{n,N} < 1 < u_{n,N} \qquad 1 \leq n < N \leq \bar{N} \tag{4.45}$$

allora esiste una misura martingala Q. Infatti Q è una misura martingala se e solo se vale la (4.36) che, nell'ipotesi (4.44), diventa

$$1 = E^Q\left[\mu_{n,N} \mid \mathcal{F}_{n-1}\right]$$
$$= u_{n,N} Q\left(\mu_{n,N} = u_{n,N} \mid \mathcal{F}_{n-1}\right) + d_{n,N}\left(1 - Q\left(\mu_{n,N} = u_{n,N} \mid \mathcal{F}_{n-1}\right)\right)$$

da cui

$$q_{n,N} := Q(\mu_{n,N} = u_{n,N}) = 1 - Q(\mu_{n,N} = d_{n,N}) = \frac{1 - d_{n,N}}{u_{n,N} - d_{n,N}} \qquad (4.46)$$

Ne viene in particolare che, essendo la probabilità condizionata $q_{n,N}$ costante, $\mu_{n,N}$ e $\mathcal{F}_{n-1}$ sono indipendenti in Q: si noti però che, a differenza del caso binomiale del Paragrafo 1.4.1, *questo non è sufficiente ad identificare univocamente*[5] Q perché, fissato n, non possiamo provare l'indipendenza in Q delle variabili aleatorie $\mu_{n,N}$ al variare della scadenza N. Dunque, nella condizione (4.45) *il modello forward binomiale è libero d'arbitraggi ma incompleto*.

Come esempio, consideriamo un modello forward binomiale con $\bar{N} = 3$ e assumiamo la dinamica (4.35) con $u_{n,N} \equiv u = 2$ e $d_{n,N} \equiv d = \frac{1}{2}$ per $1 \leq n < N \leq 3$. Rappresentiamo in Figura 4.1 i prezzi dei T-bonds.

$p(0,N)$	$p(1,N)$	$p(2,N)$	$p(3,N)$
$N=1$ $p(0,1)$	1		
$N=2$ $p(0,2)$	$p(1,2) = \frac{p(0,2)}{p(0,1)}\mu_{1,2}$	1	
$N=3$ $p(0,3)$	$p(1,3) = \frac{p(0,3)}{p(0,1)}\mu_{1,3}$	$p(2,3) = \frac{p(0,3)}{p(0,2)}\frac{\mu_{1,3}\mu_{2,3}}{\mu_{1,2}}$	1

Fig. 4.1. Prezzi dei T-bonds nel mercato forward binomiale con $\bar{N} = 3$

In questo caso gli eventi elementari sono rappresentati dalle triple della forma

$$\omega = (\mu_{1,2} \; \mu_{1,3} \; \mu_{2,3}) \qquad \text{con } \mu_{1,2} \; \mu_{1,3} \; \mu_{2,3} \in \{u \; d\}$$

e pertanto lo spazio di probabilità contiene 8 elementi:

$$\omega_1 = (u \; u \; u) \qquad \omega_2 = (u \; u \; d) \qquad \omega_3 = (u \; d \; u) \qquad \omega_4 = (u \; d \; d)$$
$$\omega_5 = (d \; u \; u) \qquad \omega_6 = (d \; u \; d) \qquad \omega_7 = (d \; d \; u) \qquad \omega_8 = (d \; d \; d)$$

Usiamo la notazione $q_k = Q(\{\omega_k\})$ per $k = 1 \dots 8$. Imponendo la condizione di martingalità (4.36) e tenendo conto della (4.46), otteniamo

$$Q(\{\mu_{1,2} = u\}) = Q(\{\mu_{1,3} = u\}) = Q(\{\mu_{2,3} = u\}) = \frac{1}{3} \qquad (4.47)$$

Se avessimo l'indipendenza delle variabili aleatorie $\mu_{1,2} \; \mu_{1,3} \; \mu_{2,3}$, le precedenti condizioni (4.47) permetterebbero di individuare univocamente le q_k, $k =$

---

[5] Nel modello binomiale del Paragrafo 1.4.1 la misura martingala Q è identificata univocamente come misura prodotto grazie alla proprietà di indipendenza in Q delle variabili aleatorie μ_n al variare di n.

1   8. Nel nostro caso tuttavia possiamo solo affermare che le condizioni (4.47) sono equivalenti al sistema

$$\begin{cases} q_1 + q_2 + q_3 + q_4 = \frac{1}{3} \\ q_1 + q_2 + q_5 + q_6 = \frac{1}{3} \\ q_1 + q_3 + q_5 + q_7 = \frac{1}{3} \end{cases}$$

Dalla condizione di indipendenza di $\mu_{2,3}$ da $\mu_{1,2}$ e $\mu_{1,3}$ (che discende dal fatto che $q_{n,N}$ in (4.46) è costante rispetto a $\mathcal{F}_{n-1}$ e in questo caso uguale a $\frac{1}{3}$) abbiamo inoltre che

$$q_1 = Q(\ \mu_{1,2} = \mu_{1,3} = u\ )Q(\ \mu_{2,3} = u\ ) = \frac{1}{3}(q_1 + q_2)$$

da cui $q_2 = 2q_1$. In modo analogo si trova anche

$$q_4 = 2q_3 \qquad q_6 = 2q_5 \qquad q_8 = 2q_7$$

In definitiva otteniamo un sistema di 7 equazioni lineari nelle incognite q_k che ha infinite soluzioni della forma

$$q_1 = q - \frac{1}{9} \qquad q_3 = \frac{2}{9} - q = q_5 \qquad q_7 = q$$
$$q_2 = 2q_1 \qquad q_4 = 2q_3 \qquad q_6 = 2q_5 \qquad q_8 = 2q_7$$

con $q \in\,]0\ 1[$ e fornisce l'espressione di una generica misura martingala parametrizzata da q. Come è facile verificare, in corrispondenza del valore $q = \frac{4}{27}$, otteniamo l'unica misura martingala rispetto alla quale $\mu_{1,2}$ $\mu_{1,3}$ $\mu_{2,3}$ sono variabili aleatorie indipendenti.

4.4.2 Modello forward multinomiale

Consideriamo un modello forward del tipo (4.35) in cui $\mu_{n,N}$ sono della forma

$$\mu_{n,N} = \varphi_{n,N}(\ _n) \qquad 1 \le n < N \le \bar{N} \tag{4.48}$$

dove $_n$ sono variabili aleatorie che assumono i valori $1\ 2\qquad H_n$ con $H_n \in \mathbb{N}$ fissato e $\varphi_{n,N}$ sono funzioni scelte opportunamente.

Notiamo esplicitamente che in questo modello, per ogni n c'è *un unico processo* ($_n$) che guida i movimenti dei prezzi dei T-bonds *per tutte le scadenze* $n < N \le \bar{N}$: da questo punto di vista il modello sembra avere la stessa flessibilità di un modello short. Si noti anche che il modello binomiale della Sezione 4.4.1 non è necessariamente della forma (4.48); quindi la (4.48) non fornisce l'espressione più generale di un modello multinomiale e pertanto si potrebbe chiamare più propriamente modello forward multinomiale "ad un fattore".

Per studiare l'esistenza di una misura martingala utilizziamo la relazione (4.36): fissato l'istante n, otteniamo

$$1 = E^Q\left[\mu_{n,N}\,-\!\mathcal{F}_{n-1}\right] = \sum_{h=1}^{H_n} \varphi_{n,N}(h)Q(\ _n = h\,-\!\mathcal{F}_{n-1}) \qquad (4.49)$$

che deve essere verificata per ogni N tale che $n < N \leq \bar{N}$. Posto per semplicità $q_h^{(n)} = Q(\ _n = h\,-\!\mathcal{F}_{n-1})$, la (4.49) insieme alla condizione

$$\sum_{h=1}^{H_n} q_h^{(n)} = 1 \qquad (4.50)$$

fornisce un sistema lineare[6] di $\bar{N}-n+1$ equazioni nelle incognite $q_1^{(n)}\quad q_{H_n}^{(n)}$. Nel caso le equazioni in (4.49)-(4.50) siano linearmente indipendenti, affinché tale sistema sia risolubile è necessario che valga

$$H_n \geq \bar{N} - n + 1$$

Qualora esista un soluzione $q_1^{(n)}\quad q_{H_n}^{(n)}$ tale che $q_h^{(n)} > 0$ per ogni h, allora il mercato è *libero da arbitraggi ma può essere incompleto*.

Nel caso particolare in cui[7]

$$H_n = \bar{N} - n + 1$$

sotto opportune ipotesi (analoghe alla (4.45) del caso binomiale) si ha che il sistema lineare (4.49)-(4.50) ammette come unica soluzione un vettore $\left(q_1^{(n)}\quad q_{H_n}^{(n)}\right)$ di numeri reali *positivi* che definisce, al variare di n, l'unica misura martingala Q rispetto alla quale le variabili aleatorie $_1\quad _{H_n}$ sono *indipendenti*. In questo caso *il modello è libero d'arbitraggi e completo*.

La trattazione precedente è interessante dal punto di vista teorico ma nella pratica non è facile determinare delle condizioni esplicite sulle funzioni $\varphi_{n,N}$ che assicurino la risolubilità dei sistemi lineari (4.49)-(4.50) e l'esistenza della misura martingala. Per questo motivo, operativamente si è soliti partire dall'assegnare una misura martingala Q per poi ricavare a posteriori dei valori per le funzioni $\varphi_{n,N}$ che assicurino la validità della condizione di martingala (4.49).

Per esempio, per fissare le idee operiamo la scelta particolare

$$H_n = H \quad \text{e} \quad q_h^{(n)} = q_h \qquad \text{per ogni } n \qquad (4.51)$$

---

[6] I coefficienti del sistema dipendono dalla scelta delle funzioni $\varphi_{n,N}$, ossia dai parametri del modello.

[7] La scelta $H_n = \bar{N} - n + 1$ risulta naturale perché al tempo n si hanno $\bar{N} - n + 1$ titoli che sono precisamente gli $\bar{N} - n$ zero coupon bonds relativi alle scadenze $N = n+1\ n+2\quad \bar{N}$ e il conto monetario B.

con $H \in \mathbb{N}$ e $q_h \in\,]0\ 1[$, tali che $q_1 + \cdots + q_H = 1$, sono parametri fissati. Notiamo che la scelta $q_h^{(n)} = q_h$ equivale ad assumere che le ξ_n siano indipendenti tra di loro. Notiamo anche che la scelta (4.51) non è particolarmente restrittiva e comunque gli argomenti seguenti si adattano facilmente al caso di H e q_h dipendenti da n. Dunque la (4.49) si riduce a

$$\sum_{h=1}^{H} q_h \varphi_{n,N}(h) = 1 \tag{4.52}$$

e quindi, fissate *arbitrariamente* delle costanti positive $c_{n,N}^{(h)}$, con $h = 1\quad H$, la posizione

$$\varphi_{n,N}(h) = \frac{c_{n,N}^{(h)}}{\displaystyle\sum_{k=1}^{H} q_k c_{n,N}^{(k)}}$$

garantisce chiaramente che la condizione di martingalità (4.52) sia soddisfatta.

Gli aspetti pratici di questo modello saranno richiamati nella Sezione 4.6.1. Allo scopo, a conclusione di questa sezione, facciamo ancora notare che la seguente scelta delle costanti $c_{n,N}^{(h)}$ è particolarmente significativa perché permette di ottenere un albero "ricombinante":

$$c_{n,N}^{(h)} = \delta_h^{N-n} \quad \text{da cui} \quad \varphi_{n,N}(h) = \frac{\delta_h^{N-n}}{\displaystyle\sum_{k=1}^{H} q_k \delta_k^{N-n}} \tag{4.53}$$

dove δ_h, $h = 1\quad H$, sono numeri reali positivi. Per comodità nel seguito, dato $k \in \mathbb{N}$, utilizziamo la notazione

$$q \cdot \delta^k = \sum_{h=1}^{H} q_h \delta_h^k \tag{4.54}$$

Mostriamo che l'albero è ricombinante solo in un caso particolare: proviamo che le coppie $(\ _1 = 1\quad _2 = 2)$ e $(\ _1 = 2\quad _2 = 1)$ conducono allo stesso prezzo per i T-bonds. Infatti un semplice conto mostra che in entrambi i casi, in base alla (4.37), vale

$$p(2\ N) = \frac{p(0\ N)}{p(0\ 2)}\frac{\mu_{1,N}\mu_{2,N}}{\mu_{1,2}\mu_{2,2}} = \frac{p(0\ N)}{p(0\ 2)}\frac{\delta_1^{N-2}\delta_2^{N-2}}{(q \cdot \delta^{N-1})(q \cdot \delta^{N-2})}(q \cdot \delta)$$

Combinando l'espressione (4.53) con le formule del Corollario 4.19, otteniamo

Corollario 4.21. *Valgono le seguenti formule ricorsive*[8]

$$L(n\ N) = \left(L(n-1\ N) + \frac{1}{\Delta}\right)\frac{q\cdot\delta^{N+1-n}}{q\cdot\delta^{N-n}}\sum_{h=1}^{H}\delta_h^{-1}\mathbb{1}_{\{n=h\}} - \frac{1}{\Delta} \qquad (4.55)$$

$$R(n\ N) = R(n-1\ N) + \log\left(\frac{q\cdot\delta^{N+1-n}}{q\cdot\delta^{N-n}}\right) - \sum_{h=1}^{H}(\log\delta_h)\,\mathbb{1}_{\{n=h\}} \qquad (4.56)$$

$$r_n = -r_{n-1} - \log p(n-1\ n+1) + \log q\cdot\delta - \sum_{h=1}^{H}(\log\delta_h)\,\mathbb{1}_{\{n=h\}}$$
$$(4.57)$$

Inoltre valgono le seguenti formule esplicite

$$L(n\ N) = \frac{1}{\Delta}\left(\frac{p(0\ N)}{p(0\ N+1)}\frac{q\cdot\delta^{N}}{q\cdot\delta^{N-n}}\prod_{k=1}^{n}\sum_{h=1}^{H}\delta_h\mathbb{1}_{\{k=h\}} - 1\right) \qquad (4.58)$$

$$R(n\ N) = \log\frac{p(0\ N)}{p(0\ N+1)} + \log\frac{q\cdot\delta^{N}}{q\cdot\delta^{N-n}} + \sum_{k=1}^{n}\sum_{h=1}^{H}\mathbb{1}_{\{k=h\}}\log\delta_h \qquad (4.59)$$

$$r_n = \log\frac{p(0\ n)}{p(0\ n+1)} + \log(q\cdot\delta^{n}) + \sum_{k=1}^{n}\sum_{h=1}^{H}\mathbb{1}_{\{k=h\}}\log\delta_h \qquad (4.60)$$

4.5 Derivati dei tassi

4.5.1 Caps e Floors

Consideriamo una sequenza di scadenze[9] $(N_j)_{j=1,\dots,J}$ con $N_j \in \mathbb{N}$ e

$$1 \le N_0 < N_1 < \cdots < N_J \le \bar{N}$$

Supponiamo che un individuo o un'istituzione, che chiameremo "agente", debba pagare gli interessi su un capitale (che supponiamo essere unitario) in ciascuno degli intervalli $[N_{j-1}\ N_j]$. Più precisamente il pagamento avviene alla fine di ciascun intervallo mentre il tasso d'interesse viene stabilito all'inizio di ciascun intervallo e, relativamente all'intervallo j-esimo, corrisponde al tasso

$$L_j := L\left(N_{j-1}; N_{j-1}\ N_j\right)$$

dove $L(n; N\ M)$ è il tasso semplice annuale definito in (4.1). Ricordiamo che il tasso L_j è noto al tempo N_{j-1} e vale

$$L_j = \frac{1}{\alpha_j}\left(\frac{1}{p\left(N_{j-1}\ N_j\right)} - 1\right) \qquad (4.61)$$

---

[8] Denotiamo con $\mathbb{1}_A$ la funzione indicatrice dell'insieme A.

[9] Si ricordi la Notazione 4.1.

dove indichiamo per comodità con

$$\alpha_j = (N_j - N_{j-1})\,\Delta \qquad j = 1 \quad\quad J$$

la lunghezza dell'intervallo j-esimo. In definitiva l'agente deve pagare alla scadenza N_j, ossia alla fine dell'intervallo j-esimo, l'importo $\alpha_j L_j$ pari all'interesse sul capitale unitario per il periodo $[N_{j-1}\ N_j]$.

Fissiamo ora j. Poiché negli istanti precedenti a N_{j-1} il tasso L_j è incognito (aleatorio), per proteggersi da un aumento di tale tasso, l'agente stipula un contratto che gli permette di non dover eccedere il pagamento corrispondente ad un tasso fissato K (detto *Cap*). In altri termini il valore all'istante N_j di tale contratto (chiamato *Caplet*) è pari a

$$\alpha_j\,(L_j - K)^+$$

Infatti nel caso in cui $L_j \geq K$, tale valore è pari alla differenza fra l'interesse che l'agente deve pagare al tasso L_j e l'interesse pagato al tasso massimo K; se invece $L_j < K$ allora il Caplet ha valore nullo. In definitiva, con un Cap l'agente si assicura di pagare gli interessi ad un tasso al massimo pari a K.

Consideriamo ora un modello di mercato dei tassi libero d'arbitraggi in cui è fissata una misura martingala Q. Coerentemente con le formule di valutazione d'arbitraggio del Capitolo 1, diamo la seguente

Definizione 4.22. *Indichiamo con*

$$\mathbf{Caplet}_j(n) = E^Q\left[D(n\ N_j)\alpha_j\,(L_j - K)^+\ \mathcal{F}_n\right] \tag{4.62}$$

il prezzo all'istante $n \leq N_{j-1}$ *del Caplet relativo all'intervallo* j*-esimo* $[N_{j-1}\ N_j]$ *e alla misura* Q.

Vediamo ora come è possibile esprimere il prezzo di un Caplet in termini dei prezzi dei T-bonds.

Proposizione 4.23. *Il prezzo del* j*-esimo Caplet è dato da*

$$\mathbf{Caplet}_j(N_{j-1}) = (1 + K\alpha_j)\left(\frac{1}{1 + K\alpha_j} - p(N_{j-1}\ N_j)\right)^+ \tag{4.63}$$

e ricorsivamente da

$$\mathbf{Caplet}_j(n) = p(n\ n+1)E^Q\left[\mathbf{Caplet}_j(n+1)\ \mathcal{F}_n\right] \tag{4.64}$$

per $n < N_{j-1}$.

Dimostrazione. Proviamo la (4.63): poiché L_j è $\mathcal{F}_{N_{j-1}}$-misurabile, si ha

$$\mathbf{Caplet}_j(N_{j-1}) = \alpha_j\,(L_j - K)^+\,p(N_{j-1}\ N_j) =$$

(per la (4.61))

$$= \left(1 - p(N_{j-1}\ N_j)\left(1 + \alpha_j K\right)\right)^+$$

da cui la tesi.

Infine la (4.64) segue direttamente dalla definizione (4.62) e della formula (4.13) del Corollario 4.6 applicato con $X_N = \alpha_j \left(L_j - K\right)^+$ e $N = N_j$. $\square$

Osservazione 4.24. Utilizzando la (4.12) del Corollario 4.6 otteniamo anche l'espressione più generale

$$\mathbf{Caplet}_j(n) = (1 + K\alpha_j)\, E^Q \left[D\left(n\ N_{j-1}\right) \left(\frac{1}{1 + K\alpha_j} - p(N_{j-1}\ N_j)\right)^+ \mathcal{F}_n \right]$$

e osserviamo in particolare che il j-esimo Caplet corrisponde ad un'opzione Put con sottostante un bond e scadenza N_{j-1}. $\square$

Consideriamo ora il contratto che permette all'agente di non dover eccedere il pagamento corrispondente ad un tasso fissato K per *tutte* le scadenze N_j, $j = 1\quad J$. Tale contratto è chiamato Cap e il suo prezzo è definito come somma dei prezzi dei relativi Caplets.

Definizione 4.25. *Indichiamo con*

$$\begin{aligned}
\mathbf{Cap}(n) &= \sum_{j=1}^{J} E^Q \left[D(n\ N_j)\alpha_j \left(L_j - K\right)^+ \mathcal{F}_n \right] \\
&= \sum_{j=1}^{J} \mathbf{Caplet}_j(n)
\end{aligned}$$

(4.65)

il prezzo del Cap al tempo $n \le N_0$, nella misura Q.

Chiaramente il calcolo del prezzo di un Cap si riconduce al calcolo dei singoli Caplets che lo compongono e si effettua usualmente utilizzando le formule ricorsive della Proposizione 4.23.

Il prezzo di un contratto *Floor* è invece definito da

$$\mathbf{Floor}(n) = \sum_{j=1}^{J} E^Q \left[D(n\ N_j)\alpha_j \left(K - L_j\right)^+ \mathcal{F}_n \right] \qquad n \le N_0 \qquad (4.66)$$

In base a tale contratto l'agente (che in questo caso riceve dalla controparte gli interessi al tasso L) riceve anche ad ogni scadenza N_j un importo pari a

$$\alpha_j \left(K - L_j\right)^+$$

Nel caso in cui $L_j < K$, tale valore è pari alla differenza fra l'interesse che l'agente riceve al tasso L_j e l'interesse al tasso K; se invece $L_j \ge K$ allora il valore è nullo. In definitiva con un Floor l'agente si assicura di ricevere gli interessi ad un tasso almeno pari a K.

I singoli termini della sommatoria in (4.66) vengono chiamati *Floorlets* e quindi il prezzo di un Floor è semplicemente la somma dei prezzi dei corrispondenti Floorlets. Si può calcolare il prezzo di un Floorlet mediante una procedura analoga a quella per un Caplet. Tuttavia si può anche utilizzare la relazione "Floor-Cap Parity", analoga della "Put-Call Parity", che presenteremo alla fine della prossima sezione.

4.5.2 Interest Rate Swaps

Caps e Floors riguardano una serie di scambi di pagamenti futuri che avvengono solo se tali scambi risultano convenienti al possessore di tali contratti. Si possono anche considerare scambi che avvengono in ogni caso tra due serie di pagamenti di interessi, uno ad un tasso fisso e l'altro ad un tasso variabile (il valore allora risulta dalla stessa espressione dei Caps o Floors ma senza la parte positiva). Tali scambi si chiamano *Interest Rate Swaps (IRS)* e possono essere di due tipi

a) **Payer Forward Swap (PFS):** è un contratto che impegna il possessore a pagare ad ogni scadenza N_j, $j = 1 \quad J$, gli interessi su un capitale unitario al tasso fisso K per ricevere gli interessi al tasso variabile L_j. In definitiva ad ogni scadenza N_j il possessore riceve (o paga in caso si tratti di un ammontare negativo)

$$\alpha_j(L_j - K)$$

b) **Receiver Forward Swap (RFS):** è un contratto analogo al **PFS** in cui si riceve al tasso fisso K e si paga al tasso variabile L. Dunque ad ogni scadenza N_j il possessore riceve (o paga in caso si tratti di un ammontare negativo)

$$\alpha_j(K - L_j)$$

Consideriamo un modello di mercato dei tassi libero d'arbitraggi in cui è fissata una misura martingala Q. In accordo con le formule di valutazione d'arbitraggio del Capitolo 1, definiamo i prezzi di **PFS** e **RFS** nel modo seguente.

Definizione 4.26. *Il prezzo del Payer Forward Swap al tempo* $n \leq N_0$, *relativo alla misura* Q, *è*

$$\mathbf{PFS}(n) = \sum_{j=1}^{J} E^Q\left[D(n \ N_j)\alpha_j(L_j - K) \ \mathcal{F}_n\right] \tag{4.67}$$

Il prezzo del corrispondente Receiver Forward Swap è

$$\mathbf{RFS}(n) = -\mathbf{PFS}(n)$$

La valutazione di $\mathbf{PFS}(n)$ si riconduce al calcolo dei singoli termini della somma in (4.67). Usiamo dunque la notazione

$$\mathbf{PFS}_j(n) := E^Q \left[D(n, N_j)\alpha_j \left(L_j - K\right) \mid \mathcal{F}_n\right] \qquad (4.68)$$

per ogni $j = 1, \dots, J$.

La difficoltà nel calcolo di $\mathbf{PFS}_j(n)$ sta nel fatto che il fattore di sconto $D(n, N_j)$ è stocastico: dunque, a differenza del caso "azionario" trattato nel Capitolo 1 e in cui assumevamo il tasso short *deterministico*, qui al contrario il fattore $D(n, N_j)$ non si può portare fuori dal segno di attesa condizionata.

Questa difficoltà può essere superata con una tecnica basata su un cambio di numeraire. Precisamente, fissato j, vedremo tra breve che per il calcolo di $\mathbf{PFS}_j(n)$ è conveniente utilizzare $p(\cdot, N_j)$ come numeraire al posto di B. Vogliamo dunque operare un cambio di misura martingala nella formula (4.68), dalla misura Q relativa al numeraire B alla misura Q^j relativa al numeraire $p(\cdot, N_j)$.

A tal fine sembra utile richiamare preliminarmente i risultati sul cambio di numeraire provati nella Sezione 1.6.2 (in particolare ricordiamo le formule (1.55) e (1.56)), che qui enunciamo in una forma adattata al presente contesto.

Lemma 4.27 (Cambio di numeraire). *In un modello di mercato dei tassi libero da arbitraggi, siano Q una misura martingala con numeraire B e $(Y_n)_{n \leq N}$ un processo positivo tale che $\widetilde{Y} = \left(\frac{Y_n}{B_n}\right)_{n \leq N}$ è una Q-martingala (Y rappresenta il prezzo di un titolo quotato da assumere come nuovo numeraire). Allora una misura martingala Q^Y con numeraire Y è definita da*

$$E^{Q^Y}\left[X \mid \mathcal{F}_n\right] = E^Q\left[X \frac{Y_N}{Y_n}\left(\frac{B_N}{B_n}\right)^{-1} \mid \mathcal{F}_n\right] \qquad n \leq N \qquad (4.69)$$

per ogni variabile aleatoria integrabile X e vale

$$E^Q\left[D(n, N)X \mid \mathcal{F}_n\right] = Y_n E^{Q^Y}\left[\frac{X}{Y_N} \mid \mathcal{F}_n\right] \qquad (4.70)$$

Il vantaggio nell'utilizzo della misura Q^j (relativa al numeraire $p(\cdot, N_j)$) sta nel fatto che per definizione i prezzi dei T-bonds, normalizzati rispetto a $p(\cdot, N_j)$, sono delle Q^j-martingale: precisamente, per ogni $N \leq N_j$, i processi

$$n \longmapsto \frac{p(n, N)}{p(n, N_j)} \qquad n \leq N$$

sono Q^j-martingale. Inoltre poiché il tasso forward è definito come una funzione lineare di $\frac{p(n,N_{j-1})}{p(n,N_j)}$ e precisamente da

$$L(n; N_{j-1}, N_j) = \frac{1}{\alpha_j}\left(\frac{p(n, N_{j-1})}{p(n, N_j)} - 1\right)$$

abbiamo il seguente risultato.

Lemma 4.28. *Il processo* $n \mapsto L(n; N_{j-1}\ N_j)$ *è una* Q^j-*martingala. Di conseguenza vale la seguente formula*

$$E^{Q^j}\left[L_j\ \text{-}\mathcal{F}_n\right] = E^{Q^j}\left[L(N_{j-1}; N_{j-1}\ N_j)\ \text{-}\mathcal{F}_n\right]$$
$$= L(n; N_{j-1}\ N_j) = \frac{1}{\alpha_j}\left(\frac{p(n\ N_{j-1})}{p(n\ N_j)} - 1\right) \qquad (4.71)$$

che esprime l'attesa di L_j *condizionata al tempo* n, *in termini di prezzi di T-bonds osservabili al tempo* n.

Nel risultato seguente esprimiamo il prezzo di un **PFS** in termini di prezzi di T-bonds.

Proposizione 4.29. *Il prezzo di un Payer Forward Swap al tempo* $n \leq N_0$ *con date di pagamento* $N_1\quad N_J$ *e tasso fisso* K, *è pari a*

$$\mathbf{PFS}(n) = p(n\ N_0) - p(n\ N_J) - K\sum_{j=1}^{J}\alpha_j p(n\ N_j) \qquad (4.72)$$

Dimostrazione. Per ogni fissato j, calcoliamo $\mathbf{PFS}_j(n)$ in (4.68). Indichiamo con Q^j la misura martingala relativa al numeraire $Y = p(\cdot\ N_j)$ definita come in (4.69) del Lemma 4.27. Vale

$$\mathbf{PFS}_j(n) = E^{Q}\left[D(n\ N_j)\alpha_j\left(L_j - K\right)\ \text{-}\mathcal{F}_n\right] =$$

(per la (4.70) e ricordando che $p(N_j\ N_j) = 1$)

$$= \alpha_j p(n\ N_j)E^{Q^j}\left[L_j - K\ \text{-}\mathcal{F}_n\right] =$$

(per la (4.71))

$$= \alpha_j p(n\ N_j)\left(\frac{1}{\alpha_j}\left(\frac{p(n\ N_{j-1})}{p(n\ N_j)} - 1\right) - K\right)$$
$$= p(n\ N_{j-1}) - p(n\ N_j)\left(1 - \alpha_j K\right) \qquad (4.73)$$

Sommando in j da 1 a J l'espressione precedente, si ottiene infine la (4.72).
$$\square$$

Come semplice conseguenza della relazione

$$L - K = (L - K)^+ - (K - L)^+$$

e delle definizioni (4.65) di Cap, (4.66) di Floor e (4.67) di Payer Forward Swap, vale la seguente formula di Floor-Cap Parity.

Proposizione 4.30. *Vale la seguente relazione fra i prezzi al tempo* $n \leq N_0$ *di Caps, Floors e PFS con date di pagamento* $N_1\quad N_J$ *e tasso fisso* K:

$$\mathbf{Cap}(n) - \mathbf{Floor}(n) = \mathbf{PFS}(n) \qquad (4.74)$$

4.5.3 Swaptions e Swap Rate

Una *Swaption* (o Swap option) è un contratto che dà al possessore il diritto, ma non l'obbligo, di entrare in un Interest Rate Swap alla data futura N_0. Per esempio, se consideriamo un Payer Forward Swap con scadenze N_j, $j = 1 \dots J$ e tasso fissato K, allora una Swaption è un'opzione con scadenza N_0 e payoff $(\mathbf{PFS}(N_0))^+$. Infatti, $\mathbf{PFS}(N_0)$ è il prezzo/valore del dato Payer Forward Swap all'istante N_0. Se tale valore è positivo, lo Swap è a favore del possessore, se negativo, è a favore della controparte. Il possessore eserciterà quindi l'opzione solo se il valore del Payer Forward Swap in N_0 è positivo. Posto per semplicità

$$C(n) = \sum_{j=1}^{J} \alpha_j p(n, N_j) \qquad n \le N_0 \tag{4.75}$$

ricordiamo che per la Proposizione 4.29 vale

$$\mathbf{PFS}(n) = p(n, N_0) - p(n, N_J) - KC(n) \tag{4.76}$$

Allora in un modello di mercato dei tassi libero d'arbitraggi in cui è fissata una misura martingala Q, definiamo il prezzo di una Swaption nel modo seguente.

Definizione 4.31. *Il prezzo di una Swaption al tempo $n \le N_0$, relativo alla misura Q, è*

$$
\begin{aligned}
\mathbf{Swaption}(n) &= E^Q \left[D(n, N_0) \left(\mathbf{PFS}(N_0) \right)^+ \mid \mathcal{F}_n \right] \\
&= E^Q \left[D(n, N_0) \left(1 - p(N_0, N_J) - KC(N_0) \right)^+ \mid \mathcal{F}_n \right]
\end{aligned} \tag{4.77}
$$

Ai fini pratici il prezzo di una Swaption può essere calcolato mediante il seguente algoritmo iterativo.

Proposizione 4.32. *Vale*

$$\mathbf{Swaption}(N_0) = \left(1 - p(N_0, N_J) - KC(N_0) \right)^+ \tag{4.78}$$

e per ogni $n < N_0$

$$\mathbf{Swaption}(n) = p(n, n+1) E^Q \left[\mathbf{Swaption}(n+1) \mid \mathcal{F}_n \right] \tag{4.79}$$

Dimostrazione. La (4.78) segue dalla definizione (4.77) di prezzo per $n = N_0$. La (4.79) segue della formula (4.13) del Corollario 4.6 applicato con $X_N = \left(1 - p(N_0, N_J) - KC(N_0) \right)^+$ e $N = N_0$. $\qquad\square$

Osservazione 4.33. Su un solo periodo (caso $J = 1$) la Swaption si riduce ad un Cap. Infatti per la (4.78) si ha

$$\mathbf{Swaption}(N_0) = \left(1 - p(N_0, N_1) - K\alpha_1 p(N_0, N_1) \right)^+$$

$$= (1 + K\alpha_1) \left(\frac{1}{1 + K\alpha_1} - p(N_0, N_1) \right)^+$$

in accordo con la formula (4.63) per il payoff di un Caplet. Quindi le formule iterative (4.64) per il Cap e (4.79) per la Swaption, producono lo stesso prezzo.

$$\square$$

Definizione 4.34. *Lo Swap Rate* $\mathbf{swr}(n)$ *al tempo* $n \leq N_0$ *e relativo alle date di pagamento* $N_0 \quad N_J$ *è il valore del tasso fisso* K *che rende il corrispondente* $\mathbf{PFS}(n)$ *un contratto equo, cioè tale che*

$$\mathbf{PFS}(n) = 0$$

Si noti che per tale valore si ha anche $\mathbf{RFS}(n) = 0$ *cosicché la definizione risulta indipendente dal considerare Payer o Receiver Forward Swaps.*

In base alla Proposizione 4.29 (si veda anche la formula (4.76)), vale

$$\mathbf{swr}(n) = \frac{p(n \ N_0) - p(n \ N_J)}{C(n)} \qquad n \leq N_0 \tag{4.80}$$

che fornisce il valore dello Swap Rate in funzione dei prezzi dei T-bonds. Inoltre osserviamo che per il Payer Forward Swap con tasso fissato K, vale

$$
\begin{aligned}
\mathbf{PFS}(n) &= p(n \ N_0) - p(n \ N_J) - KC(n) \\
&= \underbrace{p(n \ N_0) - p(n \ N_J) - \mathbf{swr}(n)C(n)}_{=0} + (\mathbf{swr}(n) - K)\,C(n) \\
&= (\mathbf{swr}(n) - K) \sum_{j=1}^{J} \alpha_j p(n \ N_j)
\end{aligned}
$$

Poiché $C(n) \geq 0$, possiamo riscrivere il payoff di una Swaption nel modo seguente

$$\mathbf{Swaption}(N_0) = C(N_0)\,(\mathbf{swr}(N_0) - K)^{+}$$

evidenziando il fatto che la Swaption viene esercitata solo se $\mathbf{swr}(N_0) > K$.

Combinando la Definizione 4.31 con la formula precedente, otteniamo la seguente espressione per il prezzo della Swaption:

$$\mathbf{Swaption}(n) = E^{Q}\left[D(n \ N_0)C(N_0)\,(\mathbf{swr}(N_0) - K)^{+} \ \mathcal{F}_n\right] \qquad n \leq N_0 \tag{4.81}$$

Tale formula di valutazione comporta il calcolo del valore atteso condizionato del prodotto di tre termini in generale correlati. Allora anche in questo caso risulta conveniente adottare la tecnica del cambio di numeraire: precisamente, applichiamo il Lemma 4.27 scegliendo come numeraire $Y_n = C(n)$ in (4.75), per ottenere dalla (4.81) la seguente espressione

$$\mathbf{Swaption}(n) = C(n)E^{0,J}\left[(\mathbf{swr}(N_0) - K)^{+} \ \mathcal{F}_n\right] \tag{4.82}$$

dove $E^{0,J}$ indica l'attesa nella misura martingala $Q^{0,J}$ relativa al numeraire C. Tale formula permette di calcolare $\mathbf{Swaption}(n)$ come prezzo di un'opzione Call sullo Swap Rate, a patto di disporre della dinamica di $\mathbf{swr}$ in $Q^{0,J}$.

Notiamo esplicitamente che i processi dei prezzi scontati rispetto al numeraire C

$$n \longmapsto \frac{p(n \; N_j)}{C(n)} \qquad j = 1 \qquad J$$

sono $Q^{0 \; J}$-martingale: allora dalla formula (4.80) deriva che anche *il processo dello Swap Rate è una $Q^{0 \; J}$-martingala.*

4.6 Esercizi risolti

4.6.1 Richiami sui modelli utilizzati

Richiamiamo alcuni aspetti sviluppati nella parte teorica in vista del loro utilizzo pratico nello svolgimento degli esercizi. Faremo questi richiami per ciascuno dei due esempi principali di modelli che abbiamo introdotto e cioè per il modello di Hull-White discreto della Sezione 4.3.2 (che chiameremo *Modello 1*) e per il modello forward multinomiale della Sezione 4.4.2 (che chiameremo *Modello 2*).

Richiami sul Modello 1 (Sezione 4.3.2)

Consideriamo il modello di Hull-White discreto per il tasso a breve dove

$$r_{n+1} = r_n + (\Phi_n - ar_n)\,\Delta + \sigma\sqrt{\Delta}W_n \tag{4.83}$$

Negli esercizi prenderemo per semplicità $\Phi_n \equiv 1$ $a = 0$ $\sigma = 1$ e $\Delta = 1$. Allora ponendo $\xi_{n+1} = W_n \sim \mathcal{N}_{0 \; 1}$, dalla formula (4.30) si ha

$$p(n+1 \; N) = p(n \; N)^{\frac{N-n-1}{N-n}} \exp\left(-\frac{A_n^N}{N-n} - \frac{\sigma^2}{2}(N-n-1)^2\right)$$
$$\cdot \exp\left(-(N-n-1)\sigma\xi_{n+1}\right)$$

In particolare abbiamo

$$\begin{cases} p(1 \; 2) = p(0 \; 2)^{\frac{1}{2}} \exp\left(-\frac{A_0^2}{2} - \frac{\sigma^2}{2}\right) e^{-\sigma\xi_1} \\[2mm] p(1 \; 3) = p(0 \; 3)^{\frac{2}{3}} \exp\left(-\frac{A_0^3}{3} - 2\sigma^2\right) e^{-2\sigma\xi_1} \\[2mm] p(2 \; 3) = p(1 \; 3)^{\frac{1}{2}} \exp\left(-\frac{A_1^3}{2} - \frac{\sigma^2}{2}\right) e^{\sigma\xi_2} \\[2mm] \qquad\;\; = p(0 \; 3)^{\frac{1}{3}} \exp\left(-\frac{A_0^3}{6} - \frac{A_1^3}{2} - \frac{3}{2}\sigma^2\right) e^{-2(\sigma\xi_1 + \xi_2)} \end{cases} \tag{4.84}$$

dove, per le formule (4.29), vale

$$\begin{cases} A_0^1 = B_0^1 = 0 \\ A_0^2 = 1 - \frac{1}{2} = \frac{1}{2} \qquad & B_0^2 = 1 \\ A_0^3 = 2 + 1 - \frac{1}{2}(4+1) = \frac{1}{2} \qquad & B_0^3 = 2 \\ A_1^3 = 1 - \frac{1}{2} = \frac{1}{2} \end{cases} \tag{4.85}$$

cosicché (4.84) diventa

$$\begin{cases} p(1\ 2) = p(0\ 2)^{\frac{1}{2}} e^{-\frac{3}{4}} e^{-\xi_1} \\ p(1\ 3) = p(0\ 3)^{\frac{2}{3}} e^{-\frac{13}{6}} e^{-2\xi_1} \\ p(2\ 3) = p(0\ 3)^{\frac{1}{3}} e^{-\frac{11}{6}} e^{-(\xi_1+\xi_2)} \end{cases} \qquad (4.86)$$

Nota 4.35 *Per coerenza col modello, la struttura a termine iniziale $p(0\ N)$ non può essere scelta arbitrariamente. Per la (4.27) deve infatti valere*

$$p(0\ N) = \exp\left(-A_0^N - (1 + B_0^N)r_0\right) \qquad N \le \bar{N}$$

che, sulla base di (4.85), fornisce

$$p(0\ 1) = e^{-r_0} \qquad p(0\ 2) = e^{-\frac{1}{2}(1+4r_0)} \qquad p(0\ 3) = e^{-\frac{1}{2}(1+6r_0)} \qquad (4.87)$$

Scegliendo allora per esempio $p(0\ 1) = \frac{1}{2}e^{\frac{1}{4}}$ questo implica $r_0 = \log 2 - \frac{1}{4}$ e conseguentemente otteniamo

$$p(0\ 1) = \frac{1}{2}e^{\frac{1}{4}} \qquad p(0\ 2) = \frac{1}{4} \qquad p(0\ 3) = \frac{1}{8}e^{\frac{1}{4}} \qquad (4.88)$$

valori che useremo negli esercizi. □

Nota 4.36 *Per gli esercizi sul Modello 1 useremo i seguenti risultati di integrazione dove Φ indica la funzione di ripartizione della distribuzione Normale standard $\mathcal{N}_{0\ 1}$:*

$$\int_{\xi>\gamma} e^{-\xi}\mathcal{N}_{0\ 1}(d\xi) = \frac{1}{\sqrt{2\pi}} \int_{\xi>\gamma} e^{-\xi}e^{-\frac{\xi^2}{2}} d\xi = \frac{e^{\frac{1}{2}}}{\sqrt{2\pi}} \int_{\xi>\gamma} e^{-\frac{1}{2}(\xi+1)^2} d\xi$$

$$\qquad (4.89)$$

$$= \frac{e^{\frac{1}{2}}}{\sqrt{2\pi}} \int_{y>\gamma+1} e^{-\frac{1}{2}y^2} dy = e^{\frac{1}{2}} \int_{y>\gamma+1} \mathcal{N}_{0\ 1}(dy) = e^{\frac{1}{2}}\Phi(-\gamma - 1)$$

$$\int_{\xi>\gamma} e^{\xi}\mathcal{N}_{0\ 1}(d\xi) = \frac{e^{\frac{1}{2}}}{\sqrt{2\pi}} \int_{\xi>\gamma} e^{-\frac{1}{2}(\xi-1)^2} d\xi = e^{\frac{1}{2}}\Phi(-\gamma + 1) \qquad (4.90)$$

$$\int_{\xi>\gamma} e^{-2\xi}\mathcal{N}_{0\ 1}(d\xi) = \frac{e^2}{\sqrt{2\pi}} \int_{\xi>\gamma} e^{-\frac{1}{2}(\xi+2)^2} d\xi = e^2\Phi(-\gamma - 2) \qquad (4.91)$$

□

Richiami sul Modello 2 (Sezione 4.4.2)

L'evoluzione dei prezzi dei bond è data da (vedi (4.35) e (4.48))

$$p(n\ N) = \frac{p(n-1\ N)}{p(n-1\ n)}\varphi_{n\ N}(\ n) \qquad (4.92)$$

dove ξ_n sono i.i.d. a valori in $1\ \ldots\ H$ e dove, ponendo $q_h = Q\,(\xi_n = h)$, si suppone che sia (vedi (4.53))

$$\varphi_{n,N}(h) = \frac{\delta_h^{N-n}}{q \cdot \delta^{N-n}} \tag{4.93}$$

ricordando la notazione (4.54). Negli esercizi sceglieremo $\delta_h = h$ per $h = 1\ \ldots\ H$ cosicché si può anche scrivere

$$\varphi_{n,N}(\,\cdot\,n) = \frac{\xi_n^{N-n}}{\displaystyle\sum_{h=1}^{H} q_h h^{N-n}} \tag{4.94}$$

Per la formula (4.37) con $\mu_{n,N} = \varphi_{n,N}(\,\cdot\,n)$, si ha allora

$$\begin{aligned}
p(n\ \cdot\ N) &= \frac{p(0\ \cdot\ N)}{p(0\ \cdot\ n)} \prod_{k=1}^{n} \frac{\varphi_{k,N}\,(\,\cdot\,k)}{\varphi_{k,n}\,(\,\cdot\,k)} \\
&= \frac{p(0\ \cdot\ N)}{p(0\ \cdot\ n)} \prod_{k=1}^{n} \xi_k^{N-n} \left(\sum_{h=1}^{H} q_h h^{n-k}\right) \left(\sum_{h=1}^{H} q_h h^{N-k}\right)^{-1}
\end{aligned} \tag{4.95}$$

Nella maggior parte degli esercizi poniamo $q_h = \frac{1}{H}$ per $h = 1\ \ldots\ H$ e prenderemo $N \le 3$. Utilizzando allora le relazioni

$$\sum_{h=1}^{H} h = \frac{H(H+1)}{2} \qquad e \qquad \sum_{h=1}^{H} h^2 = \frac{H(H+1)(2H+1)}{6}$$

otteniamo in particolare

$$p(1\ \cdot\ 2) = \frac{p(0\ \cdot\ 2)}{p(0\ \cdot\ 1)} \xi_1 \frac{\displaystyle\sum_{h=1}^{H} q_h}{\displaystyle\sum_{h=1}^{H} q_h h} = \frac{p(0\ \cdot\ 2)}{p(0\ \cdot\ 1)} \frac{2\xi_1}{H+1}$$

$$p(1\ \cdot\ 3) = \frac{p(0\ \cdot\ 3)}{p(0\ \cdot\ 1)} \xi_1^2 \frac{\displaystyle\sum_{h=1}^{H} q_h}{\displaystyle\sum_{h=1}^{H} q_h h^2} = \frac{p(0\ \cdot\ 3)}{p(0\ \cdot\ 1)} \frac{6\xi_1^2}{(H+1)(2H+1)} \tag{4.96}$$

$$p(2\ \cdot\ 3) = \frac{p(0\ \cdot\ 3)}{p(0\ \cdot\ 2)} \xi_1\xi_2 \frac{\displaystyle\sum_{h=1}^{H} q_h h \ \displaystyle\sum_{h=1}^{H} q_h}{\displaystyle\sum_{h=1}^{H} q_h h^2 \ \displaystyle\sum_{h=1}^{H} q_h h} = \frac{p(0\ \cdot\ 3)}{p(0\ \cdot\ 2)} \frac{6\xi_1\xi_2}{(H+1)(2H+1)}$$

Qualora non specificato diversamente, nel seguito assumeremo

$$p(0\ \cdot\ 1) = \frac{4}{5} \qquad p(0\ \cdot\ 2) = \frac{3}{5} \qquad p(0\ \cdot\ 3) = \frac{2}{5} \tag{4.97}$$

Osservazione 4.37. Una versione alternativa del Modello 2 è data dalla scelta

$$\varphi_{n\,N}(k) = \frac{k^{N-n}}{q_k \sum_{h=1}^{H} h^{N-n}} \tag{4.98}$$

Anche in questo caso Q è una misura martingala equivalente poiché risulta (vedi (4.11) nella Proposizione 4.5)

$$p(n\,n+1)E^{Q}[p(n+1\,N)\,-\mathcal{F}_n] = p(n\,N)E^{Q}[\varphi_{n+1\,N}(\,_{n+1})-$$

$$= p(n\,N)\sum_{k=1}^{H} q_k \frac{k^{N-n}}{q_k \sum_{h=1}^{H} h^{N-n}} = p(n\,N)$$

$$\square$$

4.6.2 Opzioni su T-bonds

Put su T-bonds

In generale una Put con scadenza N_0 su un bond di scadenza N_1 si valuta in $n = 0$ come

$$P_0 = E^{Q}\left[\frac{1}{B_{N_0}}(K - p(N_0\,N_1))^{+}\right] = E^{Q}\left[e^{-\sum_{n=0}^{N_0-1} r_n}(K - p(N_0\,N_1))^{+}\right]$$

Ricordando che (cfr. (4.5))

$$r_n = -\log p(n\,n+1)$$

si ottiene la formula

$$P_0 = E^{Q}\left[\prod_{n=0}^{N_0-1} p(n\,n+1)(K - p(N_0\,N_1))^{+}\right]$$

Esercizio 4.38 (Modello 1). Si determini P_0 nel caso di $N_0 = 1\,N_1 = 2$ e $K = 1$

Svolgimento dell'Esercizio 4.38
In base alla (4.86) abbiamo

$$P_0 = E^{Q}\left[p(0\,1)(1 - p(1\,2))^{+}\right]$$

$$= p(0\,1)E^{Q}\left[\left(1 - p(0\,2)^{\frac{1}{2}}e^{-\frac{3}{4}}e^{-\xi_1}\right)^{+}\right]$$

$$= p(0\,1)\int_{D}(1 - p(0\,2)^{\frac{1}{2}}e^{-\frac{3}{4}}e^{-\xi_1})\mathcal{N}_{0\,1}(d\xi_1)$$

dove

$$D = \left\{ \xi_1 : p(0,2)^{\frac{1}{2}} e^{-\frac{3}{4}} e^{-\xi_1} < 1 \right\} = \left\{ \xi_1 : \xi_1 > \gamma \right\}$$

con $\gamma = \frac{1}{2}\log p(0,2) - \frac{3}{4}$. Quindi, usando la (4.89), abbiamo

$$
\begin{aligned}
P_0 &= p(0,1)\left(\int_{\xi > \gamma} \mathcal{N}_{0,1}(d\xi) - p(0,2)^{\frac{1}{2}} e^{-\frac{3}{4}} e^{\frac{1}{2}} \int_{y > \gamma+1} \mathcal{N}_{0,1}(d\xi) \right) \\
&= p(0,1)\left(\Phi(-\gamma) - p(0,2)^{\frac{1}{2}} e^{-\frac{1}{4}} \Phi(-\gamma - 1) \right) \\
&= p(0,1)\left(\Phi\left(-\frac{1}{2}\log p(0,2) + \frac{3}{4} \right) - p(0,2)^{\frac{1}{2}} e^{-\frac{1}{4}} \Phi\left(-\frac{1}{2}\log p(0,2) - \frac{1}{4} \right) \right)
\end{aligned}
$$

Assumendo (cfr. (4.38))

$$p(0,1) = \frac{1}{2} e^{\frac{1}{4}} \qquad e \qquad p(0,2) = \frac{1}{4}$$

cosicché

$$p(0,2)^{\frac{1}{2}} = \frac{1}{2} \qquad \log p(0,2) = -2\log 2$$

risulta allora

$$P_0 = \frac{1}{2} e^{\frac{1}{4}} \left(\Phi\left(\log 2 + \frac{3}{4} \right) - \frac{1}{2} e^{-\frac{1}{4}} \Phi\left(\log 2 - \frac{1}{4} \right) \right) \qquad \Box$$

Esercizio 4.39 (Modello 1). Si determini P_0 nel contesto dell'Esercizio 4.38, ma con $N_0 = 2,\ N_1 = 3$.

Svolgimento dell'Esercizio 4.39
Abbiamo

$$
\begin{aligned}
P_0 &= E^Q\left[p(0,1)p(1,2)(1 - p(2,3))^+ \right] \\
&= p(0,1)p(0,2)^{\frac{1}{2}} e^{-\frac{3}{4}} E^Q\left[e^{-\xi_1}\left(1 - p(0,3)^{\frac{1}{3}} e^{-\frac{1}{16}} e^{-(\xi_1+\xi_2)} \right)^+ \right] \\
&= p(0,1)p(0,2)^{\frac{1}{2}} e^{-\frac{3}{4}} \frac{1}{2\pi} \iint e^{-x_1}\left(1 - p(0,3)^{\frac{1}{3}} e^{-\frac{11}{16}} e^{-(x_1+x_2)} \right)^+ \\
&\qquad\qquad\qquad \cdot e^{-\frac{1}{2}(x_1^2 + x_2^2)}\, dx_1 dx_2
\end{aligned}
$$

Anche se a questo punto si potrebbero adottare i calcoli (4.89)-(4.91), qui l'integrale può più convenientemente essere calcolato approssimativamente mediante una discretizzazione della v.c. Normale. $\qquad \Box$

Esercizio 4.40 (Modello 2). Si determini P_0 nel caso di $N_0 = 2,\ N_1 = 3,\ K = 1$ e ponendo $q_h = \frac{1}{H}$ per $H = 2$

Svolgimento dell'Esercizio 4.40

a) *Metodo diretto (utilizzando la (4.96) e ponendo poi $H = 2$)*

$$P_0 = E^Q\left[p(0\ 1)p(1\ 2)(1 - p(2\ 3))^+\right]$$

$$= E^Q\left[\frac{2}{H+1}p(0\ 2)\xi_1\left(1 - \frac{p(0\ 3)}{p(0\ 2)}\frac{6\xi_1\xi_2}{(H+1)(2H+1)}\right)^+\right]$$

$$= E^Q\left[\frac{2}{H+1}\xi_1\left(p(0\ 2) - \frac{6\xi_1\xi_2}{(H+1)(2H+1)}p(0\ 3)\right)^+\right]$$

$$= E^Q\left[\frac{2\xi_1}{15}\left(3 - \frac{4}{5}\xi_1\xi_2\right)^+\right]$$

$$= \frac{1}{4}\left(\frac{2}{15}\left(3 - \frac{4}{5}\right)^+ + \frac{2}{15}\left(3 - \frac{8}{5}\right)^+\right.$$

$$\left. + \frac{4}{15}\left(3 - \frac{8}{5}\right)^+ + \frac{4}{15}\left(3 - \frac{16}{5}\right)^+\right)$$

$$= \frac{1}{4}\left(\frac{2}{15}\cdot\frac{11}{5} + \frac{2}{15}\cdot\frac{7}{5} + \frac{4}{15}\cdot\frac{7}{5}\right) = \frac{16}{75}$$

b) *Metodo ricorsivo*

Per il Corollario 4.6, vale la formula ricorsiva

$$P_0 = p(0\ 1)E^Q[P_1]$$

$$(P_1)_{|\xi_1} = p(1\ 2)_{|\xi_1}E^Q\left[(1 - p(2\ 3))^+\ \xi_1\right]$$

dove $(\cdot)_{|\xi_1}$ indica il condizionamento ad un dato valore di ξ_1. Allora abbiamo

$$(P_1)_{|\xi_1} = \frac{p(0\ 2)}{p(0\ 1)}\frac{2\xi_1}{H+1}E^Q\left[\left(1 - \frac{p(0\ 3)}{p(0\ 2)}\frac{6\xi_1\xi_2}{(H+1)(2H+1)}\right)^+\ \xi_1\right]$$

$$= \frac{1}{p(0\ 1)}\frac{2\xi_1}{H+1}E^Q\left[\left(p(0\ 2) - \frac{6\xi_1\xi_2}{(H+1)(2H+1)}p(0\ 3)\right)^+\ \xi_1\right]$$

che, per $H = 2$, fornisce

$$(P_1)_{|\xi_1=1} = \frac{1}{p(0\ 1)}\frac{2}{3}\cdot\frac{1}{2}\left(\left(\frac{3}{5} - \frac{4}{25}\right)^+ + \left(\frac{3}{5} - \frac{8}{25}\right)^+\right)$$

$$= \frac{1}{p(0\ 1)}\frac{1}{3}\cdot\frac{18}{25}$$

$$(P_1)_{\xi_1=2} = \frac{1}{p(0\ 1)} \frac{4}{3} \cdot \frac{1}{2} \left(\left(\frac{3}{5} - \frac{8}{25} \right)^+ + \left(\frac{3}{5} - \frac{16}{25} \right)^+ \right)$$

$$= \frac{1}{p(0\ 1)} \frac{2}{3} \cdot \frac{7}{25}$$

$$P_0 = \frac{p(0\ 1)}{2} \left((P_1)_{\xi_1=1} + (P_1)_{\xi_1=2} \right) = \frac{1}{6} \cdot \frac{18}{25} + \frac{2}{6} \cdot \frac{7}{25} = \frac{16}{75} \qquad \square$$

Call su T-bonds

Esercizio 4.41 (Modello 1). Nel Modello 1 con struttura a termine iniziale $p(0\ 1) = \frac{1}{2}e^{\frac{1}{4}}$ $p(0\ 2) = \frac{1}{4}$ come in (4.88), si consideri l'opzione Call con scadenza al tempo $N = 1$ e payoff pari a

$$C_1 = \left(p(1\ 2) - \frac{3}{4} \right)^+$$

a) Si determini il prezzo iniziale C_0.
b) Essendo il mercato incompleto, per la copertura si utilizzi il criterio del rischio quadratico, cioè si minimizzi rispetto ad α e β (α rappresenta il numero delle unità investite nel bond sottostante che ha scadenza in $\bar{N} = 2$ e β è l'ammontare investito nel titolo non rischioso) la seguente quantità

$$E^P \left[\left(\left(p(1\ 2) - \frac{3}{4} \right)^+ - V_1 \right)^2 \right]$$

dove P è la misura "fisica" nella quale supponiamo che sia $\xi_1 \sim \mathcal{N}(0\ 1)$ e V_1 è il valore in $n = 1$ di un portafoglio autofinanziante di valore iniziale V_0 dato.

Svolgimento dell'Esercizio 4.41
a) Abbiamo

$$C_0 = p(0\ 1)E^Q \left[\left(p(1\ 2) - \frac{3}{4} \right)^+ \right]$$

$$= p(0\ 1) \int_D \left(p(0\ 2)^{\frac{1}{2}} e^{-\frac{3}{4}} e^{-\xi} - \frac{3}{4} \right) \mathcal{N}_{0\ 1}(d\xi)$$

dove

$$D := \left\{ \xi\ p(0\ 2)^{\frac{1}{2}} e^{-\frac{3}{4}} e^{-\xi} > \frac{3}{4} \right\} = \ \xi\ \xi < \delta$$

con

$$\delta = \frac{1}{2} \log p(0\ 2) - \frac{3}{4} - \log \frac{3}{4} = \log \frac{2}{3} - \frac{3}{4}$$

Utilizzando la tecnica che ha portato alle (4.89)-(4.91) abbiamo allora

$$
\begin{aligned}
C_0 &= p(0\ 1)\left(-\frac{3}{4}\Phi(\delta) + p(0\ 2)^{\frac{1}{2}}e^{-\frac{3}{4}}\int_{\xi_1<\delta} e^{-\xi_1}\mathcal{N}_{0\ 1}(d\xi_1)\right) \\
&= p(0\ 1)\left(-\frac{3}{4}\Phi(\delta) + p(0\ 2)^{\frac{1}{2}}e^{-\frac{1}{4}}\int_{y<\delta+1}\mathcal{N}_{0\ 1}(dy)\right) \\
&= p(0\ 1)\left(-\frac{3}{4}\Phi(\delta) + p(0\ 2)^{\frac{1}{2}}e^{-\frac{1}{4}}\Phi(\delta+1)\right) \\
&= -\frac{3}{8}e^{\frac{1}{4}}\Phi\left(\log\frac{2}{3} - \frac{3}{4}\right) + \frac{1}{4}\Phi\left(\log\frac{2}{3} + \frac{1}{4}\right)
\end{aligned}
$$

dove Φ rappresenta la funzione di ripartizione cumulativa della Normale standard.

b) Abbiamo

$$
p(1\ 2) = p(0\ 2)^{\frac{1}{2}}e^{-\frac{3}{4}}e^{-\xi_1} =: Ae^{-\xi_1}
$$

e quindi

$$
V_1 = V_0 + \alpha p(1\ 2) + \frac{\beta}{p(0\ 1)} = V_0 + \alpha Ae^{-\xi_1} + 2\beta
$$

Con lo stesso δ come al punto a) abbiamo allora

$$
\begin{aligned}
E^P&\left[\left(\left(p(1\ 2) - \frac{3}{4}\right)^+ - V_1\right)^2\right] \\
&= E^P\left[\left(\left(Ae^{-\xi_1} - \frac{3}{4}\right)^+ - V_0 - \alpha Ae^{-\xi_1} - 2\beta\right)^2\right] \\
&= \int_{\xi_1<\delta}\left((1-\alpha)Ae^{-\xi_1} - \left(2\beta + V_0 + \frac{3}{4}\right)\right)^2\mathcal{N}_{0\ 1}(d\xi_1)
\end{aligned}
$$

Ponendo per brevità $B(\beta\ V_0) := 2\beta + V_0 + \frac{3}{4}$, ed utilizzando (4.89)-(4.91), si tratta di minimizzare rispetto ad α e β, per V_0 fissato, la quantità (nel primo passaggio sostituiamo A e $B(\beta\ V_0)$ con le loro espressioni esplicite):

$$
\begin{aligned}
&\int_{\xi_1<\delta}(1-\alpha)^2 A^2 e^{-2\xi_1}\mathcal{N}_{0\ 1}(d\xi_1) + \int_{\xi_1<\delta}B^2(\beta\ V_0)\mathcal{N}_{0\ 1}(d\xi_1) \\
&- \int_{\xi_1<\delta}2(1-\alpha)AB(\beta\ V_0)e^{-\xi_1}\mathcal{N}_{0\ 1}(d\xi_1)
\end{aligned}
$$

$$= (1-\alpha)^2 p(0\ 2) e^{\frac{1}{2}} \int_{z<\delta+2} \mathcal{N}_{0\ 1}(dz)$$

$$+ \left(2\beta + V_0 + \frac{3}{4}\right)^2 \int_{\xi<\delta} \mathcal{N}_{0\ 1}(d\xi)$$

$$- 2\left(2\beta + V_0 + \frac{3}{4}\right)(1-\alpha) p(0\ 2)^{\frac{1}{2}} e^{-\frac{1}{4}} \int_{-y<\delta+1-} \mathcal{N}_{0\ 1}(dy)$$

$$= \frac{(1-\alpha)^2}{4} e^{\frac{1}{2}} \Phi\left(\log\frac{2}{3} + \frac{5}{4}\right) + \left(2\beta + V_0 + \frac{3}{4}\right)^2 \Phi\left(\log\frac{2}{3} - \frac{3}{4}\right)$$

$$- \left(2\beta + V_0 + \frac{3}{4}\right)(1-\alpha) e^{-\frac{1}{4}} \Phi\left(\log\frac{2}{3} + \frac{1}{4}\right)$$

che risulta essere una funzione quadratica in α e β che può essere minimizzata ricercando i punti critici. $\qquad\qquad\qquad\qquad\qquad\qquad\qquad\qquad\square$

Esercizio 4.42 (Modello 2). Si consideri l'opzione Call dell'Esercizio 4.41 nel Modello 2 con $\varsigma_h = \frac{1}{H}$, $H = 2$ e con struttura a termine iniziale come in (4.97), ossia $p(0\ 1) = \frac{4}{5}$ e $p(0\ 2) = \frac{3}{5}$.

a) Si determini il prezzo iniziale C_0.
b) Sulla base della Put-Call Parity si determini il prezzo iniziale P_0 della corrispondente opzione Put.
c) Si determini la strategia di copertura dell'opzione Call all'istante $n = 0$.

Svolgimento dell'Esercizio 4.42
a)

$$C_0 = E^Q\left[e^{-r_0} C_1\right] = p(0\ 1) E^Q[C_1]$$

$$= p(0\ 1) E^Q\left[\left(\frac{p(0\ 2)}{p(0\ 1)} \frac{2\xi_1}{H+1} - \frac{3}{4}\right)^+\right]$$

$$= \frac{4}{5} \cdot \frac{1}{2}\left(\left(\frac{3}{4} \cdot \frac{2}{3} - \frac{3}{4}\right)^+ + \left(\frac{3}{4} \cdot \frac{4}{3} - \frac{4}{3}\right)^+\right) = \frac{2}{5} \cdot \frac{1}{4} = \frac{1}{10}$$

b) La Put-Call Parity si basa su

$$(K - S)^+ = (S - K)^+ + K - S$$

da cui, essendo qui $S = p(1\ 2)$, in base alla stessa formula che ha condotto alla Call risulta

$$P_0 = p(0\ 1) E^Q\left[\left(\frac{3}{4} - p(1\ 2)\right)^+\right]$$

$$= p(0\ 1)E^Q\left[\left(p(1\ 2)-\frac{3}{4}\right)^+\right] + \frac{3}{4}p(0\ 1) - p(0\ 1)E^Q[p(1\ 2)]$$

$$= C_0 + \frac{3}{5} - p(0\ 1)E^Q[p(1\ 2)] =$$

(per la (4.11) della Proposizione 4.5)

$$= C_0 + \frac{3}{5} - p(0\ 2)$$

c) In questo caso il modello di mercato è completo, come si può verificare anche direttamente: eguagliando il valore del portafoglio all'istante $n = 1$ con il claim, risulta che deve valere

$$\alpha\,\frac{p(0\ 2)}{p(0\ 1)}\frac{2}{3}\xi_1 + \beta e^{r_0} = \left(\frac{p(0\ 2)}{p(0\ 1)}\frac{2}{3}\xi_1 - \frac{3}{4}\right)^+$$

qualsiasi sia il valore (fra i due possibili) di ξ_1. Tenendo anche presente che vale $e^{r_0} = p(0\ 1)^{-1}$, si trova

$$\begin{cases} \frac{1}{2}\alpha + \frac{5}{4}\beta = 0 \\ \alpha + \frac{5}{4}\beta = \frac{1}{4} \end{cases}$$

da cui $\alpha = \frac{1}{2}$ e $\beta = -\frac{1}{5}$ Una verifica porta a

$$C_0 = \alpha p(0\ 2) + \beta = \frac{1}{2}\cdot\frac{3}{5} - \frac{1}{5} = \frac{1}{10} \qquad\qquad \square$$

Esercizio 4.43 (Modello 2). Il contesto sia lo stesso del precedente Esercizio 4.42, solo che ora poniamo $H = 3$ in modo che il mercato risulti incompleto.

a) Assumendo che $q_h = \frac{1}{H} = \frac{1}{3}$, si determini il prezzo iniziale C_0.
b) Per la copertura si utilizzi il criterio del rischio quadratico secondo il quale dobbiamo minimizzare rispetto ad α e β l'espressione

$$E^P\left[\left(\left(p(1\ 2)-\frac{3}{4}\right)^+ - V_1\right)^2\right]$$

dove P è la misura "fisica" per la quale supponiamo $P\,(\xi_1 = h) = \frac{1}{3}$ per $h = 1\ 2\ 3$ e V_1 è il valore in $n = 1$ di un portafoglio autofinanziante di valore iniziale V_0.

Svolgimento dell'Esercizio 4.43

a) Abbiamo

$$C_0 = p(0\ 1)E^Q\left[\left(\frac{p(0\ 2)}{p(0\ 1)}\frac{2\xi_1}{H+1} - \frac{3}{4}\right)^+\right]$$

$$= \frac{4}{5}\cdot\frac{1}{3}\left(\left(\frac{3}{4}\cdot\frac{1}{2}-\frac{3}{4}\right)^+ + \left(\frac{3}{4}-\frac{3}{4}\right)^+\left(\frac{3}{4}\cdot\frac{3}{2}-\frac{3}{4}\right)^+\right)$$

$$= \frac{4}{15}\cdot\frac{3}{8} = \frac{1}{10}$$

b) Avendosi $p(1\ 2) = \frac{p(0,2)}{p(0,1)}\frac{1}{2}\xi_1 = \frac{3}{8}\xi_1$, si trova

$$V_1 = V_0 + \alpha p(1\ 2) + \frac{\beta}{p(0\ 1)} = V_0 + \frac{3}{8}\alpha\xi_1 + \frac{5}{4}\beta$$

Vale allora

$$E^P\left[\left(\left(p(1\ 2)-\frac{3}{4}\right)^+ - V_1\right)^2\right] = \frac{1}{3}\left(\left(\frac{3}{8}-\frac{3}{4}\right)^+ - V_0 - \frac{3}{8}\alpha - \frac{5}{4}\beta\right)^2$$

$$+ \frac{1}{3}\left(\left(\frac{3}{4}-\frac{3}{4}\right)^+ - V_0 - \frac{3}{4}\alpha - \frac{5}{4}\beta\right)^2$$

$$+ \frac{1}{3}\left(\left(\frac{9}{8}-\frac{3}{4}\right)^+ - V_0 - \frac{9}{8}\alpha - \frac{5}{4}\beta\right)^2$$

$$= \frac{1}{3}\left(V_0 + \frac{3}{8}\alpha + \frac{5}{4}\beta\right)^2 + \frac{1}{3}\left(V_0 + \frac{3}{4}\alpha + \frac{5}{4}\beta\right)^2$$

$$+ \frac{1}{3}\left((V_0 - \frac{3}{3}) + \frac{9}{8}\alpha + \frac{5}{4}\beta\right)^2$$

che è una funzione quadratica in α e β e può essere minimizzata con gli usuali strumenti del calcolo differenziale di più variabili reali.   □

4.6.3 Caps e Floors

Siccome Caps e Floors si compongono di Caplets e Floorlets, gli esercizi riguarderanno solo questi ultimi. Per semplificare le espressioni supponiamo sempre un capitale di riferimento unitario e sarà unitario anche il passo temporale, cioè $\Delta = 1$. Negli esercizi di questa sezione considereremo sempre al più tre periodi ($n = 0\ 1\ 2\ 3$) e la sequenza di scadenze

$$N_0 = 1\ \ N_1 = 2\ \ e\ N_2 = 3 \tag{4.99}$$

Come risulta dalla Proposizione 4.23, il calcolo di un Caplet si riduce essenzialmente al calcolo di un'opzione Put su un T-bond (analogamente il calcolo di un Floorlet si riduce a quello di un'opzione Call) e quindi la procedura sarà analoga a quella usata per le opzioni Put.

Esercizio 4.44 (Modello 1). Si ricordi che nel Modello 1 i prezzi dei T-bonds sono dati dalle formule in (4.86) dove ξ_1 ξ_2 sono variabili aleatorie i.i.d. normali standard nella misura martingala Q. Si determinino i prezzi iniziali $\mathbf{Caplet}_1(0)$ e $\mathbf{Caplet}_2(0)$ dei Caplets relativi rispettivamente agli intervalli $[1\ 2]$ e $[2\ 3]$, con tasso $K = 1$.

Svolgimento dell'Esercizio 4.44

Per quanto riguarda $\mathbf{Caplet}_1(0)$, utilizzando le (4.63)-(4.64) si ottiene

$$\mathbf{Caplet}_1(0) = p(0\ 1)E^Q\left[(1 - 2p(1\ 2))^+\right]$$
$$= \frac{1}{2}e^{\frac{1}{4}}\int_D \left(1 - e^{-\frac{3}{4}}e^{-\xi_1}\right)\mathcal{N}_{0\ 1}(d\xi_1)$$

con

$$D := \left\{\xi\ 1 - e^{-\frac{3}{4}}e^{-\xi} > 0\right\} = \left\{\xi\ \xi > -\frac{3}{4}\right\}$$

Quindi

$$\mathbf{Caplet}_1(0) = \frac{1}{2}e^{\frac{1}{4}}\left(\int_{\xi > -\frac{3}{4}}\mathcal{N}_{0\ 1}(d\xi) - e^{-\frac{3}{4}}e^{\frac{1}{2}}\int_{y > \frac{1}{4}}\mathcal{N}_{0\ 1}(dy)\right)$$
$$= \frac{1}{2}e^{\frac{1}{4}}\left(\Phi\left(\frac{3}{4}\right) - e^{-\frac{1}{4}}\Phi\left(-\frac{1}{4}\right)\right)$$

Per quanto riguarda $\mathbf{Caplet}_2(0)$, ci servono i seguenti valori, per la determinazione dei quali teniamo conto della struttura a termine iniziale in (4.88):

$$p(1\ 2) = p(0\ 2)^{\frac{1}{2}}e^{-\frac{3}{4}}e^{-\xi_1} = \frac{1}{2}e^{-\frac{3}{4}}e^{-\xi_1}$$

$$p(2\ 3) = p(0\ 3)^{\frac{1}{3}}e^{-\frac{11}{6}}e^{-(\xi_1+\xi_2)} = \frac{1}{2}e^{-\frac{19}{12}}e^{-(\xi_1+\xi_2)}$$

Abbiamo allora

$$\mathbf{Caplet}_2^{\xi_1}(1) = \frac{1}{2}e^{-\frac{3}{4}}e^{-\xi_1}E^Q\left[\left(1 - \frac{1}{2}e^{-\frac{19}{12}}e^{-(\xi_1+\xi_2)}\right)^+\ \xi_1\right]$$

e quindi

$$\mathbf{Caplet}_2(0) = \frac{1}{2}e^{-\frac{3}{4}}E^Q\left[e^{-\xi_1}\left(1 - \frac{1}{2}e^{-\frac{19}{12}}e^{-(\xi_1+\xi_2)}\right)^+\right]$$
$$= \frac{1}{4\pi}e^{-\frac{3}{4}}\iint e^{-x_1}\left(1 - \frac{1}{2}e^{-\frac{19}{12}}e^{-(x_1+x_2)}\right)^+ e^{-\frac{x_1^2}{2}}e^{-\frac{x_2^2}{2}}dx_1 dx_2$$

che, come per le opzioni sui T-bonds, può essere approssimativamente calcolato mediante una discretizzazione della v.c. Normale. $\square$

Esercizio 4.45 (Modello 2). Consideriamo un Modello 2 con $p(0\ 1) = \frac{4}{5}$
$p(0\ 2) = \frac{3}{5}$ $p(0\ 3) = \frac{2}{5}$. Si determini il prezzo iniziale $\mathbf{Caplet}_2(0)$ del Caplet
con $K = 1$, relativo all'intervallo $[2\ 3]$ nei seguenti casi:

a) $H = 2$ e $q_h = Q\left(\xi_n = h\right) = \frac{1}{2}$;
b) $H = 2$ e $q = Q\left(\xi_n = 1\right) \in]0\ 1[$;
c) $H = 3$ e $q_h = Q\left(\xi_n = h\right) = \frac{1}{3}$.

Svolgimento dell'Esercizio 4.45
a) Seguendo la Proposizione 4.23, abbiamo

$$\mathbf{Caplet}_2(2) = (1 - 2p(2\ 3))^+ \qquad\qquad (4.100)$$

e, per $n < 2$,

$$\mathbf{Caplet}_2(n) = p(n\ n+1)E^Q[\mathbf{Caplet}_2(n+1)\ \ \mathcal{F}_n]$$

Usando il simbolo $\mathbf{Caplet}_2^h(n)$ per denotare il prezzo del Caplet in n se $\xi_n = h$,
abbiamo

$$\mathbf{Caplet}_2^1(1) = p(1\ 2)\frac{1}{2}\left(\mathbf{Caplet}_2^1(2) + \mathbf{Caplet}_2^2(2)\right)$$

$$= \frac{1}{4}\left(\left(1 - \frac{8}{15}\right)^+ + \left(1 - \frac{16}{15}\right)^+\right) = \frac{7}{4\cdot 15}$$

$$\mathbf{Caplet}_2^2(1) = \frac{1}{2}\left(\left(1 - \frac{16}{15}\right)^+ + \left(1 - \frac{32}{15}\right)^+\right) = 0$$

Quindi

$$\mathbf{Caplet}_2(0) = p(0\ 1)\frac{1}{2}\cdot\frac{7}{4\cdot 15} = \frac{2}{5}\cdot\frac{7}{4\cdot 15} = \frac{7}{150}$$

b) Ci servono dapprima i valori di $p(1\ 2)$ e $p(2\ 3)$ che possiamo ricavare dalle
formule (4.96): in particolare abbiamo

$$p(1\ 2) = \frac{p(0\ 2)}{p(0\ 1)}\frac{1}{q + 2(1-q)}\xi_1 = \frac{3}{4}\frac{\xi_1}{2-q}$$

$$p(2\ 3) = \frac{p(0\ 3)}{p(0\ 2)}\frac{1}{q + 4(1-q)}\xi_1\xi_2 = \frac{2}{3}\frac{\xi_1\xi_2}{4-3q}$$

Risulta allora

$$\mathbf{Caplet}_2^1(1) = \frac{3}{4}\frac{1}{2-q}\left(q\left(1 - \frac{4}{3}\frac{1}{4-3q}\right)^+ + (1-q)\left(1 - \frac{8}{3}\frac{1}{4-3q}\right)^+\right)$$

$$\mathbf{Caplet}_2^2(1) = \frac{3}{2}\frac{1}{2-q}\left(q\left(1 - \frac{8}{3}\frac{1}{4-3q}\right)^+ + (1-q)\left(1 - \frac{16}{3}\frac{1}{4-3q}\right)^+\right)$$

e quindi

$$\mathbf{Caplet}_2(0) = \frac{4}{5} \cdot \frac{3}{2} \frac{1}{2-q} \left(\frac{q^2}{2} \left(1 - \frac{4}{3} \frac{1}{4-3q} \right)^{+} + \frac{(1-q)q}{2} \left(1 - \frac{8}{3} \frac{1}{4-3q} \right)^{+} \right.$$

$$\left. + q(1-q) \left(1 - \frac{8}{3} \frac{1}{4-3q} \right)^{+} + (1-q)^2 \left(1 - \frac{16}{3} \frac{1}{4-3q} \right)^{+} \right)$$

$$= \frac{6}{5} \frac{1}{2-q} \left(\frac{q^2}{2} \left(1 - \frac{4}{3} \frac{1}{4-3q} \right)^{+} + \frac{3}{2} q(1-q) \left(1 - \frac{8}{3} \frac{1}{4-3q} \right)^{+} \right),$$

essendo $\left(1 - \frac{16}{3} \frac{1}{4-3q} \right)^{+} = 0$ per ogni $q \in [0,1]$.

Verifichiamo il risultato ottenuto ponendo $q = \frac{1}{2}$: si ha

$$\mathbf{Caplet}_2(0) = \frac{4}{5} \cdot \frac{1}{8} \left(1 - \frac{8}{15} \right)^{+} = \frac{1}{10} \cdot \frac{7}{15} = \frac{7}{150}$$

che coincide con quanto trovato al punto a).

c) Risulta

$$\mathbf{Caplet}_2^1(1) = p(1,2) \frac{1}{3} \left(\mathbf{Caplet}_2^1(2) + \mathbf{Caplet}_2^2(2) + \mathbf{Caplet}_2^3(2) \right)$$

$$= \frac{1}{8} \left(\left(1 - \frac{2}{7} \right)^{+} + \left(1 - \frac{4}{7} \right)^{+} + \left(1 - \frac{6}{7} \right)^{+} \right) = \frac{1}{8} \cdot \frac{9}{7} = \frac{9}{56}$$

$$\mathbf{Caplet}_2^2(1) = \frac{1}{4} \left(\left(1 - \frac{4}{7} \right)^{+} + \left(1 - \frac{8}{7} \right)^{+} + \left(1 - \frac{12}{7} \right)^{+} \right) = \frac{1}{4} \cdot \frac{3}{7} = \frac{3}{28}$$

$$\mathbf{Caplet}_2^3(1) = \frac{3}{8} \left(\left(1 - \frac{6}{7} \right)^{+} + \left(1 - \frac{12}{7} \right)^{+} + \left(1 - \frac{18}{7} \right)^{+} \right) = \frac{3}{8} \cdot \frac{1}{7} = \frac{3}{56}.$$

Quindi

$$\mathbf{Caplet}_2(0) = \frac{4}{5} \cdot \frac{1}{3} \cdot \frac{9+6+3}{56} = \frac{3}{35}. \qquad \square$$

Nota 4.46 *Come la formula (4.74) di Floor-Cap Parity, si prova anche la seguente Floorlet-Caplet Parity secondo cui*

$$\mathbf{Floorlet}_j = \mathbf{Caplet}_j - \mathbf{PFS}_j$$

dove **Floorlet**$_j$ *indica il prezzo del Floorlet relativo al periodo* $[N_{j-1}, N_j]$, **Caplet**$_j$ *quello del corrispondente Caplet e* **PFS**$_j$ *quello del Payer Forward Swap definito in* (4.68). $\qquad \square$

Esercizio 4.47 (Modello 1). Si consideri il Modello 1 con i valori iniziali della struttura a termine dati in (4.88). Si determini il prezzo iniziale $\textbf{Floorlet}_1(0)$ del Floorlet relativo all'intervallo $[1\ 2]$, con tasso fisso $K = 1$.

Svolgimento dell'Esercizio 4.47
Utilizziamo la Floorlet-Caplet Parity. Ricordando la scelta (4.99) delle scadenze, determiniamo quindi dapprima il valore del Caplet con le (4.63)-(4.64):

$$\textbf{Caplet}_1(0) = p(0\ 1)E^Q\left[(1 - 2p(1\ 2))^+\right]$$

Il conto corrispondente è già stato fatto nell'Esercizio 4.44, secondo il quale

$$\textbf{Caplet}_1(0) = \frac{1}{2}e^{\frac{1}{4}}\left(\Phi\left(\frac{3}{4}\right) - e^{-\frac{1}{4}}\Phi\left(-\frac{1}{4}\right)\right)$$

Notiamo inoltre che $\textbf{PFS}_j(0)$ in questo contesto vale (vedi la (4.73) nella dimostrazione della Proposizione 4.29):

$$\textbf{PFS}_j(0) = p(0\ N_{j-1})$$

In conclusione abbiamo

$$\textbf{Floorlet}_1(0) = \textbf{Caplet}_1(0) - \textbf{PFS}_1(0) = \textbf{Caplet}_1(0) - p(0\ 1)$$

$$= \frac{1}{2}e^{\frac{1}{4}}\left(\Phi\left(\frac{3}{4}\right) - 1 - e^{-\frac{1}{4}}\Phi\left(-\frac{1}{4}\right)\right) \qquad \square$$

Esercizio 4.48 (Modello 2). Nel contesto dell'Esercizio 4.45-a), si consideri il Modello 2 con $q_h = \frac{1}{H}$ e $H = 2$. Si determini il prezzo $\textbf{Floor}(0)$ in $n = 0$ del Floor relativo ai periodi $[1\ 2]$ e $[2\ 3]$, con tasso fisso $K = 1$.

Svolgimento dell'Esercizio 4.48
Ricordiamo la scelta (4.99) delle scadenze e, come in precedenza, indichiamo con $\textbf{Caplet}_j$ il prezzo del Caplet relativo all'intervallo $[N_{j-1}\ N_j] = [j\ j+1]$, $j = 1\ 2$. Per utilizzare la Floor-Cap Parity ci serve dapprima il prezzo del Cap sui periodi $[1\ 2]$ e $[2\ 3]$, che è dato da

$$\textbf{Cap}(0) = \textbf{Caplet}_1(0) + \textbf{Caplet}_2(0)$$

dove (vedi Esercizio 4.45-a)) $\textbf{Caplet}_2(0) = \frac{7}{150}$. D'altra parte per la (4.64) vale

$$\textbf{Caplet}_1(0) = p(0\ 1)E^Q\left[\textbf{Caplet}_1(1)\right] = \frac{p(0\ 1)}{2}\left(\textbf{Caplet}_1^1(1) + \textbf{Caplet}_1^1(1)\right)$$

dove, ricordiamo, $\textbf{Caplet}_1^h(n)$ denota il prezzo del Caplet in n se $\xi_n = h$. Quindi, utilizzando la Proposizione 4.23, come pure le formule in (4.96), calcoliamo

$$\mathbf{Caplet}_1^1(1) = 2\left(\frac{1}{2} - p(1\ 2)\Big._{\xi_1=1}\right)^{+} = 0$$

$$\mathbf{Caplet}_1^2(1) = 2\left(\frac{1}{2} - p(1\ 2)\Big._{\xi_1=2}\right)^{+} = 0$$

per cui $\mathbf{Caplet}_1(0) = 0$. Infine, per il **PFS** con date di pagamento $N_1 = 2$ e $N_2 = 3$, per la Proposizione 4.29 abbiamo

$$\mathbf{PFS}(0) = p(0\ 1) - p(0\ 3) - (p(0\ 2) + p(0\ 3)) = -\frac{3}{5}$$

In conclusione

$$\mathbf{Floor}(0) = \frac{7}{150} + \frac{3}{5} = \frac{97}{150} \qquad\qquad \square$$

Esercizio 4.49 (Modello 2). Consideriamo un Modello 2 con $H = 2$, $p(0\ 1) = \frac{4}{5}$, $p(0\ 2) = \frac{3}{5}$ e siano fissate sull'asse temporale le scadenze come in (4.99) e il tasso $K = 1$.

a) Si determini il prezzo iniziale $\mathbf{Caplet}_1^{(q)}(0)$ del Caplet relativo all'intervallo $[1\ 2]$, per i valori possibili di $q = Q\,(\xi_1 = 1) \in]0\ 1[$, verificando che, per $q \geq \frac{1}{2}$, si ha $\mathbf{Caplet}_1^{(q)}(0) = 0$ e che, per $q < \frac{1}{2}$, risulta

$$\mathbf{Caplet}_1^{(q)}(0) = \frac{4}{5}q\left(1 - \frac{3}{2}\frac{1}{2-q}\right)$$

b) Supponendo $q < \frac{1}{2}$, esiste un valore di q per cui $\mathbf{Caplet}_1^{(q)}(0) = \frac{1}{35}$? Questo valore di $\mathbf{Caplet}_1^{(q)}(0)$ è sufficiente per calibrare completamente il modello al mercato?

Svolgimento dell'Esercizio 4.49
a) Per la Proposizione 4.23 con $K = 1$ e $\alpha_j = 1$, abbiamo

$$\mathbf{Caplet}_1^{\xi_1}(1) = 2\left(\frac{1}{2} - p(1\ 2)\Big._1\right)^{+} = (1 - 2p(1\ 2)\Big._1)^{+}$$

$$\mathbf{Caplet}_1^{(q)}(0) = p(0\ 1)\left(q\mathbf{Caplet}_1^1(1) + (1 - q)\mathbf{Caplet}_1^2(1)\right)$$

Allora risulta (vedi anche l'Esercizio 4.45-b) per l'espressione di $p(1\ 2)$)

$$\mathbf{Caplet}_1^1(1) = \left(1 - \frac{3}{2}\frac{1}{2-q}\right)^{+} \qquad \mathbf{Caplet}_1^2(1) = \left(1 - \frac{3}{2-q}\right)^{+} = 0$$

poiché per tutti i valori di $q \in]0\ 1[$ si ha $\frac{3}{2-q} > 1$. Di conseguenza

$$\mathbf{Caplet}_1^{(q)}(0) = \frac{4}{5}q\left(1 - \frac{3}{2}\frac{1}{2-q}\right)^{+}$$

Si noti che $1 - \frac{3}{2}\frac{1}{2-q}$ è una funzione decrescente di q che si annulla in $q = \frac{1}{2}$. Ne segue che, per $q \geq \frac{1}{2}$, si ha $\mathbf{Caplet}_1^{(q)}(0) = 0$ mentre, per $q < \frac{1}{2}$, risulta $\mathbf{Caplet}_1^{(q)}(0) = \frac{4}{5}q\left(1 - \frac{3}{2}\frac{1}{2-q}\right)$.

b) Supponendo $q < \frac{1}{2}$, la condizione su q diventa $\frac{4}{5}q\left(1 - \frac{3}{2}\frac{1}{2-q}\right) = \frac{1}{35}$ che conduce alla seguente equazione di secondo grado

$$28q^2 - 15q + 2 = 0$$

con soluzioni

$$q_{1,2} = \frac{15 \pm \sqrt{225 - 224}}{56}$$

ossia $q_1 = \frac{1}{4}$ e $q_2 = \frac{2}{7}$.

Entrambi i valori sono compatibili con $q < \frac{1}{2}$ e dunque il dato di mercato non è sufficiente per calibrare completamente il modello. $\qquad\square$

Esercizio 4.50 (Modello 2). Si consideri il Modello 2 alternativo dell'Osservazione 4.37, con i fattori stocastici $\varphi_{n,N}$ come in (4.98) per $H = 2$ e ponendo $q = Q(\xi_n = 1)$ (e di conseguenza $1 - q = Q(\xi_n = 2)$). Inoltre sia $p(0\ 1) = \frac{4}{5}$ $p(0\ 2) = \frac{3}{5}$ e $p(0\ 3) = \frac{2}{5}$

a) Si consideri un Caplet sul periodo $[1\ 2]$ con $K = 1$. Si faccia vedere che, se un valore osservato è $\mathbf{Caplet}_1(0) = \frac{1}{5}$, allora deve essere $q = \frac{3}{4}$.
b) Col valore di q così calibrato si determini il prezzo $\mathbf{Caplet}_1(0)$ nel caso di $K = \frac{1}{2}$.
c) Qual'è il valore di q se all'istante $n = 1$ osserviamo per un T-bond con scadenza 2 un prezzo di $p(1\ 2) = \frac{3}{4}$? Avendo osservato tale valore, siamo in grado di stabilire se era $\xi_1 = 1$ oppure $\xi_1 = 2$? E se, sempre in $n = 1$ osserviamo anche $p(1\ 3) = \frac{3}{5}$?

Svolgimento dell'Esercizio 4.50
a) Ricordando la scelta (4.99) di scadenze, per la Proposizione 4.23 si ha

$$\mathbf{Caplet}_1(0) = p(0\ 1)E^Q\left[(1 - 2p(1\ 2))^+\right]$$

$$= p(0\ 1)\left(q\left(1 - 2\frac{p(0\ 2)}{p(0\ 1)}\varphi_{1,2}(1)\right)^+ + (1 - q)\left(1 - 2\frac{p(0\ 2)}{p(0\ 1)}\varphi_{1,2}(2)\right)^+\right)$$

$$= q\left(p(0\ 1) - \frac{2p(0\ 2)}{q(1+2)}\right)^+ + (1 - q)\left(p(0\ 1) - \frac{4p(0\ 2)}{(1-q)(1+2)}\right)^+$$

$$= \left(\frac{4}{5}q - \frac{2}{5}\right)^+ + \left(\frac{4}{5}(1 - q) - \frac{4}{5}\right)^+$$

Dato che per nessun valore di $q \in\ ]0\ 1[$ si ha $\frac{4}{5}(1 - q) - \frac{4}{5} > 0$, risulta $\mathbf{Caplet}_1(0) = \left(\frac{4}{5}q - \frac{2}{5}\right)^+$ che, posto uguale a $\frac{1}{5}$, fornisce $(4q - 2)^+ = 1$: ciò equivale al sistema

$$\begin{cases} 4q - 2 > 0 \\ 4q - 2 = 1 \end{cases}$$

che è soddisfatto dall'unico valore $q = \frac{3}{4}$.

b) Con $K = \frac{1}{2}$ e $q = \frac{3}{4}$ si ha, utilizzando i conti svolti nel punto a),

$$\mathbf{Caplet}_1(0) = p(0\ 1)E^Q\left[(1 - 2 \cdot \frac{3}{2}p(1\ 2))^+\right]$$

$$= \left(\frac{4}{5}q - \frac{3}{5}\right)^+ + \left(\frac{4}{5}(1-q) - \frac{6}{5}\right)^+ =$$

(per $q = \frac{3}{4}$)

$$= \left(\frac{3}{5} - \frac{3}{5}\right)^+ + \left(\frac{1}{5} - \frac{6}{5}\right)^+ = 0$$

c) La relazione

$$p(1\ 2) = \frac{p(0\ 2)}{p(0\ 1)}\,\varphi_{1,2}(\xi)$$

implica, per $p(1\ 2) = \frac{3}{4}$, che $\varphi_{1,2}(\xi_1) = 1$. I possibili valori di $\varphi_{1,2}(\xi_1)$ sono $\frac{1}{3q}$ per $\xi_1 = 1$ e $\frac{2}{3(1-q)}$ per $\xi_1 = 2$. Si vede che $q = \frac{1}{3}$ soddisfa entrambi i requisiti, ma non è possibile stabilire se era $\xi_1 = 1$ oppure $\xi_1 = 2$. D'altra parte, la relazione

$$p(1\ 3) = \frac{p(0\ 3)}{p(0\ 1)}\,\varphi_{1,3}(\xi_1)$$

fornisce, per $p(1\ 3) = \frac{3}{5}$, la condizione $\frac{3}{5} = \frac{1}{2}\varphi_{1,3}(\xi_1)$. Essendo, per $q = \frac{1}{3}$,

$$\varphi_{1,3}(1) = \frac{1}{5q} = \frac{3}{5} \qquad \varphi_{1,3}(2) = \frac{4}{5(1-q)} = \frac{6}{5}$$

la condizione sopra è soddisfatta solo per $\xi_1 = 2$. $\square$

Esercizio 4.51 (Modello 2). Si consideri lo stesso contesto dell'Esercizio 4.50, ma con $H = 3$ e si ponga $q_h = Q(\xi_n = h)$ per $h = 1\ 2\ 3$ e per ogni n.

a) Si supponga che per il Caplet sul periodo $[1\ 2]$ e con $K = 3$ si osservi un valore di

$$\mathbf{Caplet}_1(0) = \frac{1}{20} \tag{4.101}$$

Si faccia vedere che allora deve essere $q_1 = \frac{9}{16}$.

b) Si supponga di osservare un ulteriore Caplet con $K = \frac{1}{2}$ e prezzo

$$\mathbf{Caplet}_1(0) = \frac{13}{40}$$

Si faccia vedere che questo determina completamente i valori di q_1 q_2 e q_3 e quindi la misura Q.

Svolgimento dell'Esercizio 4.51

a) Nelle condizioni indicate, in base alla Proposizione 4.23 si ha

$$\mathbf{Caplet}_1(0) = p(0\ 1)E^Q\left[(1 - 4p(1\ 2))^+\right]$$

$$= p(0\ 1)\sum_{i=1}^{3} q_i\left(1 - 4\frac{p(0\ 2)}{p(0\ 1)}\varphi_{1,2}(i)\right)^+$$

$$= \sum_{i=1}^{3} q_i\left(p(0\ 1) - 4p(0\ 2)\frac{i}{6q_i}\right)^+ = \sum_{i=1}^{3}\left(\frac{4}{5}q_i - \frac{2}{5}i\right)^+$$

Notando che i termini per $i = 2\ 3$ sono uguali a zero per qualsiasi valore di q_1 $q_2 \in]0\ 1[$, imponendo la condizione (4.101) si ha $\left(\frac{4}{5}q_1 - \frac{2}{5}\right)^+ = \frac{1}{20}$ che fornisce $q_1 = \frac{9}{16}$.

b) Per $K = \frac{1}{2}$ si ha d'altra parte

$$\mathbf{Caplet}_1(0) = \sum_{i=1}^{3} q_i\left(p(0\ 1) - \frac{3}{2}p(0\ 2)\frac{i}{6q_i}\right)^+ = \sum_{i=1}^{3}\left(\frac{4}{5}q_i - \frac{3i}{20}\right)^+$$

Sapendo già che $q_1 = \frac{9}{16}$, la condizione diventa

$$\frac{6}{20} + \left(\frac{4}{5}q_2 - \frac{6}{20}\right)^+ + \left(\frac{4}{5}q_3 - \frac{9}{20}\right)^+ = \frac{13}{40}$$

ossia

$$\left(\frac{4}{5}q_2 - \frac{6}{20}\right)^+ + \left(\frac{4}{5}q_3 - \frac{9}{20}\right)^+ = \frac{1}{40}$$

Dovendosi avere $q_2 + q_3 = 1 - \frac{9}{16} = \frac{7}{16}$, il valore di ciascuna delle probabilità q_2 q_3 non può superare $\frac{7}{16}$, ma anche per un tale valore massimo per q_3 il secondo termine nella condizione sopra è nullo e così ci si riduce alla condizione

$$\left(\frac{4}{5}q_2 - \frac{6}{20}\right)^+ = \frac{1}{40}$$

che fornisce $q_2 = \frac{13}{32}$. In conclusione abbiamo

$$q_1 = \frac{9}{16} \qquad q_2 = \frac{13}{32} \qquad q_3 = \frac{1}{32}$$

$\square$

Nota 4.52 *Nel precedente esercizio, se per $K = \frac{1}{2}$ si avesse osservato* **Caplet**$_1(0) = \frac{7}{20}$, *sarebbe risultato*

$$q_1 = \frac{9}{16} \qquad q_2 = \frac{7}{16} \qquad q_3 = 0$$

Il fatto che $q_3 = 0$ non solo non avrebbe portato ad una misura Q equivalente a P (si tenga presente che è $p_3 \neq 0$), ma nemmeno ad una misura martingala dato che allora non sarebbe $E^Q[\varphi_{1,2}(\xi_1)] = 1$. Un'osservazione di **Caplet**$_1(0) = \frac{7}{20}$ *per $K = \frac{1}{2}$ (oltre a* **Caplet**$_1(0) = \frac{1}{20}$ *per $K = 3$) non sarebbe quindi coerente col modello.* □

4.6.4 Swap Rates e Payer Forward Swaps

Per semplicità considereremo solo tre periodi ($n = 0\ 1\ 2\ 3$) e due tipi di Swap Rates:

i) lo Swap Rate relativo ad un periodo che può essere $[1\ 2]$ oppure $[2\ 3]$: relativamente al periodo $[1\ 2]$, poniamo $N_0 = 1$ e $N_1 = 2$; relativamente al periodo $[2\ 3]$, poniamo $N_0 = 2$ e $N_1 = 3$. In ogni caso indicheremo il prezzo dello Swap Rate con **swr**$_{0,1}(n)$. Ricordiamo che per la formula (4.80) vale

$$\mathbf{swr}_{0,1}(n) = \frac{p(n\ N_0) - p(n\ N_1)}{p(n\ N_1)} \qquad n \leq N_0; \tag{4.102}$$

ii) lo Swap Rate relativo ai periodi $[1\ 2]$ e $[2\ 3]$ per cui poniamo $N_0 = 1$, $N_1 = 2$ e $N_2 = 3$. Indichiamo tale Swap Rate con **swr**$_{0,2}(n)$ e per la formula (4.80) vale

$$\mathbf{swr}_{0,2}(n) = \frac{p(n\ 1) - p(n\ 3)}{p(n\ 2) + p(n\ 3)} \qquad n = 0\ 1 \tag{4.103}$$

Esercizio 4.53 (Modello 1). Si consideri il Modello 1 con i valori iniziali della struttura a termine dati in (4.88). Si determini la Swap Rate **swr**$_{0,1}(n)$, $n = 0\ 1$, relativo al singolo periodo $[N_0\ N_1] = [1\ 2]$ e la corrispondente misura martingala $\widetilde{Q}$ che rende **swr**$_{0,1}(\cdot)$ una martingala.

Svolgimento dell'Esercizio 4.53

Ricordiamo che il Modello 1 è una discretizzazione del modello continuo di Hull-White. Ricordiamo anche che, a tempo continuo, un cambio di misura implica una traslazione dei processi di Wiener ed è quindi ragionevole supporre che, mentre in Q vale $\xi_1 \sim \mathcal{N}(0\ 1)$, nella $\widetilde{Q}$ la ξ_1 abbia distribuzione $\mathcal{N}(m\ 1)$: allora determinare $\widetilde{Q}$ equivale a determinare la costante m. Considerando le scadenze $N_0 = 1$ e $N_2 = 1$, per la formula (4.80) abbiamo

$$\mathbf{swr}_{0\,1}(0) = \frac{p(0\,1) - p(0\,2)}{p(0\,2)} = \frac{p(0\,1)}{p(0\,2)} - 1$$

$$\mathbf{swr}_{0\,1}(1) = \frac{p(1\,1) - p(1\,2)}{p(1\,2)} = \frac{1}{p(1\,2)} - 1 = p(0\,2)^{-\frac{1}{2}} e^{\frac{3}{4}} e^{\xi} - 1$$

e quindi, utilizzando la funzione generatrice dei momenti di una v.c. Normale, la condizione di martingalità diventa

$$\frac{p(0\,1)}{p(0\,2)} = p(0\,2)^{-\frac{1}{2}} e^{\frac{3}{4}} E^{\widetilde{Q}}[e^{\xi}] = p(0\,2)^{-\frac{1}{2}} e^{\frac{3}{4}} e^{m+\frac{1}{2}}$$

da cui

$$m = \log p(0\,1) - \frac{1}{2} \log p(0\,2) - \frac{5}{4}$$

Infine con la scelta in (4.88)) risulta

$$m = \frac{1}{4} - \frac{5}{4} = -1 \qquad\qquad\qquad \square$$

Esercizio 4.54 (Modello 2). Si consideri il Modello 2 con $H = 2$, $p(0\,1) = \frac{4}{5}$ $p(0\,2) = \frac{3}{5}$ e $p(0\,3) = \frac{2}{5}$. Si determini lo Swap Rate $\mathbf{swr}_{0\,1}$ relativo al periodo $[2\,3]$ e la corrispondente misura che rende $\mathbf{swr}_{0\,1}$ una martingala.

Svolgimento dell'Esercizio 4.54
Per le (4.102) e (4.96) abbiamo

$$\mathbf{swr}_{0\,1}(0) = \frac{p(0\,2)}{p(0\,3)} - 1 = \frac{1}{2}$$

$$\mathbf{swr}_{0\,1}(1) = \frac{p(1\,2)}{p(1\,3)} - 1 = \frac{p(0\,2)}{p(0\,3)}\frac{2H+1}{3\xi_1} - 1 = (\mathbf{swr}_{0\,1}(0) + 1)\frac{5}{3\xi_1} - 1$$

$$\mathbf{swr}_{0\,1}(2) = \frac{1}{p(2\,3)} - 1 = \frac{p(0\,2)}{p(0\,3)}\frac{(H+1)(2H+1)}{6\xi_1\xi_2} - 1$$

$$= (\mathbf{swr}_{0\,1}(1) + 1)\frac{H+1}{2\xi_2} - 1 = (\mathbf{swr}_{0\,1}(0) + 1)\frac{5}{2\xi_1\xi_2} - 1$$

Indichiamo con $Q^{C\,1}$ la misura che martingalizza $\mathbf{swr}_{0\,1}$ e con $E^{0\,1}$ il corrispondente valore atteso. Poiché $H = 2$ e $\xi_n \in \{1\,2\}$, poniamo

$$q_1 = Q^{0\,1}(\xi_1 = 1) \qquad q_2 = Q^{0\,1}(\xi_1 = 2\,|\,\mathcal{F}_1)$$

La condizione di martingala implica per q_1 la seguente relazione

$$\mathbf{swr}_{0\,1}(0) = E^{0\,1}[\mathbf{swr}_{0\,1}(1)] = E^{0\,1}\left[(\mathbf{swr}_{0\,1}(0) + 1)\frac{5}{3\xi_1} - 1\right]$$

$$= q_1\left(\mathbf{swr}_{0\,1}(0)\frac{5}{3} + \frac{5}{3} - 1\right) + (1 - q_1)\left(\mathbf{swr}_{0\,1}(0)\frac{5}{6} + \frac{5}{6} - 1\right)$$

$$= \mathbf{swr}_{0\,1}(0)\left(\frac{5}{6} + \frac{5}{6}q_1\right) + \left(\frac{5}{6} + \frac{5}{6}q_1\right) - 1$$

che diventa $\frac{5}{6} + \frac{5}{6}q_1 = 1$ e quindi

$$q_1 = \frac{1}{5}$$

Per q_2 la condizione invece diventa

$$\mathbf{swr}_{0,1}(1) = E^{0,1}\left[\mathbf{swr}_{0,1}(2)\ \mathcal{F}_1\right] = E^{0,1}\left[(\mathbf{swr}_{0,1}(1)+1)\frac{3}{2\xi_2} - 1\ \text{-}\mathcal{F}_1\right]$$

$$= q_2\left(\mathbf{swr}_{0,1}(1)\frac{3}{2} + \frac{3}{2} - 1\right) + (1-q_2)\left(\mathbf{swr}_{0,1}(1)\frac{3}{4} + \frac{3}{4} - 1\right)$$

$$= \mathbf{swr}_{0,1}(1)\left(\frac{3}{4} + \frac{3}{4}q_2\right) + \left(\frac{3}{4} + \frac{3}{4}q_2\right) - 1$$

cioè $\frac{3}{4} + \frac{3}{4}q_2 = 1$ e quindi $q_2 = \frac{1}{3}$ indipendentemente da $\mathcal{F}_1$. Ne segue che ξ_1 e ξ_2 sono indipendenti anche in $Q^{0,1}$. $\square$

Esercizio 4.55 (Modello 2). Nel contesto dell'Esercizio 4.54, si determini lo Swap Rate $\mathbf{swr}_{0,2}$ sui due periodi [1 2] e [2 3] e la corrispondente misura martingala $Q^{0,2}$.

Svolgimento dell'Esercizio 4.55
Dobbiamo determinare $\mathbf{swr}_{0,2}(n)$ per $n = 0\ 1$: per la (4.103) abbiamo

$$\mathbf{swr}_{0,2}(0) = \frac{p(0\ 1) - p(0\ 3)}{p(0\ 2) + p(0\ 3)} = \frac{\frac{4}{5} - \frac{2}{5}}{\frac{3}{5} - \frac{2}{5}} = \frac{2}{5}$$

$$\mathbf{swr}_{0,2}(1) = \frac{p(1\ 1) - p(1\ 3)}{p(1\ 2) + p(1\ 3)} = \frac{p(0\ 1) - p(0\ 3)\frac{2}{5}\xi_1^2}{p(0\ 2)\frac{2}{3}\xi_1 + p(0\ 3)\frac{2}{5}\xi_1^2}$$

Per quanto riguarda la misura martingala, poniamo $q = Q^{0,2}(\xi_1 = 1)$. La condizione di martingalità diventa

$$\mathbf{swr}_{0,2}(0) = E^{0,2}\left[\mathbf{swr}_{0,2}(1)\right]$$

che implica

$$\frac{2}{5} = E^{0,2}\left[\mathbf{swr}_{0,2}(1)\right] = q\frac{p(0\ 1) - \frac{2}{5}p(0\ 3)}{\frac{2}{3}p(0\ 2) + \frac{2}{5}p(0\ 3)} + (1-q)\frac{p(0\ 1) - \frac{8}{5}p(0\ 3)}{\frac{4}{3}p(0\ 2) + \frac{8}{5}p(0\ 3)}$$

$$= q\frac{12 - \frac{12}{5}}{6 + \frac{12}{5}} + (1-q)\frac{12 - \frac{48}{5}}{12 + \frac{48}{5}}$$

da cui otteniamo $q = \frac{91}{325}$. $\square$

(Payer) Forward Swaps

Come nel caso degli Swap Rates, per semplicità consideriamo solo tre periodi ($n = 0\ 1\ 2\ 3$), $K = \alpha_j = 1$ e due tipi di Forward Swaps:

i)   il Forward Swap relativo al periodo [2 3] per cui poniamo $N_0 = 2$ e $N_1 = 3$. Indichiamo tale Forward Swap con $\mathbf{PFS}_{0\,1}$. Ricordiamo che per la formula (4.72), vale

$$\mathbf{PFS}_{0\,1}(n) = p(n\ 2) - 2p(n\ 3) \qquad n = 0\ 1\ 2; \qquad (4.104)$$

ii) il Forward Swap relativo ai periodi [1 2] e [2 3] per cui poniamo $N_0 = 1$, $N_1 = 2$ e $N_2 = 3$. Indichiamo tale Forward Swap con $\mathbf{PFS}_{0\,2}(n)$ e per la formula (4.72) vale

$$\mathbf{PFS}_{0\,2}(n) = p(n\ 1) - p(n\ 2) - 2p(n\ 3) \qquad n = 0\ 1 \qquad (4.105)$$

Esercizio 4.56 (Modello 1). Si consideri il Modello 1 con i valori iniziali della struttura a termine dati in (4.88). Si determini il prezzo iniziale del Forward Swap $\mathbf{PFS}_{0\,1}(0)$ su un solo periodo.

Svolgimento dell'Esercizio 4.56
a) *(Metodo diretto)* Per la (4.104) abbiamo

$$\mathbf{PFS}_{0\,1}(0) = p(0\ 2) - 2p(0\ 3) = \frac{1}{4}\left(1 - e^{\frac{1}{4}}\right)$$

b)*(Metodo ricorsivo)* Ricordiamo che $\xi_1\ \xi_2$ sono i.i.d. normali standard, $\xi_1\ \xi_2 \sim \mathcal{N}(0\ 1)$. Allora abbiamo, analogamente a quanto fatto per i Caplets nella Proposizione 4.23,

$$\mathbf{PFS}_{0\,1}(2) = 1 - 2p(2\ 3)$$

$$\mathbf{PFS}_{0\,1}(1) = p(1\ 2)E^Q[\mathbf{PFS}_{0\,1}(2)\ \xi_1]$$

$$\begin{aligned}
\mathbf{PFS}_{0\,1}(0) &= p(0\ 1)E^Q[p(1\ 2)\mathbf{PFS}_{0\,1}(2)] \\
&= p(0\ 1)E^Q\left[p(0\ 2)^{\frac{1}{2}}e^{-\frac{3}{4}}e^{-\xi_1}\left(1 - 2p(0\ 3)^{\frac{1}{3}}e^{-\frac{11}{6}}e^{-(\xi_1+\xi_2)}\right)\right] \\
&= p(0\ 1)p(0\ 2)^{\frac{1}{2}}e^{-\frac{3}{4}}\left(E^Q\left[e^{-\xi_1}\right]\right. \\
&\quad \left. - 2p(0\ 3)^{\frac{1}{3}}e^{-\frac{11}{6}}E^Q\left[e^{-2\xi_1}\right]E^Q\left[e^{-\xi_2}\right]\right) \\
&= \frac{1}{2}e^{\frac{1}{4}}\frac{1}{2}e^{-\frac{3}{4}}\left(e^{\frac{1}{2}} - e^{\frac{1}{12}}e^{-\frac{11}{6}}e^2 e^{\frac{1}{2}}\right) = \frac{1}{4}\left(1 - e^{\frac{1}{4}}\right) \qquad \square
\end{aligned}$$

Esercizio 4.57 (Modello 1). Nel contesto dell'Esercizio 4.56, si determini il prezzo iniziale del Forward Swap $\mathbf{PFS}_{0\,2}(0)$ su due periodi.

Svolgimento dell'Esercizio 4.57
a) *(Metodo diretto)* Per la (4.105) vale

$$\begin{aligned}
\mathbf{PFS}_{0\,2}(0) &= p(0\ 1) - p(0\ 2) - 2p(0\ 3) \\
&= \frac{1}{2}e^{\frac{1}{4}} - \frac{1}{4} + \frac{1}{4}e^{\frac{1}{4}} = \frac{1}{4}\left(e^{\frac{1}{4}} - 1\right)
\end{aligned}$$

b)*(Metodo ricorsivo)* Ricordando che $\xi_1 \sim \mathcal{N}(0\ 1)$, utilizzando nuovamente la (4.105) abbiamo

$$\mathbf{PFS}_{0\,2}(1) = 1 - p(1\,2) - 2p(1\,3)$$

$$\mathbf{PFS}_{0\,2}(0) = p(0\,1)E^{Q}\left[\mathbf{PFS}_{0\,2}(1)\right] = p(0\,1)E^{Q}\left[1 - p(1\,2) - 2p(1\,3)\right]$$

$$= p(0\,1)\left(1 - p(0\,2)^{\frac{1}{2}}e^{-\frac{3}{4}}E^{Q}\left[e^{-\xi_1}\right] - 2p(0\,3)^{\frac{2}{3}}e^{-\frac{13}{6}}E^{Q}\left[e^{-2\xi_1}\right]\right)$$

$$= p(0\,1)\left(1 - p(0\,2)^{\frac{1}{2}}e^{-\frac{3}{4}}e^{\frac{1}{2}} - 2p(0\,3)^{\frac{2}{3}}e^{-\frac{13}{6}}e^{2}\right)$$

$$= \frac{1}{2}e^{\frac{1}{4}}\left(1 - \frac{1}{2}e^{-\frac{1}{4}} - \frac{1}{2}\right) = \frac{1}{4}\left(e^{\frac{1}{4}} - 1\right) \qquad \square$$

Esercizio 4.58 (Modello 2). Si consideri il Modello 2 con $H = 2$ e $p(0\,1) = \frac{4}{5}$, $p(0\,2) = \frac{3}{5}$ e $p(0\,3) = \frac{2}{5}$. Si determini il prezzo iniziale del Forward Swap $\mathbf{PFS}_{0\,1}(0)$ su un solo periodo.

Svolgimento dell'Esercizio 4.58
a) *(Metodo diretto)* Per la (4.104) vale

$$\mathbf{PFS}_{0\,1}(0) = p(0\,2) - 2p(0\,3) = -\frac{1}{5}$$

b) *(Metodo ricorsivo)* Supponendo $q_h = \frac{1}{H}$, abbiamo

$$\mathbf{PFS}_{0\,1}(2) = 1 - 2p(2\,3)$$

$$\mathbf{PFS}_{0\,1}(1) = p(1\,2)E^{Q}\left[\mathbf{PFS}_{0\,1}(2)\ \xi_1\right]$$

$$\mathbf{PFS}_{0\,1}(0) = p(0\,1)E^{Q}\left[p(1\,2)\mathbf{PFS}_{0\,1}(2)\right]$$

$$= p(0\,1)E^{Q}\left[\frac{p(0\,2)}{p(0\,1)}\frac{2\xi_1}{H+1}\left(1 - 2\frac{p(0\,3)}{p(0\,2)}\frac{6\xi_1\xi_2}{(H+1)(2H+1)}\right)\right]$$

$$= E^{Q}\left[\frac{2p(0\,2)}{H+1}\xi_1 - p(0\,3)\frac{24\xi_1^2\xi_2}{(H+1)^2(2H+1)}\right]$$

$$= \frac{1}{H^2(H+1)}\sum_{h_1\,h_2=1}^{H}h_1\left(2Hp(0\,2) - p(0\,3)\frac{24h_1^2h_2}{(H+1)(2H+1)}\right)$$

$$= \frac{1}{H^2(H+1)}\sum_{h_1=1}^{H}\left(2h_1Hp(0\,2) - p(0\,3)\frac{12h_1^2H}{2H+1}\right)$$

$$= \frac{1}{H^2(H+1)}\left(p(0\,2)H^2(H+1) - 2p(0\,3)H^2(H+1)\right)$$

$$= p(0\,2) - 2p(0\,3) = -\frac{1}{5} \qquad \square$$

Esercizio 4.59 (Modello 2). Nel contesto dell'Esercizio 4.58, si determini il prezzo iniziale del Forward Swap $\mathbf{PFS}_{0\,2}(0)$ su due periodi.

Svolgimento dell'Esercizio 4.59

a) *(Metodo diretto)* Per la (4.105) vale

$$\mathbf{PFS}_{0,2}(0) = p(0\ 1) - p(0\ 2) - 2p(0\ 3) = \frac{4}{5} - \frac{3}{5} - \frac{4}{5} = -\frac{3}{5}$$

b)*(Metodo ricorsivo)* Supponendo $q_h = \frac{1}{H}$, abbiamo

$$\mathbf{PFS}_{0,2}(1) = 1 - p(1\ 2) - 2p(1\ 3)$$

$$\mathbf{PFS}_{0,2}(0) = p(0\ 1)E^Q\left[\mathbf{PFS}_{0,2}(1)\right]$$

$$= E^Q\left[p(0\ 1) - \frac{2p(0\ 2)}{H+1}\xi_1 - 12p(0\ 3)\frac{\xi_1^2}{(H+1)(2H+1)}\right]$$

$$= p(0\ 1) - \frac{2p(0\ 2)}{H+1}\frac{1}{H}\sum_{h=1}^{H}h$$

$$- 12p(0\ 3)\frac{1}{H(H+1)(2H+1)}\sum_{h=1}^{H}h^2$$

$$= p(0\ 1) - p(0\ 2) - 2p(0\ 3) = -\frac{3}{5}\qquad\square$$

4.6.5 Swaptions

Come in precedenza, consideriamo solo tre periodi $(n = 0\ 1\ 2\ 3), K = \alpha_j = 1$ e due tipi di Swaptions:

i) la Swaption relativa ad un solo periodo che può essere $[1\ 2]$ oppure $[2\ 3]$. Per coerenza con le notazioni degli esercizi precedenti, nel caso della Swaption sul periodo $[1\ 2]$, poniamo $N_0 = 1$, $N_1 = 2$; nel caso della Swaption sul periodo $[2\ 3]$, poniamo $N_0 = 2$, $N_1 = 3$. In ogni caso indicheremo il prezzo della Swaption con $\mathbf{Swaption}_{0,1}(n)$ per $n \leq N_0$.
    Per esempio, nel caso del periodo $[2\ 3]$, ricordiamo che per la Proposizione 4.32 vale

$$\mathbf{Swaption}_{0,1}(2) = (1 - 2p(2\ 3))^+ \tag{4.106}$$

e, per $n = 0\ 1$,

$$\mathbf{Swaption}_{0,1}(n) = p(n\ n+1)E^Q\left[\mathbf{Swaption}_{0,1}(n+1)\ \mathcal{F}_n\right] \tag{4.107}$$

Ricordiamo anche l'Osservazione 4.33 secondo cui, nel caso di un solo periodo, la Swaption si riduce ad un Cap che, a sua volta, si riduce ad una Put con sottostante un T-bond come si può anche osservare direttamente dall'espressione del payoff (4.106);

ii) la Swaption relativa ai periodi $[1\ 2]$ e $[2\ 3]$ per cui poniamo $N_0 = 1$, $N_1 = 2$ e $N_2 = 3$. Indichiamo il prezzo di tale Swaption con $\mathbf{Swaption}_{0\,2}(n)$ per $n = 0\ 1$, e per la Proposizione 4.32, vale

$$\mathbf{Swaption}_{0\,2}(1) = (1 - p(1\ 2) - 2p(1\ 3))^+ \tag{4.108}$$

$$\mathbf{Swaption}_{0\,2}(0) = p(0\ 1)E^Q\left[\mathbf{Swaption}_{0\,2}(1)\right] \tag{4.109}$$

Oltre che in termini di valore atteso nella misura martingala Q, il prezzo di una Swaption può anche essere calcolato come valore atteso nella misura martingala $Q^{0\,J}$ con numeraire

$$C_{0\,J}(n) := \sum_{j=1}^{J} p(n\ N_j) \qquad J = 1\ 2$$

Infatti in base alla formula (4.82) si ha per un generico K, nel caso di un solo periodo $[N_0\ N_1] = [2\ 3]$,

$$\mathbf{Swaption}_{0\,1}(0) = p(0\ 3)E^{0\,1}\left[(\mathbf{swr}_{0\,1}(2) - K)^+\right] \tag{4.110}$$

e nel caso di due periodi,

$$\mathbf{Swaption}_{0\,2}(0) = (p(0\ 2) + p(0\ 3))\,E^{0\,2}\left[(\mathbf{swr}_{0\,2}(1) - K)^+\right] \tag{4.111}$$

dove $\mathbf{swr}_{0\,J}(\cdot)$, per $J = 1\ 2$, è lo Swap Rate definito in (4.102) e (4.103) per $N_0 = 1$, $N_2 = 3$.

Esercizio 4.60 (Modello 1). Si consideri il Modello 1 con i valori iniziali della struttura a termine dati in (4.88). Si determini il prezzo iniziale $\mathbf{Swaption}_{0\,1}(0)$ della Swaption sul singolo periodo $[N_0\ N_1] = [1\ 2]$, calcolandolo come valore atteso nella misura Q.

Svolgimento dell'Esercizio 4.60
Poiché la Swaption si riduce ad una Put con sottostante un T-bond, i calcoli sono analoghi a quelli dell'Esercizio 4.38 (l'unica differenza è il fattore $2 = K + 1$ che moltiplica $p(1\ 2)$). Si ha

$$\mathbf{Swaption}_{0\,1}(1) = (1 - 2p(1\ 2))^+$$

$$\mathbf{Swaption}_{0\,1}(0) = p(0\ 1)E^Q\left[\left(1 - 2p(0\ 2)^{\frac{1}{2}}e^{-\frac{3}{4}}e^{-\xi_1}\right)^+\right]$$

$$= p(0\ 1)\int_D \left(1 - 2p(0\ 2)^{\frac{1}{2}}e^{-\frac{3}{4}}e^{-x}\right)\mathcal{N}_{0\,1}(dx)$$

dove

$$D = \left\{x\ 1 - 2p(0\ 2)^{\frac{1}{2}}e^{-\frac{3}{4}}e^{-x} > 0\right\} = \ x\ x > \gamma$$

con $\gamma = \log 2 + \frac{1}{2}\log p(0\ 2) - \frac{3}{4}$. Quindi, usando la (4.89), si ottiene

$$\textbf{Swaption}_{0\ 1}(0) = p(0\ 1)\left(\int_{x>\gamma} \mathcal{N}_{0\ 1}(dx) \right.$$
$$\left. - 2p(0\ 2)^{\frac{1}{2}} e^{-\frac{3}{4}} e^{\frac{1}{2}} \int_{-y>\gamma+1-} \mathcal{N}_{0\ 1}(dy) \right)$$
$$= p(0\ 1)\left(\Phi(-\gamma) - 2p(0\ 2)^{\frac{1}{2}} e^{-\frac{1}{4}} \Phi(-\gamma-1) \right)$$
$$= p(0\ 1)\left(\Phi\left(-\log 2 - \frac{1}{2}\log p(0\ 2) + \frac{3}{4} \right) \right.$$
$$\left. - 2p(0\ 2)^{\frac{1}{2}} e^{-\frac{1}{4}} \Phi\left(-\log 2 - \frac{1}{2}\log p(0\ 2) - \frac{1}{4} \right) \right)$$

Con i valori (cfr. (4.88)) $p(0\ 1) = \frac{1}{2}e^{\frac{1}{4}}$ e $p(0\ 2) = \frac{1}{4}$ si ottiene allora

$$\textbf{Swaption}_{0\ 1}(0) = \frac{1}{2}e^{\frac{1}{4}}\left(\Phi\left(\frac{3}{4} \right) - e^{-\frac{1}{4}}\Phi\left(-\frac{1}{4} \right) \right)$$
$$= \frac{1}{2}\left(e^{\frac{1}{4}}\Phi\left(\frac{3}{4} \right) - \Phi\left(-\frac{1}{4} \right) \right) \qquad \Box$$

Esercizio 4.61 (Modello 1). Nello stesso contesto dell'Esercizio 4.60, si determini il prezzo $\textbf{Swaption}_{0\ 1}(0)$ ma con calcoli fatti nella misura $\widetilde{Q}$ che martingalizza il relativo Swap Rate $\textbf{swr}(\cdot)$.

Svolgimento dell'Esercizio 4.61
Dall'Esercizio 4.53 abbiamo che, nella misura $\widetilde{Q}$, la ξ_1 ha distribuzione $\mathcal{N}_{m\ 1}$ con $m = -1$. Essendo in questo caso $C(0) = p(0\ 2)$, otteniamo dalla (4.82) (ricordiamo che consideriamo $K = 1$)

$$\textbf{Swaption}_{0\ 1}(0) = C(0)E^{\widetilde{Q}}\left[(\textbf{swr}(1) - K)^+ \right] = p(0\ 2)E^{\widetilde{Q}}\left[\left(\frac{1}{p(1\ 2)} - 2 \right)^+ \right]$$
$$= p(0\ 2)\int_{D} \left(p(0\ 2)^{-\frac{1}{2}} e^{\frac{3}{4}} e^{\xi} - 2 \right) \mathcal{N}_{m\ 1}(d\xi)$$

dove

$$D = \left\{ \xi\ e^{\xi} > 2p(0\ 2)^{\frac{1}{2}} e^{-\frac{3}{4}} \right\} = \ \xi\ \xi > \gamma$$

con $\gamma = \log 2 + \frac{1}{2}\log p(0\ 2) - \frac{3}{4}$. Risulta allora (vedi anche (4.90))

$$\textbf{Swaption}_{0\ 1}(0) =$$
$$= p(0\ 2)\left(p(0\ 2)^{-\frac{1}{2}} e^{\frac{3}{4}} \int_{-\xi>\gamma-} e^{\xi}\mathcal{N}_{m\ 1}(d\xi) - 2\int_{-\xi>\gamma-} \mathcal{N}_{m\ 1}(d\xi) \right)$$

$$= p(0\ 2)\left(p(0\ 2)^{-\frac{1}{2}}e^{\frac{3}{4}}e^{m+\frac{1}{2}}\int_{\xi>\gamma}\mathcal{N}_{m\ 1}(d\xi) - 2\int_{\xi>\gamma}\mathcal{N}_{m\ 1}(d\xi)\right)$$

$$= p(0\ 2)\left(p(0\ 2)^{-\frac{1}{2}}e^{m+\frac{5}{4}}\int_{y>\gamma-m}\mathcal{N}_{0\ 1}(dy) - 2\int_{z>\gamma-m}\mathcal{N}_{0\ 1}(dz)\right)$$

Con il valore di $m = -1$ e $p(0\ 1) = \frac{1}{2}e^{\frac{1}{4}}$ $p(0\ 2) = \frac{1}{4}$, otteniamo in definitiva

$$\textbf{Swaption}_{0\ 1}(0) = \frac{1}{2}e^{\frac{1}{4}}\Phi(-\gamma-1) - \frac{1}{2}\Phi(-\gamma-1) = \frac{1}{2}\Phi\left(-\frac{1}{4}\right)\left(e^{\frac{1}{4}}-1\right)$$

come nell'Esercizio 4.60. $\qquad\qquad\qquad\qquad\qquad\qquad\qquad\qquad\qquad\qquad\qquad$ $\square$

Esercizio 4.62 (Modello 1). Si determini il prezzo iniziale $\textbf{Swaption}_{0\ 2}(0)$ della Swaption sui due periodi $[1\ 2]$ e $[2\ 3]$, calcolandolo con le formule (4.108)-(4.109) come valore atteso nella misura Q.

Svolgimento dell'Esercizio 4.62
Utilizzando anche le (4.89) e (4.91) abbiamo

$$\textbf{Swaption}_{0\ 2}(1) = (1 - p(1\ 2) - 2p(1\ 3))^{+}$$

$$\textbf{Swaption}_{0\ 2}(0) = p(0\ 1)E^{Q}\left[(1 - p(1\ 2) - 2p(1\ 3))^{+}\right]$$

$$= p(0\ 1)E^{Q}\left[\left(1 - 2p(0\ 2)^{\frac{1}{2}}e^{-\frac{3}{4}}e^{-\xi_1} - 2p(0\ 3)^{\frac{2}{3}}e^{-\frac{13}{6}}e^{-2\xi_1}\right)^{+}\right]$$

$$:= p(0\ 1)E^{Q}\left[\left(1 - Ae^{-\xi_1} - Be^{-2\xi_1}\right)^{+}\right]$$

$$= p(0\ 1)\left(\int_{D}\mathcal{N}_{0\ 1}(d\xi) - Ae^{\frac{1}{2}}\int_{D}\mathcal{N}_{-1\ 1}(d\xi) - Be^{2}\int_{D}\mathcal{N}_{-2\ 1}(d\xi)\right)$$

dove A e B sono costanti positive e, ponendo $y = e^{-\xi}$,

$$D = \{\xi\ \ 1 - Ae^{-\xi} - Be^{-2\xi} > 0]$$

$$= y\ \ 1 - Ay - By^2 > 0\ \ = y\ \ y_1 \leq y \leq y_2$$

con $y_1\ y_2$ le due soluzioni di $1 - Ay - By^2 = 0$ di cui $y_1 < 0$ e $y_2 > 0$.
Siccome deve essere $y > 0$, si trova

$$D = \ \xi\ \ \xi > -\log y_2\ \ = \ \xi\ \ \xi > \gamma$$

con $\gamma = -\log y_2$. Risulta allora

$$\textbf{Swaption}_{0\ 2}(0) = p(0\ 1)\left(\int_{\xi>\gamma}\mathcal{N}_{0\ 1}(d\xi)\right.$$

$$\left. - Ae^{\frac{1}{2}}\int_{y>\gamma+1}\mathcal{N}_{0\ 1}(dy) - Be^{2}\int_{z>\gamma+2}\mathcal{N}_{0\ 1}(dz)\right)$$

$$= p(0\ 1)\left(\Phi(-\gamma) - Ae^{\frac{1}{2}}\Phi(-\gamma-1) - Be^{2}\Phi(-\gamma-2)\right)$$

Assumendo la struttura a termine iniziale in (4.88), otteniamo in definitiva

$$\mathbf{Swaption}_{0,2}(0) =$$

$$= \frac{1}{2}e^{\frac{1}{4}}\left(\Phi(\log y_2) - \frac{1}{2}e^{-\frac{3}{4}}e^{\frac{1}{2}}\Phi(\log y_2 - 1) - \frac{1}{2}e^{\frac{1}{6}}e^{-\frac{13}{6}}e^2\Phi(\log y_2 - 2)\right)$$

$$= \frac{1}{2}e^{\frac{1}{4}}\Phi(\log y_2) - \frac{1}{4}\Phi(\log y_2 - 1) - \frac{1}{4}e^{\frac{1}{4}}\Phi(\log y_2 - 2)$$

Si noti che, alternativamente, il calcolo può anche essere fatto approssimatamente mediante discretizzazione della v.c. Normale.   □

Esercizio 4.63 (Modello 2). Nel Modello 2 con $q_h = \frac{1}{H}$ e $H = 2$, si determini il prezzo iniziale $\mathbf{Swaption}_{0,1}(0)$ della Swaption sul periodo $[2\ 3]$ calcolandolo come valore atteso nella misura Q seconde le formule (4.106)-(4.107).

Svolgimento dell'Esercizio 4.63
Si ha

$$\mathbf{Swaption}_{0,1}(2) = \left(1 - 2\frac{p(0\ 3)}{p(0\ 2)}\frac{6\xi_1\xi_2}{(H+1)(2H+1)}\right)^+$$

$$\mathbf{Swaption}_{0,1}(1) = p(1\ 2)E^Q\left[\mathbf{Swaption}_{0,1}(2)\ \xi_1\right]$$

$$= p(1\ 2)\frac{1}{H}\sum_{h_2=1}^{H}\left(1 - 2\frac{p(0\ 3)}{p(0\ 2)}\frac{6\xi_1 h_2}{(H+1)(2H+1)}\right)^+$$

$$= \frac{p(0\ 2)}{p(0\ 1)}\frac{2\xi_1}{H(H+1)}\sum_{h_2=1}^{H}\left(1 - 2\frac{p(0\ 3)}{p(0\ 2)}\frac{6\xi_1 h_2}{(H+1)(2H+1)}\right)^+$$

$$\mathbf{Swaption}_{0,1}(0) = p(0\ 1)E^Q\left[\mathbf{Swaption}_{0,1}(1)\right]$$

$$= p(0\ 1)\frac{2}{H^2(H+1)}\frac{p(0\ 2)}{p(0\ 1)}\sum_{h_1,h_2=1}^{H}h_1\left(1 - 2\frac{p(0\ 3)}{p(0\ 2)}\frac{6h_1 h_2}{(H+1)(2H+1)}\right)^+$$

$$= \frac{1}{H^2(H+1)}\sum_{h_1,h_2=1}^{H}h_1\left(2p(0\ 2) - p(0\ 3)\frac{24h_1 h_2}{(H+1)(2H+1)}\right)^+$$

che, nel caso di $H = 2$, diventa

$$\mathbf{Swaption}(0) = \frac{1}{12}\left(\left(\frac{6}{5} - \frac{2}{5}\cdot\frac{24}{15}\right)^+ + \left(\frac{6}{5} - \frac{2}{5}\cdot\frac{48}{15}\right)^+\right.$$

$$\left. + 2\left(\frac{6}{5} - \frac{2}{5}\cdot\frac{48}{15}\right)^+ + 2\left(\frac{6}{5} - \frac{2}{5}\cdot\frac{96}{15}\right)^+\right)$$

$$= \frac{1}{12}\left(\frac{90 - 48}{15\cdot 5}\right)^+ = \frac{1}{12}\cdot\frac{42}{15\cdot 5} = \frac{7}{150}\qquad\qquad □$$

Esercizio 4.64 (Modello 2). Nello stesso contesto dell'Esercizio 4.63, si determini il prezzo iniziale $\mathbf{Swaption}_{0,1}(0)$ della Swaption sul periodo $[2\ 3]$ con calcoli fatti nella misura martingala $Q^{0,1}$ che martingalizza $\mathbf{swr}_{0,1}$.

Svolgimento dell'Esercizio 4.64
Ponendo
$$q^1 := Q^{0,1}\left(\xi_1 = 1\right) \qquad q_2 := Q^{0,1}\left(\xi_2 = 1\ -\mathcal{F}_1\right)$$
si è visto nell'Esercizio 4.54 che $q_1 = \frac{1}{5}$ $q_2 = \frac{1}{3}$ e che ξ_1 e ξ_2 sono indipendenti in $Q^{0,1}$.

Utilizziamo la formula (4.110) e calcoliamo dapprima

$$
\begin{aligned}
(\mathbf{swr}_{0,1}(2) - 1)^+ &= \left(\frac{1 - p(2\ 3)}{p(2\ 3)} - 1\right)^+ = \left(\frac{1}{p(2\ 3)} - 2\right)^+ \\
&= \left(\frac{p(0\ 2)}{p(0\ 3)}\frac{(H+1)(2H+1)}{6\xi_1\xi_2} - 2\right)^+
\end{aligned}
$$

che, per $H = 2$ e la struttura a termine iniziale assegnata in (4.97), diventa

$$(\mathbf{swr}_{0,1}(2) - 1)^+ = \left(\frac{15}{4\xi_1\xi_2} - 2\right)^+$$

Il prezzo della Swaption è allora

$$
\begin{aligned}
\mathbf{Swaption}_{0,1}(0) =&\, p(0\ 3)\left(q_1q_2\left(\frac{15}{4} - 2\right)^+ + q_1(1 - q_2)\left(\frac{15}{8} - 2\right)^+\right. \\
&\left. + (1 - q_1)q_2\left(\frac{15}{8} - 2\right)^+ + (1 - q_1)(1 - q_2)\left(\frac{15}{16} - 2\right)^+\right) \\
=&\,\frac{2}{5}q_1q_2\frac{15 - 8}{4} = \frac{7}{150}
\end{aligned}
$$

coerentemente con il risultato dell'Esercizio 4.63. $\qquad\qquad\square$
  skip

Esercizio 4.65 (Modello 2). Consideriamo il Modello 2 con $p(0\ 1) = \frac{4}{5}$ $p(0\ 2) = \frac{3}{5}$ $p(0\ 3) = \frac{2}{5}$ ed una Swaption sul periodo $[2\ 3]$ con $K = 1$.

a) Si determini il prezzo iniziale $\mathbf{Swaption}_{0,1}(0)$ come valore atteso nella misura Q nel caso di $H = 2$ e $q = Q(\xi_n = 1) \in]0\ 1[$. Si verifichi la correttezza del risultato confrontandolo con quello dell'Esercizio 4.63 per $q = \frac{1}{2}$;

b) si verifichi che, per $q \in]\frac{4}{9}\ \frac{8}{9}[$, si ha

$$\mathbf{Swaption}_{0,1}(0) = \frac{3}{5}\frac{q^2}{2 - q}\left(1 - \frac{4}{3}\frac{1}{4 - 3q}\right);$$

c) supponendo $q \in]\frac{4}{9}\ \frac{8}{9}[$, esiste un valore di q, per cui $\mathbf{Swaption}_{0,1}(0) = \frac{7}{150}$? Questo valore di $\mathbf{Swaption}_{0,1}(0)$ è sufficiente per calibrare completamente il modello al mercato?

Svolgimento dell'Esercizio 4.65

a) In base alle (4.106), (4.107) e le espressioni di $p(1\ 2)$ e $p(2\ 3)$ come calcolate nell'Esercizio 4.45-b), abbiamo

$$\mathbf{Swaption}_{0,1}(2) = (1 - 2p(2\ 3))^+ = \left(1 - \frac{4}{3}\frac{\xi_1\xi_2}{4 - 3q}\right)^+$$

$$\mathbf{Swaption}_{0,1}(1) = p(1\ 2)E^Q\left[\mathbf{Swaption}_{0,1}(2)\ \xi_1\right]$$

$$= \frac{3}{4}\frac{\xi_1}{2-q}\left(q\left(1 - \frac{4}{3}\frac{\xi_1}{4 - 3q}\right)^+ + (1-q)\left(1 - \frac{8}{3}\frac{\xi_1}{4 - 3q}\right)^+\right)$$

$$\mathbf{Swaption}_{0,1}(0) = p(0\ 1)E^Q\left[\mathbf{Swaption}_{0,1}(1)\right]$$

$$= \frac{4}{5}\left(\frac{3}{4}\frac{q}{2-q}\left(q\left(1 - \frac{4}{3}\frac{1}{4 - 3q}\right)^+ + (1-q)\left(1 - \frac{8}{3}\frac{1}{4 - 3q}\right)^+\right)\right.$$

$$\left. + \frac{3}{4}\frac{2(1-q)}{2-q}\left(q\left(1 - \frac{4}{3}\frac{2}{4 - 3q}\right)^+ + (1-q)\left(1 - \frac{8}{3}\frac{2}{4 - 3q}\right)^+\right)\right)$$

$$= \frac{3}{5}\frac{1}{2-q}\left(q^2\left(1 - \frac{4}{3}\frac{1}{4 - 3q}\right)^+ + q(1-q)\left(1 - \frac{8}{3}\frac{1}{4 - 3q}\right)^+\right.$$

$$\left. + 2q(1-q)\left(1 - \frac{8}{3}\frac{1}{4 - 3q}\right)^+ + 2(1-q)^2\left(1 - \frac{16}{3}\frac{1}{4 - 3q}\right)^+\right)$$

$$= \frac{3}{5}\frac{1}{2-q}\left(q^2\left(1 - \frac{4}{3}\frac{1}{4 - 3q}\right)^+ + 3q(1-q)\left(1 - \frac{8}{3}\frac{1}{4 - 3q}\right)^+\right)$$

essendo $\left(1 - \frac{16}{3}\frac{1}{4-3q}\right)^+ = 0$ per ogni $q \in [0\ 1]$ (vedi anche l'Esercizio 4.45-b)).

Per verificare il risultato calcoliamo $\mathbf{Swaption}_{0,1}(0)$ per $q = \frac{1}{2}$. Si ha

$$\mathbf{Swaption}_{0,1}(0) = \frac{2}{5}\left(\frac{1}{4}\left(1 - \frac{8}{15}\right)^+ + \frac{3}{4}\left(1 - \frac{16}{15}\right)^+\right) = \frac{1}{10}\cdot\frac{7}{15} = \frac{7}{150}$$

che coincide con il risultato ottenuto nell'Esercizio 4.63.

b) In base al risultato in a) basta verificare che, per $q \in\ ]\frac{4}{9}\ \frac{8}{9}[$ da un lato si ha $\left(1 - \frac{4}{3}\frac{1}{4-3q}\right)^+ = \left(1 - \frac{4}{3}\frac{1}{4-3q}\right)$ e, dall'altro, che $\left(1 - \frac{8}{3}\frac{1}{4-3q}\right)^+ = 0$ Dato $q \in]0\ 1[$, la prima affermazione è vera se $\frac{4}{3}\frac{1}{4-3q} < 1$ e tale disuguaglianza porta a $0 < q < \frac{8}{9}$. La seconda affermazione è vera se $\frac{8}{3}\frac{1}{4-3q} > 1$ e tale disuguaglianza porta appunto a $\frac{4}{9} < q < 1$.

c) In base alla verifica fatta al punto a), sappiamo che $q = \frac{1}{2} \in\ ]\frac{4}{9}\ \frac{8}{9}[$ è un valore possibile. Per quanto visto al punto b), dato che consideriamo $q \in$

$]\frac{4}{9}\;\frac{8}{9}[$, i possibili valori di q devono soddisfare l'equazione

$$\frac{3}{5}\frac{q^2}{2-q}\left(1 - \frac{4}{3}\frac{1}{4-3q}\right) = \frac{7}{150}$$

equivalente all'equazione di terzo grado

$$270q^3 - 219q^2 - 70q + 56 = 0$$

Poiché sappiamo già che $q = \frac{1}{2}$ è soluzione, dividendo l'equazione precedente per $q - \frac{1}{2}$ si trova che i rimanenti possibili due valori di q devono soddisfare l'equazione

$$135q^2 - 42q - 56 = 0$$

Quest'ultima ha due soluzioni

$$q^{(1)} = \frac{7 - \sqrt{889}}{45} \qquad q^{(2)} = \frac{7 + \sqrt{889}}{45}$$

di cui tuttavia solo $q^{(2)}$ appartiene all'intervallo $]\frac{4}{9}\;\frac{8}{9}[$, essendo $q^{(1)} < 0$. Ne risulta allora che, nell'ipotesi $]\frac{4}{9}\;\frac{8}{9}[$, il dato di mercato **Swaption**$_{0,1}(0) = \frac{7}{150}$ non è sufficiente a calibrare univocamente il modello. $\quad\square$

Esercizio 4.66 (Modello 2). La Swaption nei precedenti Esercizi 4.63 e 4.64 viene esercitata se $\mathbf{swr}_{0,1}(2) \geq 1$. Supponendo che $q_h = \frac{1}{H}$ con $H = 5$ e che la struttura a termine iniziale sia quella assegnata in (4.97), si dica per quali valori di $\xi_1\;\xi_2$ si ha $\mathbf{swr}_{0,1}(2) \geq 1$.

Svolgimento dell'Esercizio 4.66
In base all'Esercizio 4.54 abbiamo

$$\mathbf{swr}_{0,1}(2) = (\mathbf{swr}_{0,1}(0) + 1)\frac{(H+1)(2H+1)}{6\xi_1\xi_2} - 1$$
$$= \left(\frac{p(0\;2)}{p(0\;3)} - 1 + 1\right)\frac{(H+1)(2H+1)}{6\xi_1\xi_2} - 1 = \frac{33}{2\xi_1\xi_2} - 1$$

La condizione è quindi soddisfatta se

$$\frac{33}{2\xi_1\xi_2} \geq 2 \quad \text{cioè} \quad \xi_1\xi_2 \leq \frac{33}{4}$$

Ne risulta la seguente tabella per i vari valori di ξ_1 e $\xi_2 = j$:

$$
\begin{array}{llll}
\text{per} & \xi_1 = 1 & \longrightarrow & \text{tutti gli } j \in 1 \cdots 5 \\
\text{per} & \xi_1 = 2 & \longrightarrow & j \in 1 \cdots 4 \\
\text{per} & \xi_1 \in 3\;4 & \longrightarrow & j \in 1\;2 \\
\text{per} & \xi_1 = 4 & \longrightarrow & j = 1
\end{array}
$$

$\hfill\square$

Esercizio 4.67 (Modello 2). Si determini il prezzo iniziale $\mathbf{Swaption}_{0,2}(0)$ della Swaption sui due periodi $[1\ 2]$ e $[2\ 3]$, calcolandolo come valore atteso nella misura Q (vedi (4.108)-(4.109)) e ponendo $q_h = \frac{1}{H}$ per $H = 2$ ed $H = 3$ e scegliendo $K = 1$.

Svolgimento dell'Esercizio 4.67

Per la (4.108) si ha

$$\mathbf{Swaption}_{0,2}(1) = (1 - p(1\ 2) - 2p(1\ 3))^+$$

$$= \frac{1}{p(0\ 1)} \left(p(0\ 1) - p(0\ 2)\frac{2\xi_1}{H+1} - p(0\ 3)\frac{12\xi_1^2}{(H+1)(2H+1)} \right)^+$$

e per la (4.109)

$$\mathbf{Swaption}_{0,2}(0) = p(0\ 1)E^Q \left[\mathbf{Swaption}_{0,2}(1) \right]$$

$$= \frac{1}{H} \sum_{h=1}^{H} \left(p(0\ 1) - p(0\ 2)\frac{2h}{H+1} - p(0\ 3)\frac{12h^2}{(H+1)(2H+1)} \right)^+$$

che, per $H = 2$, diventa

$$\mathbf{Swaption}_{0,2}(0) = \frac{1}{2} \left(\frac{4}{5} - \frac{3}{5} \cdot \frac{2}{3} - \frac{2}{5} \cdot \frac{4}{5} \right)^+$$

$$+ \frac{1}{2} \left(\frac{4}{5} - \frac{3}{5} \cdot \frac{4}{3} - \frac{2}{5} \cdot \frac{16}{5} \right)^+ = \frac{1}{25}$$

mentre per $H = 3$ diventa

$$\mathbf{Swaption}_{0,2}(0) = \frac{1}{3} \left(\left(\frac{4}{5} - \frac{3}{5} \cdot \frac{1}{2} - \frac{2}{5} \cdot \frac{3}{7} \right)^+ + \left(\frac{4}{5} - \frac{3}{5} \cdot 1 - \frac{2}{5} \cdot \frac{12}{7} \right)^+ \right.$$

$$\left. + \left(\frac{4}{5} - \frac{3}{5} \cdot \frac{6}{4} - \frac{2}{5} \cdot \frac{3 \cdot 9}{7} \right)^+ \right) = \frac{23}{210} \qquad \square$$

Esercizio 4.68 (Modello 2). Nello stesso contesto dell'Esercizio 4.67, si determini il prezzo iniziale $\mathbf{Swaption}_{0,2}(0)$ ma con calcoli fatti nella misura $Q^{0,2}$ che martingalizza $\mathbf{swr}_{0,2}$ e considerando $H = 2$.

Svolgimento dell'Esercizio 4.68

Ponendo

$$q = Q^{0,2}\left(\xi_1 = 1\right) \qquad 1 - q = Q^{0,2}\left(\xi_1 = 2\right)$$

abbiamo visto nell'Esercizio 4.55 che $q = \frac{91}{325}$.

Utilizzando la (4.103), abbiamo anzitutto

$$(\mathbf{swr}_{0\,2}(1) - 1)^+ = \left(\frac{1 - p(1\ 3)}{p(1\ 2) + p(1\ 3)} - 1\right)^+$$

$$= \frac{1}{p(1\ 2) + p(1\ 3)}(1 - p(1\ 2) - 2p(1\ 3))^+$$

$$= \frac{1}{\frac{p(0\ 2)}{p(0\ 1)}\frac{2\xi_1}{H+1} + \frac{p(0\ 3)}{p(0\ 1)}\frac{6\xi_1^2}{(H+1)(2H+1)}}$$

$$\cdot \left(1 - \frac{p(0\ 2)}{p(0\ 1)}\frac{2\xi_1}{H+1} - 2\frac{p(0\ 3)}{p(0\ 1)}\frac{6\xi_1^2}{(H+1)(2H+1)}\right)^+$$

$$= \frac{(H+1)(2H+1)}{p(0\ 2)(2H+1)2\xi_1 + p(0\ 3)6\xi_1^2}$$

$$\cdot \frac{\left((H+1)(2H+1)p(0\ 1) - p(0\ 2)(2H+1)2\xi_1 - p(0\ 3)12\xi_1^2\right)^+}{(H+1)(2H+1)}$$

$$= \frac{(60 - 30\xi_1 - 24\xi_1^2)^+}{30\xi_1 + 12\xi_1^2}$$

e quindi in base alla (4.111)

$$\mathbf{Swaption}_{0\,2}(0) = E^{0\,2}\left[\frac{(60 - 30\xi_1 - 24\xi_1^2)^+}{30\xi_1 + 12\xi_1^2}\right] = \frac{91}{325}\frac{(60 - 54)^+}{42}$$

$$+ \left(1 - \frac{91}{325}\right)\frac{(60 - 156)^+}{108} = \frac{1}{25}$$

come nell'Esercizio 4.67. $\qquad\qquad\square$

Bibliografia

[1] M. Abramowitz and I.A. Stegun, editors. *Handbook of mathematical functions with formulas, graphs, and mathematical tables.* Dover Publications Inc., New York, 1992. Reprint of the 1972 edition.

[2] D.P. Bertsekas and S.E. Shreve. *Stochastic optimal control: The discrete time case,* volume 139 of *Mathematics in Science and Engineering.* Academic Press Inc. [Harcourt Brace Jovanovich Publishers], New York, 1978.

[3] T. Bjork. *Arbitrage theory in continuous time.* Second edition. Oxford University Press, Oxford, 2004.

[4] D. Brigo and F. Mercurio. *Interest rate models - theory and practice.* Springer Finance. Springer-Verlag, Berlin, 2001.

[5] J.C. Cox, J.E. Ingersoll, Jr., and S.A. Ross. A theory of the term structure of interest rates. *Econometrica,* 53(2):385–407, 1985.

[6] Q. Dai and K. Singleton. Specification analysis of affine term structure models. *J. of Finance,* 55:1943–1978, 2000.

[7] R.-A. Dana and M. Jeanblanc. *Financial markets in continuous time.* Springer Finance. Springer-Verlag, Berlin, 2003. Translated from the 1998 French original by Anna Kennedy.

[8] D. Duffie, D. Filipović, and W. Schachermayer. Affine processes and applications in finance. *Annals Appl. Prob.,* 13:984–1053, 2003.

[9] D. Filipović and E. Mayerhofer. *Affine Diffusion Processes: Theory and Applications.* de Gruyter, Berlin, 2009.

[10] D. Filipović and J. Zabczyk. Markovian term structure models in discrete time. *Ann. Appl. Probab.,* 12(2):710–729, 2002.

[11] H. Follmer and A. Schied. *Stochastic finance. An introduction in discrete time. 2nd revised and extended ed.* de Gruyter Studies in Mathematics 27. Berlin, 2004.

[12] C. Gourieroux and J. Jasiak. Autoregressive gamma processes. *J. Forecast.,* 25(2):129–152, 2006.

[13] T.S.Y. Ho and S. Lee. Term structure movements and pricing interest rate contingent claims. *J. Finance,* 41:1011–1029, 1986.

[14] J. Hull and A. White. Pricing interest rates derivatives securities. *The review of financial studies*, 3:573–592, 1990.

[15] R. Korn. *Optimal portfolios*. World Scientific, Singapore, 1997.

[16] D. Lamberton and B. Lapeyre. *Introduction to stochastic calculus applied to finance*. Chapman & Hall/CRC Financial Mathematics Series. Chapman & Hall/CRC, Boca Raton, FL, second edition, 2008.

[17] A. Pascucci. *Calcolo stocastico per la finanza*. Springer-Verlag, Milano, 2007.

[18] S.R. Pliska. *Introduction to Mathematical Finance: Discrete Time Models*. Blackwell Publisher, Oxford, 1997.

[19] E. Rosazza Gianin and C. Sgarra. *Esercizi di finanza matematica*. Universitext 29. La Matematica per il 3 + 2. Milano: Springer, 2007.

[20] S. E. Shreve. *Stochastic calculus for finance I. The binomial asset pricing model*. Springer Finance. Springer-Verlag, New York, 2004.

[21] J. van der Hoek and R. J. Elliott. *Binomial models in finance*. Springer Finance. Springer, New York, 2006.

Collana Unitext - La Matematica per il 3+2

a cura di

A. Quarteroni (Editor-in-Chief)
P. Biscari
C. Ciliberto
G. Rinaldi
W.J. Runggaldier

Volumi pubblicati. A partire dal 2004, i volumi della serie sono contrassegnati da un numero di identificazione. I volumi indicati in grigio si riferiscono a edizioni non più in commercio

A. Bernasconi, B. Codenotti
Introduzione alla complessità computazionale
1998, X+260 pp. ISBN 88-470-0020-3

A. Bernasconi, B. Codenotti, G. Resta
Metodi matematici in complessità computazionale
1999, X+364 pp, ISBN 88-470-0060-2

E. Salinelli, F. Tomarelli
Modelli dinamici discreti
2002, XII+354 pp, ISBN 88-470-0187-0

S. Bosch
Algebra
2003, VIII+380 pp, ISBN 88-470-0221-4

S. Graffi, M. Degli Esposti
Fisica matematica discreta
2003, X+248 pp, ISBN 88-470-0212-5

S. Margarita, E. Salinelli
MultiMath - Matematica Multimediale per l'Università
2004, XX+270 pp, ISBN 88-470-0228-1

A. Quarteroni, R. Sacco, F. Saleri
Matematica numerica (2a Ed.)
2000, XIV+448 pp, ISBN 88-470-0077-7
2002, 2004 ristampa riveduta e corretta
(1a edizione 1998, ISBN 88-470-0010-6)

13. A. Quarteroni, F. Saleri
Introduzione al Calcolo Scientifico (2a Ed.)
2004, X+262 pp, ISBN 88-470-0256-7
(1a edizione 2002, ISBN 88-470-0149-8)

14. S. Salsa
Equazioni a derivate parziali - Metodi, modelli e applicazioni
2004, XII+426 pp, ISBN 88-470-0259-1

15. G. Riccardi
Calcolo differenziale ed integrale
2004, XII+314 pp, ISBN 88-470-0285-0

16. M. Impedovo
Matematica generale con il calcolatore
2005, X+526 pp, ISBN 88-470-0258-3

17. L. Formaggia, F. Saleri, A. Veneziani
Applicazioni ed esercizi di modellistica numerica
per problemi differenziali
2005, VIII+396 pp, ISBN 88-470-0257-5

18. S. Salsa, G. Verzini
Equazioni a derivate parziali - Complementi ed esercizi
2005, VIII+406 pp, ISBN 88-470-0260-5
2007, ristampa con modifiche

19. C. Canuto, A. Tabacco
Analisi Matematica I (2a Ed.)
2005, XII+448 pp, ISBN 88-470-0337-7
(1a edizione, 2003, XII+376 pp, ISBN 88-470-0220-6)

20. F. Biagini, M. Campanino
Elementi di Probabilità e Statistica
2006, XII+236 pp, ISBN 88-470-0330-X

21. S. Leonesi, C. Toffalori
Numeri e Crittografia
2006, VIII+178 pp, ISBN 88-470-0331-8

22. A. Quarteroni, F. Saleri
Introduzione al Calcolo Scientifico (3a Ed.)
2006, X+306 pp, ISBN 88-470-0480-2

23. S. Leonesi, C. Toffalori
Un invito all'Algebra
2006, XVII+432 pp, ISBN 88-470-0313-X

24. W.M. Baldoni, C. Ciliberto, G.M. Piacentini Cattaneo
Aritmetica, Crittografia e Codici
2006, XVI+518 pp, ISBN 88-470-0455-1

25. A. Quarteroni
Modellistica numerica per problemi differenziali (3a Ed.)
2006, XIV+452 pp, ISBN 88-470-0493-4
(1a edizione 2000, ISBN 88-470-0108-0)
(2a edizione 2003, ISBN 88-470-0203-6)

26. M. Abate, F. Tovena
Curve e superfici
2006, XIV+394 pp, ISBN 88-470-0535-3

27. L. Giuzzi
Codici correttori
2006, XVI+402 pp, ISBN 88-470-0539-6

28. L. Robbiano
Algebra lineare
2007, XVI+210 pp, ISBN 88-470-0446-2

29. E. Rosazza Gianin, C. Sgarra
Esercizi di finanza matematica
2007, X+184 pp, ISBN 978-88-470-0610-2

30. A. Machì
Gruppi - Una introduzione a idee e metodi della Teoria dei Gruppi
2007, XII+349 pp, ISBN 978-88-470-0622-5

31. Y. Biollay, A. Chaabouni, J. Stubbe
    Matematica si parte!
    A cura di A. Quarteroni
    2007, XII+196 pp, ISBN 978-88-470-0675-1

32. M. Manetti
    Topologia
    2008, XII+298 pp, ISBN 978-88-470-0756-7

33. A. Pascucci
    Calcolo stocastico per la finanza
    2008, XVI+518 pp, ISBN 978-88-470-0600-3

34. A. Quarteroni, R. Sacco, F. Saleri
    Matematica numerica, 3a Ed.
    2008, XVI+510 pp, ISBN 978-88-470-0782-6

35. P. Cannarsa, T. D'Aprile
    Introduzione alla teoria della misura e all'analisi funzionale
    2008, XII+268 pp, ISBN 978-88-470-0701-7

36. A. Quarteroni, F. Saleri
    Calcolo scientifico, 4a Ed.
    2008, XIV+358 pp. ISBN 978-88-470-0837-3

37. C. Canuto, A. Tabacco
    Analisi Matematica I, 3a Ed.
    2008, XIV+452 pp, ISBN 978-88-470-0871-7

38. S. Gabelli
    Teoria delle Equazioni e Teoria di Galois
    2008, XVI+410 pp, ISBN 978-88-470-0618-8

39. A. Quarteroni
    Modellistica numerica per problemi differenziali (4a Ed.)
    2008, XVI+560 pp, ISBN 88-470-0841-0

40. C. Canuto, A. Tabacco
    Analisi Matematica II
    2008, XVI+536 pp, ISBN 978-88-470-0873-1

41. E. Salinelli, F. Tomarelli
Modelli Dinamici Discreti
2009, XIV + 382 pp, ISBN 978-88-470-1075-8

42. S. Salsa, F.M.G. Vegni, A. Zaretti, P. Zunino
Invito alle equazioni a derivate parziali
2009, XIV + 440 pp, ISBN 978-88-470-1179-3

43. S. Dulli, S. Furini, E. Peron
Data mining
2009, X + 178 pp, ISBN 978-88-470-1162-5

44. A. Pascucci, W.J. Runggaldier
Finanza Matematica
2009, X+264 pp, ISBN 88-470-1441-1